职业本科教育计算机类专业基础课
MOOC+SPOC 系列教材

Windows Server 2019
系统管理项目化教程

主　编　王隆杰　薛　炎
副主编　成　荣　齐　坤　杨名川

中国教育出版传媒集团
高等教育出版社·北京

内容提要

本书为职业本科教育 Windows Server 系统管理课程教材。本书根据职业本科教育的特点及要求，以 Windows Server 2019 网络操作系统为平台，通过大量的实例操作，全面、系统地介绍了 Windows Server 2019 的安装及基本设置、用户和组的管理、磁盘系统管理、活动目录管理、文件和文件夹的本地安全管理、共享文件夹及分布式文件系统、DNS 服务器构建、DHCP 服务器构建、Web 服务器构建、FTP 服务器构建、EMail 服务器构建、远程访问服务器构建、NAT 服务器构建、组策略的使用等相关知识与技能。

本书配有微课视频、课程标准、授课计划、电子教案、授课用 PPT、习题及答案等丰富的数字化教学资源。本书同时配套建设了数字课程，授课教师可以调用本课程构建符合自身教学特色的 SPOC 课程，进行线上线下混合式教学，详见"智慧职教"服务指南。

本书紧跟新技术发展动态，内容新颖、结构清晰、配套教学资源丰富，具有较强的教学实用性。本书为职业本科院校网络工程技术相关专业教学用书，同时为 Windows Server 系统管理工程师的培训指导用书，也可作为计算机网络技术爱好者的自学用书。

图书在版编目（CIP）数据

Windows Server 2019 系统管理项目化教程 / 王隆杰，薛炎主编. --北京：高等教育出版社，2023.10

ISBN 978-7-04-057609-2

Ⅰ. ①W… Ⅱ. ①王… ②薛… Ⅲ. ①Windows 操作系统-网络服务器-高等职业教育-教材 Ⅳ. ①TP316.86

中国版本图书馆 CIP 数据核字（2022）第 004050 号

Windows Server 2019 Xitong Guanli Xiangmuhua Jiaocheng

策划编辑 侯昀佳　　责任编辑 侯昀佳　　封面设计 马天驰　　版式设计 徐艳妮

插图绘制 邓　超　　责任校对 马鑫蕊　　责任印制 刁　毅

出版发行	高等教育出版社	网　　址	http://www.hep.edu.cn
社　　址	北京市西城区德外大街 4 号		http://www.hep.com.cn
邮政编码	100120	网上订购	http://www.hepmall.com.cn
印　　刷	北京市鑫霸印务有限公司		http://www.hepmall.com
开　　本	787 mm × 1092 mm　1/16		http://www.hepmall.cn
印　　张	22.5		
字　　数	590 千字	版　　次	2023 年 10 月第 1 版
购书热线	010-58581118	印　　次	2023 年 10 月第 1 次印刷
咨询电话	400-810-0598	定　　价	49.50 元

本书如有缺页、倒页、脱页等质量问题，请到所购图书销售部门联系调换

物 料 号　57609-00

“智慧职教”服务指南

“智慧职教”是由高等教育出版社建设和运营的职业教育数字教学资源共建共享平台和在线课程教学服务平台，包括职业教育数字化学习中心平台（www.icve.com.cn）、职教云平台（zjy2.icve.com.cn）和云课堂智慧职教App。**用户在以下任一平台注册账号，均可登录并使用各个平台。**

- **职业教育数字化学习中心平台（www.icve.com.cn）：为学习者提供本教材配套课程及资源的浏览服务。**

登录中心平台，在首页搜索框中搜索“Windows Server 2019 系统管理项目化教程”，找到对应作者主持的课程，加入课程参加学习，即可浏览课程资源。

- **职教云（zjy2.icve.com.cn）：帮助任课教师对本教材配套课程进行引用、修改，再发布为个性化课程（SPOC）。**

1. 登录职教云，在首页单击“申请教材配套课程服务”按钮，在弹出的申请页面填写相关真实信息，申请开通教材配套课程的调用权限。

2. 开通权限后，单击“新增课程”按钮，根据提示设置要构建的个性化课程的基本信息。

3. 进入个性化课程编辑页面，在“课程设计”中“导入”教材配套课程，并根据教学需要进行修改，再发布为个性化课程。

- **云课堂智慧职教 App：帮助任课教师和学生基于新构建的个性化课程开展线上线下混合式、智能化教与学。**

1. 在安卓或苹果应用市场，搜索“云课堂智慧职教”App，下载安装。

2. 登录 App，任课教师指导学生加入个性化课程，并利用 App 提供的各类功能，开展课前、课中、课后的教学互动，构建智慧课堂。

“智慧职教”使用帮助及常见问题解答请访问 help.icve.com.cn。

前言

计算机网络技术的迅速发展促进了技术的变革与信息的高密度联结。党的十八大以来，我国高度重视网络安全和信息化工作，《国家信息化发展战略纲要》《“十四五”国家信息化规划》《数字中国建设整体布局规划》等的依次出台为信息化建设提供了良好的政策环境。党的二十大报告中明确提出推进新型工业化，加快建设网络强国、数字中国，推动战略性新兴产业融合集群发展，构建新一代信息技术等一批新的增长引擎。

网络操作系统作为一种重要的管理工具，对于网络安全和信息化至关重要。本书围绕职业本科教育网络工程技术专业人才培养目标，结合“Windows Server 操作系统”课程定位，以最新的 Windows Server 2019 网络操作系统为平台，系统地介绍了 Windows Server 2019 的安装及基本设置、用户和组的管理、磁盘系统管理、活动目录管理、文件和文件夹的本地安全管理、共享文件夹及分布式文件系统、DNS 服务器构建、DHCP 服务器构建、Web 服务器构建、FTP 服务器构建、EMail 服务器构建、远程访问构建、NAT 服务器构建、组策略的使用等相关知识与技能。

本书以 Windows Server 系统管理员、网络操作系统管理员所需的职业能力为标准，以培养“网络系统应用、设计、管理、开发”能力为主线，以项目、“教学做”一体化编写原则为引导，以实际应用的典型真实项目为全书教学案例，以努力培养造就卓越工程师、大国工匠、高技能人才为目标，注重将新知识、新技术、新工艺、新方法等融入到教材中突出技能、贴近实践、学以致用，构建“真实项目、真实环境、真实应用”相结合的项目化教学体系。为更好地服务教师授课，本书同时配套建设了 130 余个微课视频、课程标准、授课计划、电子教案、授课用 PPT、习题及答案等丰富的数字化教学资源。与本书配套的数字课程“Windows Server 2019 系统管理项目化教程”在“智慧职教”平台（www.icve.com.cn）上线，学习者可以登录平台进行在线开放课程的学习及资源下载，授课教师可以调用本课程构建符合自身教学特色的 SPOC 课程，详见“智慧职教”服务指南。教师也可发邮件至编辑邮箱 1548103297@qq.com 获取相关资源。

本书编写团队长期从事计算机网络技术的教学工作，主持建设了“Windows Server 网络管理”国家精品资源共享课。为加快推进党的二十大精神进教材、进课堂、进头脑、深入贯彻关于网络强国的重要思想，本书将计算机网络技术基础知识和网络操作系统知识、技能讲授相融合，既丰富了授课中的计算机网络技术基础知识内容，同时也使学习者在学习 Windows Server 2019 配置的过程中加深了对 TCP/IP 协议的了解与掌握。本书由深圳职业技术学院王隆杰、薛炎任主编，成荣、齐坤、杨名川任副主编。本书的编写得到了深圳市讯方技术股份有限公司的大力支持。

由于编者水平有限，书中难免存在疏漏和不足之处，敬请广大读者批评指正。如有任何意见和建议，欢迎与我们联系，联系邮箱：wanglongjie@szpt.edu.cn。

编　者

2023 年 5 月

目录

项目 1　安装与设置 Windows Server 2019　1
1.1　任务 1　企业网络设计　2
1.1.1　子任务 1　调研企业网络需求　2
1.1.2　子任务 2　网络规划与设计　2
1.2　任务 2　网络操作系统选择与安装　5
1.2.1　子任务 1　选择网络操作系统和版本　5
1.2.2　子任务 2　准备安装 Windows Server 2019　8
1.2.3　子任务 3　以全新方式安装 Windows Server 2019　9
1.2.4　子任务 4　以其他方式安装 Windows Server 2019　16
1.3　任务 3　Windows Server 2019 基本设置　18
1.3.1　子任务 1　设置桌面图标　18
1.3.2　子任务 2　显示设置　18
1.3.3　子任务 3　设置系统属性　20
1.3.4　子任务 4　配置网络　24
1.3.5　子任务 5　管理硬件设备　30
小结　31
习题　32
项目 2　管理本地用户和组　33
2.1　任务 1　管理本地用户　34
2.1.1　子任务 1　了解内置本地用户　34
2.1.2　子任务 2　管理本地用户　36
2.2　任务 2　管理本地组　42
2.2.1　子任务 1　了解内置本地组　42
2.2.2　子任务 2　管理本地组　43
小结　47
习题　47
项目 3　管理磁盘系统　49
3.1　任务 1　了解磁盘　50
3.1.1　子任务 1　了解 MBR 磁盘与 GPT 磁盘　50
3.1.2　子任务 2　了解基本磁盘与动态磁盘　51
3.2　任务 2　基本磁盘的管理　52
3.2.1　子任务 1　安装新磁盘　52
3.2.2　子任务 2　新建简单卷　53
3.2.3　子任务 3　压缩卷　55
3.2.4　子任务 4　扩展卷　55
3.2.5　子任务 5　创建扩展分区　55
3.2.6　子任务 6　更改驱动器号　56
3.2.7　子任务 7　把卷装入 NTFS 文件夹　56
3.2.8　子任务 8　卷的格式化、命名、删除、文件系统转换　57
3.3　任务 3　管理动态磁盘　59
3.3.1　子任务 1　基本磁盘转换为动态磁盘　59
3.3.2　子任务 2　创建动态磁盘上的简单卷　59
3.3.3　子任务 3　创建跨区卷　60
3.3.4　子任务 4　创建带区卷　61
3.3.5　子任务 5　创建镜像卷　62
3.3.6　子任务 6　创建 RAID-5 卷　64

3.4 任务 4 使用存储池 66
3.4.1 子任务 1 了解存储池 66
3.4.2 子任务 2 使用存储池 67
3.5 任务 5 管理卷的配额 72
3.5.1 子任务 1 在卷上启用配额 72
3.5.2 子任务 2 在卷上设置配额大小 73
3.6 任务 6 检查驱动器和整理碎片 74
3.6.1 子任务 1 检查驱动器 74
3.6.2 子任务 2 整理碎片 74
小结 75
习题 76

项目 4 构建 Active Directory 域 77

4.1 任务 1 了解域、活动目录 78
4.1.1 子任务 1 了解域 78
4.1.2 子任务 2 了解活动目录 81
4.1.3 子任务 3 了解活动目录和 DNS 的关系 81
4.1.4 子任务 4 了解活动目录中的对象 81
4.1.5 子任务 5 设计活动目录 82
4.2 任务 2 安装活动目录 82
4.2.1 子任务 1 创建域 82
4.2.2 子任务 2 把服务器、计算机加入域 91
4.2.3 子任务 3 把服务器、计算机从域中脱离 93
4.3 任务 3 管理域用户和组 94
4.3.1 子任务 1 安装 Active Directory 管理工具 94
4.3.2 子任务 2 管理组织单位 96
4.3.3 子任务 3 管理域用户账户 98
4.3.4 子任务 4 管理域组账户 100
小结 104
习题 104

项目 5 保证文件及文件夹的安全 105

5.1 任务 1 了解文件系统、安全权限 106
5.1.1 子任务 1 了解文件系统 106
5.1.2 子任务 2 了解安全权限 109
5.2 任务 2 安全权限设置 113
5.2.1 子任务 1 设置文件夹的安全权限 113
5.2.2 子任务 2 设置文件的安全权限 115
5.2.3 子任务 3 在文件、文件夹上禁用继承或强制继承安全权限 116
5.2.4 子任务 4 为组和用户分配特殊权限 118
5.2.5 子任务 5 更改文件或文件夹的所有者 118
5.2.6 子任务 6 计算用户的有效权限 120
5.3 任务 3 文件或文件夹复制、移动时权限的变化 121
5.3.1 子任务 1 文件或文件夹复制时权限的变化 121
5.3.2 子任务 2 文件或文件夹移动时权限的变化 121
5.4 任务 4 压缩、加密文件或文件夹 122
5.4.1 子任务 1 压缩文件或文件夹 122
5.4.2 子任务 2 加密文件或文件夹 125
小结 126
习题 126

项目 6 管理共享文件夹及分布式文件系统 129

6.1 任务 1 共享文件夹 130
6.1.1 子任务 1 使用公用文件夹 130
6.1.2 子任务 2 了解共享文件夹 132
6.1.3 子任务 3 创建共享文件夹 134
6.1.4 子任务 4 从客户端访问共享文件夹 136
6.1.5 子任务 5 管理共享文件夹 140
6.2 任务 2 卷影副本 141
6.2.1 子任务 1 启用卷影副本 142
6.2.2 子任务 2 利用卷影副本还原文件 143
6.2.3 子任务 3 管理卷影副本 144
6.3 任务 3 使用分布式文件系统 145
6.3.1 子任务 1 了解 DFS 145

6.3.2 子任务 2 安装、配置 DFS 147
6.3.3 子任务 3 测试 DFS 156
6.3.4 子任务 4 管理 DFS 157
小结 161
习题 162

项目 7 构建 DNS 服务器 163

7.1 任务 1 了解 DNS 164
7.1.1 子任务 1 DNS 的功能 164
7.1.2 子任务 2 域名的结构 165
7.1.3 子任务 3 DNS 区域 167
7.1.4 子任务 4 DNS 的迭代过程 167
7.1.5 子任务 5 资源记录 168
7.1.6 子任务 6 进行 DNS 规划 169
7.2 任务 2 安装和配置 DNS 服务器 169
7.2.1 子任务 1 安装 DNS 服务器 170
7.2.2 子任务 2 创建正向查找区域 170
7.2.3 子任务 3 创建反向查找区域 177
7.2.4 子任务 4 创建主机记录 179
7.2.5 子任务 5 创建别名记录 180
7.2.6 子任务 6 创建邮件交换器记录 182
7.3 任务 3 测试 DNS 服务器 182
7.3.1 子任务 1 使用 nslookup 命令测试 DNS 服务器 182
7.3.2 子任务 2 使用 ping 命令测试 DNS 服务器 185
7.3.3 子任务 3 管理计算机上的 DNS 缓存 185
7.4 任务 4 管理 DNS 服务器及区域 186
7.4.1 子任务 1 管理 DNS 服务器 186
7.4.2 子任务 2 设置 DNS 区域属性 188
7.4.3 子任务 3 了解企业内、外的 DNS 服务器的部署 191
小结 192
习题 192

项目 8 构建 DHCP 服务器 195

8.1 任务 1 DHCP 196
8.1.1 子任务 1 DHCP 简介 196
8.1.2 子任务 2 了解 DHCP 的工作过程 197
8.2 任务 2 安装和配置 DHCP 服务器 198
8.2.1 子任务 1 安装 DHCP 服务器 198
8.2.2 子任务 2 创建 IPv4 作用域 199
8.2.3 子任务 3 DHCP 客户端获取动态 IP 地址 204
8.3 任务 3 管理 DHCP 服务器 206
8.3.1 子任务 1 停止与启动 DHCP 服务器 206
8.3.2 子任务 2 修改作用域的属性 207
8.3.3 子任务 3 在地址池中排除和保留 IP 地址 209
8.3.4 子任务 4 配置 DHCP 选项 210
8.3.5 子任务 5 配置 DHCP 策略 211
8.3.6 子任务 6 配置 DHCP 筛选器 215
8.3.7 子任务 7 拆分 DHCP 作用域 216
8.3.8 子任务 8 配置 DHCP 故障转移 218
小结 223
习题 224

项目 9 构建 IIS 服务器 225

9.1 任务 1 构建 Web 服务器 226
9.1.1 子任务 1 Web 服务器和客户端的交互过程 226
9.1.2 子任务 2 安装 IIS 10.0 226
9.1.3 子任务 3 添加 Web 网站 229
9.1.4 子任务 4 配置网站 231
9.2 任务 2 构建 FTP 服务器 245
9.2.1 子任务 1 添加 FTP 站点 245
9.2.2 子任务 2 使用 FTP 客户端访问服务器 248
9.2.3 子任务 3 配置 FTP 服务器 251
9.2.4 子任务 4 配置防火墙允许客户端访问 FTP 服务 254
9.2.5 子任务 5 设置 FTP 身份验证和授权 257
9.2.6 子任务 6 配置 FTP 用户隔离 258
小结 261

习题 262

项目 10 构建 E-mail 服务器 263

10.1 任务 1 了解电子邮件 264
10.1.1 子任务 1 电子邮件及其结构 264
10.1.2 子任务 2 使用电子邮件的两种形式 265
10.1.3 子任务 3 电子邮件相关协议与标准 266
10.1.4 子任务 4 电子邮件的传递过程 267
10.2 任务 2 安装、配置 Winmail 269
10.2.1 子任务 1 了解 Winmail 269
10.2.2 子任务 2 安装 Winmail 271
10.2.3 子任务 3 配置 Winmail 277
10.3 任务 3 使用 Winmail 286
10.3.1 子任务 1 使用浏览器访问邮箱 286
10.3.2 子任务 2 使用 Foxmail 访问邮箱 287
小结 289
习题 290

项目 11 使用组策略 291

11.1 任务 1 了解组策略 292
11.1.1 子任务 1 不同层面的策略 292
11.1.2 子任务 2 不同组策略的优先顺序 294
11.1.3 规划组策略 295
11.2 任务 2 配置组策略 295
11.2.1 子任务 1 创建新的组策略 295
11.2.2 子任务 2 编辑组策略 296
11.2.3 子任务 3 管理组策略 303
11.3 任务 3 使用组策略定制用户环境、安全设置 305
11.3.1 子任务 1 设置密码策略 305
11.3.2 子任务 2 设置账户锁定策略 307
11.3.3 子任务 3 设置 Windows 防火墙策略 307
11.3.4 子任务 4 设置时间提供程序策略 307
11.3.5 子任务 5 设置禁止安装可移动设备策略 308
11.3.6 子任务 6 设置禁止远程桌面策略 309
小结 309
习题 309

项目 12 构建远程访问、NAT 服务器 311

12.1 任务 1 架设 VPN 服务器 312
12.1.1 子任务 1 了解网络拓扑及需求 312
12.1.2 子任务 2 了解 VPN 312
12.1.3 子任务 3 配置 VPN 服务器 314
12.1.4 子任务 4 使用 VPN 323
12.1.5 子任务 5 管理远程访问客户端 327
12.2 任务 2 架设 NAT 服务器 328
12.2.1 子任务 1 了解 NAT 的基本原理 328
12.2.2 子任务 2 架设 NAT 服务器 330
12.2.3 子任务 3 管理 NAT 334
小结 335
习题 335

习题答案 337

参考文献 347

项目 1

安装与设置 Windows Server 2019

项目背景

近年来，我国着力构建现代化产业体系，战略性新兴产业发展壮大。其中，深圳某企业从事电子产品开发和销售，约有 150 名员工，企业设有研发部、销售部、技术部、财务部、行政部，最大的部门约有 40 人。该企业准备在内部架设 DNS、DHCP、Web 等服务器提供网络服务，现需要对企业的网络需求进行调研，并进行网络设计，选择合适的网络操作系统。

项目任务

（1）分析企业的组网需求，进行局域网的规划和设计。

（2）选择和安装合适的 Windows Server 2019 版本。

（3）对新安装的 Windows Server 2019 进行基本配置。

1.1　任务 1　企业网络设计

微课：1-1
企业网络设计

在开始动手组建局域网之前，需要根据企业的要求设计网络，本任务将调研、分析企业的组网需求，进行局域网的规划和设计。

1.1.1　子任务 1　调研企业网络需求

PPT：1-1
企业网络设计

微课：1-2
调研企业网络需求

该企业从事电子产品开发和销售，经调研企业约有 150 名员工，企业设有研发部、销售部、技术部、财务部、行政部五个部门，最大的部门约有 40 人。企业对网络的具体需求如下。

（1）公司约一半员工使用台式计算机办公，这些计算机可以设置固定 IP 地址连接到网络；其他员工使用笔记本电脑办公，为使用方便，这些笔记本电脑需要从网络自动获得 IP 地址。

（2）企业为提升自身的形象，需要拥有自己的网站进行宣传，以及通过网站对用户进行服务。公司内、外人员均使用域名来访问企业的资源，如网站、共享文件等。网站需要使用安全协议来提高安全性。

（3）各部门的员工之间有时会临时性地共享文件，需要通过网络查找计算机和共享文件。

（4）E-mail 将是办公的核心系统，要求全部员工有以公司域名结尾的个人邮箱。

（5）研发部、技术部员工经常需要共享大量的开发文档、技术资料，这些员工提出要架设 FTP 服务器上传或下载资料。

（6）企业要求对网络上的一切资源实行统一管理，员工使用用户名和密码就能访问所需的资源，无须多次登录。

（7）为了安全等原因，需要对企业的全部员工、计算机，或者一些有共同特性的员工群体进行强制性、统一的设置，例如：定期修改密码、保证密码的复杂程度、统一应用软件的版本等。

（8）公司内部的员工需要访问互联网，互联网上的用户也能访问部署在企业内部的网站。

（9）企业内部的一些应用系统不允许对外开放，但员工能够在出差或下班期间从互联网接入企业内部网络进行办公，以上访问需要保证数据的安全性。

1.1.2　子任务 2　网络规划与设计

微课：1-3
网络规划与设计

1. 网络拓扑设计

根据调研结果知道，该企业属于中小企业，网络规模并不大。为简单起见，采用二层交换机，并且不划分 VLAN，网络拓扑如图 1-1 所示。中心节点的交换机可以适当地选择知名厂商的、性能好的产品，各服务器直接连接到核心交换机，员工的计算机连接到接入交换机。此外，在会议室等公用场所部署无线路由器，以满足移动办公的需求。

企业内部通常采用私有 IP 地址，该企业员工数不超过 150，因此一个 C 类网络可以满足要求，这里选择使用的是 192.168.100.0/255.255.255.0 网络。为简化设计，所有计算机全部在同一 VLAN 内，即一个 IP 网络。当然，这有一定的风险：网络安全性会下降，一台计算机被攻击，有可能影响到别的计算机。先按此计划实施，如果确实达不到企业需求，再进行调整。

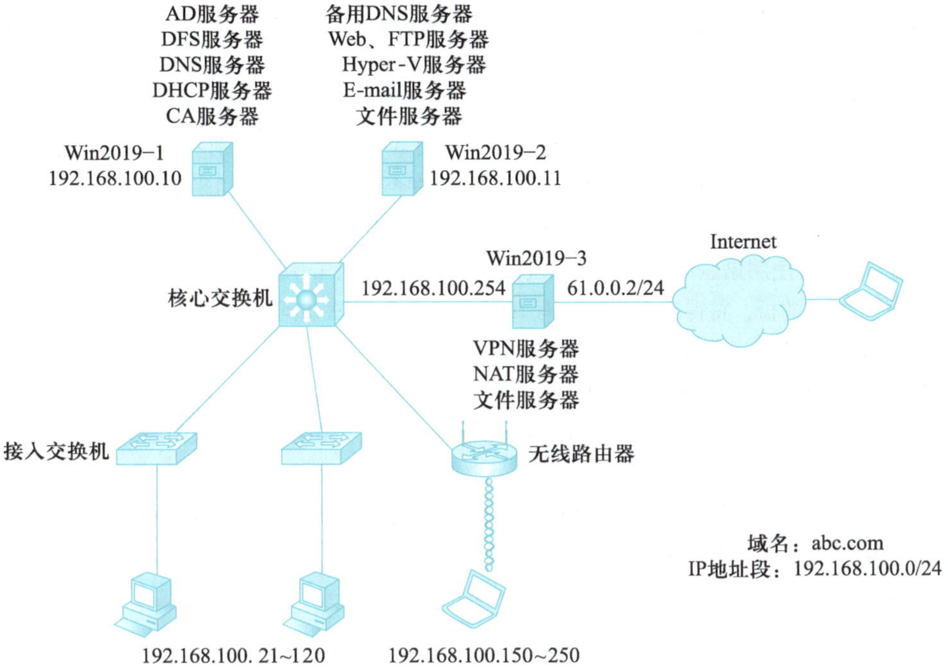

图 1-1 网络拓扑

IP 地址分配如下：

（1）192.168.100.1～20 预留给各服务器，192.168.100.254 作为网关。

（2）192.168.100.21～120 分配给使用台式计算机的员工。

（3）192.168.100.150～250 分配给使用笔记本电脑的员工。

（4）其余 IP 地址备用。

为保证企业内部网络能和互联网通信，在局域网的边界使用一台服务器（Win2019-3）作为接入服务器，采用 NAT 技术以减少所需申请的公网 IP 地址数量。为保证互联网的用户能够访问企业内部的网站和邮件服务器，在接入服务上需要做端口映射。此外为保证员工在出差或下班期间能够从 Internet 接入企业内部网络进行办公，接入服务器上启用 VPN 服务，VPN 可以保证通信的安全。企业需要为该接入服务器申请公网 IP 地址，图 1-1 中假定为 61.0.0.2/24。

2. 网络服务器规划

基于企业的需要，网络中架设以下服务器，服务器部署位置如图 1-1 所示。

1）AD 服务器

AD（Active Directory）活动目录服务器可使用户在大型网络中一次登录就能访问不同服务器上的资源，无须反复登录，并且能够很容易地在企业内使用组策略来强制全部或者部分用户、计算机执行某些策略。因此，在网络中部署 AD 服务器（192.168.100.10），其他服务器作为成员服务器加入域。

2）DNS 服务器

企业首先要向域名注册代理机构申请注册自己的域名。在企业内部部署 DNS 服务器（192.168.100.10），为企业内的计算机提供域名解析服务。在该 DNS 服务器上，需要把常用的资源添加到 DNS 域中，主要有 WWW、FTP、POP3、SMTP、E-mail、DFS 等。为提高效率，对于互联网上的域名解析，可以在该 DNS 服务器上设置转发器，转发器指向当地 ISP（互联网服务提供商）的 DNS 服务器，让当地 ISP 的 DNS 服务器进行域名解析。

由于该 DNS 服务器放在企业内部，因此添加 WWW 主机或者别名等记录时，记录的 IP 地址指向这些主机的私有 IP 地址，对于同样都在企业内部的计算机来说，使用这个 DNS 是没有问题的，它们将得到这些主机在内部局域网的 IP 地址（192.168.100.0/255.255.255.0 网段上），然后使用这些地址来访问相应的主机。互联网上的用户如果也让这台 DNS 服务器来进行域名解析，将得到主机的私有 IP 地址，从而无法访问这些主机。常用的做法是：在申请注册域名时，同时申请 ISP 提供域名解析服务，需要注意的是，主机记录的 IP 地址应该指向企业的公网 IP 地址（图 1-1 中为 61.0.0.2），然后在局域网边界的接入服务器上做端口映射，把公网 IP 地址的应用端口（例如 Web 的 80 号端口）映射到内部主机的应用端口上。这样，企业内的 DNS 服务器为企业内部的计算机提供域名解析，企业内的计算机通过私有 IP 地址访问企业内的服务器；互联网上的 ISP 为互联网的用户提供本企业域名的解析服务，互联网上的用户将获得企业的公网地址，通过公网 IP 地址访问企业的服务器。

3）DHCP 服务器

DHCP 服务器可为自动获取 IP 地址的计算机（主要是笔记本电脑、智能手机等移动设备）提供 IP 地址、网关等信息。在配置 DHCP 服务器时，应该把服务器的 IP 地址段和分配给台式计算机的 IP 地址段排除在外。

4）Web 服务器

企业网站已经成为不可缺少的宣传手段，现有的多种应用系统也是以网页形式实现的。因此在企业内部部署 Web 服务器十分必要。为减少 Web 服务器的数量，采用虚拟主机技术，可以在一台 Web 服务器上同时部署多个网站。对外服务的网站可以匿名访问；而对内服务的办公系统、应用系统则需要用户登录，同时应该设置源 IP 限制、日志以增加安全性。

5）FTP 服务器

FTP 服务是一个传统的文件共享手段，虽然现在也可以通过网页上传或者下载文件，但 FTP 服务更适合大量文件的上传或者下载。应研发部和技术部要求，在企业内部署 FTP 服务器。设置一个目录为只读目录，用以发放公共资料；设置另一个目录为读写目录，供员工自由上传文件。此外，可以为每个员工设置一个仅个人可以访问的目录，供员工把私有的资料放在网络上。鉴于知识产权、安全等原因，FTP 服务器不对互联网用户开放。

6）文件服务器

和 FTP 服务器类似，文件服务器也可以实现文件共享，并且使用起来更加方便。本项目也提供文件服务，一些很重要的资料使用分布式文件系统进行复制，以提高数据安全性。

7）E-mail 服务器

目前有很多国产的邮件服务器软件，管理简单、价格低，用户既可以使用浏览器收发邮件，也可以使用邮件客户端收发邮件。为安全起见，收发邮件均须进行身份认证。由于企业内的员工需要和互联网上的用户互发邮件，而 E-mail 服务器在企业内部，因此需要在接入服务器（Win2019-3）上做端口映射。每个员工的邮箱容量有限额（1 GB），E-mail 服务器部署在 192.168.100.11 上。

3. 系统规划

（1）用户、组：原则上为每个员工创建独立账户，为每个部门创建组，员工加入所属部门的组中。为安全起见，禁用 GUEST 账户。

（2）磁盘管理：为保证数据安全，对没有采用硬件冗余（RAID-5）的磁盘，在操作系统中用软件方式实现冗余。

（3）组策略：有了 AD 服务器就能够对全部用户或计算机强制执行统一的安全策略，统一应用软件的版本，因此在企业内实行组策略。

（4）网络安全保护：为提高服务器的安全性，在各服务器上启用防病毒软件和防火墙，启用防火墙后不应该阻止用户对服务器的正常访问。

（5）服务器监视：为保证服务器长期稳定运行，以及优化服务器的性能，有必要对服务器的运行状态进行监视，主要监视服务器的 CPU 利用率、内存利用率、网络流量、磁盘读写情况。设定一些报警门限，例如 CPU 利用率达到 80%后报警并通知管理员。

微课：1-4
系统选型与安装

1.2 任务 2 网络操作系统选择与安装

PPT：1-2
系统选型与安装

设计完方案后，需要进行实施。本书不介绍信息综合布线、网络设备的安装与调试，只介绍服务器的安装与调试。本任务将选择和安装合适的网络操作系统。

1.2.1 子任务 1 选择网络操作系统和版本

当前网络操作系统主要有两大系列：Linux 系列和 Windows 系列，很多 Linux 操作系统不仅免费而且开源，但 Linux 操作系统对管理员要求高，因此技术能力强的企业可以选择 Linux 操作系统。而 Windows Server 操作系统采用图形界面，配置简单，对管理员要求低。在人力成本日益上涨的今天，从总体成本（Total of Cost，ToC）上看，Windows Server 操作系统有一定的优势。因此，本项目选择在企业中部署 Windows Server 操作系统，为企业提供各种网络服务。当前最新的 Windows Server 操作系统是 Windows Server 2019，这是微软继 Windows Server 2016 后推出的操作系统，比 Windows Server 2016 在性能、功能上有较大的提升。

微课：1-5
选择操作系统和版本

1. 了解 Windows Server 2019

Windows Server 2019 可向企业和服务提供商提供先进、可靠的服务。Windows Server 2019 与 Windows 10 同宗同源，提供了图形界面（也可以选择无图形界面），符合用户操作习惯，包含了大量服务器相关的新特性。Windows Server 2019 不同版本比较见表 1-1。

表 1-1　Windows Server 2019 不同版本比较

项　目	Windows Server 2019 Standard	Windows Server 2019 Datacenter
最大用户数	基于 CAL	基于 CAL
最大核心数	无限制	无限制
最大 RAM 容量/TB	24	24
可用作虚拟化来宾	是；每个许可证允许运行两台虚拟机以及一台 Hyper-V 主机	是；每个许可证允许运行无限台虚拟机以及一台 Hyper-V 主机
服务器可以加入域	是	是
Active Directory 证书服务	是	是
Active Directory 域服务	是	是
AD 轻型目录服务	是	是
DHCP 服务器	是	是
DNS 服务器	是	是
文件和存储服务	是	是
Hyper-V	是	是；包括受防护的虚拟机
网络控制器	否	是
网络策略和访问服务	是，在安装为具有桌面体验的服务器时	是，在安装为具有桌面体验的服务器时
远程访问	是	是
远程桌面服务	是	是
Web 服务（IIS）	是	是
Windows 部署服务	是	是
Windows Server 更新服务	是	是
后台智能传输服务（BITS）	是	是
BitLocker 驱动器加密	是	是
NFS 客户端	是	是
容器	是（Windows 容器不受限制；Hyper-V 容器最多为 2 个）	是（Windows 容器和 Hyper-V 容器不受限制）
数据中心桥接	是	是
直接播放	是，在安装为具有桌面体验的服务器时	是，在安装为具有桌面体验的服务器时
增强存储	是	是
故障转移群集	是	是

续表

项　目	Windows Server 2019 Standard	Windows Server 2019 Datacenter
组策略管理	是	是
主机保护者 Hyper-V 支持	否	是
网络负载平衡	是	是
对等名称解析协议	是	是
高质量 Windows 音频、视频体验	是	是
SMTP 服务器	是	是
SNMP 服务	是	是
软件负载平衡器	是	是
存储副本	是	是
Windows Defender 功能	已安装	已安装
Windows PowerShell	已安装	已安装
Windows Search 服务	是，在安装为具有桌面体验的服务器时	是，在安装为具有桌面体验的服务器时
Windows Server 备份	是	是
Windows Server 迁移工具	是	是
基于 Windows 标准的存储管理	是	是
WINS 服务器	是	是
动态内存（虚拟化）	是	是
热添加/替换 RAM	是	是
Microsoft 管理控制台	是	是
网络负载平衡	是	是
服务器核心安装选项	是	是
服务器管理器	是	是
软件定义的网络	否	是
存储迁移服务	是	是
存储副本	是（1 种合作关系和 1 个具有单个 2 TB 卷的资源组）	是，无限制
存储空间	是	是

续表

项　　目	Windows Server 2019 Standard	Windows Server 2019 Datacenter
VSS（卷影复制服务）集成	是	是
Windows 系统资源管理器	是	是

Windows Server 2019 是在 Windows Server 2016 的基础上构建的，围绕以下四个关键主题实现了很多创新：混合云、安全性、应用程序平台、超融合基础设施。

在 Windows Server 2019 中加入了混合云场景，可以通过 Project Honolulu 将现有的 Windows Server 部署连接到 Azure 服务。客户能够轻松集成Azure备份、Azure 文件同步、灾难恢复等 Azure 服务，从而能够在不中断应用程序和基础架构的情况下利用这些 Azure 服务。

安全方面，在 Windows Server 2019 中，屏蔽虚拟机现在支持 Linux 虚拟机。Windows Server 2019 还嵌入了 Windows Defender 高级威胁防护（Advanced Threat Protection，ATP），提供预防性保护、检测攻击等功能。

应用平台方面，Windows Server 2019 带来了 Windows Server 容器和 Linux 上的 Windows 子系统（Windows Subsystem for Linux，WSL）的改进。

Windows Server 2019 还引入了超融合基础设施（Hyper Converged Infrastructure，HCI），通过增加规模、提高性能和可靠性来构建此平台，还增加了管理 HCI 部署的能力，以简化 HCI 环境中的管理和日常活动。

本项目虽然没有使用 Windows Server 2019 的新特性，但是依然选择 Windows Server 2019，这为网络将来的升级预留了空间。

2. 选择合适的 Windows Server 2019 版本

选择合适的 Windows Server 2019 版本是至关重要的，不同版本的 Windows Server 2019 价格不同，所能够提供的服务也是有差别的。Windows Server 2019 目前有标准版（Standard）和数据中心版（Datacenter）。从表 1-1 中可以了解 Windows Server 2019 的主要功能，两个版本的绝大多数功能相同。本项目的全部服务器选择 Windows Server 2019 标准版即可。

1.2.2　子任务 2　准备安装 Windows Server 2019

微课：1-6
准备 Windows Server 2019

安装 Windows Server 2019 之前需要检查计算机是否满足要求。Windows Server 2019 的最小配置要求见表 1-2，这个最小配置要求是非常低的，当前的大多数服务器应该能满足要求，但是更高的配置将有助于服务器提供更好的服务。本项目服务器配置情况见表 1-3，均满足表 1-2 中的要求，出于满足教学要求即可的考虑，并没有采用高配置的服务器。

表 1-2　Windows Server 2019 的最小配置要求

项　　目	建 议 事 项
处理器（CPU）	1.4 GHz 64 位处理器 与 x64 指令集兼容 支持 NX 和 DEP 支持 CMPXCHG16b、LAHF/SAHF 和 PrefetchW 支持二级地址转换（EPT 或 NPT）

续表

项 目	建议事项
内存（RAM）	512 MB（对于带桌面体验的服务器为 2 GB） 用于物理主机部署的 ECC（纠错代码）类型或类似技术
存储控制器和磁盘空间（DISK）	符合 PCI Express 体系结构规范的存储适配器 服务器上归类为硬盘驱动器的永久存储设备不能为 PATA Windows Server 2019 不允许将 ATA/PATA/IDE/EIDE 用于启动驱动器、页面驱动器或数据驱动器 系统分区的磁盘空间最低为 32 GB
网络适配器（NIC）	至少有每秒千兆位吞吐量的以太网适配器 符合 PCI Express 体系结构规范 支持网络调试（KDNet）的网络适配器很有用，但不是最低要求 支持预启动执行环境（PXE）的网络适配器很有用，但不是最低要求
光盘驱动器（CD-ROM）	DVD 驱动器（如果要从 DVD 媒体安装操作系统）
其他要求（Other）	以下并不是严格需要的，但某些特定功能需要： 基于 UEFI 2.3.1C 的系统和支持安全启动的固件 受信任的平台模块 支持超级 VGA（1024×768）或更高分辨率的图形设备和监视器 键盘和 Microsoft 鼠标（或其他兼容的指针设备） Internet 访问

表 1-3 本项目服务器配置情况

配置项	Win2019-1 服务器	Win2019-2 服务器	Win2019-3 服务器
处理器	4 核×3.5 GHz	4 核×3.5 GHz	2 核×3.5 GHz
内存	4 GB	8 GB	2 GB
存储控制器和磁盘空间	SCSI，1×500 GB	SCSI，1×500 GB，3×100 GB	SCSI，1×500 GB
网络适配器	1×1000 Mbit/s	1×1000 Mbit/s	2×1000 Mbit/s
光盘驱动器	DVD	DVD	DVD
其他要求	键盘、鼠标、显示器	键盘、鼠标、显示器	键盘、鼠标、显示器

1.2.3 子任务3 以全新方式安装 Windows Server 2019

以安装图 1-1 中的 Win2019-1 服务器为例进行说明，Win2019-2 服务器、Win2019-3 服务器的安装可参照完成。最常见的 Windows Server 2019 安装方式是从 DVD 光盘引导，进行全新安装。安装步骤如下。

微课：1-7 全新安装 Windows Server 2019

（1）步骤 1：将 Windows Server 2019 安装光盘放入 DVD 驱动器，将计算机设置为从 DVD 启动，重启计算机。

（2）步骤 2：计算机从安装光盘启动后，出现“Windows 安装程序”窗口，如图 1-2 所示，要安装的语言、时间和货币格式、键盘和输入方法保持默认选项即可，单击“下一步”按钮。

（3）步骤 3：如图 1-3 所示，单击“现在安装”按钮开始安装 Windows Server 2019。单击“修复计算机”链接可修复有故障的 Windows Server 2019。

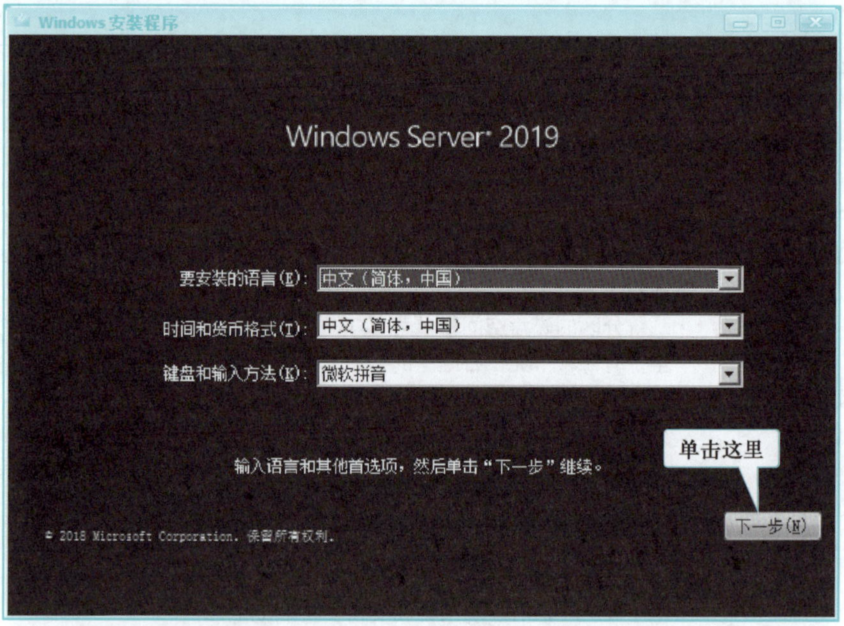

图 1-2 “Windows 安装程序”窗口 1

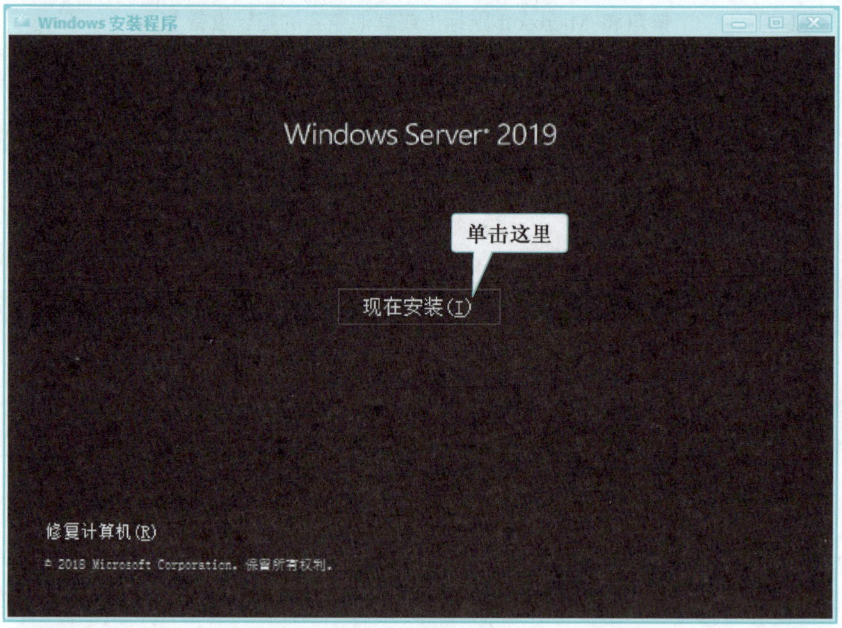

图 1-3 “Windows 安装程序”窗口 2

（4）步骤 4：如图 1-4 所示，输入产品密钥，单击“下一步”按钮。从微软的代理商处购买产品密钥，产品密钥是合法使用该产品的凭证，每一台服务器应该有唯一的产品密钥。或者单击“我没有产品密钥”链接，试用产品，正式使用系统时再输入产品密钥。

（5）步骤 5：如图 1-5 所示，选择要安装的操作系统，此处选择“Windows Server 2019 Standard（桌面体验）”，所谓的“桌面体验”是指安装 Windows 图形用户界面（Graphical User Interface，GUI）。如果不选择“桌面体验”，将只能通过 CMD 命令提示符和 PowerShell 管理系统操作计算机，对管理员要求高，但是系统将更加精简和稳定，性能更优。单击“下一步”按钮。

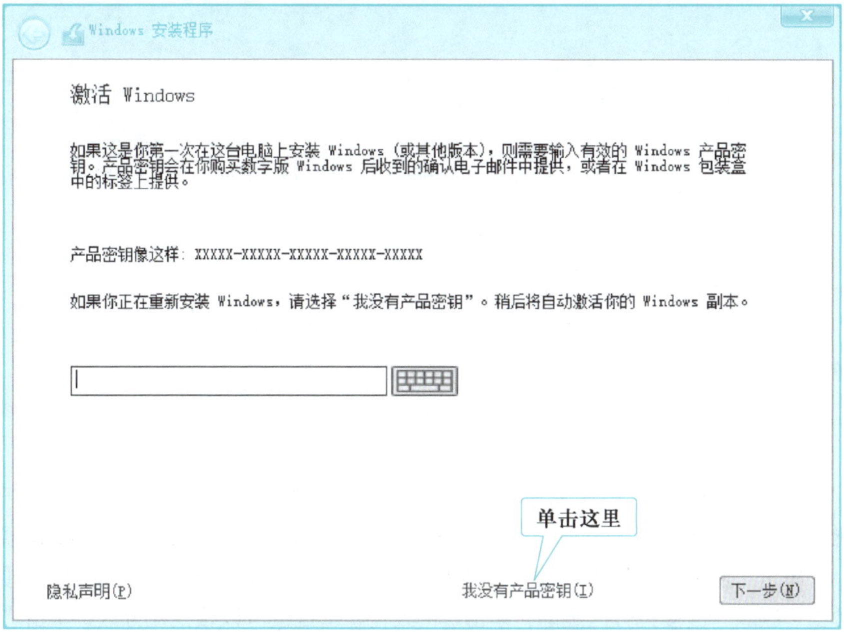

图 1-4　“激活 Windows”界面

图 1-5　“选择要安装的操作系统”界面

（6）步骤 6：出现“适用的声明和许可条款”界面时，请仔细阅读重要声明和许可条款。如果同意这些声明和条款，选中“我接受许可条款”选项，单击“下一步”按钮。否则只能单击窗口右上角的“×”按钮，放弃安装。

（7）步骤 7：如图 1-6 所示，由于我们要进行的是全新安装，单击“自定义：仅安装 Windows（高级）”链接即可。如果是对原有 Windows Server 系统（例如 Windows Server 2012 R2）进行升级，可以单击“升级：安装 Windows 并保留文件、设置和应用程序”链接。

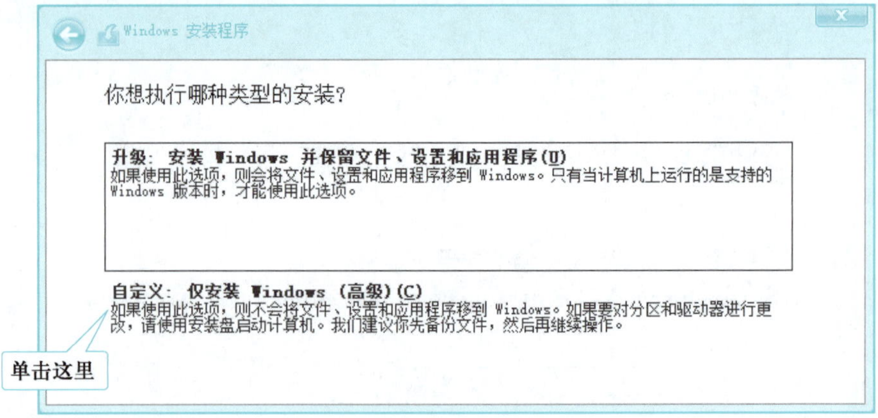

图 1-6 “你想执行哪种类型的安装”界面

（8）步骤 8：如图 1-7 所示，安装程序会列出当前计算机上的磁盘，在此窗口中可以划分磁盘的分区。选中有未分配的空间的磁盘后，再单击“新建”超链接，输入磁盘空间的大小，单击“应用”按钮将创建一个新的分区。图 1-7 中，如果选中已创建的分区，则可以单击“删除”链接把分区删除；单击“格式化”超链接可以格式化分区；单击“扩展”超链接可以扩展分区（要求有未分配空间的分区存在）。创建分区后，选择一个分区作为 Windows Server 2019 的安装分区，单击“下一步”按钮。如果在图 1-7 中没有列出磁盘，则是因为 Windows Server 2019 安装盘没有该计算机磁盘的驱动程序，单击左下方的“加载驱动程序”超链接后，从指定的磁盘加载驱动程序，如图 1-8 所示。驱动程序可能需要从服务器厂商处获取。

图 1-7 “你想将 Windows 安装在哪里”界面

（9）步骤 9：如图 1-9 所示，安装程序将开始安装 Windows Server 2019，这个过程需要几分钟的时间（视计算机的性能而定），安装程序会提示进度，这个过程不需要用户参与。

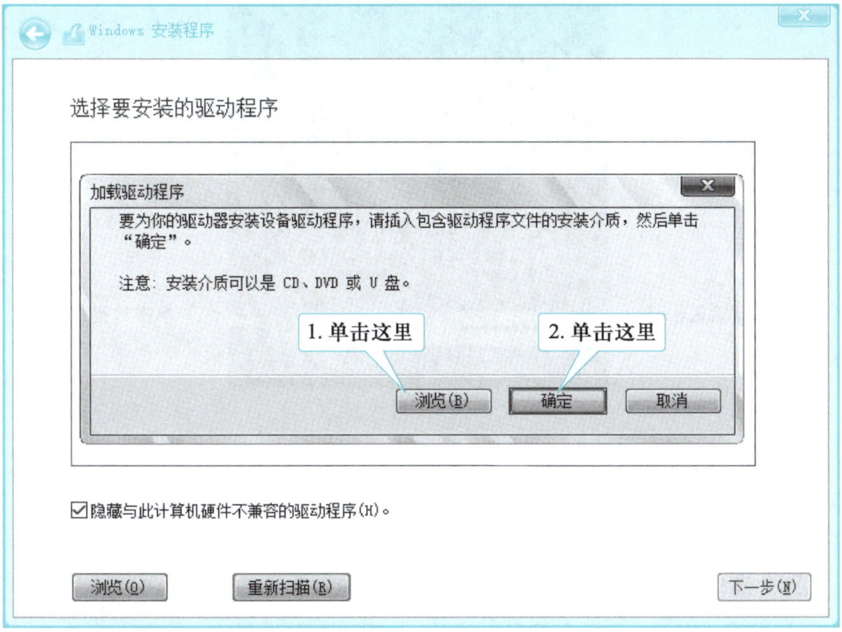

图 1-8 “选择要安装的驱动程序”界面

图 1-9 “正在安装 Windows”界面

（10）步骤 10：安装完毕后，安装程序会自动重启计算机，重启之后首次登录界面如图 1-10 所示。须设置 Administrator 的密码，在“密码”和“重新输入密码”输入框两次输入同一密码，密码要包含大写字母、小写字母、数字、特殊符号中的三种，长度在 8 位以上，单击“完成”按钮。

图 1-10 “自定义设置”窗口

（11）步骤 11：出现 Windows Server 2019 界面后，根据提示按 Ctrl+Alt+Delete 组合键解锁，如图 1-11 所示，输入在图 1-10 中设置的 Administrator 的密码，按 Enter 键或者单击“→”按钮登录系统。

图 1-11 登录系统

（12）步骤 12：如图 1-12 所示，登录成功后，系统自动打开“服务器管理器”窗口。系统提示“请尝试通过 Windows Admin Center 管理服务器”，如果不希望每次登录后都自动打开此窗口，可以选中左下角的“不再显示此消息”选项，并单击窗口右上角的“×”按钮，关闭此窗口。Windows Admin Center 是本地部署的基于浏览器的应用，用于管理 Windows 服务器、群集、超融合基础设施和 Windows 10 计算机，是一个非常好用的管理工具，限于篇幅本书不做介绍，读者可自行研究。“服务器管理器”是管理服务器的主要工具，如果关闭了该窗口，可以单击左下角的开始图标⊞，单击“服务器管理器”菜单项重新打开该对话框。

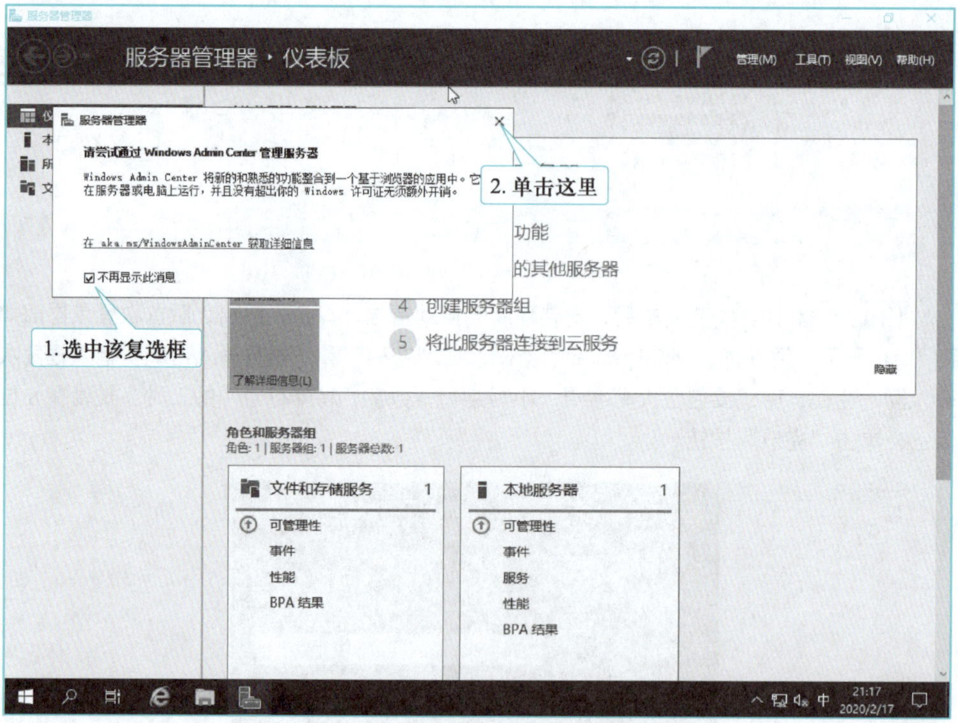

图 1-12 “服务器管理器”对话框

（13）步骤 13：刚安装、没有产品密钥的 Windows Server 2019 只有 30 天的使用时间（用于教学足够了），到期后需要激活才能继续使用。激活 Windows 时，要保证服务器能够连接到互联网（Internet），有关网络设置参见 1.3.4 节。单击开始图标⊞→控制面板图标，打开“控制面板”窗口。单击“系统和安全”超链接，单击“系统”链接，打开“系统”窗口，如图 1-13 所示。单击下方的“激活 Windows”超链接。

图 1-13 “系统”窗口

（14）步骤 14：如图 1-14 所示，在“设置”窗口中，单击“更改产品密钥”超链接，打开“输入产品密钥”窗口，输入产品密钥，单击“下一步”按钮。如图 1-15 所示，单击“激活”按钮。激活后，在图 1-13 所示的“系统”窗口下方的“Windows 激活”区，会显示“Windows 已激活”字样。

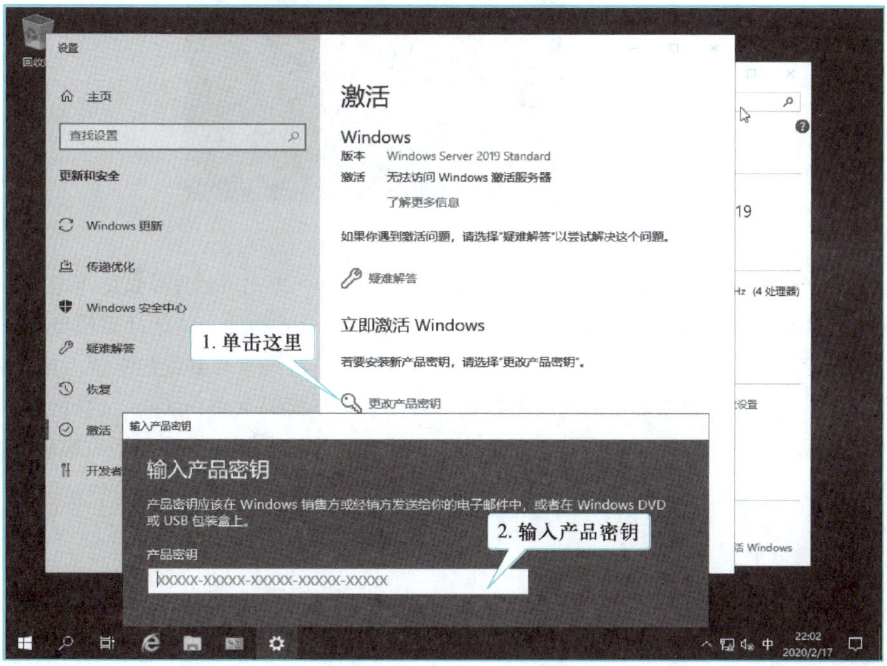

图 1-14 “设置”窗口

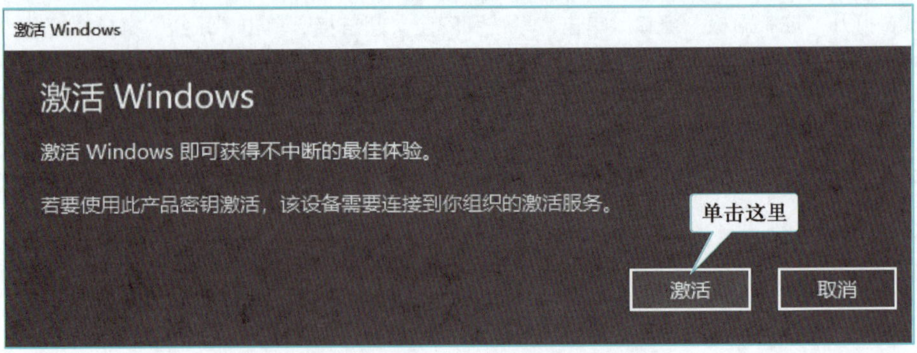

图 1-15　“激活 Windows”窗口

（15）步骤 15：从系统里注销。如图 1-16 所示，单击开始图标，单击用户头像，可以选择“锁定”和“注销”菜单项。“注销”：结束正在执行的程序，退出系统，可以重新登录。“锁定”：锁定屏幕，防止他人操作，程序仍然运行，按 Ctrl+Alt+Delete 组合键，输入密码后，可以解锁屏幕，继续操作。

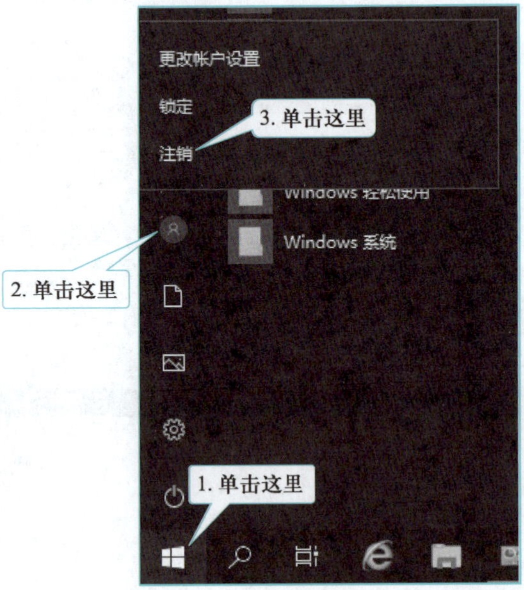

图 1-16　锁定或注销

（16）步骤 16：关机或者重启系统。如图 1-17 所示，单击开始图标，单击，可以选择“关机”和“重启”菜单项。“关机”：结束系统全部程序，关闭计算机电源。“重启”：结束系统全部程序，重新引导系统。系统重新配置时经常需要重启系统。如需要停止服务器运行，不要直接断开服务器的电源，或者长按电源开关强行关机，这样会导致系统的各个程序非正常关闭，内存中的数据未写入硬盘，造成数据丢失或者系统被破坏。

1.2.4　子任务 4　以其他方式安装 Windows Server 2019

微课：1-8
其他方式安装 Windows Server 2019

1. 升级安装

如果网络中有 Windows Server 2012 R2、Windows Server 2016 服务器，则可以把这些 Windows Server 升级到 Windows Server 2019。在图 1-6 中，选择“升级：安装 Windows 并

保留文件、设置和应用程序”超链接，然后参照全新安装的步骤进行升级。升级安装的好处在于：可以在保留原有的配置（例如用户、文件权限等）的前提下，运行最新版本的 Windows Server，从而使用最新功能（包括最新的安全功能），并提供更好的性能。

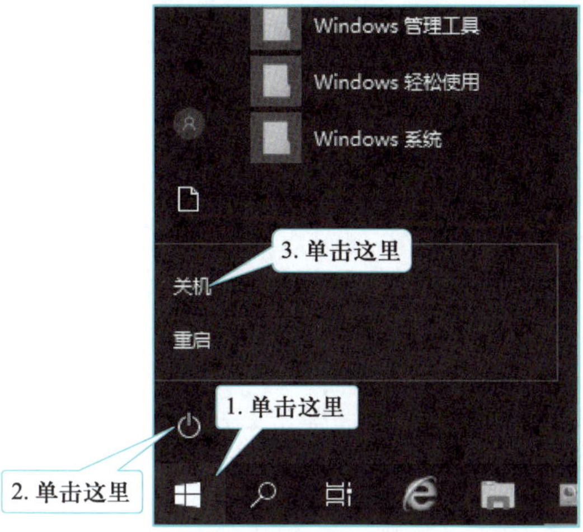

图 1-17 关机或重启

只有 Windows Server 2012 R2、Windows Server 2016 可以直接升级到 Windows Server 2019，更早之前的操作系统（例如 Windows Server 2008 R2）不能直接升级到 Windows Server 2019，需要先升级到 Windows Server 2012 R2。早期 Windows Server 升级到 Windows Server 2019 的途径如图 1-18 所示。

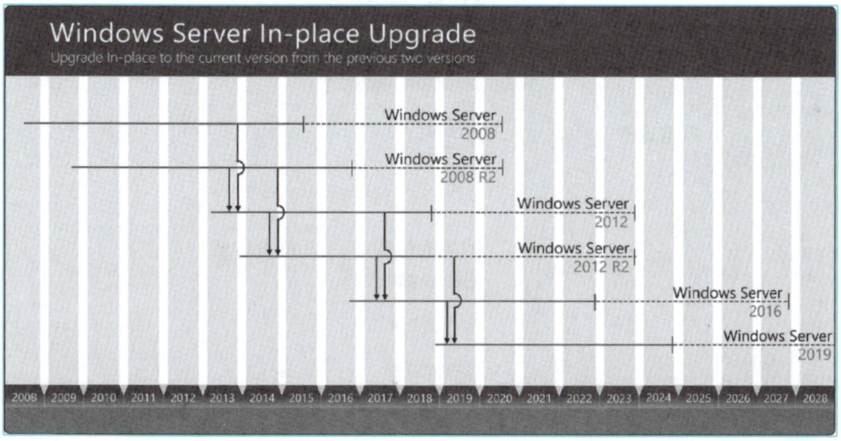

图 1-18 早期 Windows Server 升级到 Windows Server 2019 的途径

2. 服务器核心（Server Core）安装

在安装 Windows Server 2019 时可以选择不带用户图形界面（GUI）的版本，也就是只安装服务器核心（Server Core）。这种安装方式只安装服务器角色所需要的文件，没有 Windows 图形界面，需要 CMD 或者 PowerShell 命令行配置和管理服务器，可以提高性能和稳定性，但是增加了管理难度。

在图 1-5 中，选择不带“桌面体验”的选项，按照安装程序的提示即可只安装服务器核心（Server Core）。Windows Server 2019 图形用户界面（GUI）和服务器核心（Server

Core）之间是无法切换的，安装时请慎重选择。

1.3　任务 3　Windows Server 2019 基本设置

微课：1-9
Windows Server 2019
基本设置

Windows Server 2019 安装好后，通常需要做一些基本设置，例如网络 IP 地址、桌面图标等。本任务将对 Windows Server 2019 进行一些基本配置，方便管理员操作或者优化服务器的运行。

PPT：1-3
Windows Server 2019
基本设置

1.3.1　子任务 1　设置桌面图标

第一次登录 Windows Server 2019 系统时，桌面上只有一个“回收站”图标，不方便使用，最好在桌面上把“计算机”“网络”等图标加上，步骤如下。

（1）步骤 1：在桌面上任意空白处右击，在弹出的快捷菜单中，选择“个性化”菜单项，打开“设置”窗口，如图 1-19 所示，单击“主题”，单击“桌面图标设置”，打开“桌面图标设置”对话框。

微课：1-10
设置桌面图标

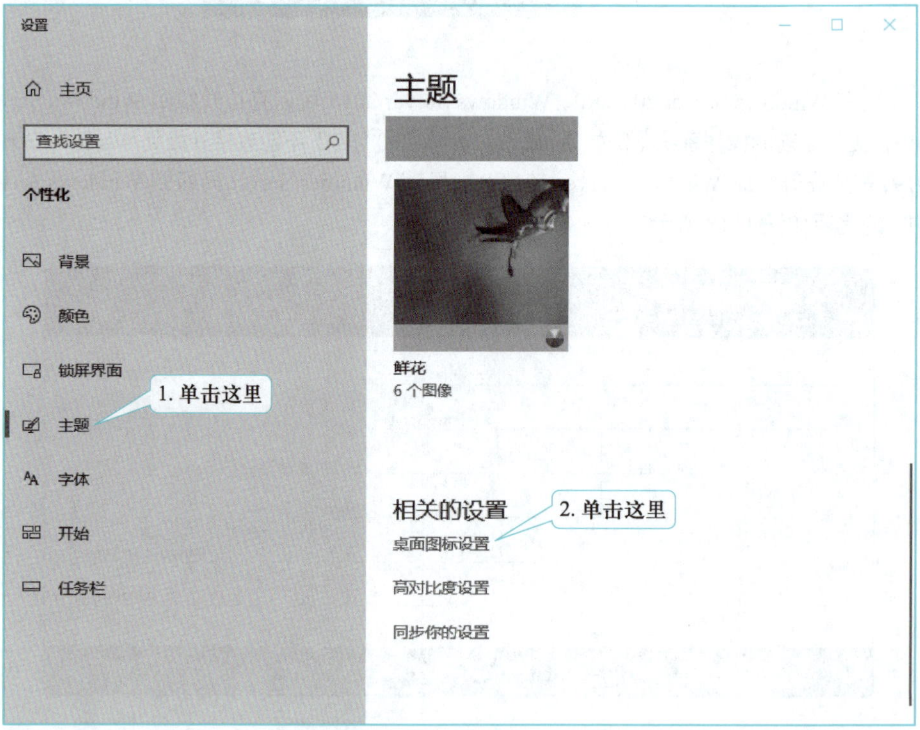

图 1-19　“设置”窗口

（2）步骤 2：如图 1-20 所示，根据个人需要，把“计算机”“回收站”“控制面板”“网络”等选项选中，单击“确定”按钮。

微课：1-11
显示设置

1.3.2　子任务 2　显示设置

可以改变显示的字体大小、屏幕分辨率，以方便使用计算机，步骤如下。

（1）步骤 1：在桌面上任一空白处右击，在弹出的快捷菜单中，选择“显示设置”菜单项，打开“显示”窗口，如图 1-21 所示。

图 1-20 “桌面图标设置”对话框

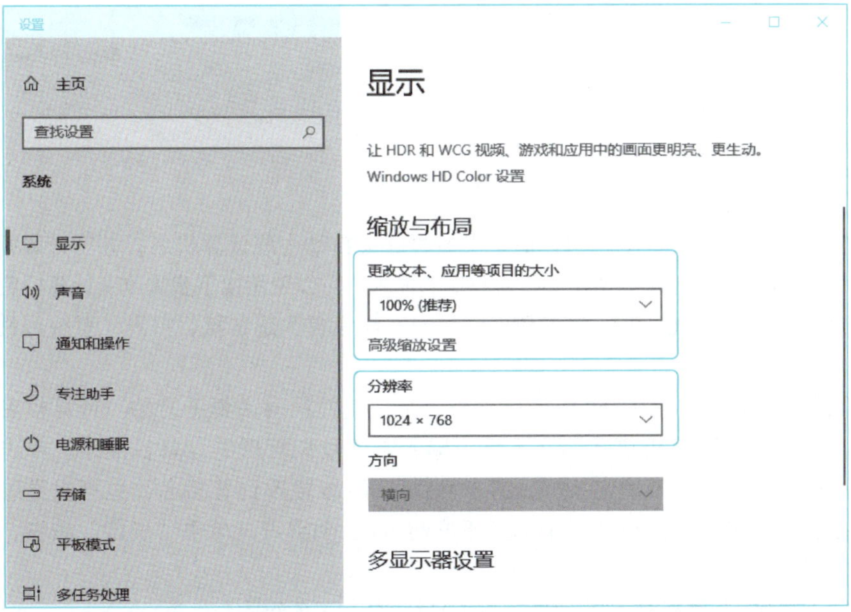

图 1-21 “显示”窗口

（2）步骤 2：在图 1-21 所示窗口右侧的“缩放与布局”区域，在“更改文本、应用等项目的大小”下拉列表框中，可以选择字体缩放的百分比，或者单击“高级缩放设置”超链接，可以自定义字体缩放比例。

（3）步骤 3：在图 1-21 所示窗口右侧的“缩放与布局”区域，在“分辨率”下拉列表框中可以选择显示分辨率。

1.3.3 子任务 3 设置系统属性

微课：1-12
设置系统属性

先按照 1.3.1 节介绍的步骤在桌面上添加图标。右击桌面上的“此电脑”图标，选择“属性”菜单项，打开“系统”窗口，如图 1-22 所示。在窗口中可以看到 Windows 版本、处理器、内存、计算机名、工作组、Windows 激活等信息。

图 1-22 “系统”窗口

1. 改变计算机名和工作组

安装 Windows Server 2019 时，安装程序会自动生成计算机名，并把计算机加入 WORKGROUP 工作组，这通常不符合我们的需求。可以使用以下步骤改变计算机名。

（1）步骤 1：单击图 1-22 左侧的“高级系统设置”超链接，打开“系统属性”对话框。

（2）步骤 2：如图 1-23 所示，单击“系统属性”对话框上方的“计算机名”选项卡。可以在“计算机描述”文本框内输入方便我们管理的计算机描述。单击“更改”按钮，打开“计算机名/域更改”对话框，可以更改计算机名，也可以更改计算机所在的工作组，计算机名、工作组不能超过 15 个字符。单击“确定”按钮，关闭各对话框。

（3）步骤 3：重新启动计算机，新的计算机名和工作组才会生效。

2. 系统的高级设置

作为网络服务器，为用户提供网络服务就需要对 CPU、内存资源进行一些优化设置。如图 1-24 所示，单击“系统属性”对话框中的“高级”选项卡。

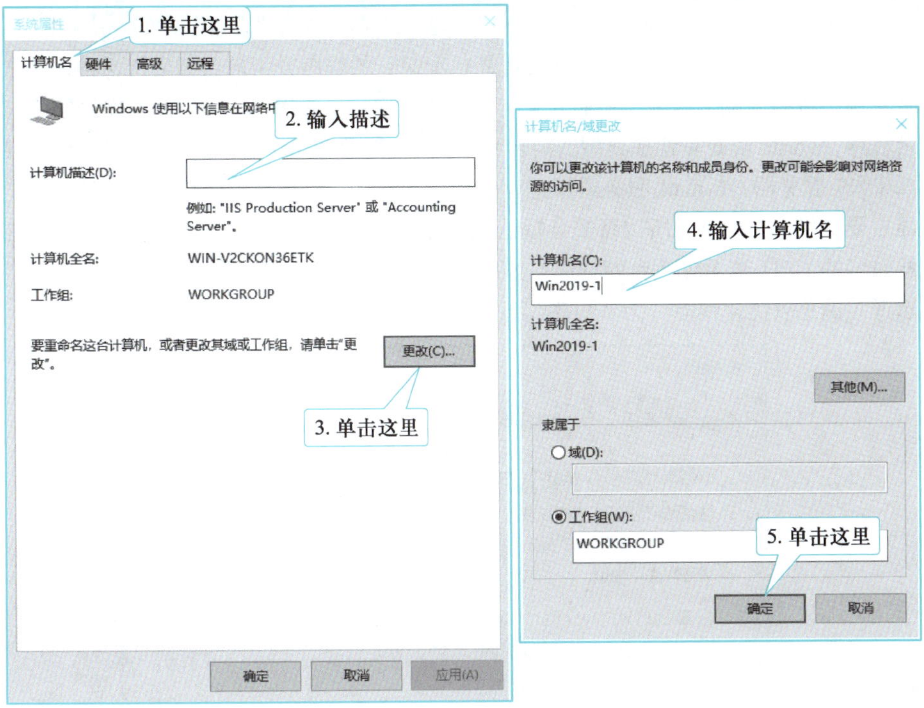

图 1-23　“系统属性”对话框

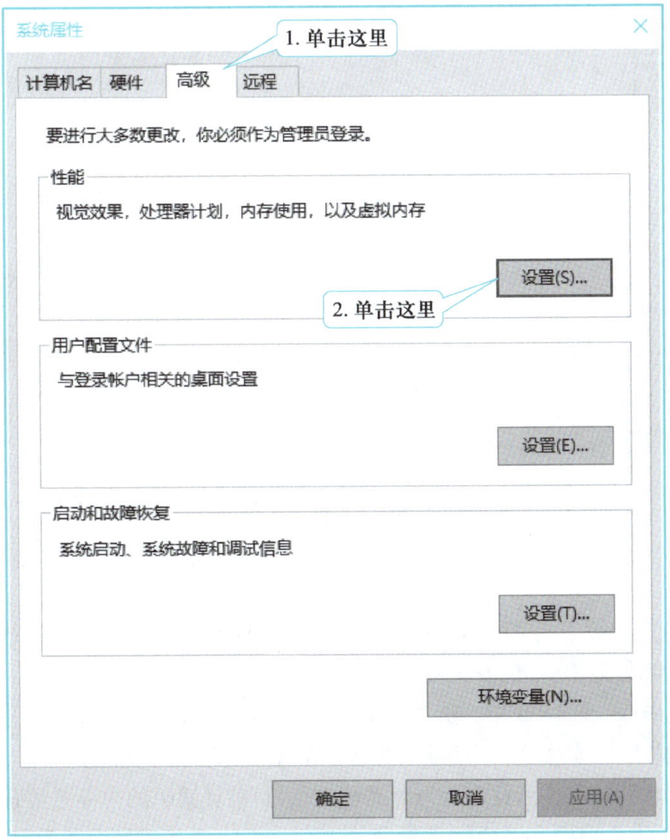

图 1-24　“高级”选项卡

（1）处理器计划：图 1-24 中，单击“性能”选项区中的“设置”按钮。打开图 1-25 所示对话框，单击“高级”选项卡。在计算机上运行的程序分为前台和后台两种，通常把需要和用户进行互动（等待用户输入文字或者单击鼠标）的程序、有用户界面的程序称为前台程序，Word、游戏等就是典型的前台程序。而不需要和用户交互的程序称为后台程序，例如 DNS 服务器、E-mail 服务器等，它们默默运行在计算机上为用户提供服务。由于服务器主要提供网络服务，所以系统会默认把“处理器计划”设置为后台服务，这时系统会分配较多的 CPU 资源给后台的程序。如果在这台计算机上编辑文件、上网、玩游戏，可以选择“调整以优化性能”为“程序”。这里应该保持默认值（后台服务）。

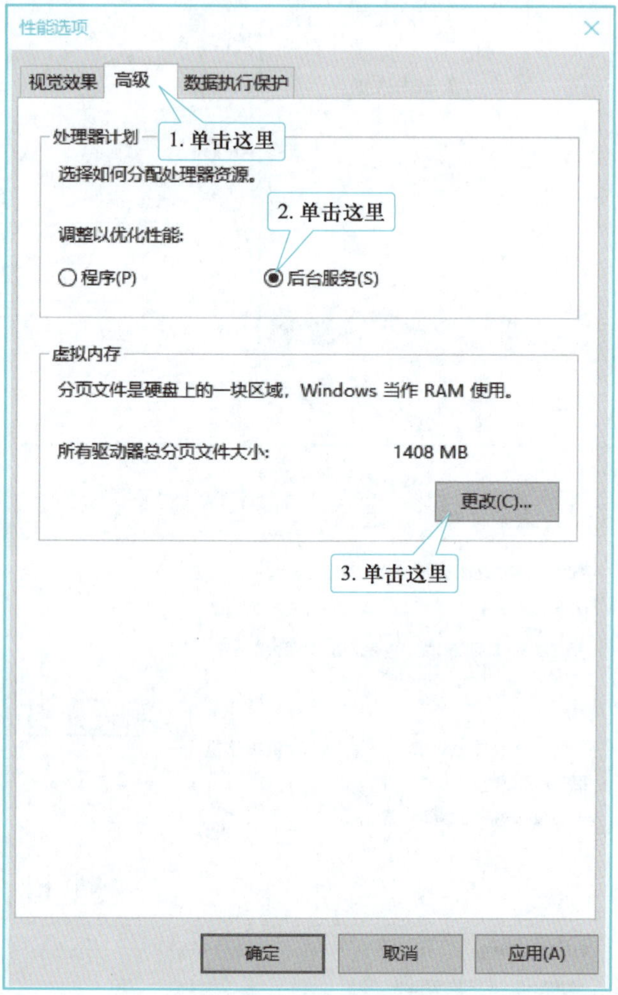

图 1-25　“性能选项”对话框

服务器应该专用于提供网络服务，把服务器当成办公计算机不是一个好习惯，不仅大材小用，更会降低服务器的安全性、稳定性。

（2）虚拟内存：图 1-25 中，在“虚拟内存”选项区中单击“更改”按钮，打开图 1-26 所示的“虚拟内存”对话框。系统默认自动管理虚拟内存的大小和分布。

计算机操作系统和应用程序运行时需要内存。目前计算机的内存通常有几 GB 到几十 GB。然而现在的应用程序消耗越来越多的内存，因此内存还是不能满足它们的需要。Windows Server 2019 会将一部分硬盘空间设置为虚拟内存（也称分页文件），将内存中暂时不用的数据写到磁盘上，腾出内存空间给系统或者应用程序。如果需要用到这些数据，再将它们从磁盘读到内存中。因此计算机的物理内存不能太小，否则会导致磁盘的经常性读写。同时虚拟内存的大小设置也很关键，虚拟内存过小也会导致数据在物理内存和虚拟内存之间频繁交换。虚拟内存的大小建议为物理内存的 1.0～1.5 倍。如果计算机有多个物理磁盘，可以把虚拟内存分布在不同的物理磁盘上，这样几个磁盘可以同时读写数据，提高性能。

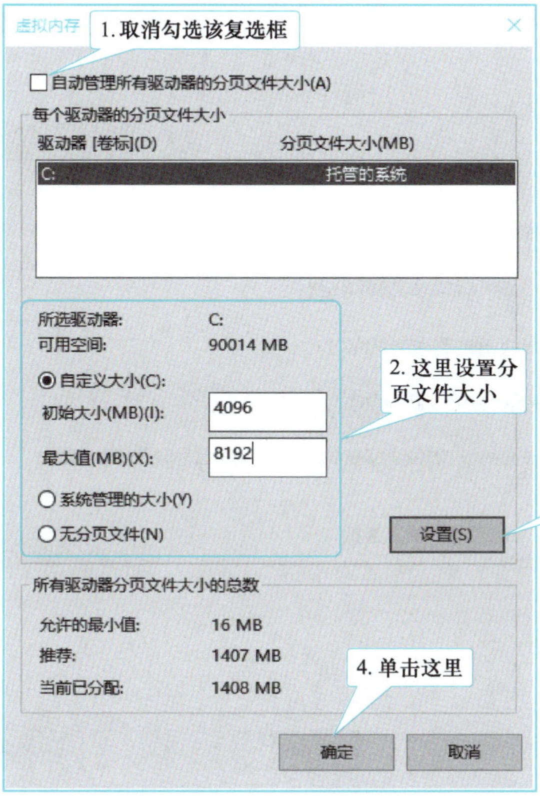

图 1-26 “虚拟内存”对话框

通常让系统自行管理虚拟内存的大小即可，不过如果有多个磁盘，磁盘性能有差别，可以手工设置虚拟内存。如图 1-26 所示，消除“自动管理所有驱动器的分页文件大小”复选框，选择驱动器后可以设置该驱动器上的虚拟内存大小。

- “自定义大小”选项：可以设置选定的驱动器上分页文件的初始大小和最大值。
- “系统管理的大小”选项：系统根据需要自动在驱动器上分配分页文件的大小。
- “无分页文件”选项：在该驱动器上没有分页文件。

选择以上选项后，单击“设置”按钮，再单击“确定”按钮，关闭各对话框。需要重新启动计算机才能生效。

分页文件的文件名为“pagefile.sys”，存放在各驱动器的根目录，该文件的类型是系统文件，默认是隐藏的。各磁盘应该保留一定的空闲空间供分页文件使用，特别是 C 盘。

3. 远程桌面设置

服务器通常安装在机房的机架上，机房噪声大、温度低、辐射大，也没有舒适的办公设备。管理员通常是在机房把 Windows Server 2019 安装好，并做了网络等基本配置后，打开远程桌面，回到自己的办公室远程管理服务器。打开远程桌面的步骤如下。

（1）步骤 1：如图 1-27 所示，在“系统属性”对话框中，单击“远程”选项卡。

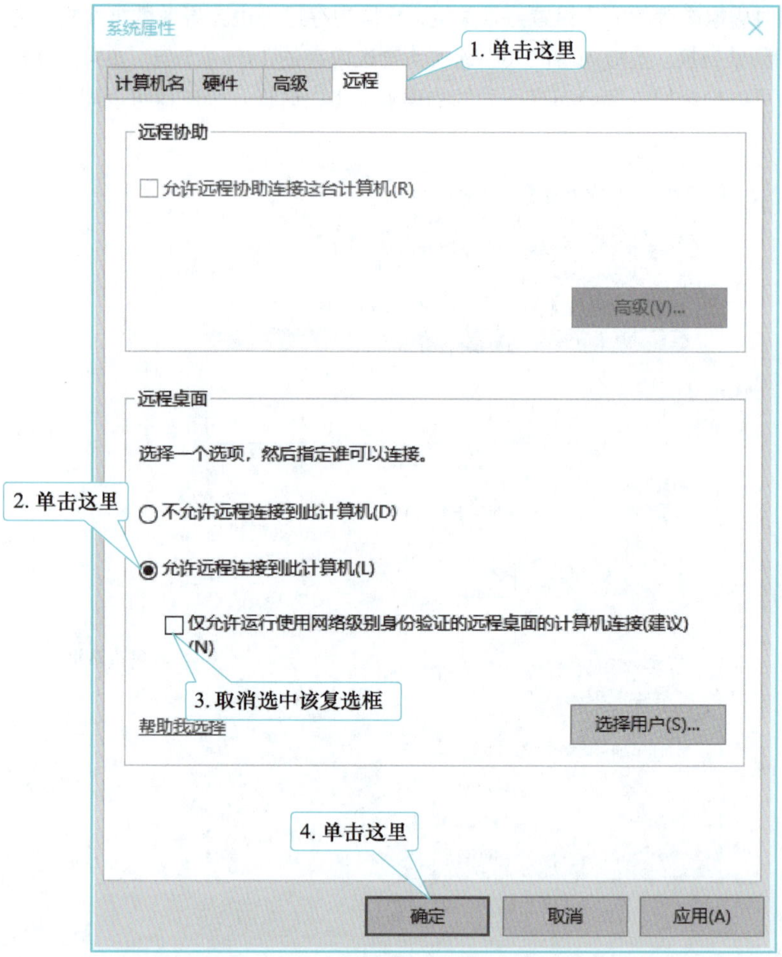

图 1-27　“远程桌面”设置

（2）步骤 2：在“远程桌面”选项区中，选中“允许远程连接到此计算机”单选按钮，并取消选中“仅允许运行使用网络级别身份验证的远程桌面的计算机连接”复选框，单击“确定”按钮。默认 Administrator 账户可以远程登录，如果需要别的账户也能远程登录，在图 1-27 中，单击“选择用户”按钮可添加用户。

1.3.4　子任务 4　配置网络

微课：1-13
配置网络

要提供网络服务，必须能够连接到网络，因此需要对网络进行配置。先按照 1.3.1 节介绍的步骤在桌面上添加图标。右击桌面上的“网络”图标，在弹出的快捷菜单中，选择“属性”菜单项。打开“网络和共享中心”窗口，如图 1-28 所示；也可以从菜单“开始”→“控制面板”→“网络和 Internet”→“网络和共享中心”打开该窗口。图中显示当前服务器有一块网卡（Ethernet0），该网卡连接的网络名称为“未识别的网络”，网络位置为“公用网络”。

1．更改适配器设置

图 1-28 中，单击左侧的“更改适配器设置”链接，打开“网络连接”窗口，如图 1-29

所示，窗口中列出了当前的全部网络连接（网卡）。右击“Ethernet0”，在弹出的快捷菜单中，选择“属性”菜单项，打开“Ethernet0 属性”对话框，如图 1-30 所示，可以对该连接（网卡）进行设置。默认已经启用了大多数选项，部分选项含义如下，通常保持默认设置即可。

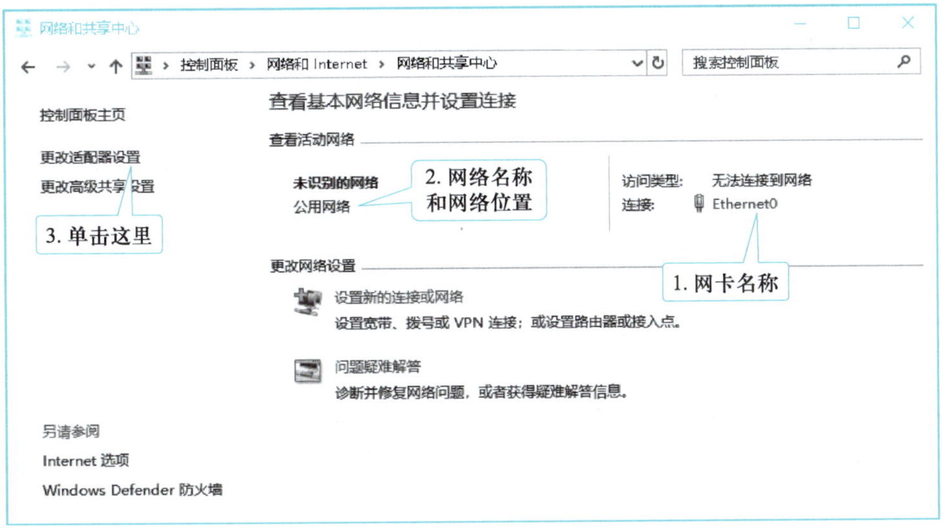

图 1-28 “网络和共享中心”窗口

图 1-29 “网络连接”窗口

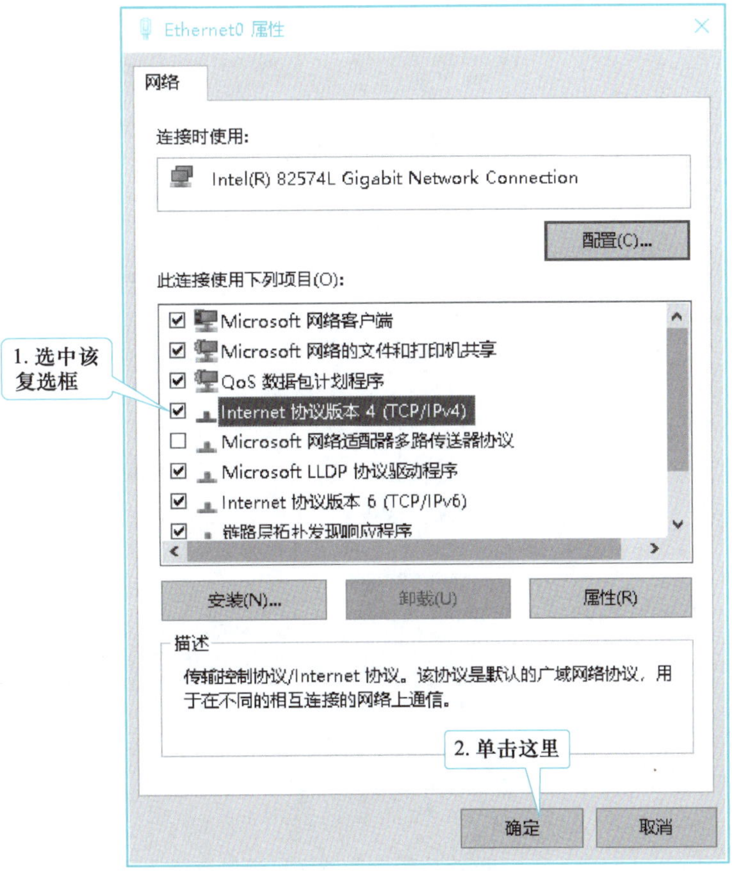

图 1-30 “Ethernet0 属性”对话框

- Microsoft 网络客户端：允许计算机访问其他 Windows 计算机的资源，例如共享文件夹，如果想使用他人的资源，请打开此项。
- Microsoft 网络的文件和打印机共享：允许其他 Windows 计算机访问该计算机上的共享文件夹、打印机等。
- QoS 数据包计划程序：提供网络流量控制，包括流量率和优先级服务。
- Internet 协议版本 4（TCP/IPv4）：现在 Internet 正在使用的协议，下一小节重点介绍。
- Microsoft LLDP 协议驱动程序：链路层发现协议，用以发现网络中的相邻设备。
- Internet 协议版本 6（TCP/IPv6）：该协议是 Internet 将使用的下一代协议，需要引起足够重视，可以解决 IPv4 地址紧缺的问题。
- 链路层拓扑发现响应程序：允许在网络上发现和定位这台计算机。
- 链路层拓扑发现映射器 I/O 驱动程序：用以发现和定位网络上的其他计算机、设备。网络发现功能就是基于这个协议来发现别的计算机的，如果去掉该项，即使开启了网络发现功能，也无法发现其他计算机。

在图 1-30 中，选中“Internet 协议版本 4（TCP/IPv4）”复选框，单击“属性”按钮，打开图 1-31 所示对话框，对 IPv4 进行设置。根据我们的规划（图 1-1），配置 IP 地址、子网掩码、默认网关、DNS 服务器地址。单击“确定”按钮，如图 1-32 所示，单击“否”按钮，禁止被其他计算机发现。

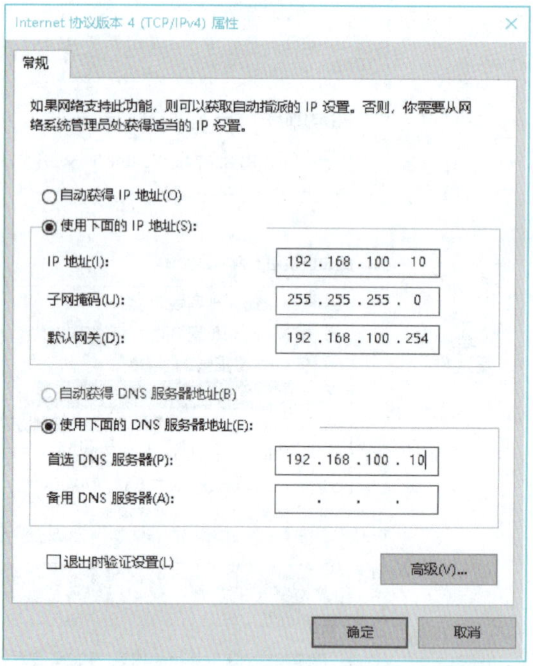

图 1-31　“Internet 协议版本 4（TCP/IPv4）属性”对话框

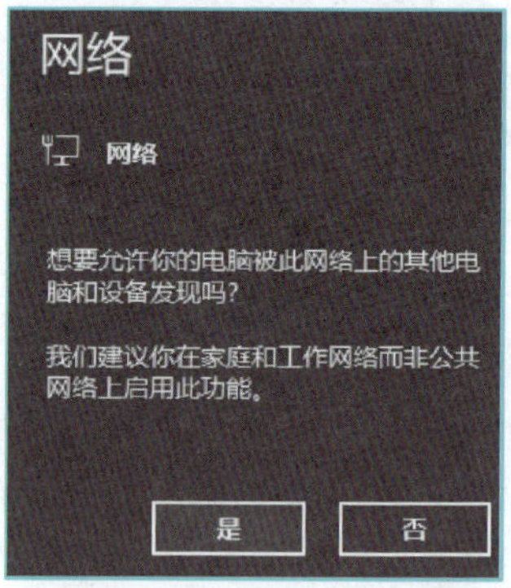

图 1-32　禁止被其他计算机发现

2. 网络位置设置

网络位置会影响防火墙的生效，因此需要设置正确的网络位置。网络位置有专用网络（Private）、公用网络（Public）、域网络（Domain Authenticated）三种。专用网络是指计算机放置于办公室、家庭等专用场所，公用网络是指计算机放置于机场、咖啡厅等公共场合，域网络是指计算机加入域。之所以区分网络位置，是因为不同场合中计算机受到的威胁是不一样的，在公共场所明显更不安全，因此保护计算机的措施也是不一样的。默认网卡所处的网络位置是公用网络，如图 1-28 所示。改变网络位置的步骤如下。

（1）步骤 1：单击“开始”→“Windows PowerShell”→“Windows PowerShell”菜单项，打开“Windows PowerShell”窗口。Windows PowerShell 是一种命令行外壳程序和脚本环境，使命令行用户和脚本编写者可以利用.NET Framework的强大功能。

（2）步骤 2：如图 1-33 所示，执行“Get-NetConnectionProfile”命令，可以查看各网卡连接的网络的名称（Name）、网络位置（NetworkCategory）。

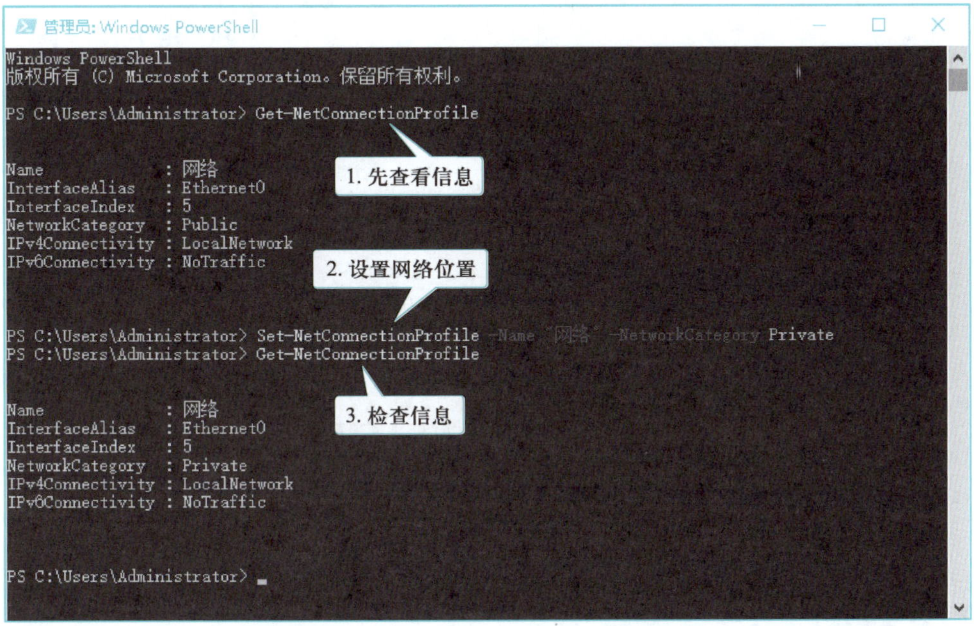

图 1-33 “Windows PowerShell”窗口

（3）步骤 3：如图 1-33 所示，执行命令“Set-NetConnectionProfile -Name "网络" -NetworkCategory Private”，把“网络”的网络位置改为专用网络（Private）。

（4）步骤 4：如图 1-33 所示，再次执行“Get-NetConnectionProfile”命令，查看各网卡连接的网络位置（NetworkCategory）是否已经更改。如图 1-34 所示，可以看到网络位置已经更改。

3. 防火墙

防火墙检查来自网络的信息（数据包），然后根据设置阻止或者允许信息通过计算机，从而保护计算机。Windows Server 2019 的防火墙是一个半状态化的防火墙，会放行从计算机由里往外发的数据包，也会放行从外往里发的回包，除非进行配置，否则不放行从外往里发的数据包（回包除外）。比喻为，某学校保安会放行出校园的学生，也会放行出校园的学生返回学校，但是不放行出校园的学生带回的朋友，或者来学校找学生的人（除非保安接到上级的指令）。防火墙的生效会受到网络位置的影响。

（1）步骤 1：Windows Server 2019 默认是开启防火墙的。在图 1-34 中单击左下角的

“Windows Defender 防火墙”链接，打开如图 1-35 所示窗口。防火墙有三种配置文件：“专用配置文件”“公用配置文件”“域配置文件”，分别和网络位置中的“专用网络”“公用网络”“域网络”对应。例如，当网卡的网络位置为“专用网络”时，防火墙的“专用配置文件”中的防火墙规则生效。

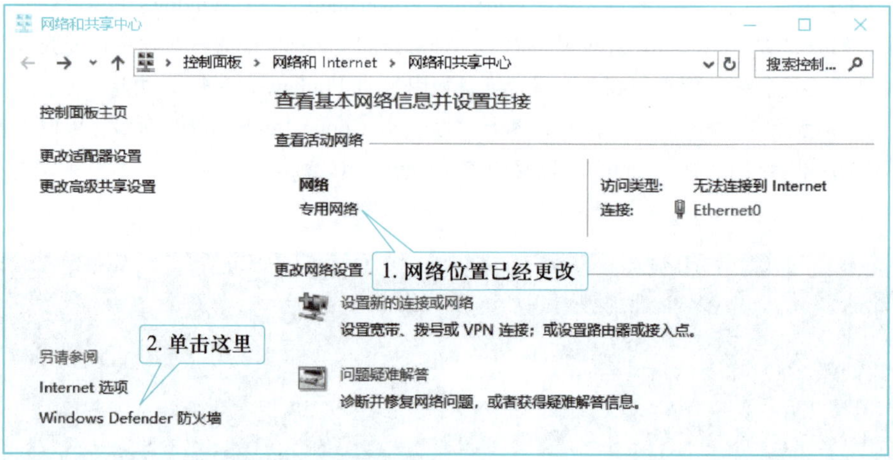

图 1-34　网络位置已经更改

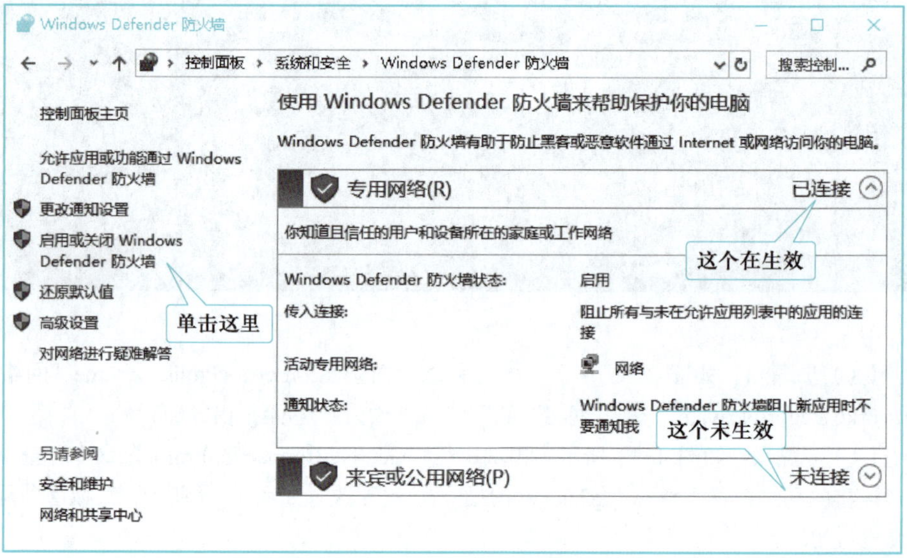

图 1-35　“Windows Defender 防火墙”窗口

（2）步骤 2：在图 1-35 中，单击“启用或关闭 Windows Defender 防火墙”超链接，打开“自定义设置”窗口，如图 1-36 所示，可以关闭或者启用“专用网络设置”“公用网络设置”或者“域网络设置”，单击“确定”按钮即可。不建议关闭防火墙，这会降低网络的安全性。

（3）步骤 3：当服务器对外提供网络服务时，需要配置防火墙允许其他计算机主动发送数据到该服务器。通常情况下，当管理员在服务器安装某个网络服务时，安装程序会自动配置防火墙允许该服务通过防火墙，一般无须管理员额外配置防火墙。单击图 1-35 中左侧的“允许应用或者功能通过 Windows Defender 防火墙”链接，打开“允许的应用”

窗口，如图 1-37 所示。可以看到“远程桌面”在“专用”“公用”配置文件中都已经被允许，这是因为前面打开了该服务器的远程桌面功能。

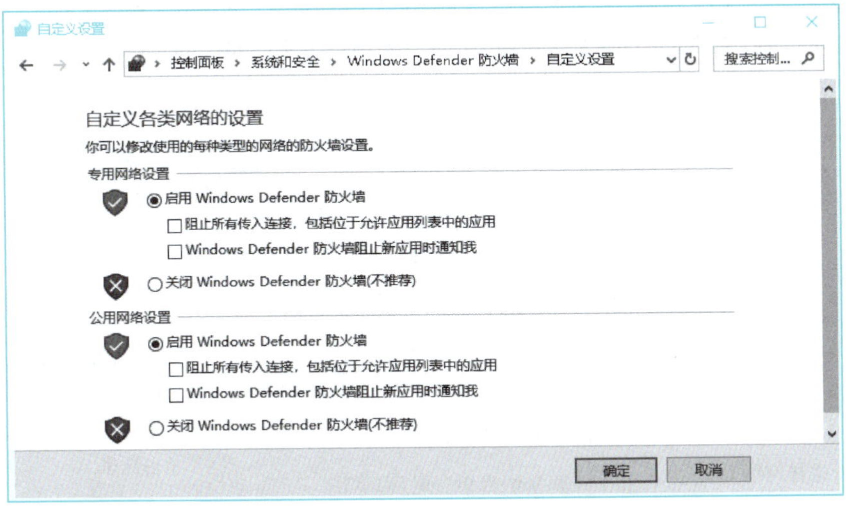

图 1-36 “自定义设置”窗口

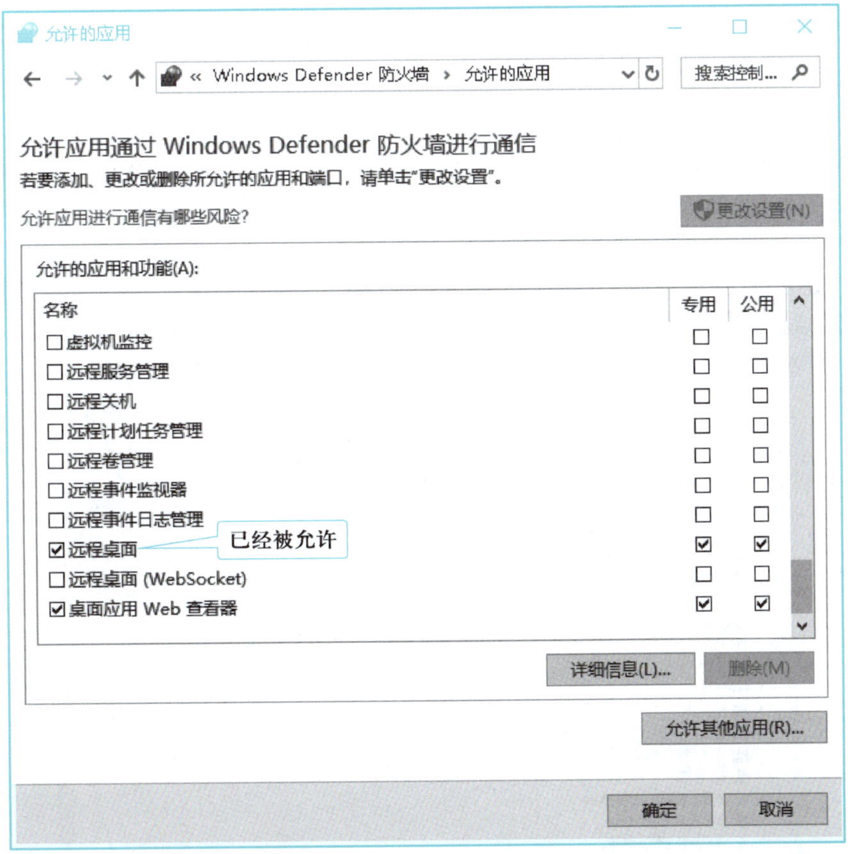

图 1-37 “允许的应用”窗口

（4）步骤 4：如图 1-37 所示，可以手动配置某个应用或者功能是否可以通过防火墙。勾选应用或者功能的名称，并在“专用”“公用”或“域”列中进行勾选。

（5）步骤 5：如果某个网络服务并不是标准的 Windows 应用或功能，或者安装服务时安装程序并未在防火墙中自动添加应用，则可以另行允许应用通过防火墙。在图 1-37 下方，单击“允许其他应用”按钮，打开如图 1-38 所示的“添加应用”对话框。单击“浏览”按钮，找到应用程序，单击“网络类型”按钮，选择“专用”“公用”或“域”，单击“添加”按钮。

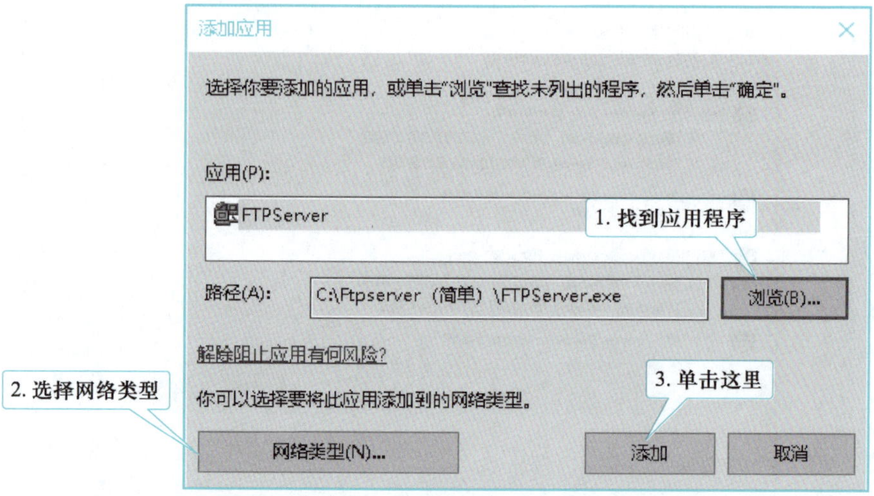

图 1-38 “添加应用”对话框

1.3.5 子任务 5 管理硬件设备

微课：1-14
设备管理器

Windows Server 2019 支持硬件设备的即插即用（Plug and Play，PnP），并且安装盘中已经包含了多种经过微软认证的主流硬件的驱动程序。因此大多数情况下，系统会自动安装硬件驱动程序。硬件设备管理步骤如下。

（1）步骤 1：先按照 1.3.1 节介绍的步骤在桌面上添加“此电脑”图标。在桌面上右击“此电脑”图标，选择“属性”菜单项，单击“设备管理器”超链接，打开图 1-39 所示的“设备管理器”窗口，管理器中按类别列出了该服务器上的各种硬件设备。

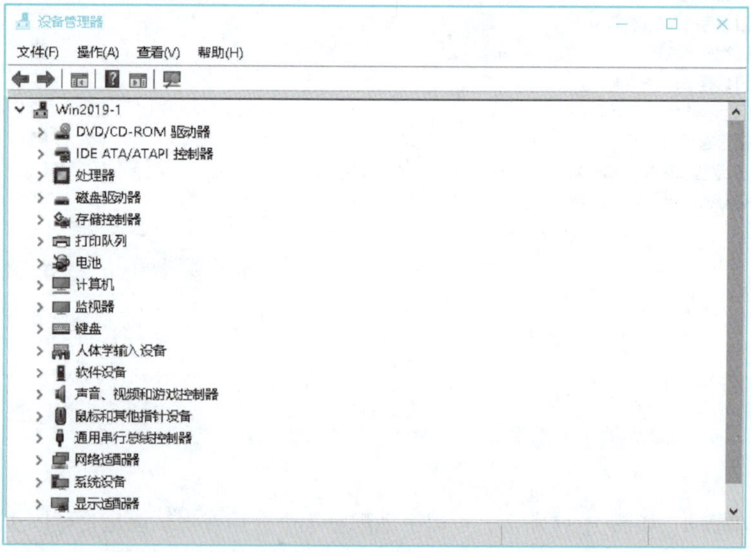

图 1-39 “设备管理器”窗口

（2）步骤 2：右击图 1-39 中的计算机名（最上面一行），在弹出的快捷菜单中，选择“扫描检测硬件改动”菜单项，可以刷新计算机的硬件。如果系统包含新增的硬件驱动程序，则会自动安装驱动程序，并启用该硬件。

（3）步骤 3：如果系统无法自动安装新增硬件的驱动程序，则新增的硬件会成为未知设备，并且该硬件会有感叹号图标。右击该新增设备，进行驱动更新，如图 1-40 所示，选择“浏览我的计算机以查找驱动程序软件”，找到驱动程序所在的位置，根据提示完成安装。驱动程序通常需要从厂家处获得。强烈建议购买经过微软认证的硬件设备，不仅保证驱动程序容易安装，而且保证设备能在 Windows Server 2019 上稳定运行。

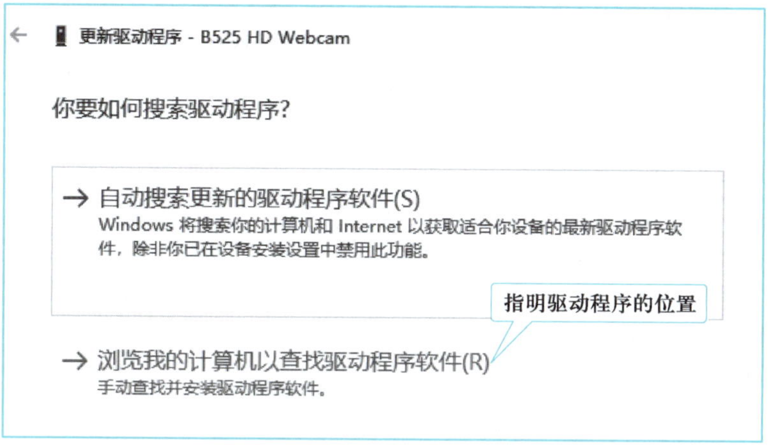

图 1-40　更新驱动程序

（4）步骤 4：如需要禁用或卸载设备，如图 1-41 所示，右击设备，在弹出的快捷菜单中，选择“禁用设备”或者“卸载设备”菜单项。如果硬件设备卸载后并没有从服务器上移除，则重新扫描硬件或者重启服务器，系统会自动重新安装设备驱动。禁用设备是停止设备的使用，即使把设备移除再重新连接，或者重启服务器，该设备都无法使用。

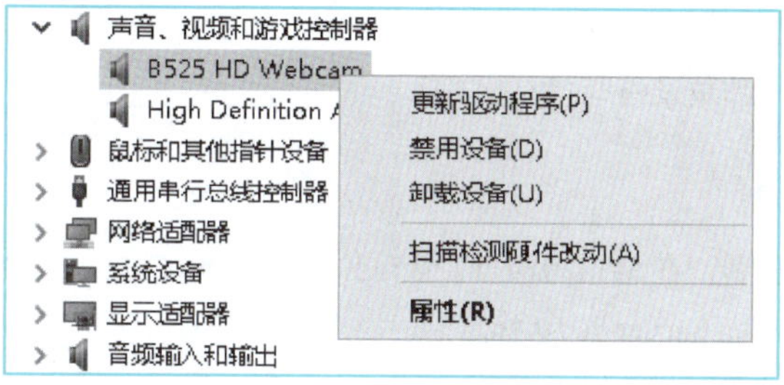

图 1-41　禁用、卸载设备

小结

本项目分析了一个中小新兴产业企业的网络需求，对网络拓扑、IP 地址、服务器等进行了规划。本书此后的各项目将围绕这个设计来实施。本项目主要介绍了服务器的安装和配置。Windows Server 2019 因为其操作方式和其他 Windows 产品一样而受到管理员的喜爱。比起之前的服务器操作系统，Windows Server 2019 在性能、功能等方面有很大的提升。目前 Windows Server 2019 有两个版本：标准版、数据中心版，标准版可满足大多数场景的应用，数据中心版主要用于数据中心场景。Windows Server 2019 有一个最低的硬件要求，现在的服务器基本都能满足。Windows Server 2019 的安装过程相当简单，基本可以无人值守。安装完毕，须配置以下几项：管理员密码、计算机名、IP 地址、系统属性等。

习题

1. 填空题

（1）当前服务器操作系统有________和________两大系列。

（2）Windows Server 2019 和 Windows Server 2016 相比，在________、________、________和________方面实现了创新。

（3）Windows Server 2019 要求 CPU 主频不得低于________，内存不得低于________，系统分区的硬盘空间不得低于________。

（4）Windows Server 2019 是________位操作系统。

（5）Windows Server 2019 的计算机名最长为________个字符。

（6）Windows Server________、Windows Server________可以直接升级到 Windows Server 2019。

（7）防火墙有三种配置文件：________、________、________，分别和网络位置中的________、________、________对应。

2. 简答题

（1）Windows Server 2019 目前有标准版（Standard）和数据中心版（Datacenter），这两个版本的使用场景是什么?

（2）Windows Server 2019 桌面体验版和服务器核心版有什么区别?

（3）分页文件有什么用处？一般为多大?

（4）设置网络位置的 PowerShell 命令是什么?

（5）禁用设备和卸载设备有什么区别?

3. 实践题

按照图 1-1 的规划，在 Win2019-1、Win2019-2、Win2019-3 三台服务器上：

（1）安装 Windows Server 2019 标准版。

（2）设置管理员密码。

（3）打开远程桌面连接。

（4）配置网卡的 IP 地址。

（5）启用防火墙。

项目2

管理本地用户和组

项目背景

要使用服务器或对服务器进行配置，需要使用用户账户（User Account）登录到服务器。用户账户有本地用户（Local User）账户和域用户（Domain User）账户两类。域用户账户用来访问域内的资源或者管理域。本地用户账户用来登录本地服务器。组账户（Group Account）是权限相同的用户账户的集合，方便管理员批量管理使用者的权限。本项目中，用户账户（User Account）简称用户（User），组账户（Group Account）简称组（Group）。

目前已经安装了 Windows Server 2019，本项目将在 Windows Server 2019 上为企业员工创建用户和组，以便他们登录系统。

项目任务

（1）为企业员工创建用户。

（2）为管理员创建密码重置盘。

（3）创建本地组批量管理用户的权限。

2.1　任务 1　管理本地用户

微课：2-1
本地账户管理

本任务将介绍 Windows Server 2019 的内置本地用户，以及对本地用户进行管理。

2.1.1　子任务 1　了解内置本地用户

PPT：2-1
本地账户管理

服务器上有一个账户数据库，称为安全账户管理器（Security Accounts Manager，SAM），SAM 文件路径为“\Windows\system32\config\”。在 SAM 中存放着该计算机上全部用户和组的信息（例如 SID、用户名、密码等），这些用户和组仅在这台计算机上生效，所以称为本地用户和本地组。在 SAM 里，每个用户和组被赋予唯一的安全识别号（Security Identifier，SID），Windows 通过 SID 识别用户和组，而不是通过用户名或者组名。计算机使用者使用本地用户登录计算机时，需要经过 SAM 验证。

安装 Windows Server 2019 后，系统已经自动创建了一些本地用户便于使用和管理系统，这些用户称为内置用户。

微课：2-2
了解内置本地用户

（1）步骤 1：如图 2-1 所示，单击“开始”→“服务器管理器”菜单项，打开“服务器管理器”窗口。

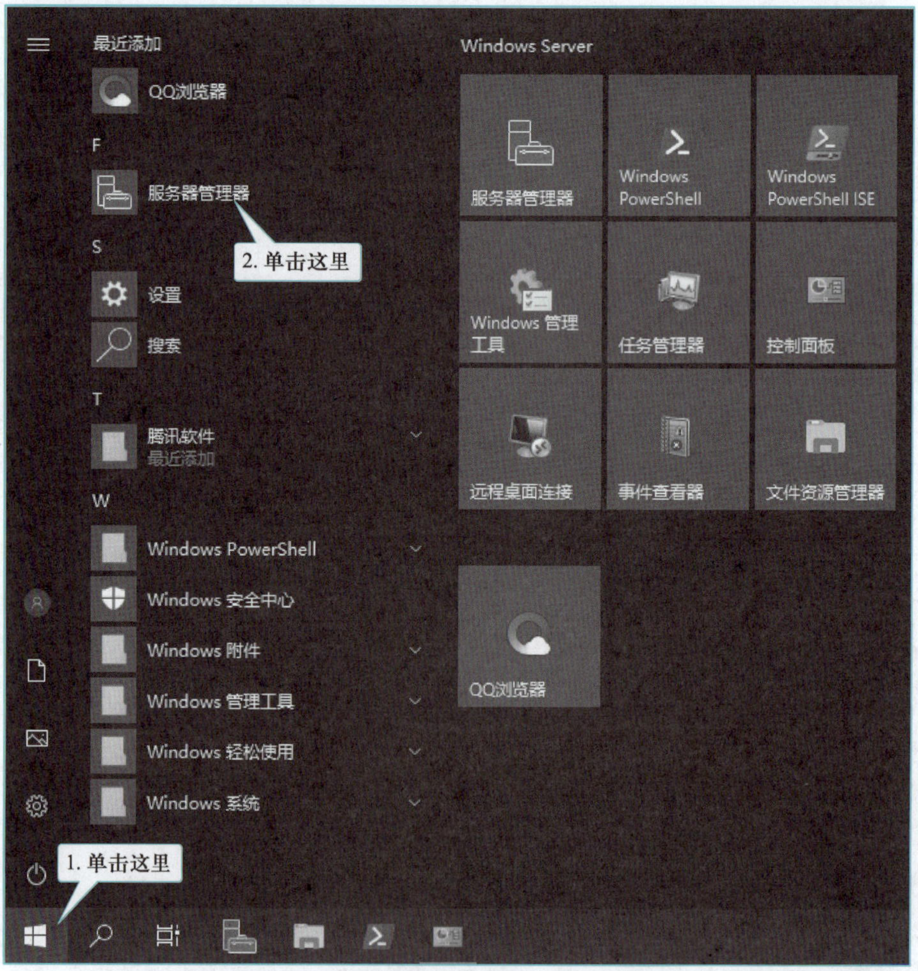

图 2-1　“开始”菜单

（2）步骤 2：如图 2-2 所示，服务器管理器是管理服务器最主要的工具，本书后续章节介绍的服务器的管理工作大多也在该窗口中进行。单击窗口右上角的“工具”菜单，选择“计算机管理”菜单项，打开“计算机管理”窗口。

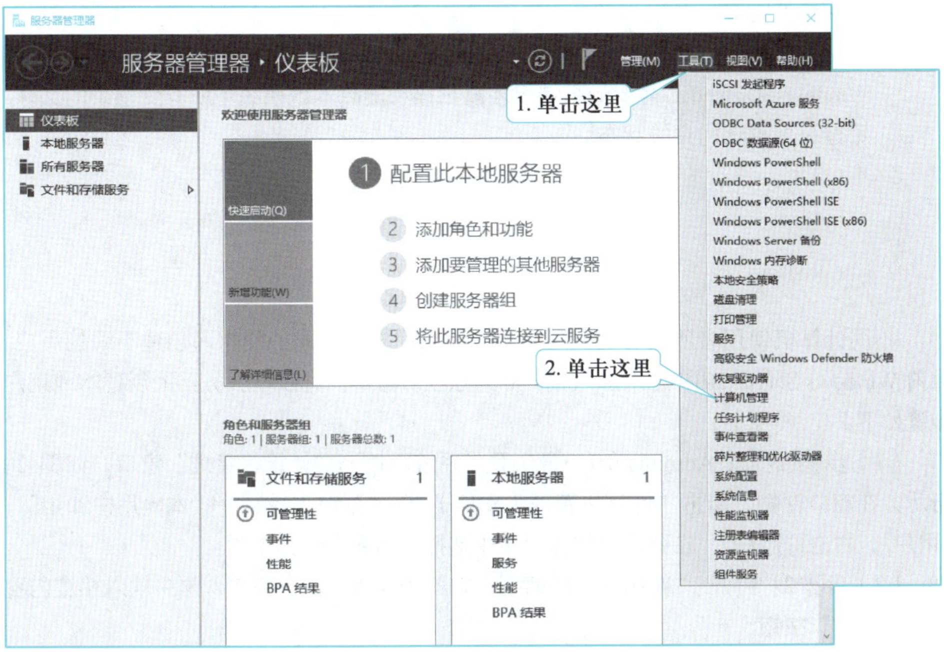

图 2-2 “服务器管理器”窗口

（3）步骤 3：如图 2-3 所示，在窗口的左侧窗格中，单击“计算机管理（本地）”→“系统工具”→“本地用户和组”→“用户”，可以看到系统的内置本地用户。

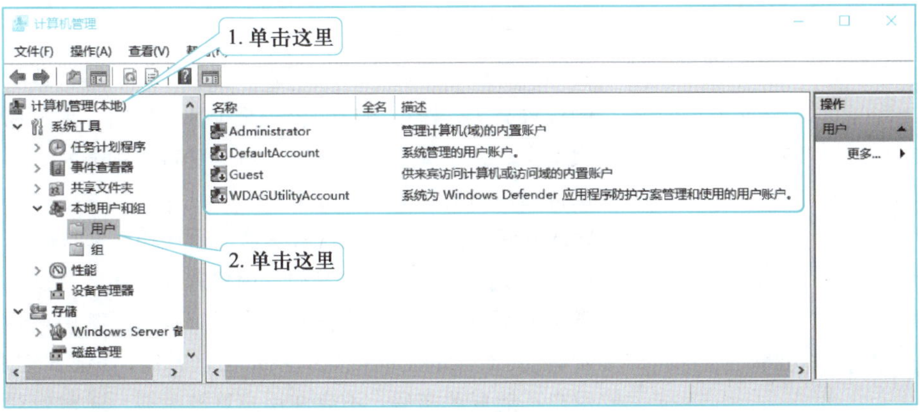

图 2-3 “计算机管理”窗口

- Administrator：系统管理员，拥有最高的权限。该用户拥有本地计算机上的文件、目录、服务和其他资源的完全控制权限，也可以创建其他用户和组、分配用户和组权限。系统管理员不能删除或锁定，但可以重命名或禁用。
- Guest：来宾，权限很低。来宾用户允许偶尔或一次性使用者（这些使用者在计算机上没有用户）使用受限的用户权限暂时登录本地服务器。默认来宾用户具有空白密码。由于来宾用户可以匿名访问，因此存在安全风险。出于此原因，将来宾用户保留为禁用状态是最佳做法，除非需要使用它。

- DefaultAccount：默认系统托管账户（DSMA），是一种用户中立的账户，可用于运行多用户感知或用户不可知的进程。默认情况下该用户被禁用，不建议更改默认配置。让该用户处于禁用状态不会产生安全风险，更改默认配置可能会影响依赖此用户的方案。
- WDAGUtilityAccount：系统为 Windows Defender 创建的账户，默认被禁用。Windows Defender 需要最高特权才能扫描和删除本地系统中所有受感染的文件。不建议更改该用户的状态。

2.1.2　子任务 2　管理本地用户

微课：2-3
管理本地用户

1. 创建用户

不同计算机使用者所具有的权限不同，因此需要为不同的使用者创建不同的用户。目前 Windows Server 2019 还未加入域，称为独立服务器。可以在服务器上创建本地用户。步骤如下。

（1）步骤 1：以 Administrator 身份登录系统。打开“计算机管理”窗口，如图 2-3 所示，在窗口左侧，单击“计算机管理（本地）”→“系统工具”→“本地用户和组”→“用户”，右击“用户”，在弹出的快捷菜单中选择“新用户”菜单项。

（2）步骤 2：打开 “新用户”对话框，如图 2-4 所示，在各输入框中输入相应内容。单击“创建”按钮。

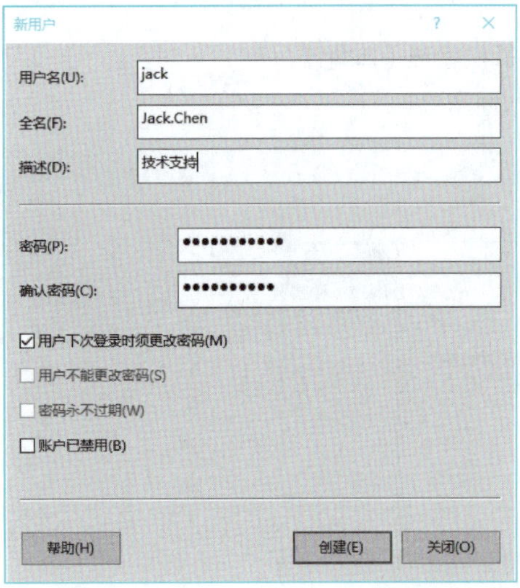

图 2-4　“新用户”对话框

- 用户名：登录系统时使用的名称。用户名必须唯一，且不区分大小写，最多可包含 256 个字符，不能包含特殊字符。
- 全名：用户的全称，根据需要输入，通常是用户的全名。
- 描述：关于该用户的说明。
- 密码：用户登录时使用的密码。密码的要求和安全策略的设置有关，建议用户的密码至少 8 个字符，至少包含大写字母、小写字母、数字、特殊字符中的三种，不得包含用户名的全部或部分字符。
- 确认密码：为防止密码输入错误，须再输入一次。
- 用户下次登录时须更改密码：用户首次登录时，使用管理员分配的密码。用户再次登录后，系统强制用户更改密码。更改后的密码就只有用户自己掌握，保证安全性。
- 用户不能更改密码：不允许用户更改密码，通常针对一些公共用户进行设置。
- 密码永不过期：默认密码的有效期为 42 天，超过 42 天系统会提示用户更改密码。选择此项表示系统永远不会提示用户修改密码。
- 账户已禁用：如员工长期休假，可以暂时禁用用户，后期可以取消禁用。

（3）步骤 3：单击“开始”→ →“注销”，或者按 Ctrl+Alt+Delete 组合键，从当前系统注销。

（4）步骤 4：按 Ctrl+Alt+Delete 组合键，如图 2-5 所示，左下角可以看到新创建的用户，单击该用户，输入管理员为该用户设置的密码，单击“→”按钮或者按 Enter 键即可登录系统。用户首次登录系统可能需要修改密码。

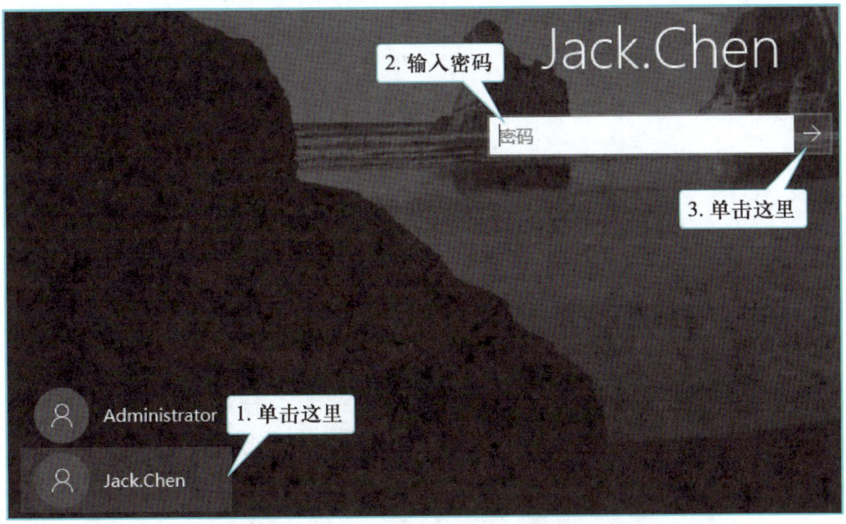

图 2-5 使用新用户登录

（5）步骤 5：重复以上步骤为企业内全部员工创建用户。

2. 重置用户密码

如果用户遗忘自己的密码，管理员可以重置用户的密码，步骤如下。

（1）步骤 1：首先以管理员 Administrator 的身份登录系统，打开“计算机管理”窗口，如图 2-3 所示，单击“计算机管理（本地）”→“系统工具”→“本地用户和组”→“用户”。如图 2-6 所示，单击要修改密码的用户，选中该用户，右击，在弹出的快捷菜单中，选择“设置密码”菜单项。

（2）步骤 2：系统提示修改密码的风险，单击“继续”按钮。打开如图 2-7 所示对话框，两次输入满足规则的密码，单击“确定”按钮。

（3）步骤 3：如果是用户要修改自己的密码，首先应知道原有密码。登录系统后，按 Ctrl+Alt+Delete 组合键。如图 2-8 所示，单击“更改密码”。输入旧密码和新密码，单击“→”按钮或者按 Enter 键，完成密码修改。

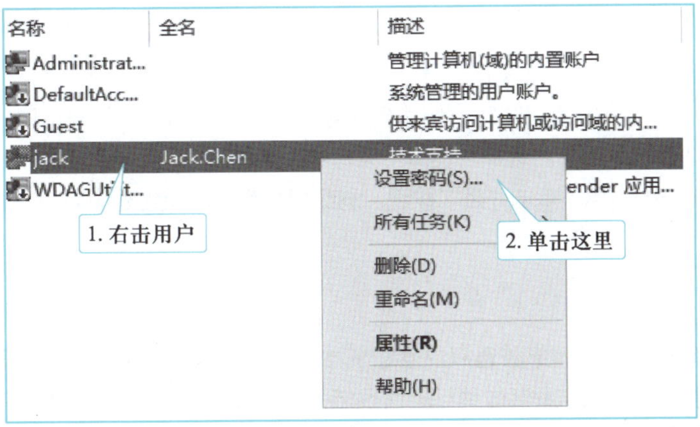

图 2-6 修改用户密码

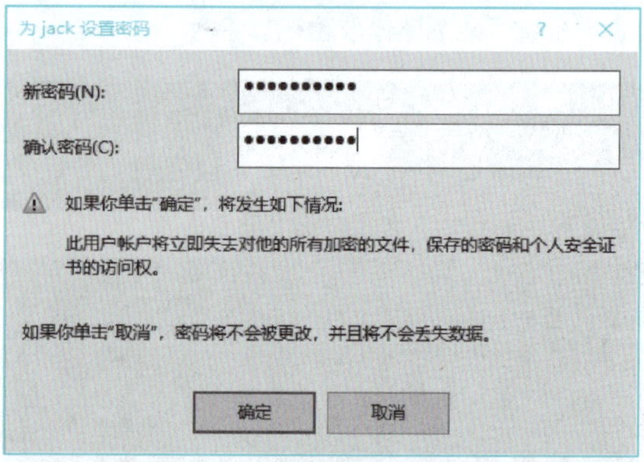

图 2-7　管理员为用户重置密码

图 2-8　用户修改自己的密码

3. 更改用户属性

用户建立后，管理员可以修改用户的属性，管理员以 Administrator 用户登录，操作步骤如下。

（1）步骤 1：如图 2-6 所示，选择“重命名”菜单项，可以修改用户的名称。

（2）步骤 2：如图 2-6 所示，选择“属性”菜单项，可以修改用户的属性。如图 2-9 所示为用户属性对话框，在“常规”选项卡中，可以修改全名、禁用用户等。如果多次输入密码错误，导致用户被禁用，管理员可以在此取消选中“账户已禁用”复选框。用户的其他属性不在本小节介绍。

4. 删除用户

当使用者彻底不需要用户时，例如离职等，可以删除用户。管理员以 Administrator 用户登录。如图 2-6 所示，选择“删除”菜单项，如图 2-10 所示，提醒用户删除是不可恢复的，务必仔细阅读，单击“是”按钮。删除用户后，即使创建同名用户，新用户和老用户不是同一用户。

5. 创建密码重置盘

用户密码很重要，如果普通用户遗忘了自己的用户密码，可以找管理员重置密码。如果管理员遗忘了密码（虽然这种可能性很低），将带来不可估量的损失。系统提供了防患于未然的手段：管理员可以事先创建密码重置盘，遗忘密码时利用密码重置盘设置新的密码。以管理员为例，步骤如下。

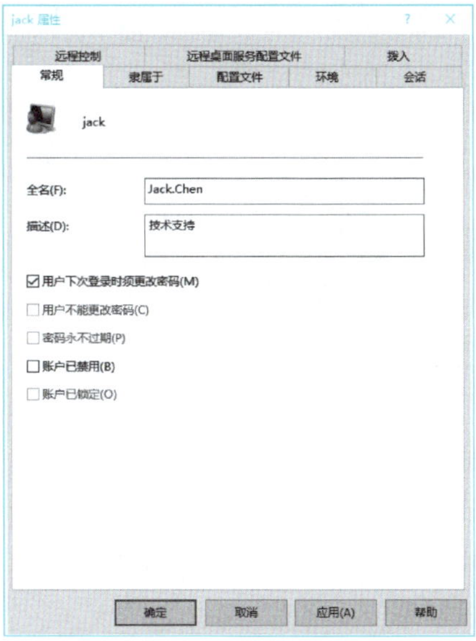

图 2-9 更改用户属性

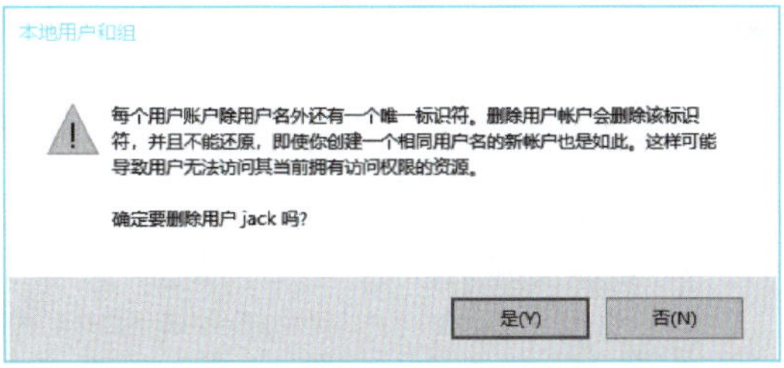

图 2-10 删除用户时的提示框

（1）步骤 1：以 Administrator 用户登录系统，单击“开始”→“控制面板”，打开“控制面板”窗口。

（2）步骤 2：如图 2-11 所示，控制面板经常用于调整计算机的设置，例如添加打印机、卸载程序、调整网络等。单击“用户账户”链接，打开新的窗口，再次单击“用户账户”链接，打开“用户账户”窗口，如图 2-12 所示。

图 2-11 “控制面板”窗口

（3）步骤 3：把准备好的 U 盘插入计算机 USB 口，并确保计算机能够正常发现 U 盘。如果 U 盘未格式化，请格式化 U 盘。

（4）步骤 4：如图 2-12 所示，在“用户账户”窗口中，单击“创建密码重置盘”超链接。在新窗口中，单击“下一步”按钮。

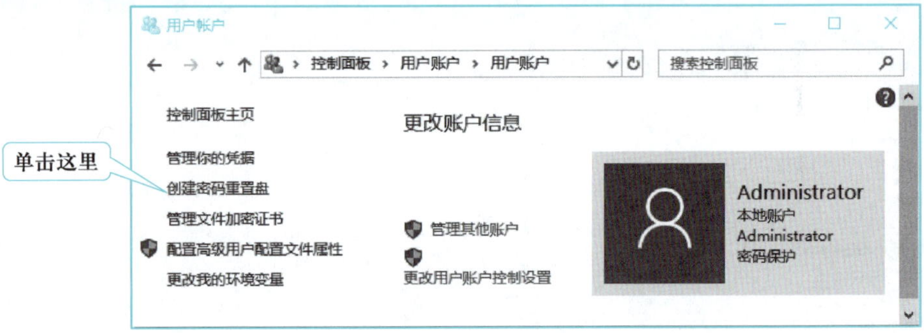

图 2-12 “用户账户”窗口

（5）步骤 5：如图 2-13 所示，选择 U 盘，单击“下一步”按钮。

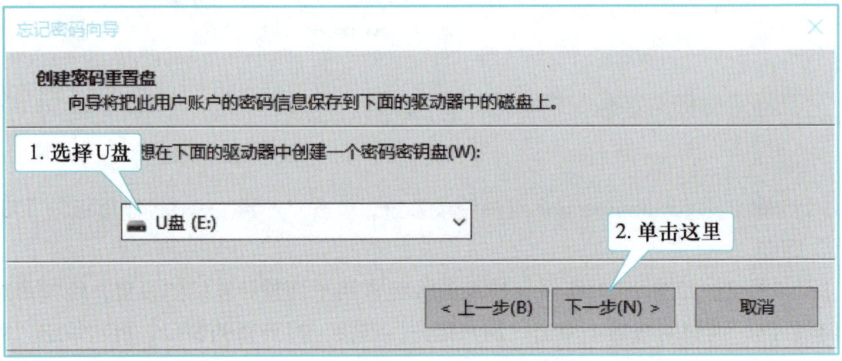

图 2-13 选择 U 盘

（6）步骤 6：如图 2-14 所示，输入当前用户（Administrator）的密码，单击“下一步”按钮。任务完成后，再次单击“下一步”按钮。

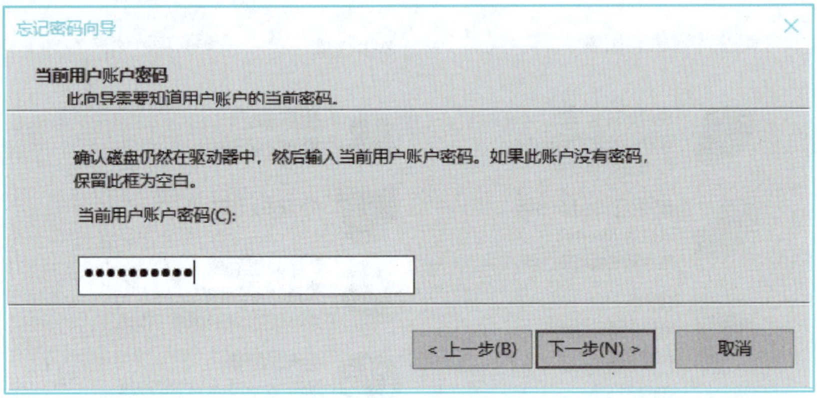

图 2-14 输入用户密码

（7）步骤 7：如图 2-15 所示，显示密码重置盘已经完成。务必仔细阅读提示，把密码重置盘放在安全的地方。

6. 重置用户密码

万一管理员遗忘密码，可以利用事先已经创建的密码重置盘来重置密码，步骤如下。

（1）步骤 1：管理员输入错误密码，系统拒绝登录，如图 2-16 所示。把之前创建的密码重置盘（U 盘）插入计算机 USB 口。

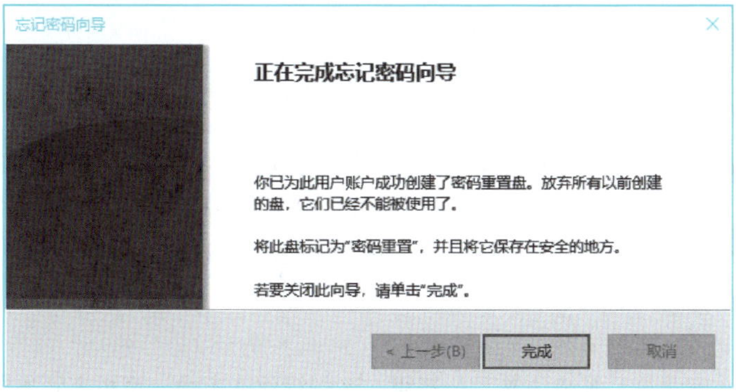

图 2-15 完成密码重置盘创建

图 2-16 密码错误

（2）步骤 2：如图 2-16 所示，单击“重置密码”超链接。在“密码重置向导”对话框中，单击“下一步”按钮，如图 2-17 所示，选择密码重置盘所在的驱动器，单击“下一步”按钮。

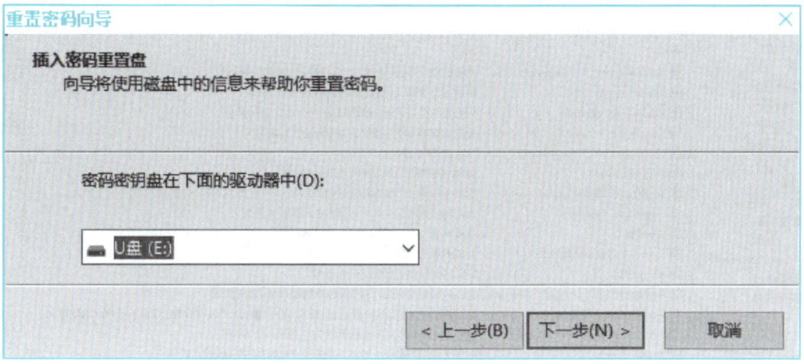

图 2-17 选择密码重置盘所在的驱动器

（3）步骤 3：如图 2-18 所示，输入新的密码和密码提示，单击“下一步”按钮。单击“完成”按钮，就可以使用新密码登录系统了。

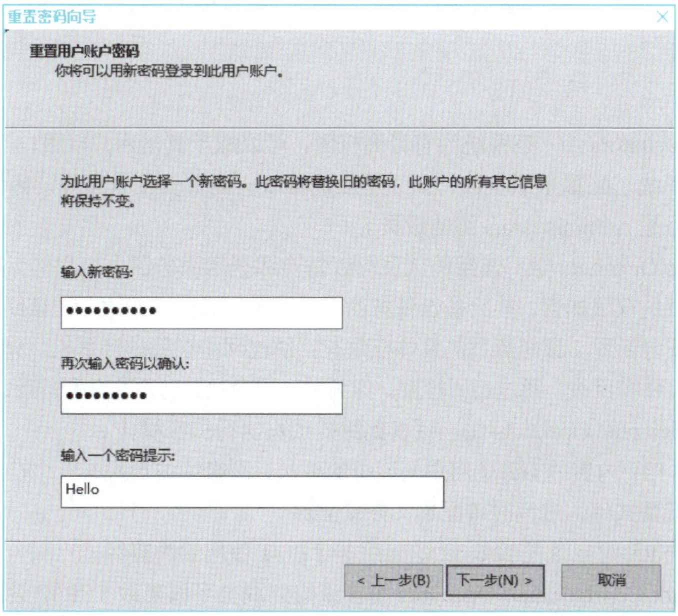

图 2-18 重置密码

PPT：2-2
本地组管理

2.2 任务 2 管理本地组

组是用户的集合，如果某些用户具有相同的权限，可以创建组并把这些用户加入组。通过对组授权，这些用户能获得该组的权限，这样就能批量对用户授权，简化了管理。本任务将介绍 Windows Server 2019 的内置本地组，以及对本地组进行管理。

2.2.1 子任务 1 了解内置本地组

微课：2-4
本地组管理

Windows Server 2019 安装后，系统内置了一些组，这些组仅在本地计算机（服务器）上生效，所以称为本地组。如图 2-19 所示，是系统内置本地组的名称和描述，这些组可以完成常见的系统管理工作。内置本地组已经被赋予了一定的权限，只要用户加入组，就能取得组的权限。

微课：2-5
了解内置本地组

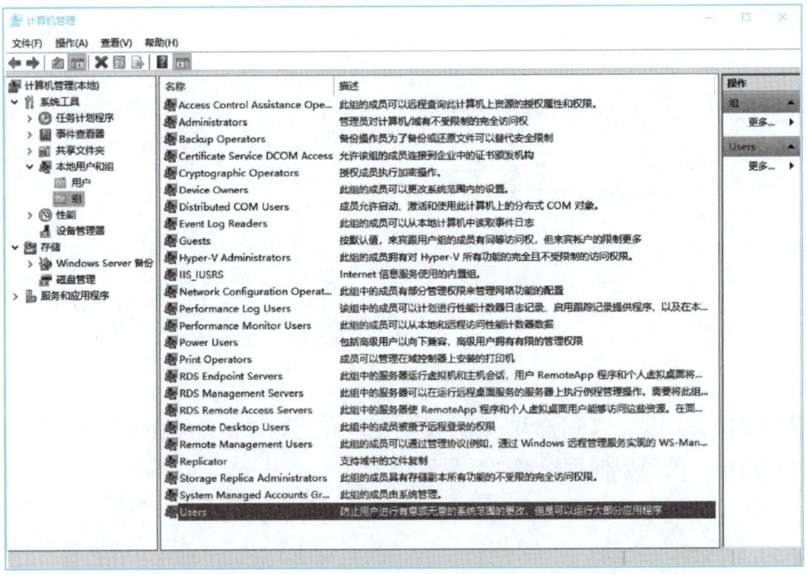

图 2-19 内置本地组的名称和描述

- Administrators 组：在系统内有最高权限，可以赋予其他用户权限；添加系统组件，升级系统；配置系统参数，如注册表的修改；配置安全信息等。内置的系统管理员账号是 Administrators 组的成员。
- Backup Operators 组：该组的成员可以备份和还原服务器上的文件，而不管保护这些文件的权限如何，执行备份任务的权限高于所有文件权限。但该组成员不能更改文件安全设置。该组成员的具体权限有：通过网络访问此计算机、允许本地登录、备份文件和目录、跳过遍历检查、作为批处理登录、还原文件和目录、关闭系统。
- Cryptographic Operators 组：授权此组的成员执行加密操作。
- Guests 组：内置的 Guest 用户是该组的成员，该组的成员拥有一个在登录时创建的临时配置文件，注销时该配置文件被删除。
- IIS_IUSRS 组：这是 Internet 信息服务（IIS）使用的内置组。
- Network Configuration Operators 组：该组的成员可以更改 TCP/IP 设置并更新和发布 IP 地址。

- Performance Log Users 组：该组的成员可以从本地或远程管理性能计数器、日志和警报。
- Performance Monitor Users 组：该组的成员可以从本地服务器和远程客户端监视性能计数器。
- Power Users 组：存在于非域控制器上，可进行基本的系统管理，如共享本地文件夹、管理系统访问和打印机、管理本地普通用户；但是它不能修改 Administrators 组、Backup Operators 组，不能备份/恢复文件，不能修改注册表。
- Remote Desktop Users 组：该组的成员可以通过网络远程登录。
- Users 组：一般用户所在的组，新建的用户都会自动加入该组，对系统有基本的权力，如运行程序，使用网络，不能关闭 Windows Server 2019，不能创建共享目录和本地打印机。

2.2.2 子任务 2 管理本地组

微课：2-6 管理本地组

1. 新建组

新建组的用户必须是 Administrators 组、Account Operators 组的成员或有管理员权限的用户，新建组的步骤如下。

（1）步骤 1：以 Administrator 身份或者有相应权限的用户登录，打开“计算机管理”窗口。

（2）步骤 2：如图 2-20 所示，单击“计算机管理（本地）”→“系统工具”→“本地用户和组”→“组”。在窗口左侧窗格中，右击“组”，在弹出的快捷菜单中，选择“新建组”菜单项，打开“新建组”对话框。

图 2-20 新建组

（3）步骤 3：在“新建组”对话框中，输入组名、描述。单击“创建”按钮完成组的创建，新建组将在右侧窗格的列表中出现。

（4）步骤 4：如果不再创建组，单击“关闭”按钮。

（5）步骤 5：图 2-20 中，单击“添加”按钮，可以在新建组的时候把用户或者组添加到组中。当然，也可以之后再添加成员。

2. 管理组成员

组的成员可以是用户或者组，组的成员自动继承该组的权限，如果一个成员隶属于多个组，该成员将继承多个组的权限。组可以嵌套，但是不建议把嵌套关系搞得非常复杂，导致用户的权限难以预测。管理组成员的步骤如下。

（1）步骤 1：如图 2-21 所示，在“计算机管理”窗口右边窗格的组列表中，右击选定的组，在弹出的快捷菜单中，选择“添加到组”或者“属性”菜单项。

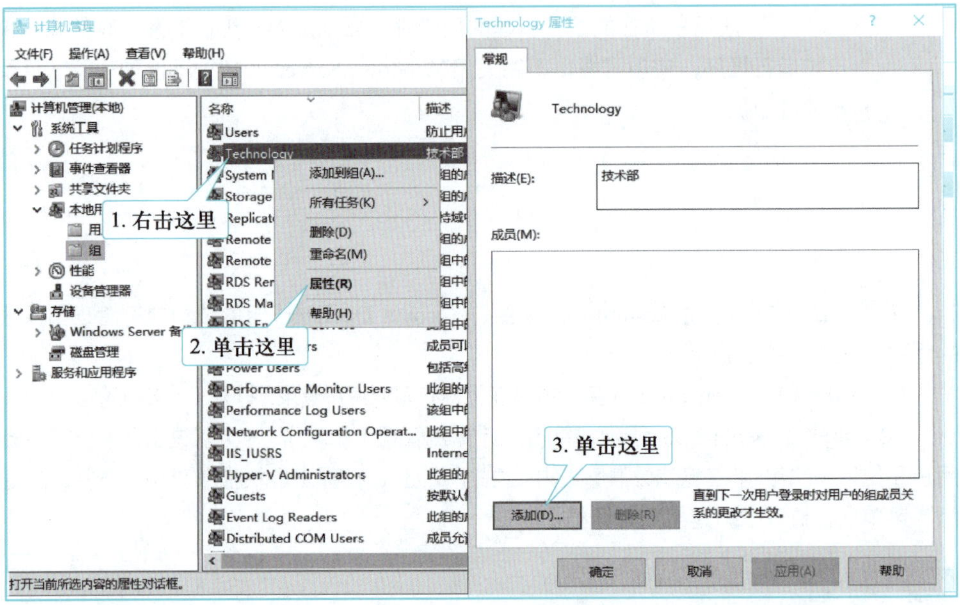

图 2-21　管理组成员

（2）步骤 2：如图 2-21 所示，在组的属性对话框中，单击“添加”按钮。打开“选择用户”对话框，如图 2-22 所示，输入用户名或者组名，多个名称之间用英文标点“;”隔开。单击“检查名称”按钮，可以检查输入的用户名或者组名是否正确。输入全部用户名或者组名之后，单击“确定”按钮。

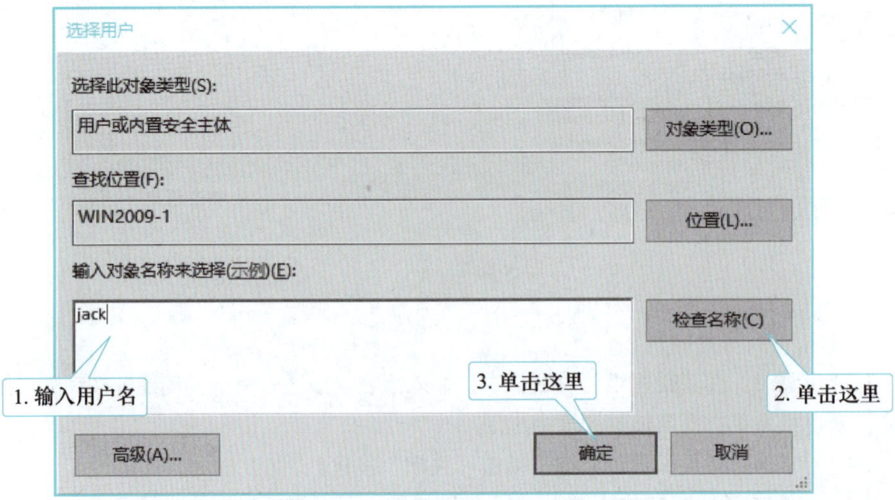

图 2-22　“选择用户”对话框

（3）步骤 3：如果难以记住用户名称，可以从系统里直接查找用户或组。在图 2-22 中，单击“高级”按钮，展开“选择用户”对话框，如图 2-23 所示。单击“立即查找”按钮，则在“搜索结果”列表框中列出计算机上的全部用户和组，单击用户或者组，蓝色代表选中。如果需要一次性选择多个用户或者组，按住键盘上的 Ctrl 键，再单击用户或者组。选择好要加入的用户或者组后，单击“确定”按钮。回到图 2-22 所示对话框，单击“确定”按钮。

图 2-23 查找用户

（4）步骤 4：可以删除组的成员。如图 2-24 所示，打开组的属性对话框，选中一个或者多个组成员，单击“删除”按钮，再单击“确定”按钮。

（5）步骤 5：也可以在用户的属性里管理用户所隶属的组，一个用户可以隶属于多个组。参见 2.1.2 节，打开如图 2-25 所示的用户属性对话框，单击“隶属于”选项卡。在“隶属于”列表框中显示该用户隶属于哪些组。单击“添加”按钮，可以把该用户添加到新的组里。如果要把用户从隶属的组里移除，选中组后，单击“删除”即可。

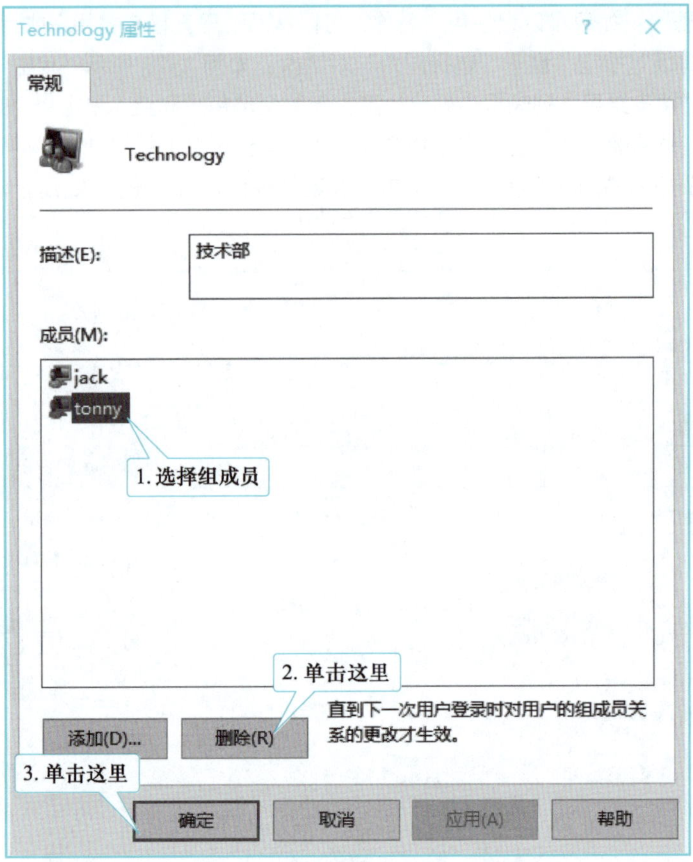

图 2-24　删除组成员

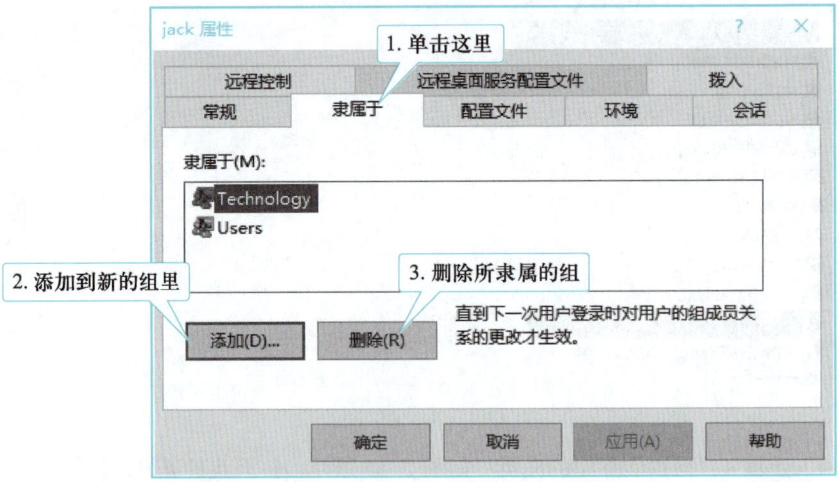

图 2-25　修改用户所隶属的组

3. 删除、重命名组

如图 2-26 所示，右击组的名称，在弹出的快捷菜单中，选择“删除”菜单项。如图 2-27 所示，仔细阅读提示，单击“是”按钮删除组。组被删除后不可恢复。

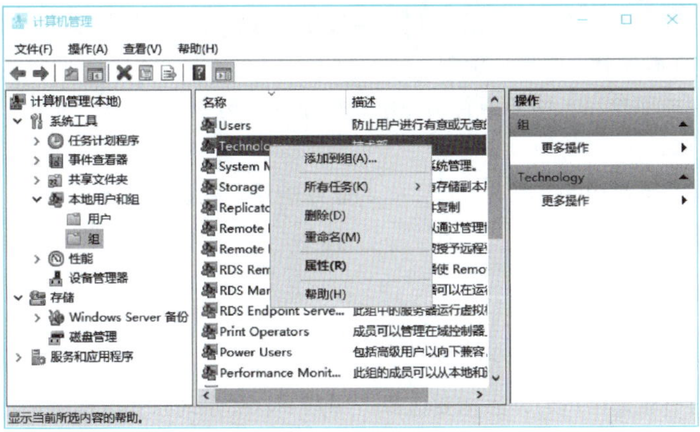

图 2-26　删除组

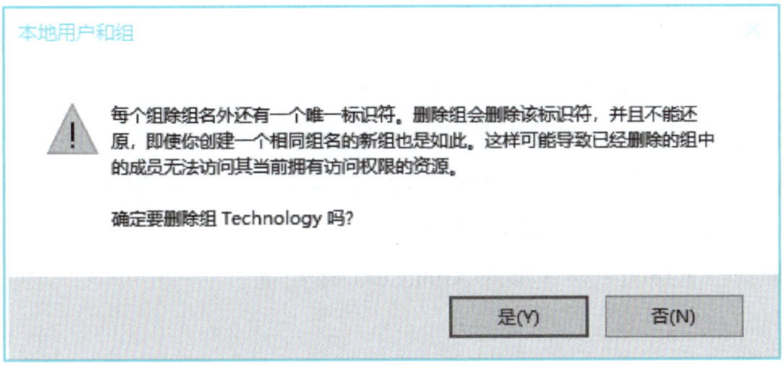

图 2-27　删除组时的提示框

如图 2-26 所示，右击组的名称，选择“重命名”菜单项可以修改组的名称，修改组的名称不会改变组的成员和权限。

小结

Windows Server 2019 有用户账户（User Account）、组账户（Group Account），以及后续会介绍的计算机账户（Computer Account），简称用户、组和计算机。本地用户和组用于访问本地计算机的资源或者对本地计算机进行操作，域用户和组（后续章节介绍）用于访问域的资源或者对域中的计算机进行操作。Windows Server 2019 有内置的用户和组，管理员也可以创建新的用户和组。本项目详细介绍了用户的创建、用户属性的修改、使用密码重置盘重置密码、用户的删除，还介绍了组的创建、组成员的管理、组的删除。

习题

1. 填空题

（1）Windows 系统管理员用户名为________，来宾用户名为________。

（2）建议用户的密码至少 8 个字符，至少包含________、________、________和________中的三种，不得包含用户名的全部或部分字符。

（3）用户登录时多次输入错误密码，导致用户被锁，管理员可以在该用户的属性中，把________复选框清除，为用户解锁。

（4）用户被删除后，按照原有用户信息重新创建用户、登录，________（能/不能）恢复用户的权限。

（5）内置管理员组的名称为________，新建的用户默认隶属于________组。

（6）组的成员可以是________和________。

2. 简答题

（1）SAM 是什么？有什么作用？

（2）管理员新建用户时，通常要选择“用户下次登录时须更改密码”，为什么？

（3）密码重置盘有什么作用？

3. 实践题

按照 1.1.1 节描述的企业现状创建用户和组。

（1）为研发部、销售部、技术部、财务部、行政部五个部门各创建一个组。

（2）为各部门员工创建用户，把用户加到各组中，用户下次登录时须更改密码。

（3）为 Administrator 创建密码重置盘。

（4）创建备份管理员用户（加入 Aministrators 组）。

项目 3

管理磁盘系统

项目背景

我国高度重视网络、数据等安全保障体系的建设。为提高企业数据安全保障能力，需对系统和用户数据的安全重点关注。磁盘是系统数据和用户数据的载体，磁盘上数据的价值可能远高于磁盘本身的价值。管理好磁盘系统，让磁盘系统稳定运行，是管理员很重要的任务。Windows Server 2019 提供了非常方便的工具，可以在磁盘上创建不同类型卷以满足不同的需求。在之前项目中，安装好了 Windows Server 2019 的几台服务器上均有多块磁盘，本项目需要在这些磁盘上创建类型合适的卷，并设置配额。

项目任务

（1）了解磁盘的基本知识。

（2）发现服务器上的磁盘。

（3）把磁盘转换为基本磁盘或者动态磁盘。

（4）把磁盘转换为 MBR 磁盘或者 GPT 磁盘。

（5）根据需求在磁盘上创建简单卷、跨区卷、带区卷、镜像卷、RAID-5 卷。

（6）对驱动器进行检查。

3.1　任务 1　了解磁盘

微课：3-1
磁盘基本概念

本任务将介绍 MBR 磁盘和 GPT 磁盘、基本磁盘和动态磁盘的区别，并把服务器的磁盘转换为合适的磁盘类型。

3.1.1　子任务 1　了解 MBR 磁盘与 GPT 磁盘

PPT：3-1
磁盘基本概念

物理磁盘是无法直接使用的，在格式化之前，需要划分为一个或者多个分区，如图 3-1 所示。这些分区的信息存储在分区表中，分区表记录各个分区的起始地址、结束地址、是否活动等信息。按照磁盘分区形式，磁盘可以分为 MBR 磁盘和 GPT 磁盘，如图 3-2 所示。

微课：3-2
MBR 与 GPT 磁盘

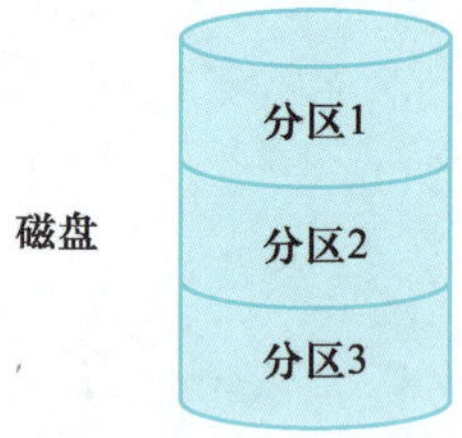

图 3-1　磁盘分区示意图

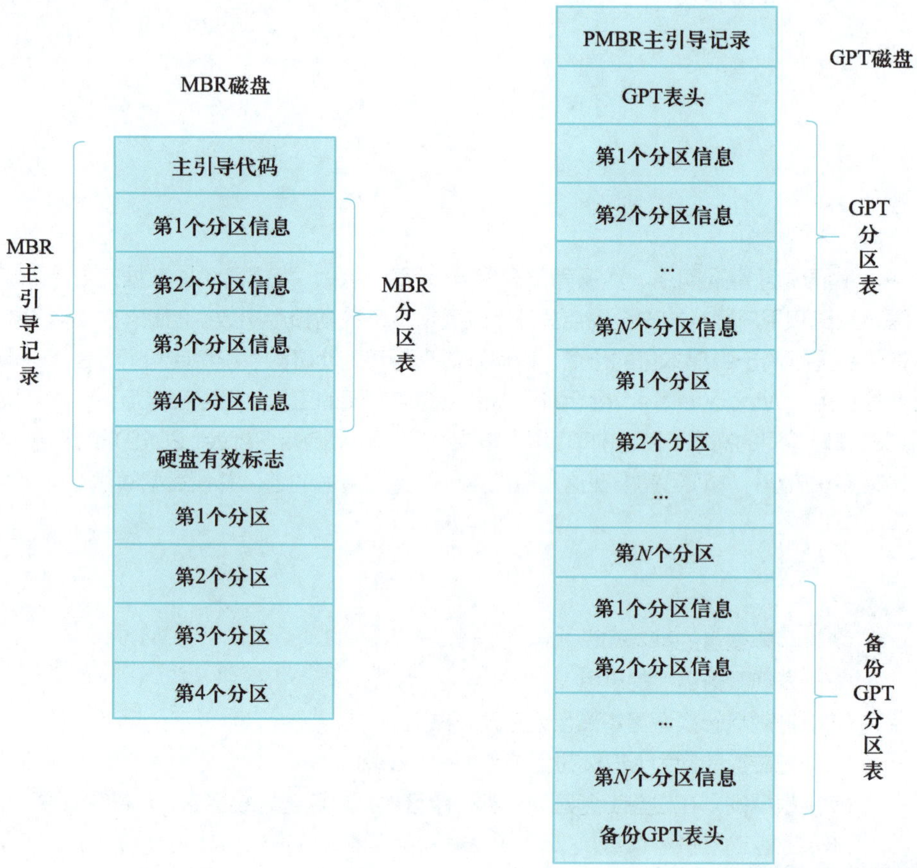

图 3-2　MBR 磁盘和 GPT 磁盘

1．MBR 磁盘

主引导记录（Master Boot Record，MBR）磁盘是较早的磁盘分区形式。MBR 磁盘的第一个扇区包含操作系统的主引导代码和分区表。使用 BIOS 主板的计算机启动时，会从 MBR 磁盘读取并执行主引导代码，继续后续的启动工作。分区表包含 4 个分区项，每个项记录了该分区在磁盘上的起始位置和大小。由于 MBR 的分区项只有 4 个，因此 MBR 磁盘最多有 4 个主分区或者 3 个主分区加一个扩展分区，但是扩展分区可以包含多个逻辑分区。此外，由于 MBR 分区表中分区的偏移、大小都采用 4 字节的数据来表示，所以最大的扇区数为 2^{32}，即 2 TB（按每个扇区 512 字节计算），这是 MBR 磁盘的最大磁盘大小和最大分区大小。

2. GPT 磁盘

GPT（GUID Partition Table）磁盘使用 GUID 分区表，源自 EFI 标准（一种较新的磁盘分区表结构的标准）。为了兼容，GPT 磁盘第一个扇区存放的还是 MBR，并且将 MBR 的第一个分区项标示为 GPT 磁盘，并且占用整个扇区的大小，称为 PMBR。随后是 GPT 表头和各个分区的信息，GPT 表头定义了分区表的项的大小和数量，以及它本身和分区表的 CRC32 校验。在 Windows 系统上，只为 GPT 分区表保留了 32 个扇区（每个扇区 512 字节），由于每个 GPT 分区项占用 128 字节，因此 Windows 实际上限制了一个磁盘的 GPT 分区个数为 128。GPT 分区信息的前 16 字节是分区类型，接下来的 16 字节是该分区唯一的 GUID，再接下来是分区起始扇区和末尾扇区的 64 位编号，以及分区的名字和属性等，因此每个分区最大可达 2^{64} 个扇区（每个扇区 512 字节），可以说分区大小几乎没有限制了。GPT 磁盘还备份了分区表，因此安全性要高于 MBR。

3. MBR 和 GPT 的转换

使用 BIOS 主板的计算机可以使用 MBR 磁盘安装 Windows 和存储数据，但是 GPT 磁盘只能用来存储数据。使用 UEFI 主板的计算机可以使用 MBR 磁盘和 GPT 磁盘，但 Windows 必须安装在 GPT 磁盘上，MBR 磁盘只能用来存储数据。

MBR 磁盘与 GPT 磁盘之间可以互相转换，但是，前提是必须是一个新的磁盘或者空磁盘。MBR 磁盘和 GPT 磁盘的分区都可以格式化成 FAT32、NTFS、ReFS 文件系统。

3.1.2 子任务 2 了解基本磁盘与动态磁盘

微课：3-3
基本磁盘与动态磁盘

按照磁盘上的分区能否动态调整，把磁盘分为基本磁盘和动态磁盘。

基本磁盘是 Windows Server 2019 中默认的磁盘类型，也是早期 Windows 使用的磁盘形式。基本磁盘可以是 MBR 磁盘，也可以是 GPT 磁盘。在基本磁盘上可以创建一个或者多个卷（或者分区），对每个卷格式化为 FAT32、NTFS 或者 ReFS 后，赋予一个盘符用来存放系统数据或者用户数据。即使磁盘还有剩余空间，除了紧挨未分配空间的卷，其他卷无法扩展。基本磁盘的灵活性较差，功能和性能也较差。

顾名思义，动态磁盘上的卷可以动态调整。使用动态磁盘时，一个卷的磁盘空间可以来自一个物理磁盘，也可以来自多个物理磁盘，如图 3-3 中的 E 盘，卷的大小为 1500 MB，一部分磁盘空间来自物理磁盘 1 的分区（800 MB），另一部分磁盘空间来自物理磁盘 2 的分区（700 MB）。动态磁盘上卷的类型可以是镜像卷、带区卷、跨区卷、RAID-5 卷等，这些卷有更好的安全性或者读写性能。和基本磁盘相比，动态磁盘的灵活性更好，功能和性能更强。

基本磁盘和动态磁盘可以通过磁盘管理工具相互转换。基本磁盘转换成动态磁盘，数据会被保留。然而，从动态磁盘转换回基本磁盘，必须先删除磁盘上的卷才能进行转换，删除卷将导致数据丢失，所以一定要慎用此操作。

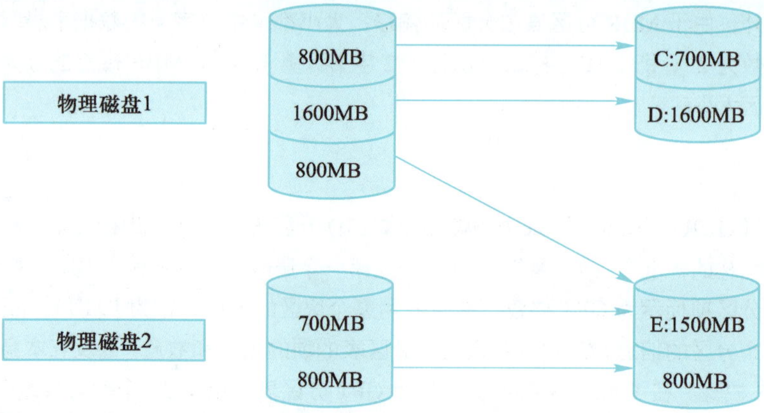

图 3-3　动态磁盘

微课：3-4
基本磁盘管理

3.2　任务 2　基本磁盘的管理

PPT：3-2
基本磁盘管理

可以在基本磁盘上创建简单卷。MBR 磁盘上可以创建四个主分区，或者三个主分区加一个扩展分区，扩展分区里再创建多个逻辑分区，每个主分区或者逻辑分区上可以创建一个简单卷。GPT 磁盘上最多可以创建 128 个主分区，每个主分区上可以创建一个简单卷。本任务将在基本磁盘上创建卷，在卷上创建分区、格式化分区，并对卷进行压缩或者扩展。

3.2.1　子任务 1　安装新磁盘

微课：3-5
安装新磁盘

（1）步骤 1：选择“开始”→“Windows 管理工具”→“计算机管理”菜单项，打开“计算机管理”窗口，如图 3-4 所示，在窗口左边窗格中，选择“计算机管理（本地）”→“存储”→“磁盘管理”项，可以看到当前的卷和磁盘列表。

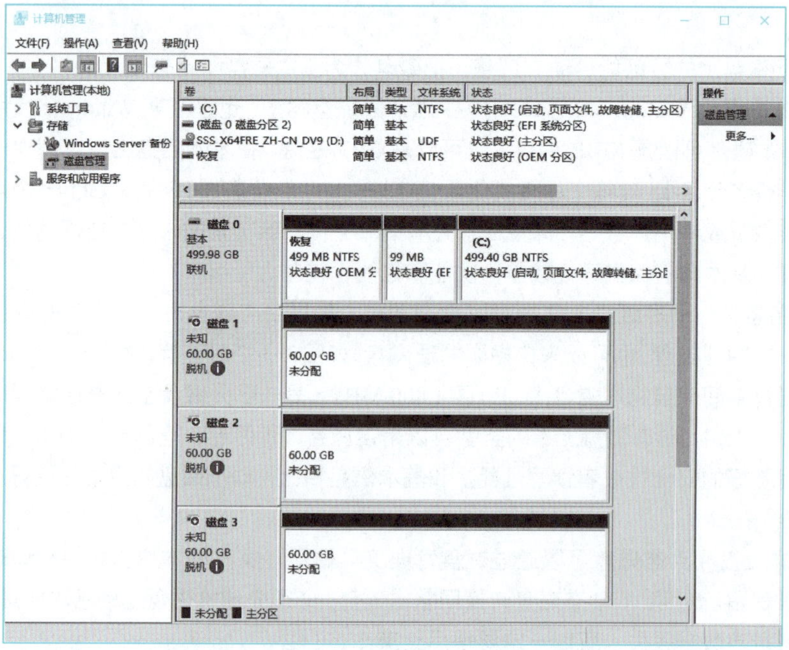

图 3-4　“计算机管理”窗口中的“磁盘管理”

（2）步骤 2：当计算机安装新的硬盘时，在“计算机管理”窗口中，右击“磁盘管理”，在弹出的快捷菜单中，选择“重新扫描磁盘”菜单项，新的磁盘会出现在磁盘列表中，显示为脱机、未分配的状态。

（3）步骤 3：如图 3-5 所示，右击磁盘，在弹出的快捷菜单中，选择“联机”菜单项。然后再次右击磁盘，选择“初始化磁盘”菜单项。这时要选择磁盘分区形式是 MBR 还是 GPT，如图 3-6 所示，单击“确定”按钮。默认磁盘初始化为基本磁盘。

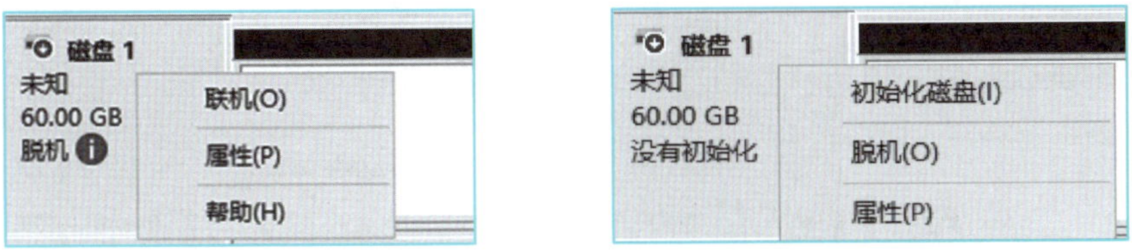

图 3-5　安装新磁盘

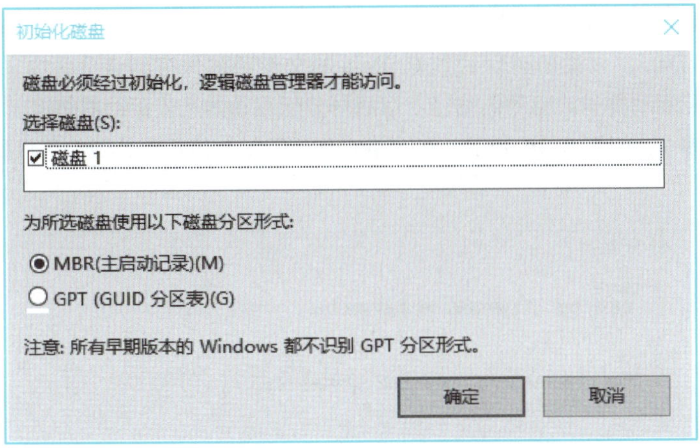

图 3-6　初始化磁盘

3.2.2　子任务 2　新建简单卷

新建简单卷的步骤如下。

微课：3-6 新建简单卷

（1）步骤 1：在“计算机管理”窗口的“磁盘管理”中，右击已经初始化的磁盘上的未分配空间，在弹出的如图 3-7 所示的快捷菜单中，选择“新建简单卷”菜单项。打开“新建简单卷向导”对话框，单击“下一步”按钮。

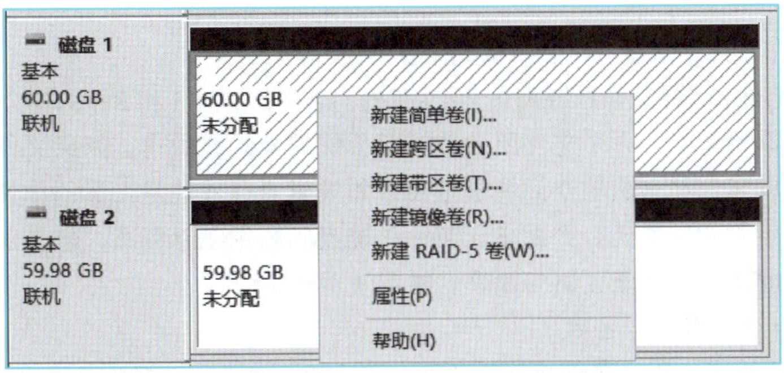

图 3-7　新建简单卷

（2）步骤 2：如图 3-8 所示，在“指定卷大小”对话框中输入卷的大小，单位为 MB，系统提示了卷的最大值和最小值，单击“下一步”按钮。如图 3-9 所示，指定新建卷的驱动器号，单击“下一步”按钮。

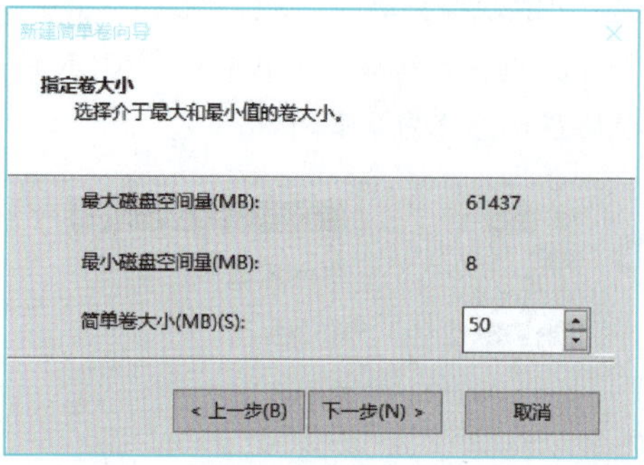

图 3-8　指定卷大小

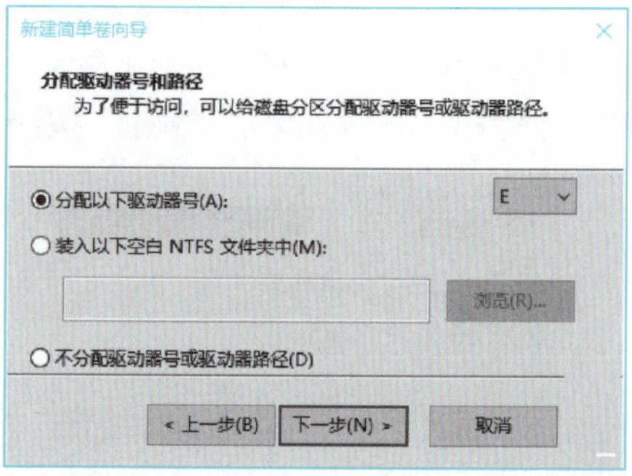

图 3-9　指定新建卷的驱动器号

- 装入以下空白 NTFS 文件夹中：可以把新建卷安装到一个 NTFS 文件夹中，例如 C:\Data，以后所有保存到 C:\Data 的文件都被保存到该分区中。
- 不分配驱动器号或驱动器路径：以后再分配驱动器号或驱动器路径。

（3）步骤 3：如图 3-10 所示，在“格式化分区”对话框中，做如下设置，单击“下一步”按钮。

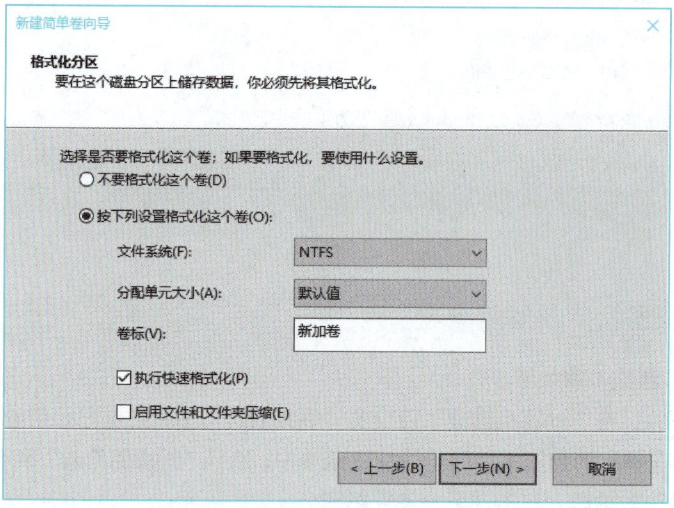

图 3-10　格式化分区

- 不要格式化这个卷：以后再格式化这个卷。
- 文件系统：选择文件系统类型，可为 FAT、FAT32、NTFS 和 ReFS，建议使用 NTFS。
- 分配单元大小：一个文件所占空间是分配单元的整数倍，如果文件未写满一个分配单元，则剩余的空间将被浪费。如果磁盘存放的是大量的小文件，建议选择较小的分配单元。分配单元越小，磁盘的利用率就越高，但是磁头寻址的频率也增加了，降低了访问效率。推荐使用默认值。
- 卷标：为卷取一个名字。
- 执行快速格式化：在格式化的过程中不检查坏扇区、不把扇区里的数据清零，时间短。

- 启用文件和文件夹压缩：将该卷设为压缩磁盘，以后该卷上的文件和文件夹都自动进行压缩，只有 NTFS 文件系统才支持。

（4）步骤 4：确认设置正确后，单击“完成”按钮，系统开始对该卷进行格式化。如图 3-11 所示，是新建的卷，盘符是 E。打开资源管理器，就可以在 E 盘上读、写文件了。

图 3-11　新创建的卷

3.2.3　子任务 3　压缩卷

微课：3-7 压缩卷

压缩卷的功能是将分区中没有使用的空间释放出来，并转换成未分配空间。该功能并不可以把所有未使用的空间都释放出来，即使是空白卷也无法压缩任何空间。只能针对 NTFS 简单卷或没有格式化的分区使用该功能。右击要压缩的卷，在弹出的快捷菜单中，选择“压缩卷”菜单项，如图 3-12 所示，系统提示可用压缩空间大小，输入压缩空间量，单击“压缩”按钮。

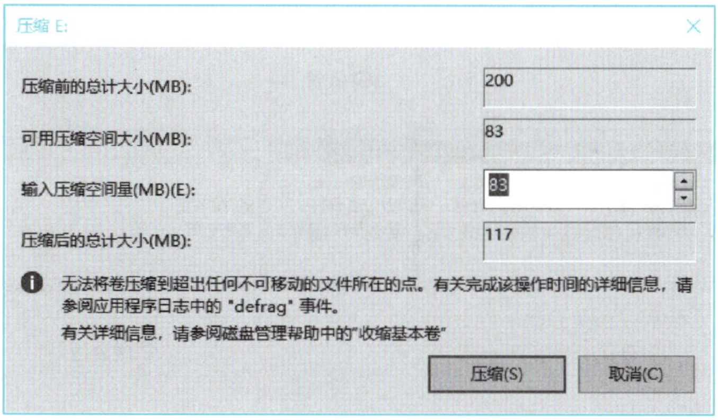

图 3-12　压缩卷

3.2.4　子任务 4　扩展卷

微课：3-8 扩展卷

扩展卷的功能和压缩卷相反，是将未分配空间添加到简单卷中。要求：一是被扩展的卷格式化成 NTFS 或未格式化，二是被扩展的卷要紧挨未分配的磁盘空间。右击被扩展的卷，选择“扩展卷”菜单项。在“扩展卷向导”对话框中单击“下一步”按钮，如图 3-13 所示，系统提示最大可用空间量，输入要扩展的空间量，单击“下一步”按钮，再单击“完成”按钮。由于简单卷不支持跨物理磁盘，如果在图 3-13 中，把其他磁盘上的可用空间添加进来，则需要把磁盘空间所在磁盘转换为动态磁盘，该简单卷也将变成跨区卷。

3.2.5　子任务 5　创建扩展分区

微课：3-9 创建扩展分区

一个 MBR 磁盘上最多可以有 4 个分区，Windows 磁盘管理工具默认会把第四个分区作为扩展分区。因此在 MBR 磁盘创建第四个简单卷时系统自动把未分配空间创建为扩展分区，然后在扩展分区里创建逻辑分区，在逻辑分区上创建简单卷（也称逻辑驱动器），如图 3-14 所示。主分区上的简单卷和扩展分区里的简单卷，使用起来没有什么区别。在扩展分区的可用空间里，可以继续创建简单卷，步骤参见 3.2.2 节。由于使用了扩展分区，在一个基本磁盘上创建的简单卷的数量可以超过 4 个。

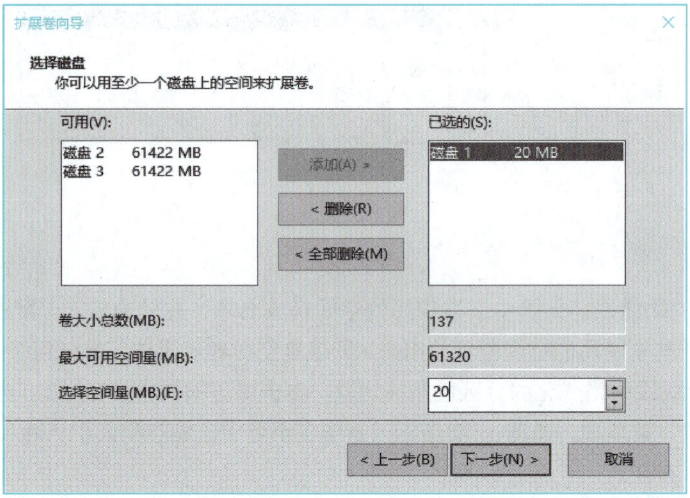

图 3-13　扩展卷

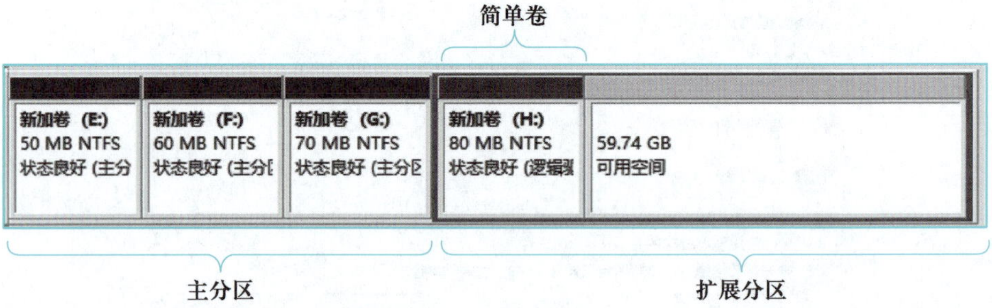

图 3-14　扩展分区

如果想手动创建扩展分区（例如一个主分区和一个扩展分区），可以在命令行窗口使用“diskpart”命令，请自行参考该命令的帮助。

3.2.6　子任务 6　更改驱动器号

微课：3-10
更改驱动器号

可以更改现有卷的驱动器号或者路径，例如，将“新加卷”的驱动器 G 改为 K。右击“新加卷（G:）”，在弹出的快捷菜单中，选择“更改驱动器号和路径”菜单项。如图 3-15 所示，单击现有驱动器号“G:”，单击“更改”按钮，在下拉列表中选择新的驱动器号“K”，单击“确定”按钮。注意：不要随意更改驱动器号，以防应用程序找不到所需数据。

3.2.7　子任务 7　把卷装入 NTFS 文件夹

微课：3-11
把卷放入 NTFS 目录

可以把卷装入 NTFS 文件夹，保存在该文件夹中的文件实际上都保存在该分区上，这样可以把多个卷组成一个单一的逻辑目录树。步骤为：右击卷名，在弹出的快捷菜单中，选择“更改驱动器号和路径”菜单项，单击“添加”按钮，如图 3-16 所示，输入 NTFS 文件夹名称或者单击“浏览”按钮选择文件夹，单击“确定”按钮。该文件夹须为空文件夹。

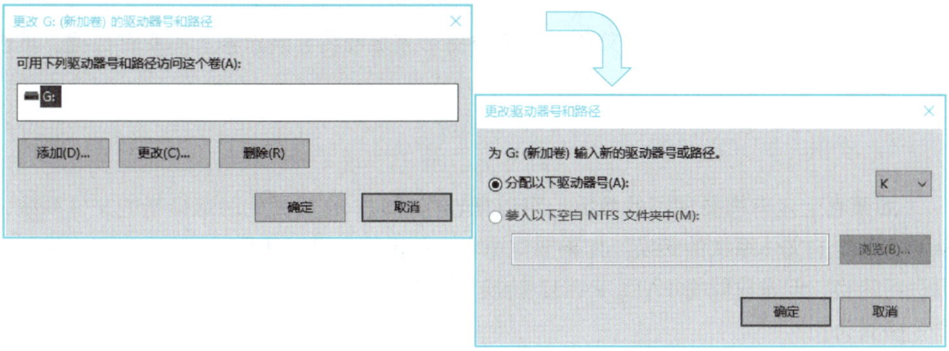

图 3-15 更改驱动器号

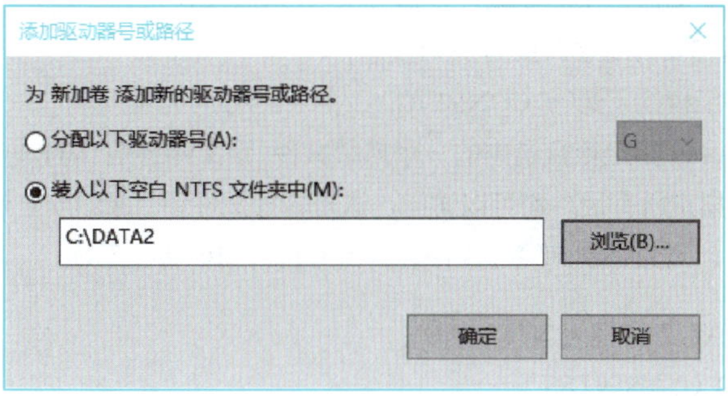

图 3-16 把卷装入 NTFS 文件夹

3.2.8 子任务 8 卷的格式化、命名、删除、文件系统转换

1. 格式化卷

微课：3-12 卷的格式化、重命名、删除与文件系统转换

创建卷时可以格式化卷，创建卷后也可以格式化卷。格式化将会使卷上的数据丢失，请慎重操作。步骤：右击卷，选择“格式化”菜单项，如图 3-10 所示设置参数。

2. 命名卷

可以命名卷，便于识别，默认卷名为“新加卷”。右击卷，在弹出的快捷菜单中，选择“属性”菜单项，如图 3-17 所示，单击“常规”选项卡，输入新的卷名，单击“确定”按钮。

图 3-17 命名卷

3. 删除卷

右击卷，选择“删除卷”菜单项，系统提示删除卷将会清除卷上的所有数据，单击“是”按钮。

4. 转换卷的文件系统

如果卷上没有需要保留的数据，可以把卷格式化，在格式化时选择新的文件系统，从而实现卷的文件系统的转换。如果要保留卷上的数据，可以使用“CONVERT.EXE”工具进行转换，但是只能将 FAT、FAT32 转换为 NTFS，无法将 NTFS 转为 FAT、FAT32。命令格式为：

```
CONVERT volume /FS:NTFS [/V] [/CvtArea:filename] [/NoSecurity] [/X]
volume：指定驱动器号（后面跟一个冒号）、装入点或卷名。
/FS:NTFS：指定要将此卷转换为 NTFS。
/V：指定在详细模式下运行 CONVERT。
/CvtArea:filename：指定根目录中的一个连续文件，该文件将是 NTFS 系统文件的占位符。
/NoSecurity：指定所有用户均可以访问。这是转换文件和目录的安全设置。
/X：如果必要，请先强制卸除卷。该卷的所有打开句柄将会无效。

以将 G 盘从 FAT32 转换为 NTFS 为例：
C:\>CONVERT G: /FS:NTFS
文件系统的类型是 FAT32。
输入驱动器 G: 的当前卷标新加卷                    //输入原有卷标“新加卷”
新加卷 卷创建了 2020/4/16 7:42
卷序列号为 3C86-6B9F
Windows 正在校验文件和文件夹...
已完成文件和文件夹验证。

Windows 已扫描文件系统并且没有发现问题。
无须采取进一步操作。

磁盘空间总数     69 206 016 字节。
3 个隐藏文件:          3 072 字节。
2 个文件:          2 048 字节。
可用磁盘空间:     69 199 872 字节。

每个分配单元中有          1 024 字节。
磁盘上共有          67 584 个分配单元。
磁盘上有        67 578 个可用的分配单元。

正在确定文件系统转换所需的磁盘空间...
磁盘总空间:                    71680 KB
卷上的可用空间:                    67578 KB
转换所需的空间:                     2864 KB
正在转换文件系统
转换完成
```

3.3 任务 3 管理动态磁盘

动态磁盘比基本磁盘更加灵活，功能和性能更加强大，建议在 Windows 系统里使用动态磁盘。Windows 的系统盘也可以是动态磁盘，但功能受限。动态磁盘的一些管理工作和基本磁盘是一样的，本任务将把基本磁盘转换为动态磁盘，并在动态磁盘上创建简单卷、跨区卷、带区卷、镜像卷、RAID-5 卷。

微课：3-13
动态磁盘管理

PPT：3-3
动态磁盘管理

3.3.1 子任务 1 基本磁盘转换为动态磁盘

只有将基本磁盘转换为动态磁盘之后，才能在磁盘上创建各种动态磁盘的卷，步骤如下。

（1）步骤 1：以 Administrator 用户登录，在“计算机管理”窗口中，右击磁盘，弹出如图 3-18 所示的快捷菜单，选择“转换到动态磁盘”菜单项。

（2）步骤 2：如图 3-19 所示，在“转换为动态磁盘”对话框中，勾选要转换的磁盘，单击“确定”按钮。

微课：3-14
基本磁盘转换为动态磁盘

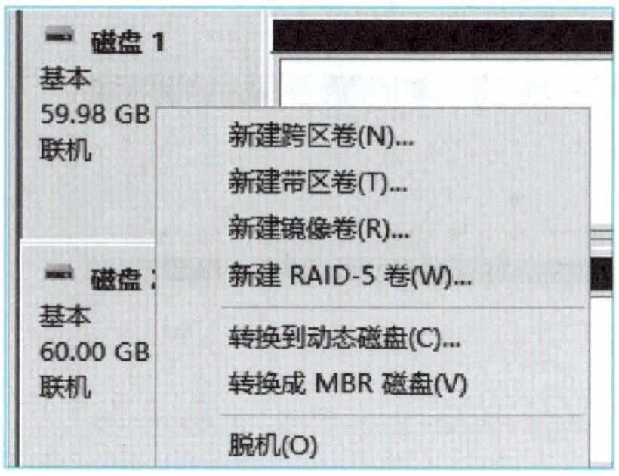

图 3-18 选择“转换到动态磁盘”菜单项

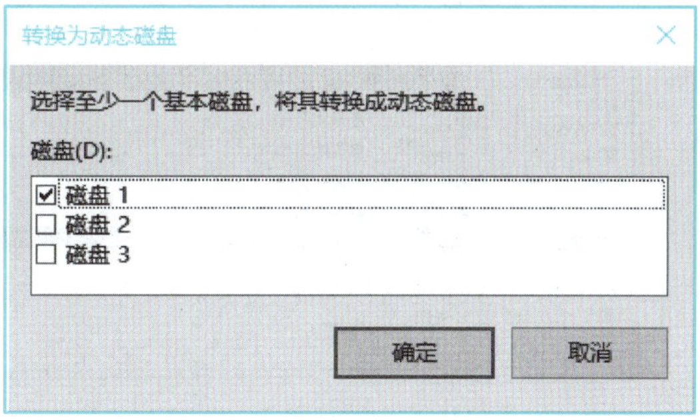

图 3-19 勾选要转换的磁盘

3.3.2 子任务 2 创建动态磁盘上的简单卷

动态磁盘上也可以创建简单卷，但是动态磁盘上的简单卷（必须是 NTFS、ReFS 文件系统）可以由同一磁盘上不连续的空间共同构成。如图 3-20 所示，是动态磁盘上的两个卷，如果 E 盘空间不足，则可以利用剩余的磁盘空间进行扩展（参见 3.2.4 节），图 3-21 是扩展后的 E 盘，可由两个不连续的空间（分别是 50 MB、25 MB）构成。

微课：3-15
在动态磁盘上创建简单卷

图 3-20 动态磁盘上的两个卷

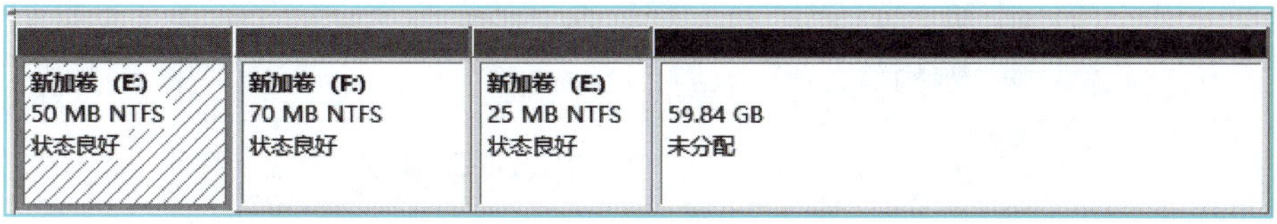

图 3-21 动态磁盘上的简单卷可由不连续的空间构成

3.3.3　子任务 3　创建跨区卷

微课：3-16
创建跨区卷

跨区卷由多个物理磁盘上的可用空间组成，也就是将多个物理磁盘的空间合并为一个逻辑磁盘，如图 3-3 中的 E 盘就是跨区卷。跨区卷有如下特性。

- 组成跨区卷的磁盘数量可以是 2～32 个。
- 组成跨区卷的每个磁盘的空间大小可以不同，跨区卷的大小为各成员的容量之和。
- 在跨区卷的成员中不含系统分区和启动分区。
- 当数据被存到跨区卷时，先使用跨区卷成员中的第 1 个磁盘，待空间用尽后，才将数据存到第 2 块磁盘，以此类推。
- 在跨区卷上存、取数据时，只有一个成员磁盘工作，不能提高读写性能。
- 跨区卷没有容错功能。当成员磁盘中任何一个发生故障，整个跨区卷的数据都将丢失。

例如，要将磁盘 1 的 50 MB 和磁盘 2 的 30 MB 合并建立跨区卷，步骤如下。

（1）步骤 1：如图 3-22 所示，右击磁盘 1 上的未分配空间，在弹出的快捷菜单中，选择“新建跨区卷”菜单项。打开“新建跨区卷”向导，单击“下一步”按钮。

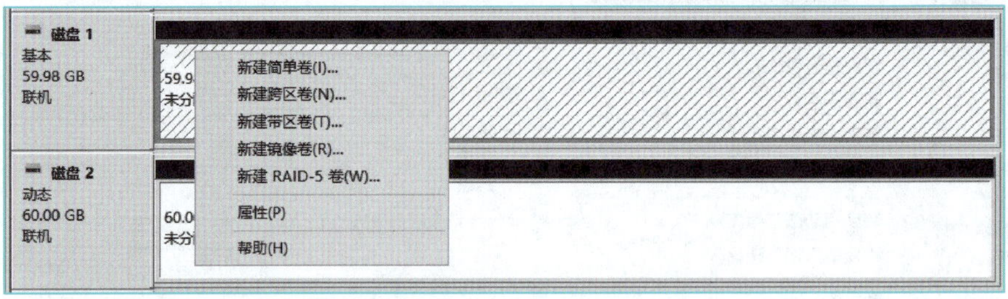

图 3-22　选择“新建跨区卷”菜单项

（2）步骤 2：如图 3-23 所示，在“选择磁盘”对话框中，选中“可用”列表中的磁盘。单击“添加”按钮，把磁盘加到“已选的”列表。在“已选的”列表中选中各个磁盘，在“选择空间量”输入框中输入跨区卷在该磁盘占用的空间，单击“下一步”按钮。

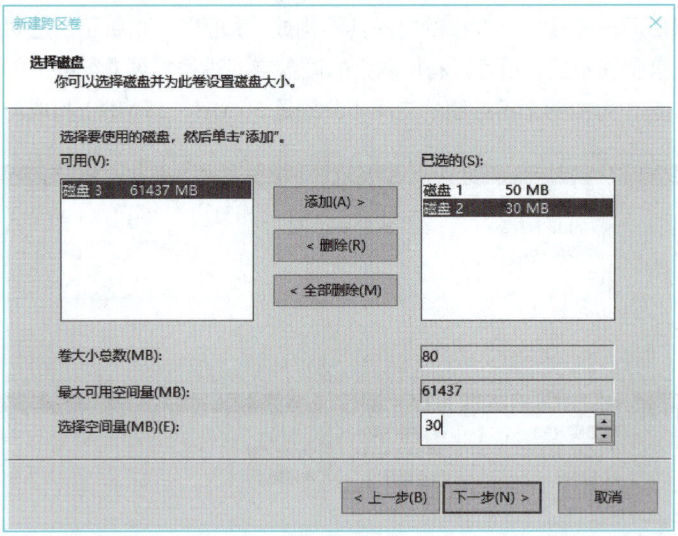

图 3-23　设置跨区卷在各磁盘上占用的空间

（3）步骤 3：为跨区卷分配驱动器号、选定文件系统，格式化跨区卷等。如图 3-24 所示是新建的跨区卷。

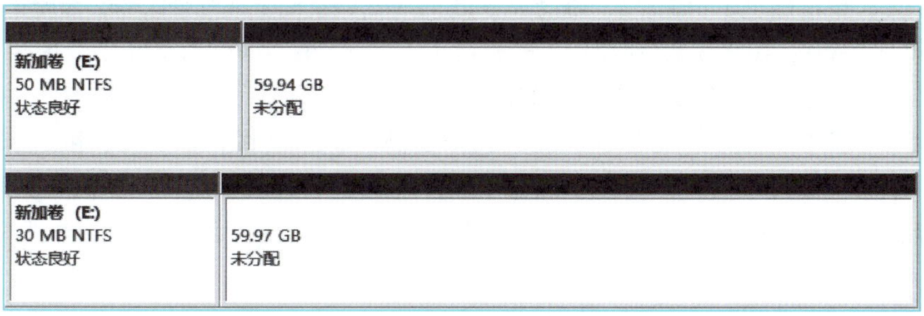

图 3-24 新建的跨区卷

3.3.4 子任务 4 创建带区卷

微课：3-17
创建带区卷

如图 3-25 所示，带区卷又称 RAID-0，是指数据交错分布于两个或更多物理磁盘的卷。与跨区卷不同的是，带区卷的每个成员的容量大小要相同。向带区卷中写数据时，系统将数据分为数据块，并行写入不同的硬盘中。如图 3-25 所示的两个硬盘（驱动器）构成 RAID-0，前两个数据块写入分条 0，其中，第一个数据块被写在硬盘 1 的分条 0 上，第二个数据块并行写在硬盘 2 的分条 0 上；下一个数据块写到硬盘 1 的下一个分条（分条 1）上，以此类推。这种方式下，写操作的负载平衡分布在 RAID-0 中的所有硬盘上，因此写性能很好。读数据时，可以同时从多个磁盘上同时读取数据，读性能也很好。带区卷有如下特性。

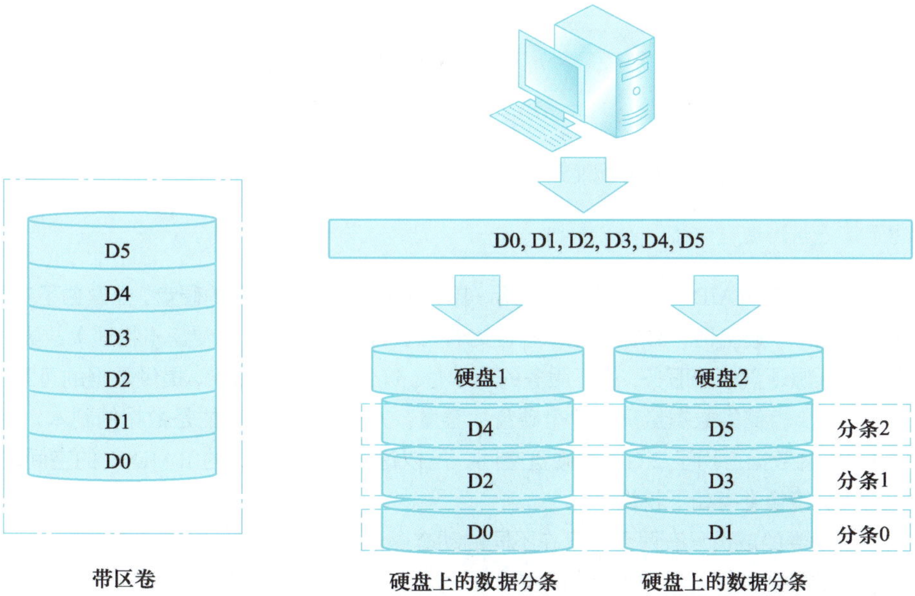

图 3-25 带区卷示意图

- 组成带区卷的成员的容量相同，带区卷的容量为各成员的容量之和。
- 带区卷的成员中不含系统分区和启动分区。
- 当数据被存到带区卷中时，数据平均写到各个成员磁盘上。
- 在带区卷上存、取数据时，全部成员磁盘并行工作，读写性能很好。

- 带区卷没有容错功能。当成员磁盘中任何一个发生故障，整个带区卷的数据都将丢失。

例如，要在磁盘 1、磁盘 2、磁盘 3 各自 45 MB 的空间上建立带区卷，步骤如下。

（1）步骤 1：如图 3-22 所示，右击磁盘 1 上的未分配空间，在弹出的快捷菜单中，选择“新建带区卷”菜单项。打开“新建带区卷”向导，单击“下一步”按钮。

（2）步骤 2：如图 3-26 所示，在“选择磁盘”对话框中，选中“可用”列表中的磁盘。单击“添加”按钮，把三个磁盘加到“已选的”列表。在“已选的”列表中选中磁盘，在“选择空间量”输入框中输入带区卷在各磁盘占用的空间，单击“下一步”按钮。

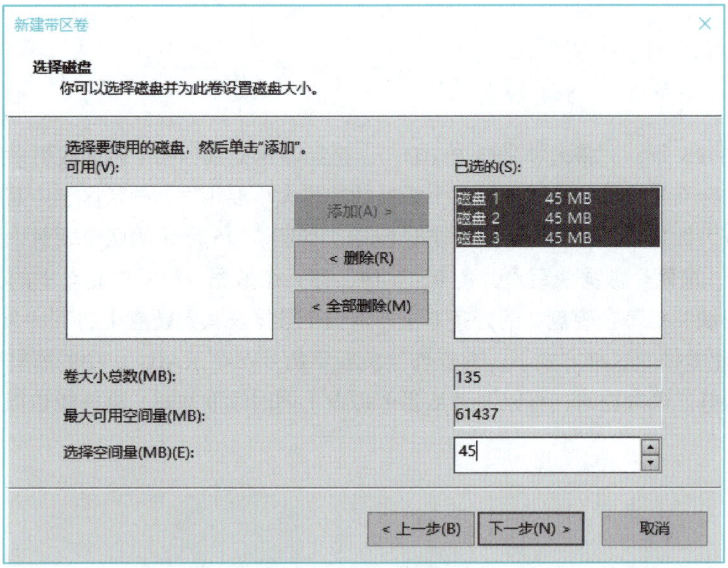

图 3-26　设置带区卷在各磁盘上所占用的空间

（3）步骤 3：为带区卷分配驱动器号、选定文件系统，格式化带区卷等。

3.3.5　子任务 5　创建镜像卷

微课：3-18
创建镜像卷

镜像卷也称 RAID-1，如图 3-27 所示。RAID-1 使用两个相同的硬盘，并设置了镜像。当数据写入一个硬盘时，数据的副本会同时存储在镜像硬盘上。源硬盘（物理）故障时，镜像硬盘从源硬盘接管服务，保证服务的连续性。镜像硬盘作为备份，提供数据的可靠性。一个 RAID-1 存储的数据量只是单个硬盘的容量，另一个硬盘保存的是数据的副本，相当于每 1 GB 的数据占用了 2 GB 的硬盘空间，所以说两个硬盘组成的 RAID-1 的空间利用率是 50%。镜像卷有如下特性。

- 镜像卷的成员只有两个，且在不同的动态磁盘上。
- 组成镜像卷的两个成员必须拥有相同的容量。
- 当数据写入镜像卷时，由于要写入两个磁盘内，虽然两个磁盘同时写，但是相当于一个磁盘的性能；当从镜像卷中读出数据时，系统可以同时从两个磁盘读取不同部分数据，所以读取效率较高。
- 有容错能力，一个磁盘故障，镜像卷仍可以读写数据，但是性能受到影响。
- 镜像卷的磁盘空间利用率只有 50%。

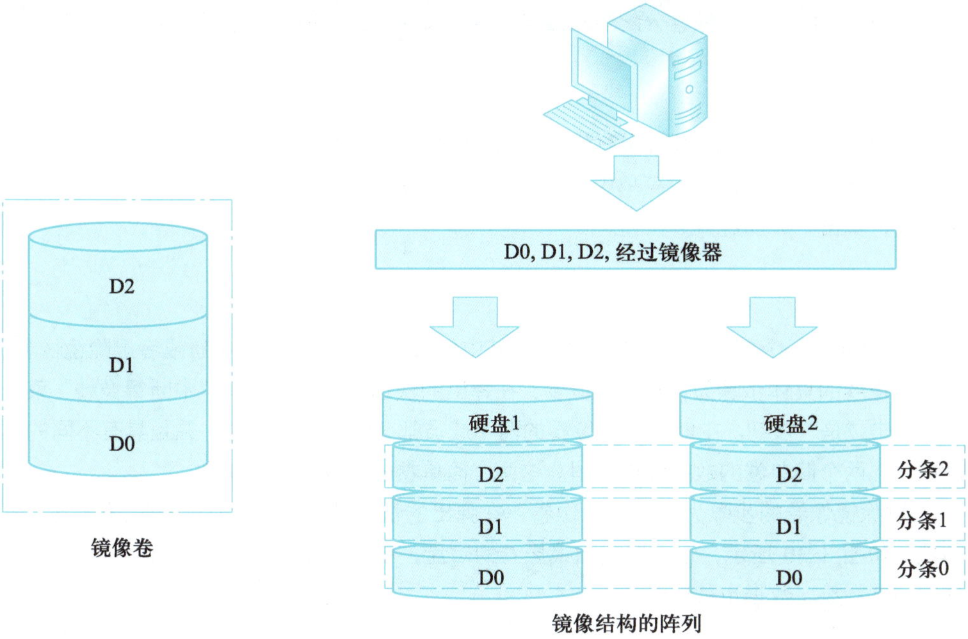

图 3-27 镜像卷示意图

1. 创建镜像卷

例如，要在磁盘 1、磁盘 2 上建立镜像卷，大小为 60 MB，步骤如下。

（1）步骤 1：如图 3-22 所示，右击磁盘 1 上的未分配空间，选择“新建镜像卷”菜单项。打开“新建镜像卷”向导，单击“下一步”按钮。

（2）步骤 2：如图 3-28 所示，在“选择磁盘”对话框中，选中“可用”列表中的磁盘。单击“添加”按钮，把两个磁盘加到“已选的”列表。在“已选的”列表中选中磁盘，在“选择空间量”输入框中输入镜像卷在各磁盘占用的空间，单击“下一步”按钮。

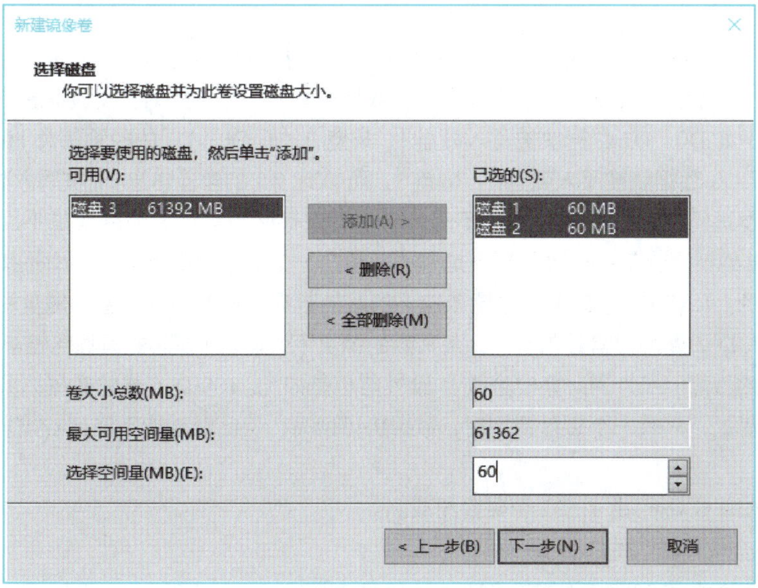

图 3-28 设置镜像卷的空间

（3）步骤 3：为镜像卷分配驱动器号、选定文件系统，格式化镜像卷等。

2. 添加镜像

可以为已有的简单卷添加镜像以形成镜像卷，原有数据仍然存在。步骤为：右击已有的简单卷，在弹出的快捷菜单中，选择“添加镜像”菜单项，如图 3-29 所示，选择镜像磁盘，单击“添加镜像”按钮。

3. 中断、删除镜像卷

镜像卷是一个整体，如果要单独使用其中任何一个成员，须先中断或者删除镜像卷。中断镜像卷的具体步骤为：右击镜像卷，在弹出的快捷菜单中，选择“中断镜像卷”菜单项，单击“是”按钮。中断后，镜像卷的两个成员都会独立成简单卷，并且具有不同的驱动器号，两个简单卷的数据都被保留。这两个简单卷以后没有任何关联。

删除镜像卷的步骤为：右击镜像卷，在弹出的快捷菜单中，选择“删除镜像卷”菜单项，如图 3-30 所示，选中要删除镜像卷的磁盘，单击“删除镜像”按钮，则该磁盘上的空间被释放，数据也被删除。

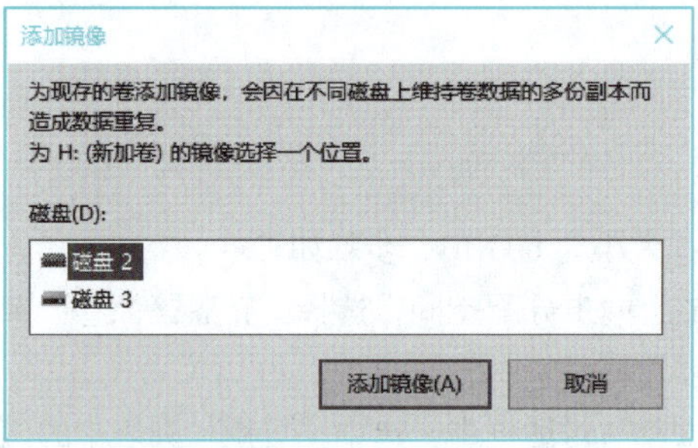

图 3-29 “添加镜像”对话框

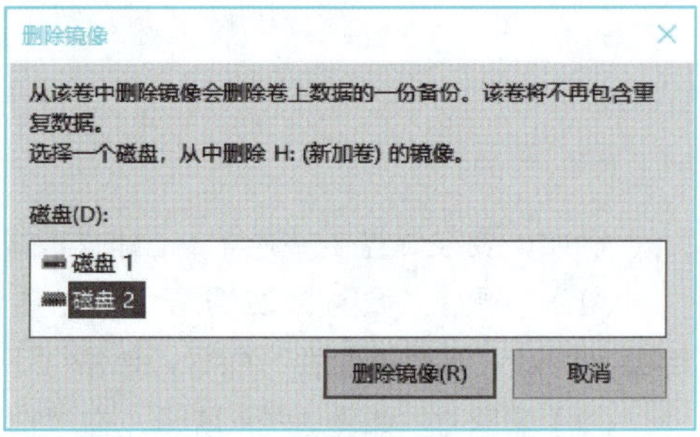

图 3-30 “删除镜像”对话框

3.3.6 子任务 6 创建 RAID-5 卷

微课：3-19
创建 RAID5 卷

RAID-5 卷是一种容错卷，如图 3-31 所示，数据以分条的形式写入磁盘组中。磁盘组中的每个磁盘都存储数据块和校验信息，数据块写入一个分条时，校验信息被写入相应的磁盘。例如 D0、D1 数据块被写入磁盘 1、磁盘 2，而 D0、D1 的校验信息 P0 被写入磁盘 3；D2、D3 数据块被写入磁盘 1、磁盘 3，而 D2、D3 的校验信息 P1 被写入磁盘 2。在 RAID-5 卷进行连续写入的时候，不同分条中用来存储校验信息的磁盘是不同的。因此 RAID-5 卷的不同分条的校验信息不是单独存储在一个固定的磁盘里的，而是按一定规律分散存放的。RAID-5 卷的写入性能取决于所写的数据量和 RAID-5 卷中磁盘的数量。假定一个 RAID-5 卷的磁盘数为 N，分条写满的情况下，RAID-5 卷的写性能略小于 N-1 倍单个磁盘的性能（因为要计算校验值）。读性能也是如此。RAID-5 卷的数据以分条的形式存储在磁盘上，只有一个磁盘损坏时，数据仍可读写，但此时性能下降。RAID-5 卷拥有以下特点。

- RAID-5 卷可由 3～32 个磁盘组成。
- 每个成员磁盘的容量要一样。
- RAID-5 卷的成员不包括系统分区和启动分区。

- 当 RAID-5 卷的某个磁盘出现故障时，系统可以利用校验信息推算出故障数据，使系统继续工作。所以 RAID-5 卷有良好的容错能力。
- RAID-5 卷的磁盘空间利用率为$(N-1)/N$，N 为成员磁盘的数量。
- 具有较好的读写性能。

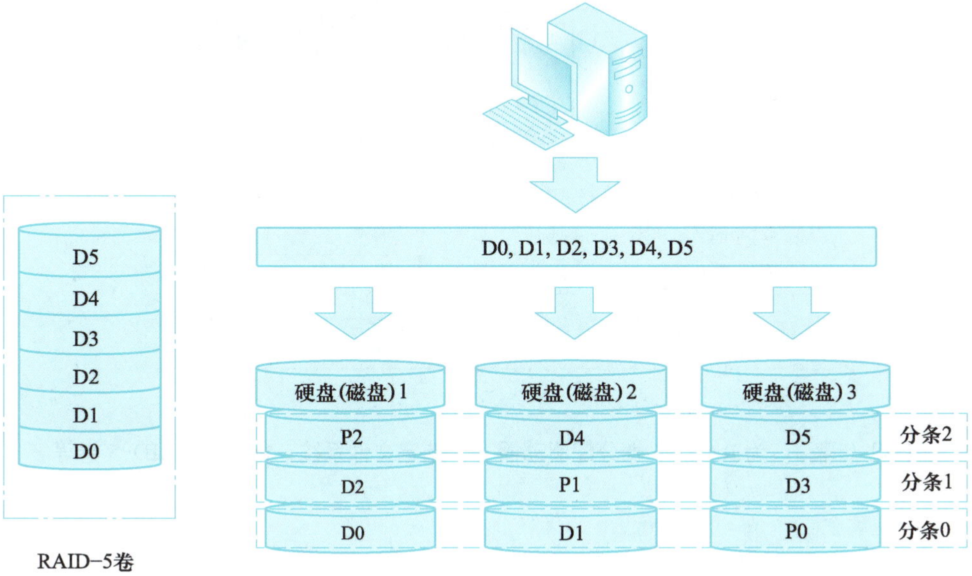

图 3-31　RAID-5 卷示意图

表 3-1 是各种卷的比较。

表 3-1　各种卷的比较

RAID 级别	跨区卷	带区卷（RAID-0）	镜像卷（RAID-1）	RAID-5 卷
容错性	无	无	有	有
读性能	低	高	较高	较高
写性能	低	高	低	较高
磁盘容量是否相同	否	是	是	是
最小磁盘数	2 块	2 块	2 块	3 块
可用容量	N 块磁盘容量和	$N\times$单块磁盘容量	单块磁盘容量	$(N-1)\times$单块磁盘容量

例如，要在磁盘 1、磁盘 2、磁盘 3 各 80 MB 的空间上建立 RAID-5 卷，步骤如下。

（1）步骤 1：如图 3-22 所示，右击磁盘 1 上的未分配空间，在弹出的快捷菜单中，选择“新建 RAID-5 卷”菜单项。打开“新建 RAID-5 卷”向导，单击“下一步”按钮。

（2）步骤 2：如图 3-32 所示，在“选择磁盘”对话框中，选中“可用”列表中的磁盘。单击“添加”按钮，把三个磁盘加到“已选的”列表。在“已选的”列表中选中磁盘，在“选择空间量”输入框中输入 RAID-5 卷在各磁盘占用的空间，单击“下一步”按钮。

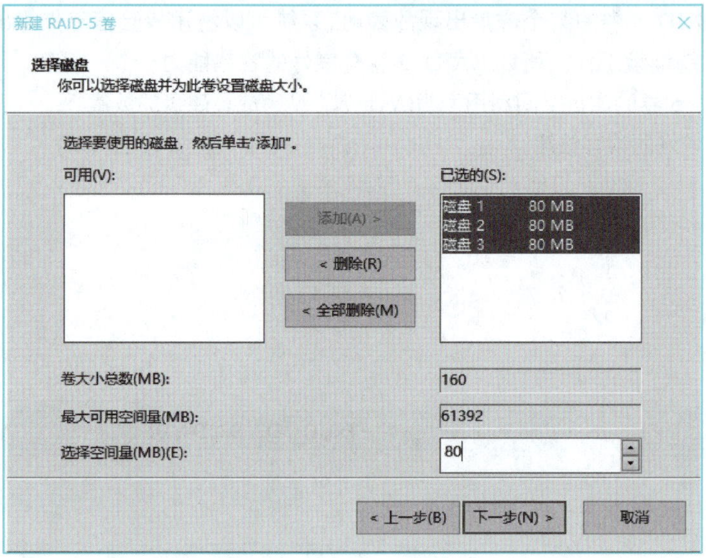

图 3-32　设置 RAID-5 卷在各磁盘上所占用的空间

（3）步骤 3：为 RAID-5 卷分配驱动器号、选定文件系统，格式化 RAID-5 卷等。

3.4　任务 4　使用存储池

微课：3-20
使用存储池

Windows Server 2019 中，可以将一个或多个驱动器添加到存储池，然后使用该存储池的容量来创建虚拟磁盘，这些虚拟磁盘看起来就像物理磁盘，因此在虚拟磁盘上可以创建卷。采用存储池能够使磁盘空间的使用更加灵活，数据的容错性更好。一个物理磁盘如果加入存储池，将无法作为基本磁盘或者动态磁盘使用。本任务将介绍存储池的概念，然后把服务器的磁盘加入存储池，在存储池中创建虚拟磁盘，最后创建卷。

PPT：3-4
使用存储池

3.4.1　子任务 1　了解存储池

如图 3-33 所示，有四个磁盘，磁盘容量大小不一。把四个磁盘加入存储池，然后在该存储池上创建虚拟磁盘。根据存储数据布局，虚拟磁盘类型有以下几种。

微课：3-21
了解存储池

- 简单（Simple）：类似 RAID-0。如图 3-33 中的虚拟磁盘 1，当创建该类型的虚拟磁盘时，系统会自动从各物理磁盘抽取未分配空间，各物理磁盘被抽取的空间大小可能一样，也可能不一样。写入数据时，数据被分散到各个物理磁盘，并不是先把物理磁盘 1 的空间用完了，再写到物理磁盘 2 中。该类型的虚拟磁盘的容量等于各物理磁盘被抽取的空间之和，并且数据没有冗余性。
- 双向镜像（2-Way Mirror）：类似 RAID-1。如图 3-33 中的虚拟磁盘 2，当创建虚拟磁盘时，系统会自动从各物理磁盘抽取未分配空间，各物理磁盘被抽取的空间大小可能一样，也可能不一样，要求至少有两个物理磁盘。写入数据时，数据会保存两份，但被分散到不同物理磁盘中。和 RAID-0 不一样，并不是把数据存在固定的两个物理磁盘中，而是分散到各个物理磁盘中。例如，某数据块写入了物理磁盘 1 和物理磁盘 2（两份），另一数据块写入了物理磁盘 2 和物理磁盘 3。该类型的虚拟磁盘的容量等于各物理磁盘被抽取的空间之和的 1/2，数据有冗余性，可以容忍一个物理磁盘损坏。

- 三向镜像（3-Way Mirror）：类似 RAID 1+0。和双向镜像类似，数据会被保存三份，要求至少有五个物理磁盘。虚拟磁盘的容量等于各物理磁盘被抽取的空间之和的 1/3，数据有冗余性，可以容忍两个物理磁盘损坏。
- 单奇偶校验（Single Parity）：类似 RAID-5。如图 3-33 中的虚拟磁盘 3，当创建虚拟磁盘时，系统会自动从各物理磁盘抽取未分配空间，各物理磁盘被抽取的空间大小可能一样，也可能不一样，要求至少有三个物理磁盘。写入数据时，数据以及一份校验值被分散到各个物理磁盘中。该类型虚拟磁盘的数据有冗余性，可以容忍一个物理磁盘损坏。

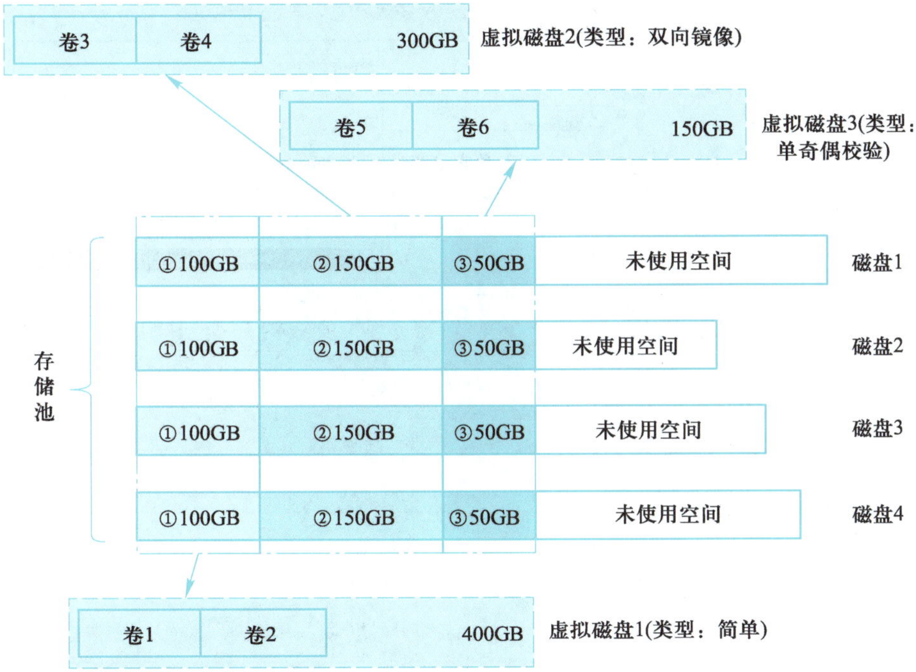

图 3-33 存储池示意图

- 双奇偶校验（Double Parity）：类似 RAID-6。和单奇偶校验类似，但是有两份校验值，可以容忍两个物理磁盘损坏，要求至少有七个物理磁盘。

3.4.2 子任务 2 使用存储池

微课：3-22 使用存储池

创建不同类型的虚拟磁盘要求的物理磁盘数量不一样，本例以有三个物理磁盘、创建双向镜像（2-Way Mirror）虚拟磁盘为例，步骤如下。

（1）步骤 1：在服务器中添加三个磁盘。以 Administrator 用户登录系统。打开“服务器管理器”窗口，如图 3-34 所示，单击“文件和存储服务”→“卷”→“存储池”。

（2）步骤 2：默认情况下已经有一个存储池“Primordial”，称为原始池，所有空磁盘都在该存储池里，物理磁盘在图 3-34 的右下角列出。单击 “存储池”区域右上角的“任务”下拉菜单，选择“新建存储池”菜单项。打开“新建存储池向导”对话框，单击“下一步”按钮。

（3）步骤 3：如图 3-35 所示，输入存储池名称，选择磁盘组，单击“下一步”按钮。

（4）步骤 4：如图 3-36 所示，选择物理磁盘，单击“下一步”按钮。在下一对话框中，单击“创建”按钮。图 3-37 所示是创建好的存储池。

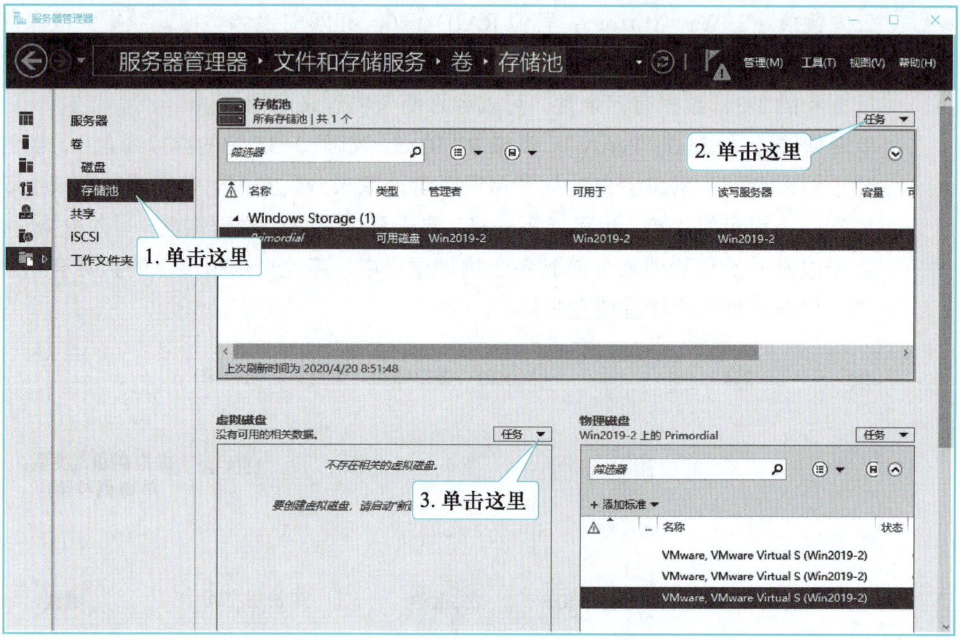

图 3-34　管理存储池

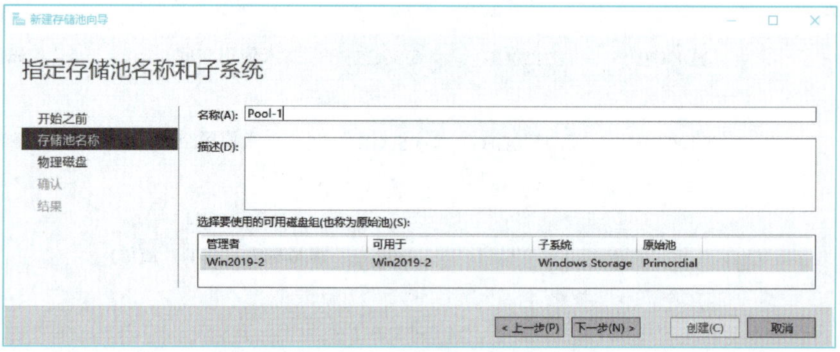

图 3-35　指定存储池名称

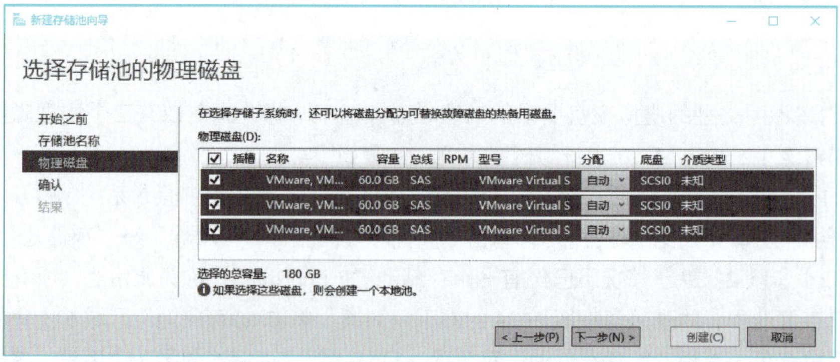

图 3-36　选择物理磁盘

（5）步骤 5：在图 3-34 中单击“虚拟磁盘”区域右上角的“任务”下拉菜单，选择“新建虚拟磁盘”菜单项。如图 3-38 所示，选择在新建的存储池中创建虚拟磁盘，单击“确定”按钮，打开“新建虚拟磁盘向导”对话框，单击“下一步”按钮。

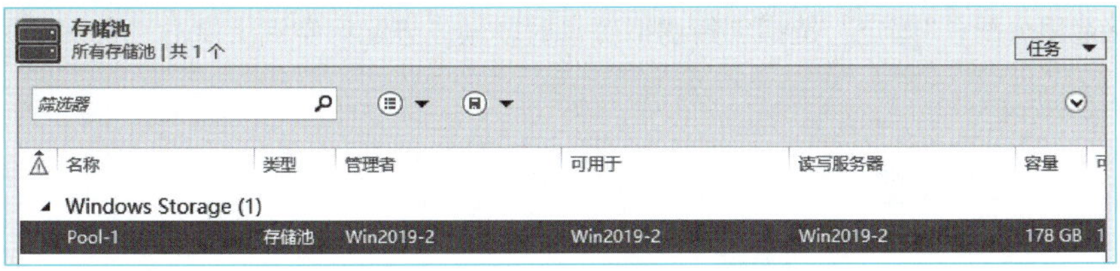

图 3-37 创建好的存储池

图 3-38 选择存储池

（6）步骤 6：如图 3-39 所示，指定虚拟磁盘名称，单击“下一步”按钮。在下一对话框中，单击“下一步”按钮。

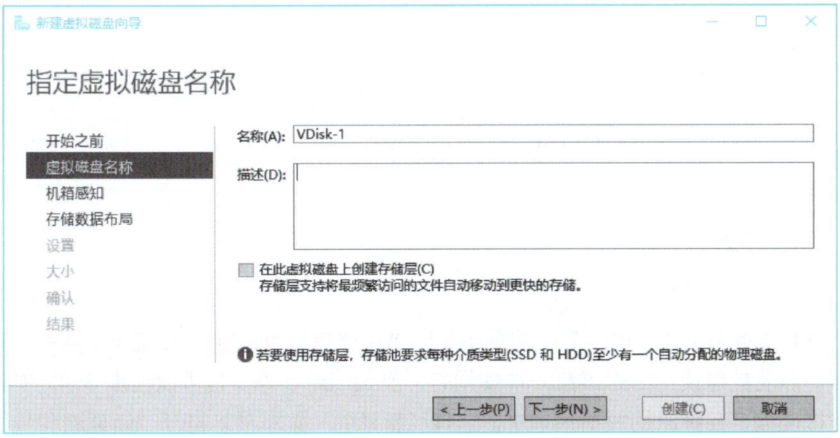

图 3-39 指定虚拟磁盘名称

（7）步骤 7：如图 3-40 所示，选择 Mirror 选项，单击“下一步”按钮。

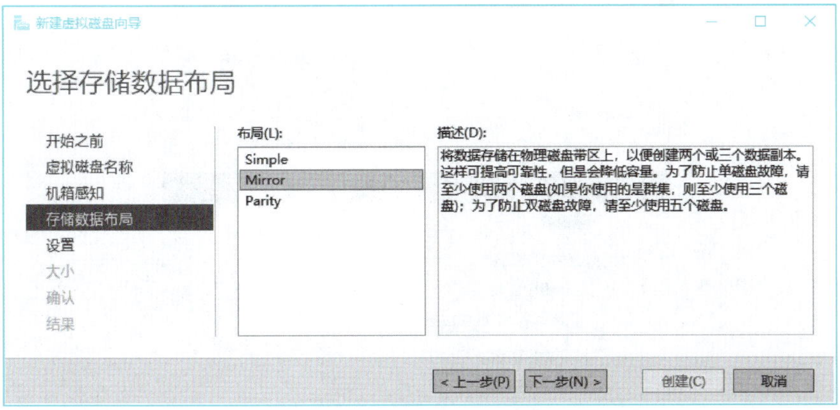

图 3-40 选择 Mirror 选项

（8）步骤 8：如图 3-41 所示，指定设置类型。“精简”是指虚拟磁盘需要空间时，才从存储池里分配；“固定”是指创建虚拟磁盘时就预先分配好空间。单击“下一步”按钮。

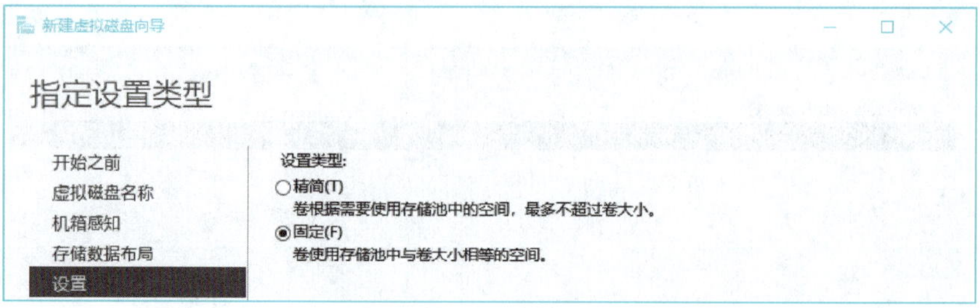

图 3-41　指定设置类型

（9）步骤 9：如图 3-42 所示，指定虚拟磁盘的大小，这是最终用户可以使用的空间大小。虚拟磁盘的大小和虚拟磁盘占用的存储池空间不一定相同，例如双向镜像虚拟磁盘占用的存储空间是虚拟磁盘大小的 2 倍。如果选择“最大大小”，则空闲的存储池空间全部给虚拟磁盘。单击“下一步”按钮。在下一对话框中，单击“创建”按钮。再在下一对话框中，单击“关闭”按钮。

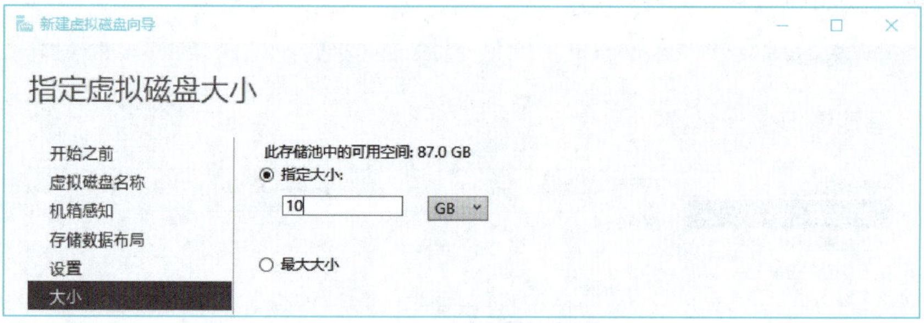

图 3-42　指定虚拟磁盘的大小

（10）步骤 10：如图 3-43 所示是新建的虚拟磁盘。可以在磁盘管理工具中找到该虚拟磁盘，然后就像使用物理磁盘一样使用它，例如创建卷等。也可以在图 3-43 中右击新建的虚拟磁盘，在弹出的快捷菜单中，选择“新建卷”菜单项。打开“新建卷向导”对话框，单击“下一步”按钮。

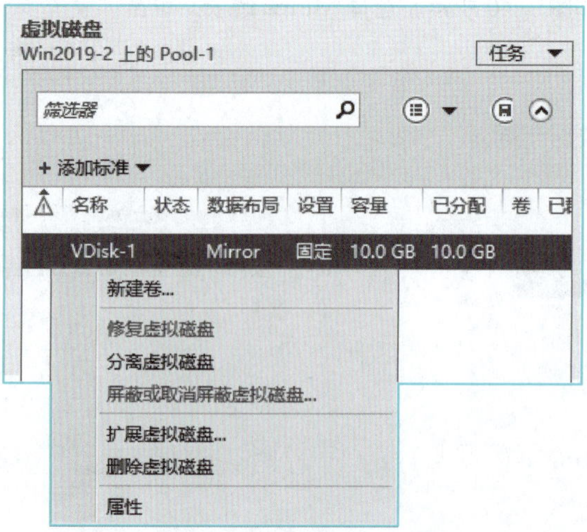

图 3-43　选择“新建卷”菜单项

（11）步骤 11：如图 3-44 所示，选中新建的虚拟磁盘（VDisk-1），单击“下一步”按钮。

图 3-44 选择虚拟磁盘

（12）步骤 12：如图 3-45 所示，指定卷大小，单击“下一步”按钮。

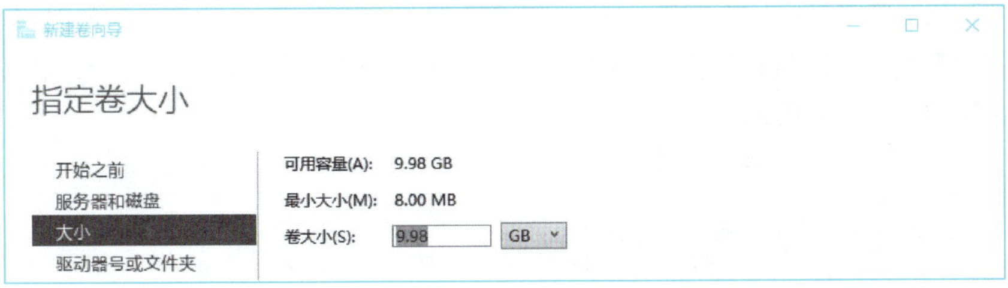

图 3-45 指定卷大小

（13）步骤 13：如图 3-46 所示，为卷分配驱动器号，单击“下一步”按钮。

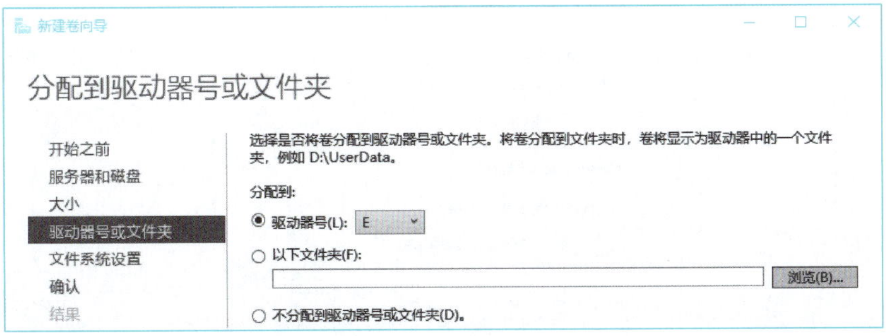

图 3-46 为卷分配驱动器号

（14）步骤 14：如图 3-47 所示，为卷选择文件系统，单击“下一步”按钮。在下一对话框中，单击“创建”按钮，再在下一对话框中，单击“关闭”按钮。在资源管理器中，可以查看到该卷，测试一下在该卷上存取文件是否正常。

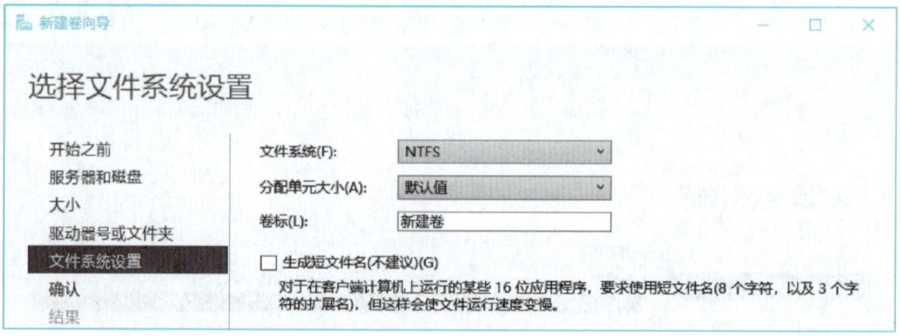

图 3-47　选择文件系统

微课：3-23
管理卷的配额

3.5　任务 5　管理卷的配额

PPT：3-5
管理卷的配额

卷配额是某个用户在某个卷上可以使用的空间额度。卷设置了配额后，当用户使用的空间超出设定值时，系统会发出警告或者拒绝写入。只有 NTFS 才支持卷配额，FAT 和 ReFS 都不支持。启用卷配额对计算机和卷的性能有少许影响，但对合理使用卷空间意义重大。本任务将在卷上设置配额，控制不同用户可使用的磁盘空间。

3.5.1　子任务 1　在卷上启用配额

微课：3-24
磁盘配额设置

以在 E 盘上启用卷配额为例，步骤为：以 Administrator 登录系统，在资源管理器中右击 E 盘并选择“属性”菜单项，单击“配额”选项卡，如图 3-48 所示，勾选“启用配额管理”复选框，并进行其他选项设置，单击“应用”或者“确定”按钮，系统会扫描卷上各用户已经使用的额度。

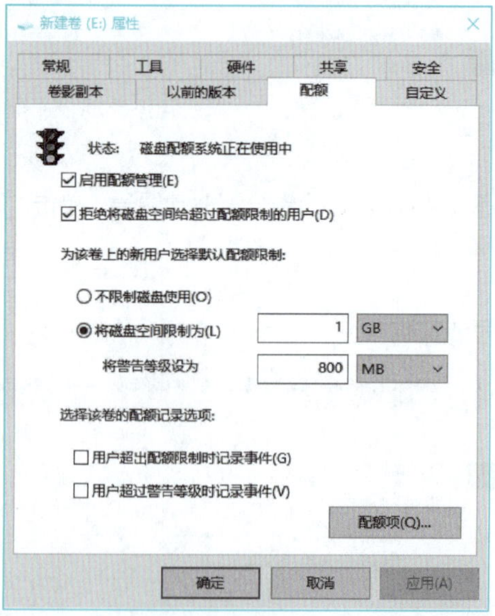

图 3-48　“配额”选项卡

- 拒绝将磁盘空间给超过配额限制的用户：只有勾选该复选框，当用户使用的空间超过设定的额度时，系统才会拒绝写入，否则只是警告。
- 为该卷上的新用户选择默认配额限制：如果没有专门为某个用户配置配额，则使用默认配额。可以选中“不限制磁盘使用”单选按钮，或者选中“将磁盘空间限制为”单选按钮，并设定限制值和警告等级。

- 选择该卷的配额记录选项：可以选中“用户超出配额限制时记录事件”以及“用户超出警告等级时记录事件”复选框。事件记录在日志中。

3.5.2 子任务 2 在卷上设置配额大小

微课：3-25 配额项

如果没有专门为某个用户配置配额，则用户第一次向卷中写入数据时自动创建配额项，使用的是默认配额。配额启用之前，如果用户在卷中有文件，则启用配额时该用户没有配额限制。管理员在所有卷中也没有配额限制。

在卷上启用配额后，可以设定用户的配额，步骤如下。

（1）步骤 1：在图 3-48 中单击“配额项”按钮，打开配额项窗口，如图 3-49 所示，窗口中列出了该卷上各用户的使用量。

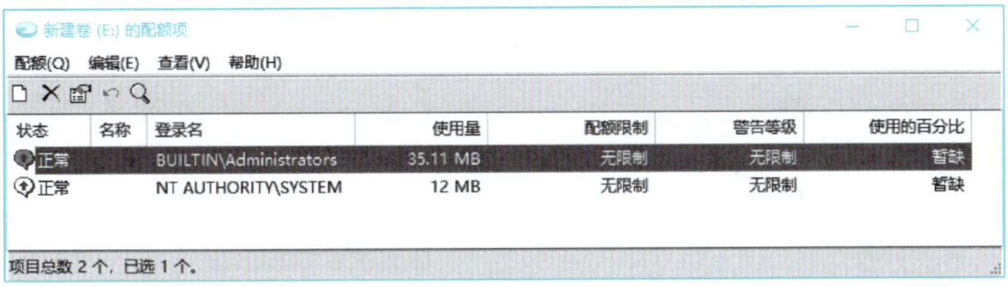

图 3-49 配额项窗口

（2）步骤 2：在图 3-49 中，单击左上角的“配额”菜单，选择“新建配额项”菜单项，如图 3-50 所示，可以单击“高级”按钮查找用户，单击“确定”按钮。

（3）步骤 3：在图 3-51 中，设定用户的配额以及警告等级，单击“确定”按钮。

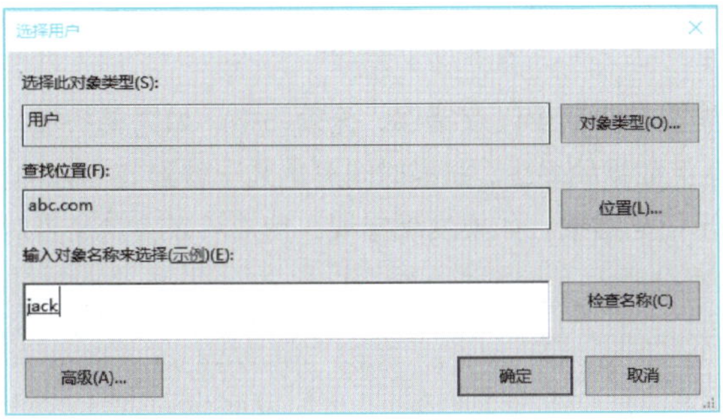

图 3-50 “选择用户”对话框

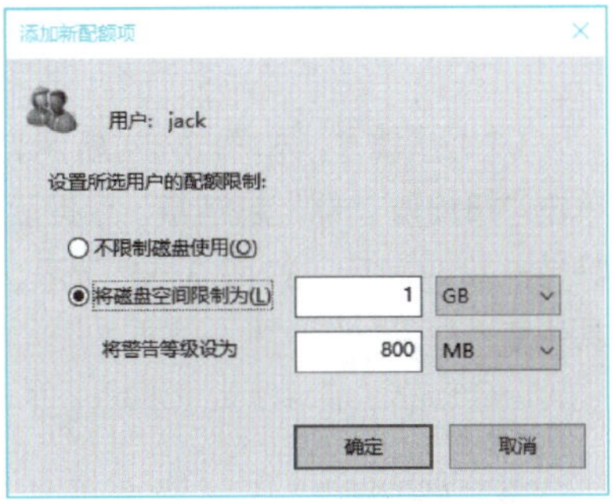

图 3-51 “添加新配额项”对话框

（4）步骤 4：如图 3-52 所示是新添加的配额项。双击该配额项，可以进行修改。

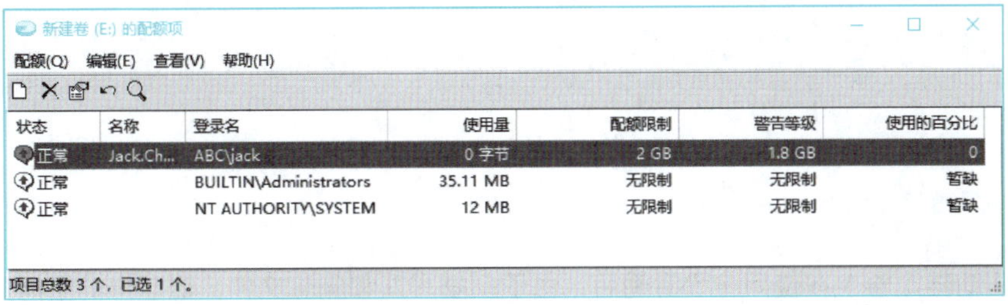

图 3-52 新添加的配额项

3.6　任务 6　检查驱动器和整理碎片

微课：3-26
检查驱动器和碎片整理

驱动器（卷）使用一段时间后，由于非正常关机等各种情况，可能导致文件系统错误。同时卷上的文件反复删除、生成，会导致卷的空间出现碎片，影响卷的读写性能。本任务将对驱动器进行检查，以及整理碎片。

3.6.1　子任务 1　检查驱动器

PPT：3-6
检查驱动器和碎片整理

（1）步骤 1：在“资源管理器”中右击所要检查的驱动器（例如 E 盘），在弹出的快捷菜单中，选择“属性”菜单项，单击“工具”选项卡，如图 3-53 所示，单击“检查”按钮。

微课：3-27
检查驱动器

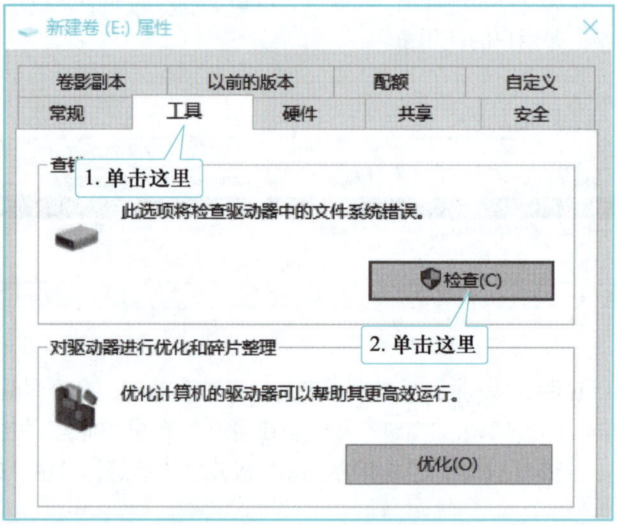

图 3-53　“工具”选项卡

（2）步骤 2：如图 3-54 所示，系统提示驱动器没有错误，无须扫描。如需要扫描，单击“扫描驱动器”超链接。根据驱动器上数据的多少，扫描时间可达几十秒到几十分钟。等待一段时间后，如图 3-55 所示，提示扫描结果。如果发现错误，用户可以决定是否对其修复。

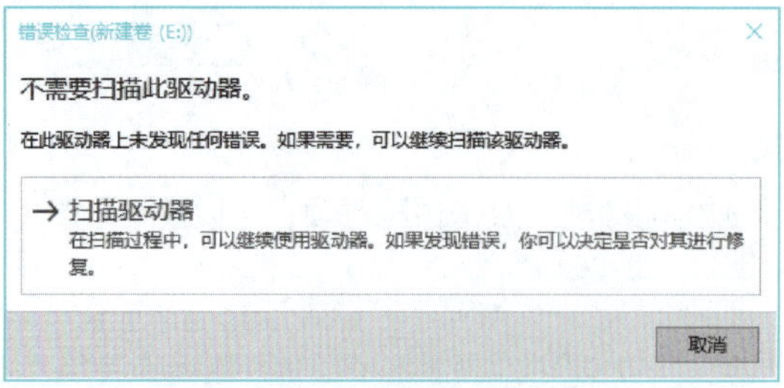

图 3-54　扫描驱动器

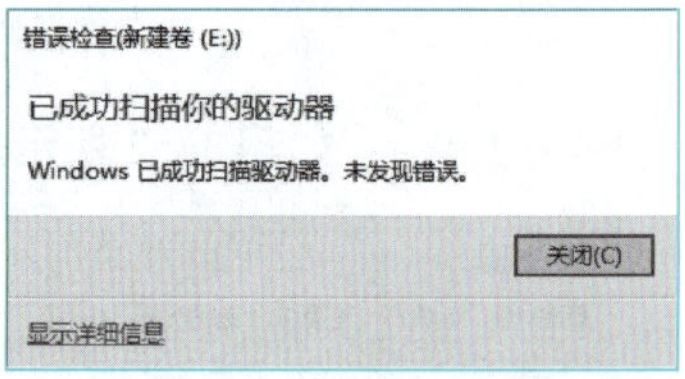

图 3-55　扫描结果

3.6.2　子任务 2　整理碎片

微课：3-28
整理碎片

驱动器（卷）在使用一段时间后，由于反复写入和删除文件，磁盘中的空闲扇区会分散在不连续的物理位置上，从而使文件不能存在连续的扇区里。这样，就需要在不连续的扇区中读写文件，增加了磁头的来回移动，降低了访问速度。整理碎片可以通过移动文件的数据，把空闲扇区整理为连续的空间，步骤如下。

（1）步骤 1：在图 3-53 中，单击“优化”按钮，如图 3-56 所示，系统列出了各个驱动器上次优化的时间、状态。

（2）步骤 2：在图 3-56 中，选中要分析的驱动器（例如 E 盘），单击“分析”按钮，系统会分析驱动器的碎片情况，并在状态栏显示碎片化的情况。可以根据状态，选择是否进行优化。

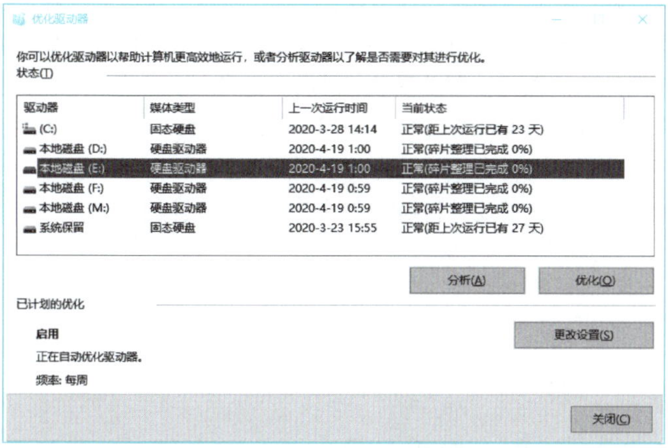

图 3-56　优化驱动器

（3）步骤 3：如果需要优化驱动器，在图 3-56 中，选中要优化的驱动器（例如 E 盘），单击“优化”按钮。根据驱动器上数据的多少，优化时间可为几十秒到几十分钟。优化过程中，系统仍可正常使用。等待一段时间后，在状态栏显示优化的结果。

（4）步骤 4：可以制订计划，让系统定期优化驱动器，系统会自动选择比较空闲的时间进行优化，以保证卷处于最佳性能。在图 3-56 中，单击“更改设置”按钮，如图 3-57 所示，勾选“按计划运行（推荐）”复选框，并设置频率，可以是每周、每月、每天。单击“选择”按钮，可选择要定期优化的驱动器。

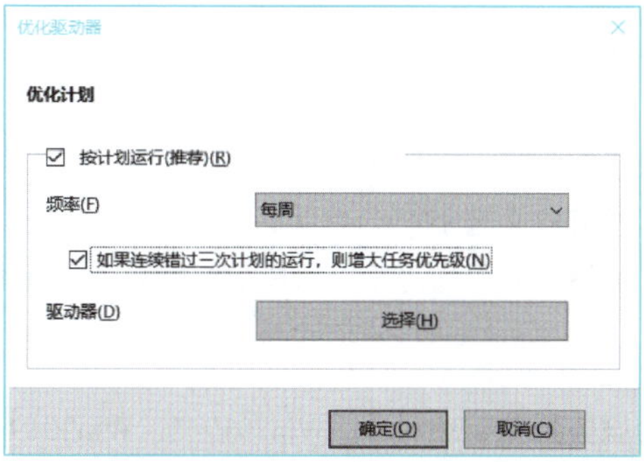

图 3-57　制订优化计划

小结

磁盘可以分为 MBR 磁盘和 GPT 磁盘。MBR 磁盘最多只有 4 个主分区或者 3 个主分区加一个扩展分区，扩展分区可以包含多个逻辑分区，每个分区最大容量为 2 TB。GPT 磁盘的分区数最多为 128，每个分区最大容量达 2^{64} 个扇区，GPT 磁盘备份了分区表，因此安全性要高于 MBR 磁盘。按照磁盘上的分区能否动态调整，把磁盘分为基本磁盘和动态磁盘。基本磁盘的卷难于扩展，灵活性较差，功能和性能也较差。动态磁盘上的卷可以动态调整，卷的类型可以是跨区卷、带区卷（RAID-0）、镜像卷（RAID-1）、RAID-5 卷等，这些卷有更好的安全性及读写性能。和基本磁盘相比，动态磁盘的灵活性更好，功能和性能更强。可以将一个或多个驱动器添加到存储池，然后使用该存储池的容量来创建虚拟磁盘，这些虚拟磁盘看起来就像物理磁盘，在虚拟磁盘上可以创建卷。存储池中虚拟磁盘的类型有简单、双向镜像、三向镜像、单奇偶校验、双奇偶校验。卷配额是某个用户在某个卷上可以使用的空间额度，卷设置了配额后，当用户使用的空间超出设定值时，系统会发出警告或者拒绝写入。驱动器（卷）使用一段时间后，由于非正常关机等各种情况，可能导致文件系统错误。同时卷上的文件反复删除、生成，会导致卷的空间出现碎片，影响卷的读写性能。可以根据需要进行检查和制订碎片整理计划。

习题

1. 填空题

（1）按照磁盘分区形式，磁盘可以分为________磁盘和________磁盘。

（2）按照磁盘上的分区能否动态调整，把磁盘分为________和________。

（3）MBR 磁盘上可以创建________个主分区，或者________个主分区加________个扩展分区；GPT 磁盘上最多可以创建________个主分区。

（4）使用________命令，可以把卷的文件系统从 FAT32 转为 NTFS。

（5）镜像卷也称________，由________个磁盘空间组成，磁盘空间利用率为________%。

（6）RAID-5 卷要求至少________个磁盘，磁盘空间利用率为________（N 为成员的磁盘数量）。

（7）存储池中可以创建的虚拟磁盘类型有________、________、________、________、________。

2. 简答题

（1）什么是扩展分区?

（2）跨区卷和带区卷有什么区别?

（3）一个卷启动配额后，如果未为某个用户配置配额项，该用户能否使用卷?

3. 实践题

在图 1-1 中的三台服务器 Win2019-1、Win2019-2、Win2019-3 上：

（1）各添加 3 个磁盘。

（2）把所有磁盘转为动态磁盘和 GPT 磁盘。

（3）在磁盘上创建 RAID-5 卷，保证卷的可靠性，用于存放重要数据。

（4）在磁盘上创建镜像卷，保证卷的高性能，用于存放视频等数据。

（5）所有卷每周自动整理碎片。

项目 *4*

构建 Active Directory 域

项目背景

在大型企业中有很多服务器在提供资源，同时也有数量很大的用户，如何让这些用户能够方便地访问资源，同时让管理员能够有效、合理地管理这些用户是一件很重要的事情，活动目录就是针对这个目的而设计的。从 1993 年推出的 Windows NT Server 起，活动目录（Active Directory，AD）就是 Windows Server 中的核心服务了。活动目录的引入有两个优点：一个是能够在全企业范围内统一管理组和用户，另一个是用户一次登录就能访问域中的资源。本项目将介绍活动目录、域的相关知识，为企业设计合理的域，并把服务器和计算机加入域，在域中创建用户和组，为后续用户使用域中的资源奠定基础。

项目任务

（1）了解域和活动目录。

（2）为企业设计活动目录的结构。

（3）在服务器上安装活动目录，把服务器提升为域控制器。

（4）把成员服务器、用户计算机加入域。

（5）管理域用户和组。

4.1　任务 1　了解域、活动目录

微课：4-1
域与活动目录

域和活动目录这两个概念对于初学者来说有点抽象，本任务将介绍域和活动目录的概念，为活动目录的设计奠定基础。

4.1.1　子任务 1　了解域

PPT：4-1
域与活动目录

活动目录和域密切相关，介绍活动目录之前需要先介绍域。关于域的定义，常见的一种说法是“域是由网络上用户和计算机组成的一个逻辑集合，每个域是一个安全的边界”，可是很难从这句话体会域的含义。

企业里的资源（例如文件）通常集中存放在服务器上，如果只有一台服务器，问题就很简单，在服务器上为每一个员工建立一个本地用户账户即可，员工通过网络登录到该服务器上就可以使用服务器上的资源。这里的登录不是指远程桌面登录。用户通过文件共享访问服务器上的文件是需要登录的。

微课：4-2
了解域

然而如果资源分布在多台服务器上呢？如图 4-1 所示，那就需要在每台服务器（共 M 台）上为每一个员工（共 N 个）分别建立一个用户账户（共 $M \times N$ 个），员工则需要在每台服务器上登录（共登录 M 次）。如果不同服务器上为同一个员工创建的用户的用户名和密码都不一致，每个员工的登录工作量将很大。是否可以解决员工多次登录到不同的服务器以及在不同服务器上为同一员工多次创建用户的问题呢？答案就是域（Domain）。

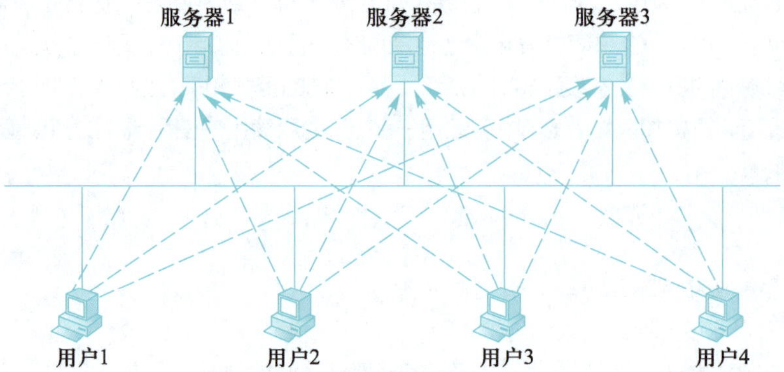

图 4-1　资源分布在多台服务器上

如图 4-2 所示，服务器和员工的计算机组成一个域，员工在域中只拥有一个域用户账户，员工用该用户登录后取得一个身份。有了该身份便可以在域中漫游，访问域中任意一台服务器上的资源。这样就不需要在每一台存放资源的服务器上为每一个员工创建用户了，只需要把资源的访问权限分配给员工在域中的用户即可。至此，域存在的理由已经足够了：有了域，员工只需要在域中拥有一个域用户，因此管理员只需要为员工创建一个域用户；员工只需要在域中登录一次就可以访问域中的资源了，实现了单一登录。

然而域的出现又产生了新的问题，域中的用户信息（例如用户名、密码、电话号码等）应该存放在哪里呢？是图 4-2 中的哪台服务器？这些用户信息存放在域中的域控制器（Domain Controller，DC）上，图 4-2 中，可以在服务器中选定一台或者几台服务器作为域控制器。有多台域控制器时，各个域控制器是平等的，每台域控制器上都有所在域的

全部用户的信息，域控制器之间需要同步这些信息。而其他不是域控制器的服务器仅提供资源。

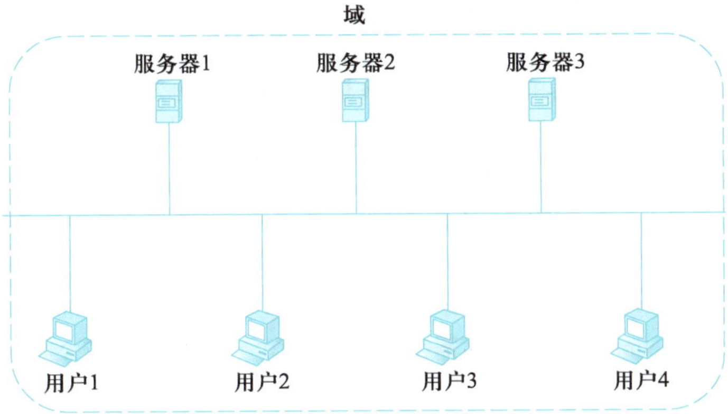

图 4-2 域的示意图

随着网络不断扩大，会产生新的问题。图 4-2 中，如果服务器很多（想象一下有五千台服务器）、用户数量也很多（想象一下有十万名用户），那么至少存在三个问题。第一，用户信息、计算机信息等会很多，域控制器可能承载不了，因为域控制器有全部用户信息和计算机信息等，并且域控制器之间同步这些信息的工作量很大。第二，用户登录时域控制器承担身份验证等任务，承受的负载太大，当然可以通过部署多台域控制器来解决一部分问题。第三，从管理上来说，十万名用户的管理（例如密码重置、账户创建、账户删除、用户授权等）全部由一个管理团队承担也是不可行的。

自然而然，人们想到了分而治之的方法。就像中国有很多省或直辖市，如果省太大、无法管理，可以将省分为市、县等，呈现层次架构。如图 4-3 所示，可以把一个大的域分割成许多小的域，这些域呈现树状（层次）架构，父域下有子域，子域下还可以有子域。每个域的规模控制在可以接受的程度，如果某个域规模太大，那就把该域分成多个子域。和单个域一样，域树中的每个域里，域控制器存放有该域的用户、组、计算机等信息，域内的域控制器之间也会同步信息，用户登录时在用户所在域的域控制器上进行认证，登录后可以访问域中的资源。图 4-3 中，域树中的每个域虽然在同一棵树上，但是每个域具有一定的独立性，每个域有自己单独的用户、组等账户信息，也单独进行认证，所以说“域是安全的边界”。

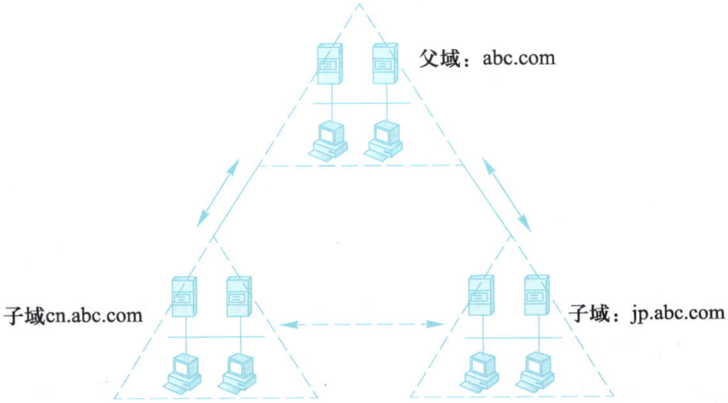

图 4-3 域树示意图

把一个大的域分割为小的域是因为域太大，结果造成这些域相对是独立的。那带来另一个问题，一个域的用户在自己的域登录后，是否可以访问另外一个域的资源呢？例如，图 4-3 中的 cn.abc.com 域的用户能否访问 jp.abc.com 域的资源？当然应该能，如果不能，这两个域完全没有必要在同一棵域树上。那如何解决跨域访问呢？

域树中的子域和父域是相互信任的，并且信任关系是可以传递的。也就是说，A 和 B 相互信任，B 和 C 相互信任，则 A 和 C 也相互信任。所以图 4-3 中，子域 cn.abc.com 和父域 abc.com 是相互信任的，子域 jp.abc.com 和父域 abc.com 是相互信任的，因此 cn.abc.com 和 jp.abc.com 也相互信任，因此同一棵树上的全部域之间最终都是相互信任的。相互信任有什么用呢？当某个用户在某个域登录，例如用户在 cn.abc.com 登录，该用户经过 cn.abc.com 域控制器的验证，由于 abc.com 域信任 cn.abc.com 域，那么这个用户就可以访问 abc.com 的资源（当然需要事先授权）。同一棵域树的域之间是相互信任的，因此用户只需要在自己的域登录一次，就能访问整棵域树中的全部资源。这样就解决了“用户在自己的域登录后需要访问另外一个域的资源”的问题。通常一棵域树在一个公司内，域树里的每个域的名字是连续的，子域的域名 cn.abc.com 是从父域 abc.com 继承下来的。

有域树，会不会有域林？答案是肯定的，不过独木也可以成林。当在 Windows 系统中第一次创建域时，实际上先要创建一个域林，再在域林里创建一棵域树，最后才是在域树里创建一个新域。域林里的第一棵域树的第一个（顶层）域称为域林的根域，如图 4-4 所示，域林的第一个域是 abc.com，因此 abc.com 是域林的根域。可以向域林添加新的域树，先添加一个新的域 xyz.com，然后向域 xyz.com 添加子域，最终构成了 xyz.com 域树，这样域林有了两棵域树，不再是“独木成林”了。域树里的每个域共用各自的连续域名空间，而域林由具有不同域名空间的域树组成，图 4-4 所示的域林是由 abc.com 和 xyz.com 域树组成的。可以把图 4-4 理解成，一个集团下各自经营的两个公司，每个公司有自己的域名。

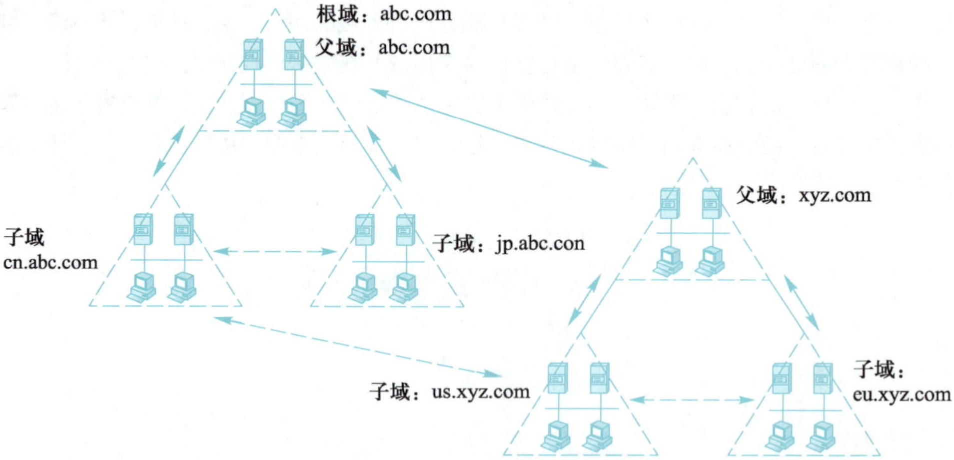

图 4-4　域林示意图

域林里的域树也是相互信任的，并且信任关系也是可以传递的，这样域林的任何两个域之间最终是相互信任的，图 4-4 中 cn.abc.com 和 us.xyz.com 是相互信任的。

有了域林，就可以把资源授权给域林的任何用户访问；而域林里的用户只需要在自己的域登录一次，就可以访问整个域林的资源。

在本书的项目里，由于网络规模并不大，也考虑到本书是入门教材，只规划了一个域 abc.com，也就是：域林里只有一棵域树，域树中只有一个域。

4.1.2 子任务 2 了解活动目录

微课：4-3
了解活动目录

说到目录没有人不知道，每本书都有一个目录，计算机里的文件也是以目录的形式来组织的。目录的用处是什么？目录是一种组织信息的形式，呈树状或者层次型，之所以这样存放信息是因为方便查找。电话簿、地址簿也是一种目录。微软的活动目录（Active Directory，AD）是一种存放信息的方式，那么活动目录存放的是什么信息呢？

上一小节提到域控制器（Domain Controller，DC）上存放有域中所有用户、组、计算机等信息（实际上域控制器存放的信息远不止这些），域控制器把这些信息存放在活动目录中。活动目录实际上就是一个特殊的数据库，不过该数据库和以往大家接触到的 SQL Server、Access、Excel 表格有很大的差别。域中的一台服务器如果安装了活动目录，它就成为了域控制器；反之，域控制器就是安装了活动目录的服务器。

4.1.3 子任务 3 了解活动目录和 DNS 的关系

微课：4-4
了解活动目录和 DNS 的关系

在 TCP/IP 网络中，域名系统（Domain Name System，DNS）是用来解决计算机名字和 IP 地址的映射关系的，Windows Server 2019 的活动目录和 DNS 是紧密不可分的，活动目录使用 DNS 服务器来登记域控制器的 IP 地址、各种资源的定位等，在一个域林中至少要有一个 DNS 服务器，所以安装活动目录时需要同时安装 DNS。此外，Windows Server 2019 中域也是采用 DNS 的格式来命名的。

4.1.4 子任务 4 了解活动目录中的对象

微课：4-5
了解活动目录中的对象

活动目录中，以层次结构把容器、组织单位、对象组织在一起，构成“目录”。

1. 了解对象

资源在活动目录中是以对象（Object）形式存在的，Windows Server 2019 中的活动目录存放有各种对象的信息，常见的对象有计算机、用户、组、打印机等。每个对象都有自己的属性（Attribute）以及属性值（Value）。对象实际上就是属性的集合，例如一个名为“jack”的用户是一个对象类的具体实例，该对象类有姓、名、电话号码、地址等属性。对于 jack 用户来说，姓的属性值为 Chen，名的属性值为 Jack。

2. 了解容器

容器（Container）也是一种对象，也有属性，但是容器可以包含对象或者其他容器。容器有点像文件夹，文件夹下可以包含文件或者文件夹。

3. 了解组织单位

组织单位（Organization Units，OU）也是一种容器。组织单位用来组织对象，如用户、打印机、服务器、组、应用程序等，组织单位把这些对象按逻辑进行分组，便于管理、查找、授权和访问。值得注意的是组织单位是在某个域下的，因此组织单位不能包含域。如图 4-5 所示是一个名为“技术部”的组织单位，其中包含了 2 个用户、1 个组和 1 台计算机。组织单位有许多规划方法，例如可以根据公司的行政部门规划，划分成“业务部”

“财务部”“技术部”等；也可以根据地理位置进行划分，例如“中山路”“北京路”或者“广州”“深圳”等。有了组织单位，就能够清晰、有条理地管理各种对象。

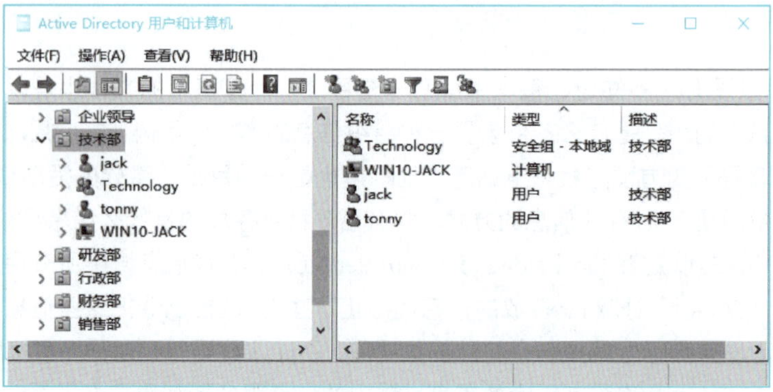

图 4-5　组织单位

4.1.5　子任务 5　设计活动目录

微课：4-6
设计活动目录

1. 选择域名与控制器的安装位置

由于是中小企业，为简单起见，在网络中只安装一个域控制器，活动目录安装在图 1-1 中的 Win2019-1 服务器上，域的名字和 DNS 域名一样，为 abc.com。图 1-1 中的 Win2019-2 服务器、Win2019-3 服务器、个人计算机、笔记本电脑则作为域中的计算机加入域。

2. 设计组织单位

这里根据公司的行政架构来设计 OU，创建“研发部”“销售部”“技术部”“财务部”“行政部”“企业领导”六个组织单位，各部门的用户、组、计算机、打印机等均放到对应的组织单位上。

4.2　任务 2　安装活动目录

微课：4-7
安装活动目录

本任务将根据 4.1.5 节中的设计，在 Win2019-1 服务器上安装活动目录，域名为 abc.com。并把 Win2019-2 服务器、Win2019-3 服务器以及个人计算机、笔记本电脑加入域。

PPT：4-2
安装活动目录

4.2.1　子任务 1　创建域

根据我们的设计，图 1-1 中 Win2019-1 服务器将安装活动目录，该服务器已经安装了 Windows Server 2019，因此把它从独立服务器升级为域控制器即可，步骤如下。

（1）步骤 1：如图 4-6 所示，首先确认网卡“Ethernet0”的 TCP/IPv4 属性中首选 DNS 服务器指向了自己（192.168.100.10），因为这台域控制器随后将作为 DNS 服务器。

微课：4-8
创建域

（2）步骤 2：选择“开始”→“服务器管理器”菜单项，打开“服务器管理器”窗口，如图 4-7 所示，单击“添加角色和功能”。如图 4-8 所示，在“开始之前”对话框中，介绍了添加角色和功能向导，如果不想在下次添加角色和功能时，再次出现该对话框，可以勾选“默认情况下将跳过此页”复选框，单击“下一步”按钮。

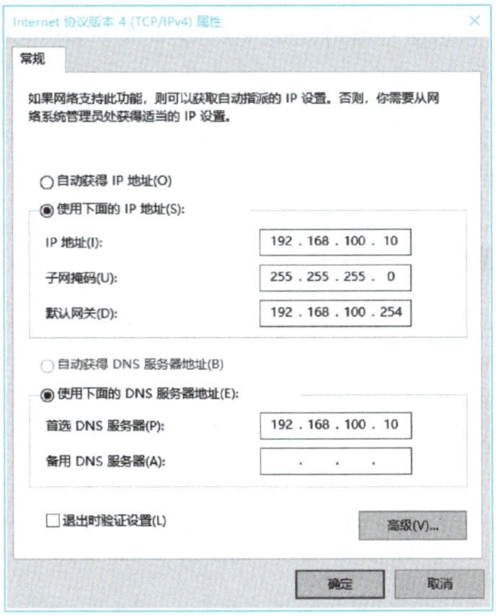

图 4-6　设置首选 DNS 服务器

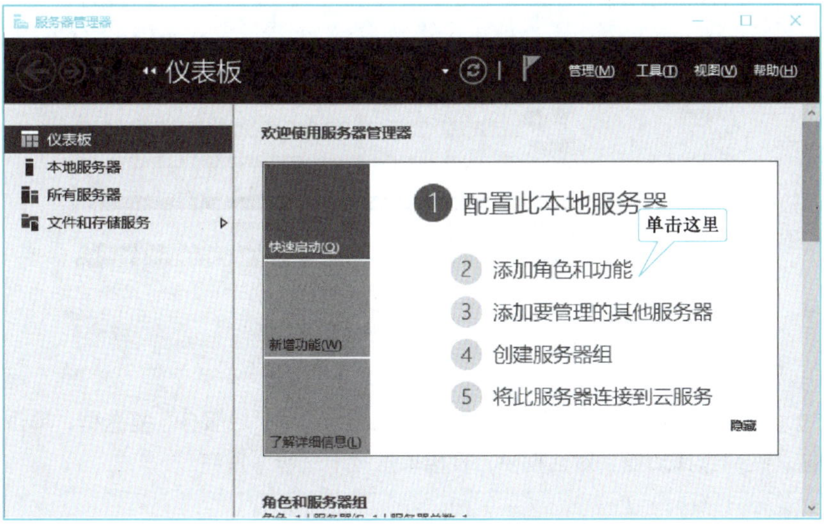

图 4-7　“服务器管理器”窗口

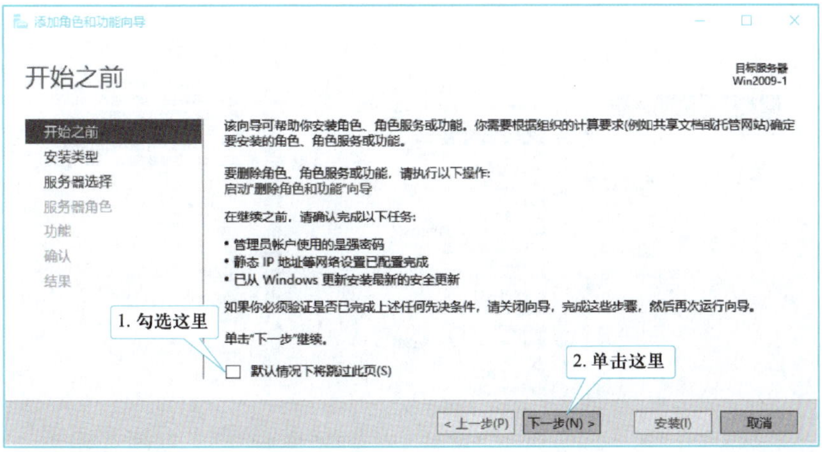

图 4-8　“开始之前”窗口

（3）步骤 3：如图 4-9 所示，选择“基于角色或基于功能的安装”选项，单击“下一步”按钮。

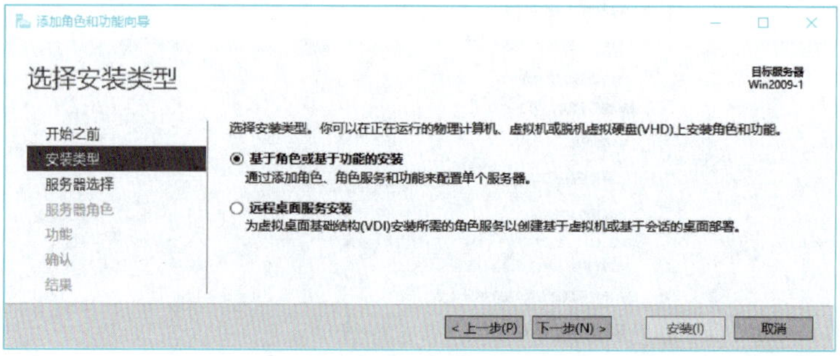

图 4-9　“选择安装类型”窗口

（4）步骤 4：如图 4-10 所示，单击 Win2019-1 服务器，在该服务器上安装活动目录，单击“下一步”按钮。

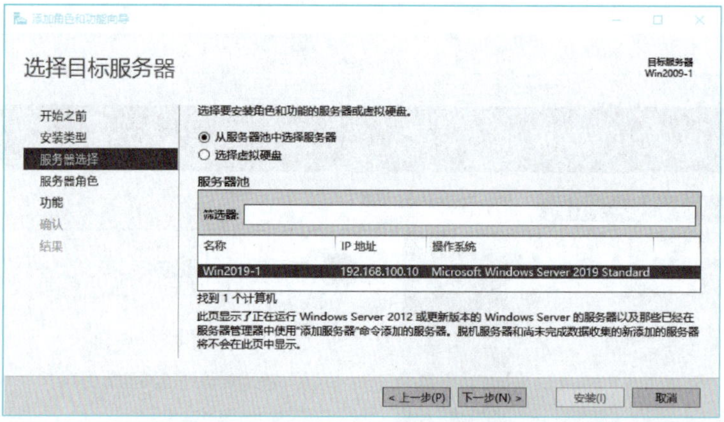

图 4-10　“选择目标服务器”窗口

（5）步骤 5：如图 4-11 所示，选中“Active Directory 域服务”复选框，单击“下一步”按钮。在“选择功能”对话框中，直接单击“下一步”按钮。

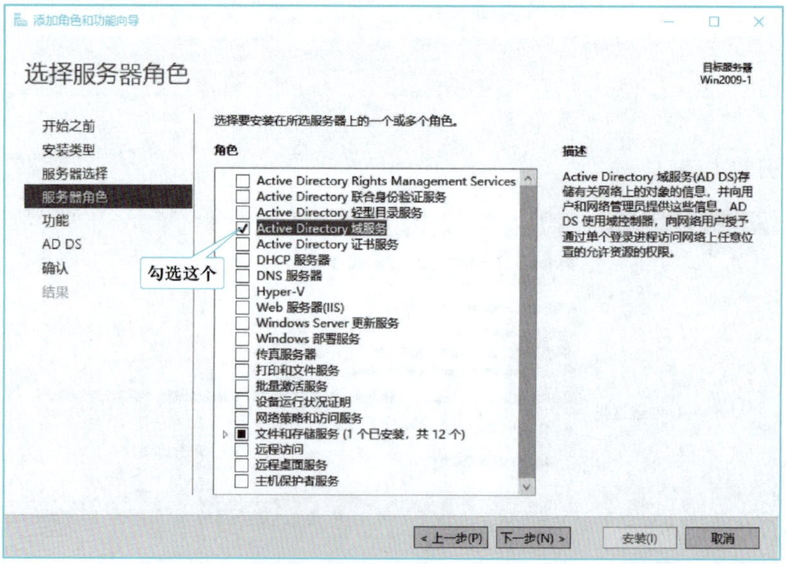

图 4-11　选择服务器角色

（6）步骤 6：如图 4-12 所示，阅读 Active Directory 域服务的简介，安装活动目录的同时会安装 DNS，单击“下一步”按钮。

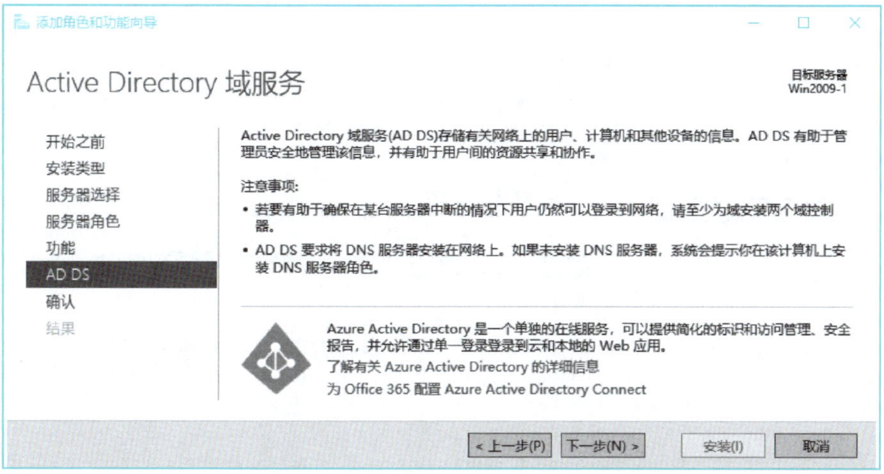

图 4-12 “Active Directory 域服务”简介

（7）步骤 7：如图 4-13 所示，勾选“如果需要，自动重新启动目标服务器”复选框，在弹出的窗口中，单击“是”按钮，再单击“安装”按钮。

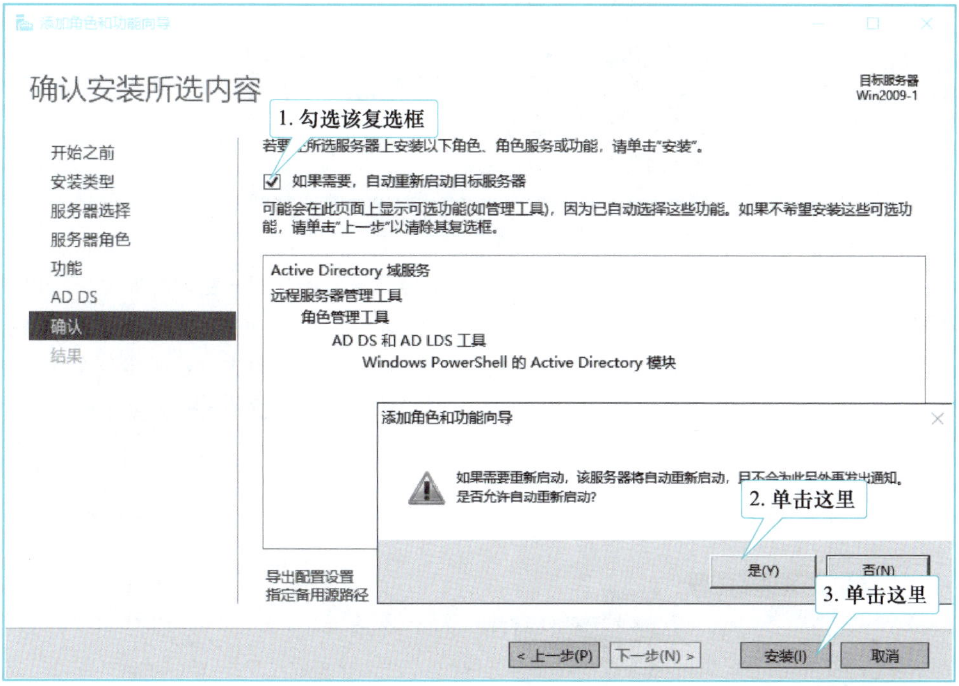

图 4-13 确认安装所选内容

（8）步骤 8：如图 4-14 所示，开始安装，需要几分钟时间。安装完成后，单击“关闭”按钮，完成活动目录的安装，还需要进一步配置。

（9）步骤 9：如图 4-15 所示，在“服务器管理器”窗口中，单击右上角的提醒图标，单击“将此服务器提升为域控制器”超链接，打开“Active Directory 域服务配置向导”窗口。

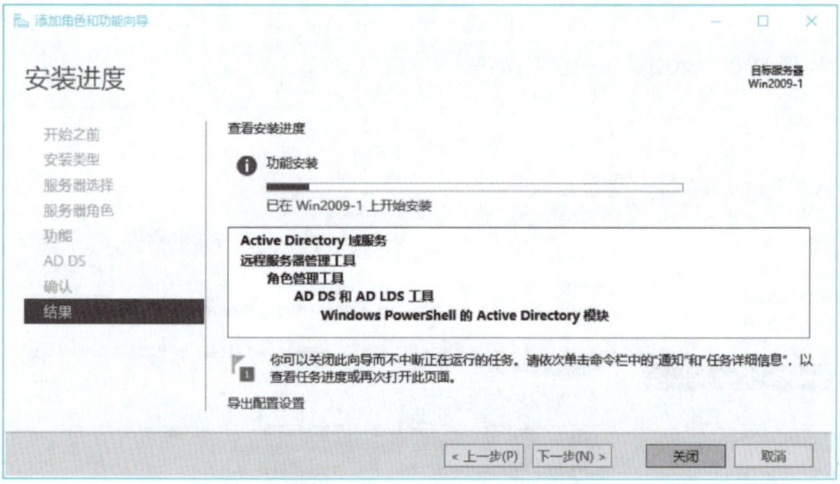

图 4-14 “安装进度”窗口

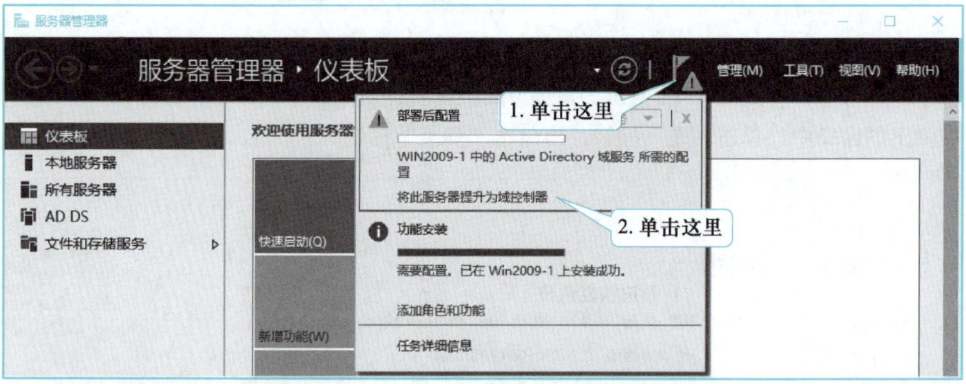

图 4-15 将此服务器提升为域控制器

（10）步骤 10：如图 4-16 所示，由于该服务器是域林中的第一台域控制器，所以要选择“添加新林”选项，创建一个域林，在域林创建第一棵域树，在域树里创建第一个域，这个域成为域林的根域，本例的企业的根域名假设为 abc.com，单击“下一步”按钮。注意：企业的域名是要申请的，本书使用 abc.com 域名是虚拟的，仅用于教学。

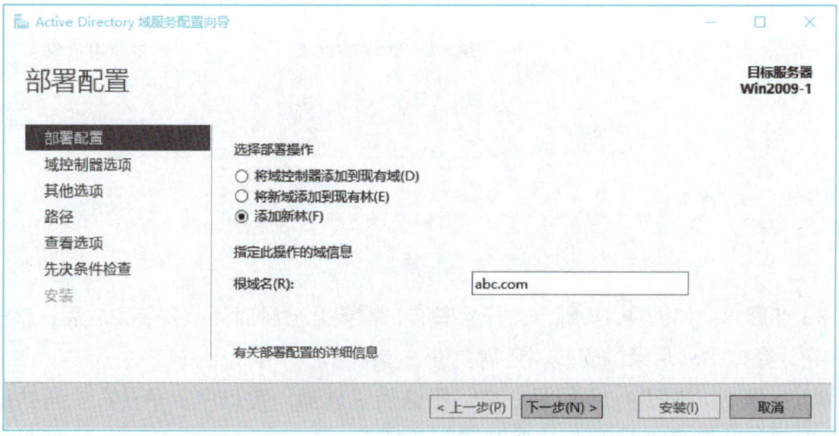

图 4-16 选择“添加新林”选项

（11）步骤 11：如图 4-17 所示，选择林和域功能级别。随着 Windows 操作系统不断升级，林和域功能也不断升级，功能级别决定了林和域的功能，还决定了可以在林和域中的域控制器上运行哪些 Windows Server 操作系统。但是功能级别不会影响在已加入林和域的工作站和成员服务器上运行哪些操作系统。如果网络中的 Windows Server 2008/2012/2016 也会成为域控制器，则选择相应的林功能级别。这里只有一台域控制器，选择“Windows Server 2016”，输入目录服务还原模式的密码，单击“下一步”按钮。

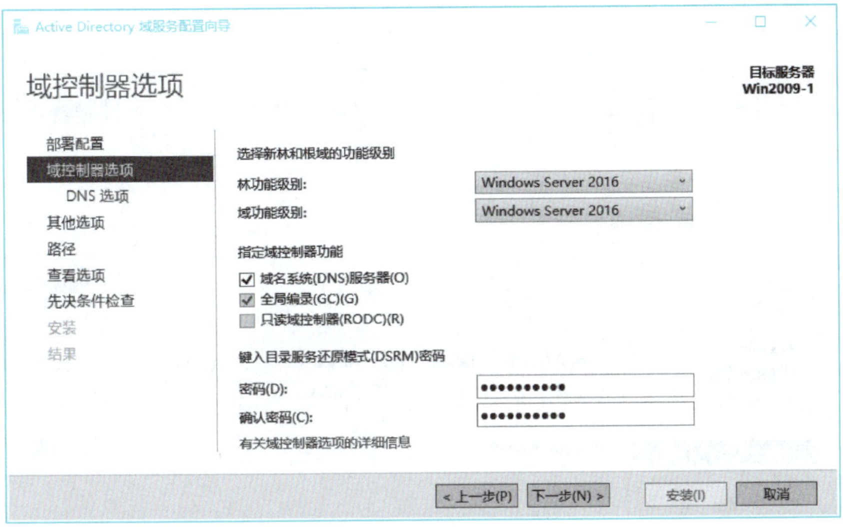

图 4-17 “域控制器选项”窗口

（12）步骤 12：如图 4-18 所示，AD 和 DNS 密切相关，但是域中还没有安装 DNS 服务器，因此安装程序会提示，单击“下一步”按钮即可。

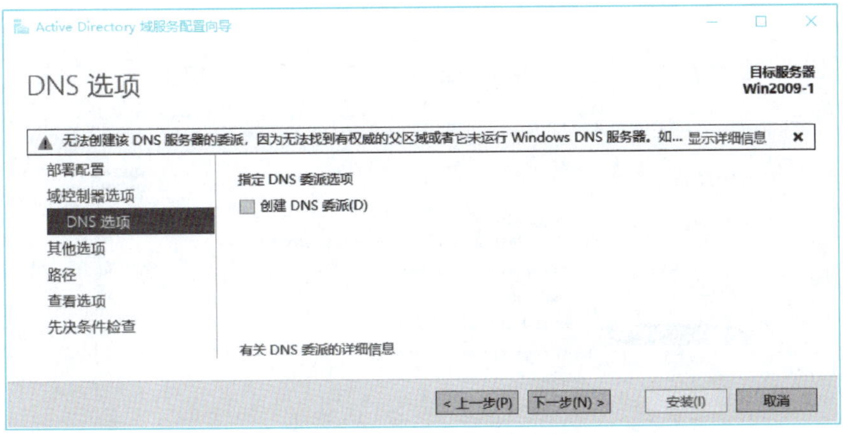

图 4-18 “DNS 选项”窗口

（13）步骤 13：如图 4-19 所示，确认域的 NetBIOS 域名，域的 NetBIOS 域名就是非层次化的名，通常就是域名的第一部分。保持默认值，单击“下一步”按钮。

（14）步骤 14：如图 4-20 所示，可以改变活动目录数据库以及日志存放的路径。如果有多个磁盘，建议数据库和日志分别放在不同的磁盘上以提高安全性和性能。设定好目录后，单击“下一步”按钮。

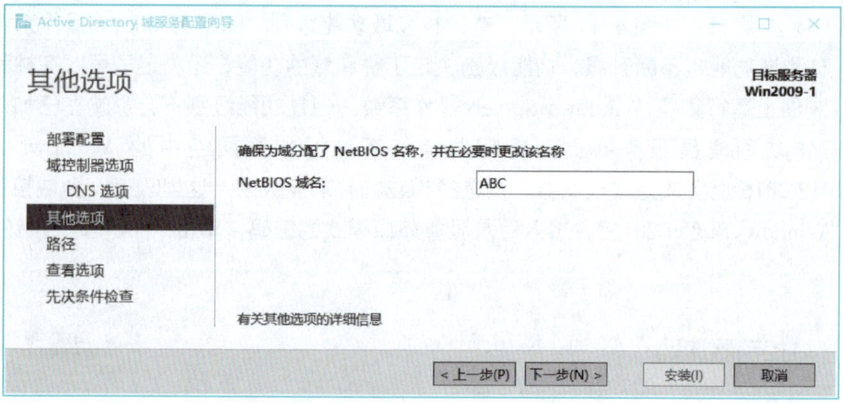

图 4-19　确认 NetBIOS 域名

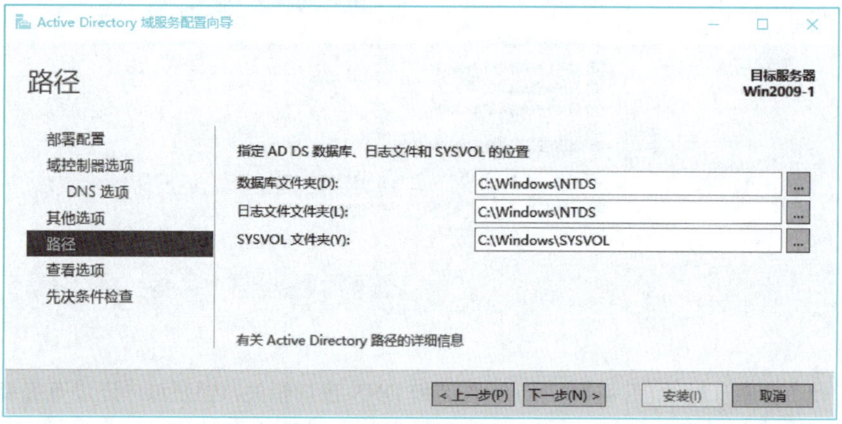

图 4-20　指定存放位置

（15）步骤 15：如图 4-21 所示，查看选项，如果发现有误，可以单击“上一步”按钮，返回之前的步骤进行修改。如果选项正确，单击“下一步”按钮。

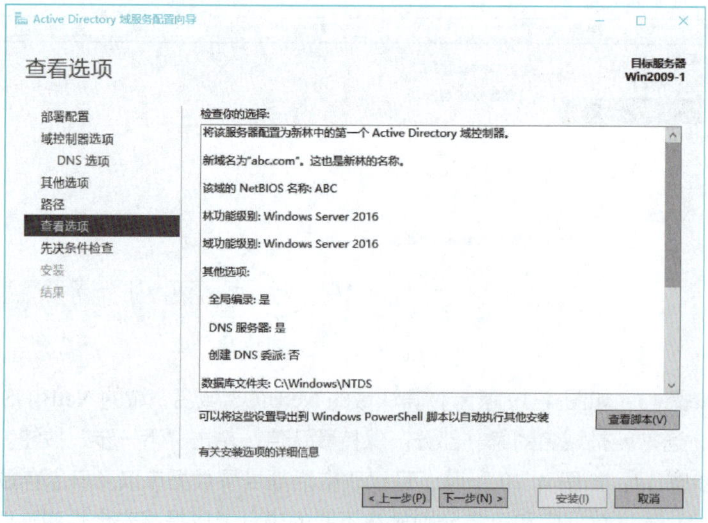

图 4-21　“查看选项”窗口

（16）步骤 16：如图 4-22 所示，安装程序检查该服务器是否满足提升为域控制器的条件，可以看到检查全部通过，单击“安装”按钮开始安装（提升）。

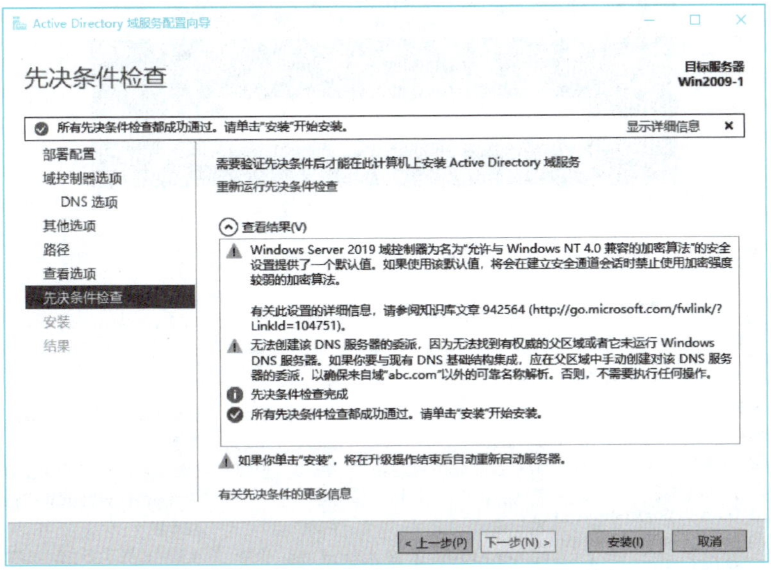

图 4-22 “先决条件检查”窗口

（17）步骤 17：开始安装活动目录，通常需要花费几分钟时间。如果系统原来没有安装 DNS，会同时安装 DNS。如图 4-23 所示为安装结果，单击“关闭”按钮。

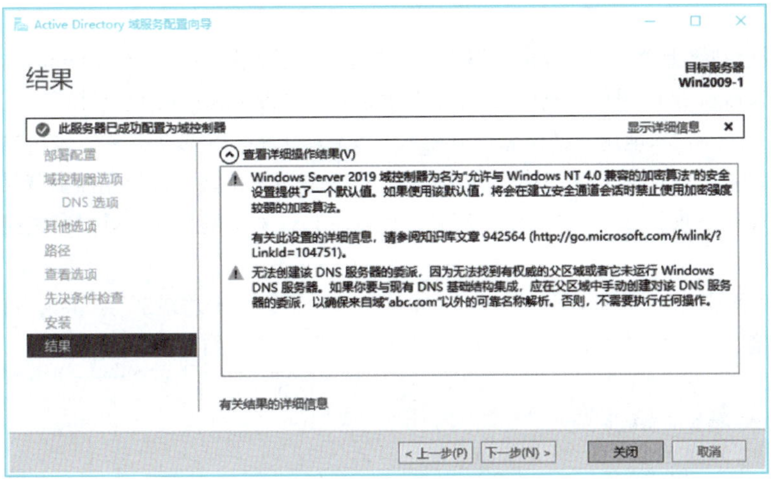

图 4-23 安装结果

（18）步骤 18：重新启动计算机，由于活动目录的存在，启动时间会变长。服务器提升为域控制器后，没有本地用户账户、组账户信息了。原来的本地账户 Administrator 就变成了域账户 Administrator（密码不变），在域控制器上登录时也只能以域账户身份登录。如图 4-24 所示，ABC\Administrator 就是 ABC 域的管理员，“ABC”是安装活动目录时输入的 NetBIOS 域名。

（19）步骤 19：用域管理员 Administrator 登录，选择“开始”→“Windows 管理工具”→“Active Directory 用户和计算机”菜单项，打开“Active Directory 用户和计算机”窗口，如图 4-25 所示，确认活动目录是否已经正常。在窗口左侧展开到“Users”，右侧会显示内置的用户和组。可以看到，提升为域控制器之前所创建的用户和组已经迁移到活动目录中了。

图 4-24　域管理员

图 4-25　“Active Directory 用户和计算机”窗口

在域控制器上登录时，只能以域中的用户登录。虽然用户名仍为 Administrator，但是该 Administrator 是域用户。没有安装域控制器之前的 Administrator 是该计算机上的本地用户 Administrator。本地用户的信息存放在本地计算机上的安全数据库中，域用户的信息存放在域控制器的活动目录中。并且，也不是所有的域用户都能在域控制器上登录，这会受到组策略（将在项目 11 中介绍）的影响，通常域管理员组的用户是可以在域控制器上登录的。

（20）步骤 20：选择“开始”→“Windows 管理工具”→“DNS”菜单项，打开“DNS 管理器”窗口，可以看到 abc.com 域中有很多记录和子域，如图 4-26 所示。

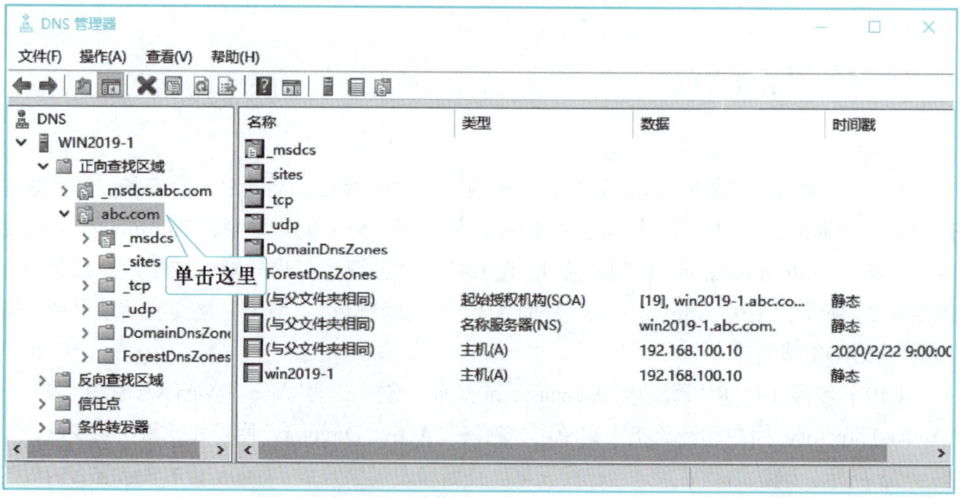

图 4-26　“DNS 管理器”窗口

4.2.2 子任务 2 把服务器、计算机加入域

Windows Server 2019 服务器在域中可以有三种角色：域控制器、成员服务器和独立服务器。前面已经介绍了域控制器，当一台 Windows Server 2019 服务器安装了活动目录，服务器就成为了域控制器，域控制器可以对用户的登录等进行验证；然而 Windows Server 2019 可以仅加入域，而不安装活动目录，这时服务器的主要目的是提供网络资源或者使用网络资源，服务器称为成员服务器。严格来说，独立服务器和域没有什么关系，当服务器不作为成员加入域，也不安装活动目录时就称为独立服务器了。服务器的这三个角色可以互相转换，如图 4-27 所示。

微课：4-9
把服务器与计算机加入域

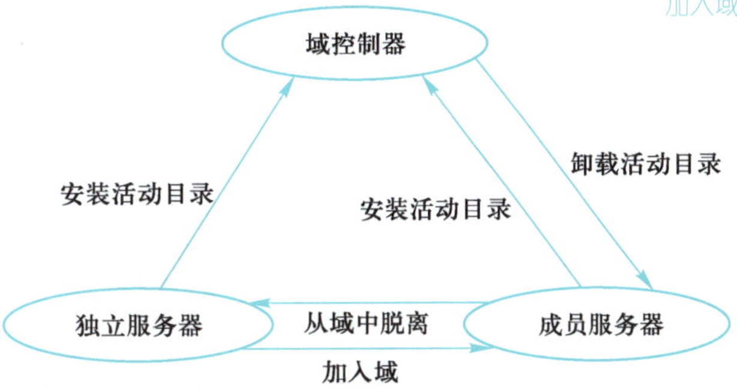

图 4-27 服务器角色的转换示意图

以把图 1-1 中的 Win2019-2 服务器加入 abc.com 域为例，说明独立服务器提升为成员服务器的步骤。

（1）步骤 1：首先以 Administrator 身份在 Win2019-2 服务器上登录，确认“Ethernet0”网卡的 IP 地址为 192.168.100.11，首选 DNS 服务器指向了 abc.com 域的 DNS 服务器，即 192.168.100.10。

（2）步骤 2：如图 4-28 所示，在 Win2019-1（域控制器）上，确认防火墙已经放行 Active Directory 域服务的流量。要是能从 Win2019-2 服务器 ping 通 192.168.100.10，则证明它和域控制器之间的网络通信正常。然而由于有防火墙，即使 ping 不通，也不代表网络通信就不正常。

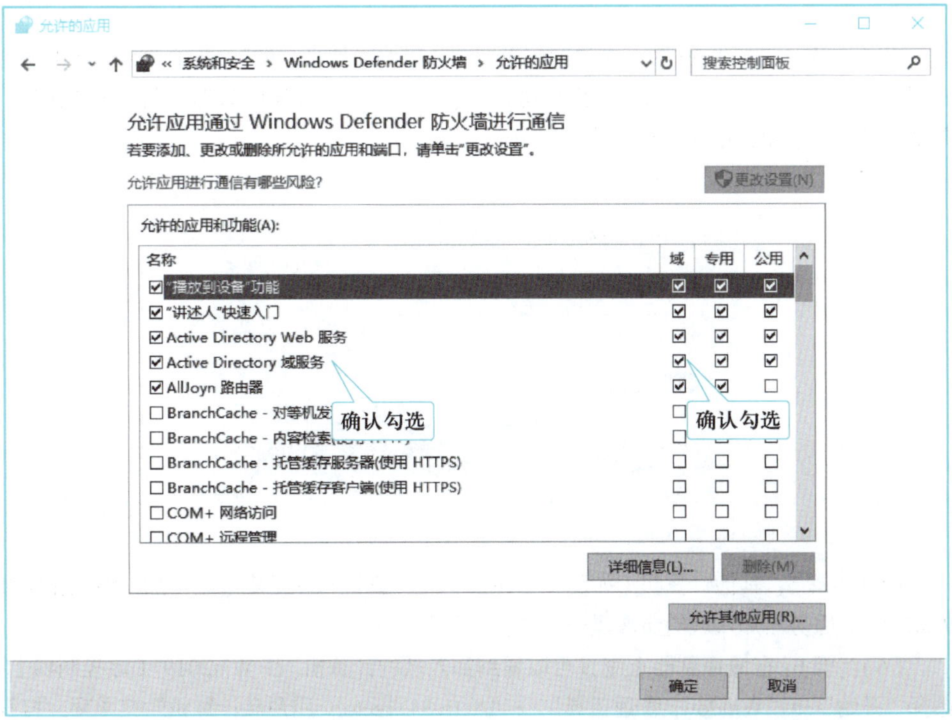

图 4-28 确认域控制器上防火墙放行 Active Directory 域服务流量

（3）步骤 3：在 Win2019-2 服务器上，右击桌面上的“此电脑”图标，选择“属性”菜单项，在窗口左侧，单击“高级系统设置”链接，打开“系统属性”对话框，选择“计算机名”选项卡，如图 4-29 所示，单击“更改”按钮，打开“计算机名/域更改”对话框，如图 4-29 所示。

图 4-29　“系统属性”对话框和“计算机名/域更改”对话框

（4）步骤 4：图 4-29 中，在“隶属于”选项区中，选择“域”，并输入要加入的域名 abc.com，单击“确定”按钮。如图 4-30 所示，输入 abc.com 域的管理员用户名和密码，单击“确定”按钮，重新启动计算机即可。

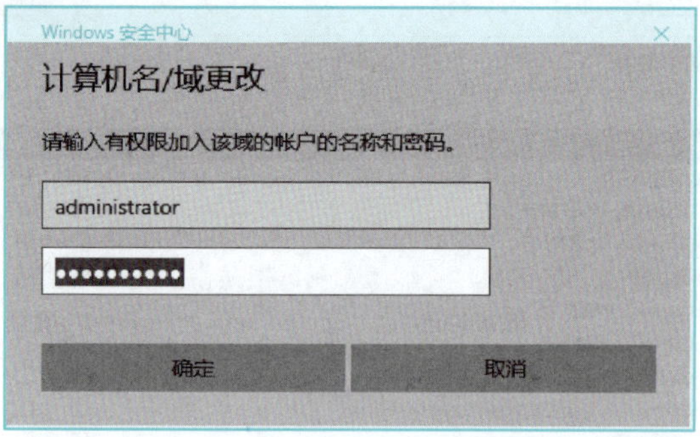

图 4-30　输入域管理员用户名和密码

（5）步骤 5：其他计算机（如图 1-1 中的个人计算机和笔记本电脑）加入域的步骤和 Win2019-2 服务器加入域的步骤是一样的，不再赘述。

（6）步骤 6：在域控制器上应该可以看到加入域的计算机。在 Win2019-1 域控制器上，选择“开始”→“Windows 管理工具”→“Active Directory 用户和计算机”菜单项，打开“Active Directory 用户和计算机”窗口，如图 4-31 所示。

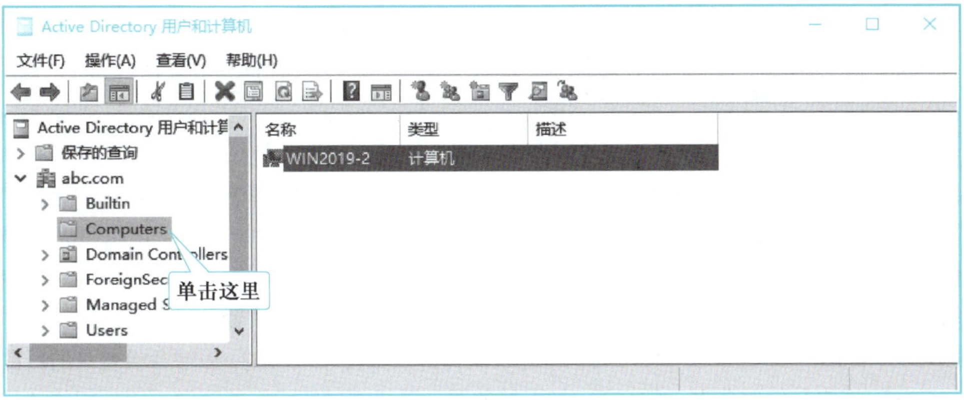

图 4-31 检查服务器是否已经加入域

（7）步骤 7：在成员服务器或者加入域的计算机上，可以登录到域中，也可以登录到本地。如图 4-32 所示，单击左下角的“其他用户”按钮，如果输入的用户名是“ABC\Administrator”，说明以域用户（ABC 是 abc.com 域的 NetBIOS 域名）进行登录；如果输入的用户名是“WIN2019-2\Administrator”，说明以本地用户进行登录。

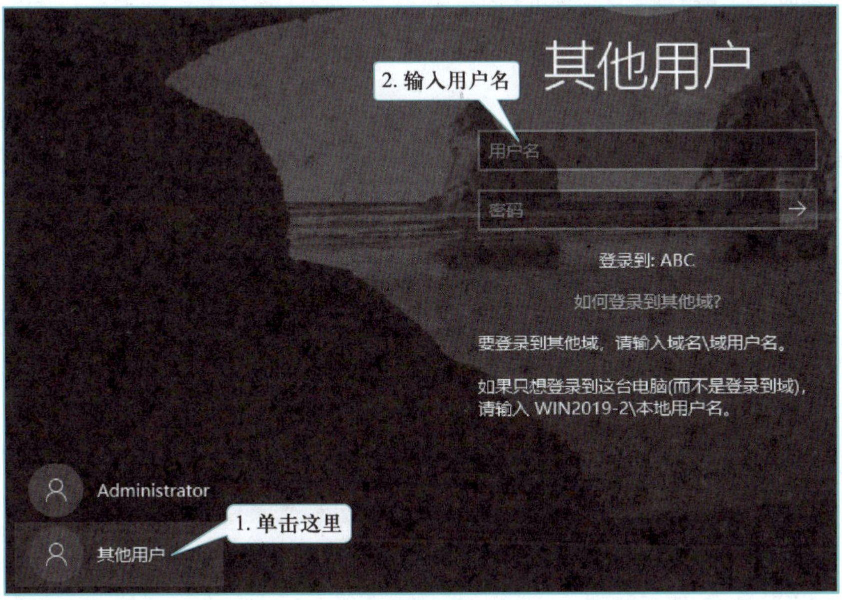

图 4-32 在成员服务器上进行登录

（8）步骤 8：以同样的方法把图 1-1 中的 Win2019-3 服务器、个人计算机、笔记本电脑加入 abc.com 域。

4.2.3 子任务 3 把服务器、计算机从域中脱离

微课：4-10 把服务器、计算机从域中脱离

成员服务器（或计算机）从域中脱离很容易，首先以本地用户 Administrator 在服务器上登录，如图 4-29 所示，打开“系统属性”对话框，单击“计算机名”选项卡，单击“更改”按钮，打开“计算机名/域更改”对话框。在“隶属于”选项区中，选择“工作组”，并输入从域中脱离后要加入的工作组的名字，单击“确认”按钮，输入要脱离的域的管理员用户名和密码，单击“确定”按钮后重新启动计算机即可。该服务器就成为独立服务器了。

4.3　任务 3　管理域用户和组

微课：4-11
管理域用户和组

PPT：4-3
管理域用户和组

安装活动目录、引入域和域控制器后，用户登录、资源（例如文件共享）的授权和访问等会有很大的变化。在域控制器上，只有域用户（或者组）账户，因此用户在域控制器上只能用域用户身份登录，域控制器上的资源只能授权给域用户（或者组）。而加入域的服务器或者计算机上还有本地用户（或者组）账户存在，因此用户可以以本地用户或者域用户身份在计算机上登录，例如可以以本地用户 Administrator 登录，也可以以域用户 ABC\Administrator 登录，两种不同身份登录取得的权限是不一样的。以域身份登录的目的是要访问域中其他服务器上的资源。加入域的服务器或者计算机上的资源可以授权给域用户（或者组），也可以授权给本地用户（或者组）。本任务将使用 Active Directory 管理工具为企业员工创建域中的用户和组，方便企业员工使用网络中的资源，如共享文件等。

4.3.1　子任务 1　安装 Active Directory 管理工具

微课：4-12
使用 AD 管理工具

要管理域的用户和组，需要有相应的 Active Directory 管理工具，可以在域控制器上、成员服务器上或者管理员的计算机（例如 Windows 10）上使用 Active Directory 管理工具。但都必须以域的管理员 Administrator 登录到域。

1. 使用域控制器上的 Active Directory 管理工具

域控制器上安装了活动目录后，会自动安装 Active Directory 管理工具。有两个 Active Directory 管理工具可以管理域的用户和组："Active Directory 管理中心"和"Active Directory 用户和计算机"。

以域的管理员 Administrator 登录到域，选择"开始"→"Windows 管理工具"菜单项，可以找到以上两个工具。"Active Directory 用户和计算机"窗口如图 4-31 所示；"Active Directory 管理中心"窗口如图 4-33 所示。下面将使用"Active Directory 管理中心"管理域用户和组。

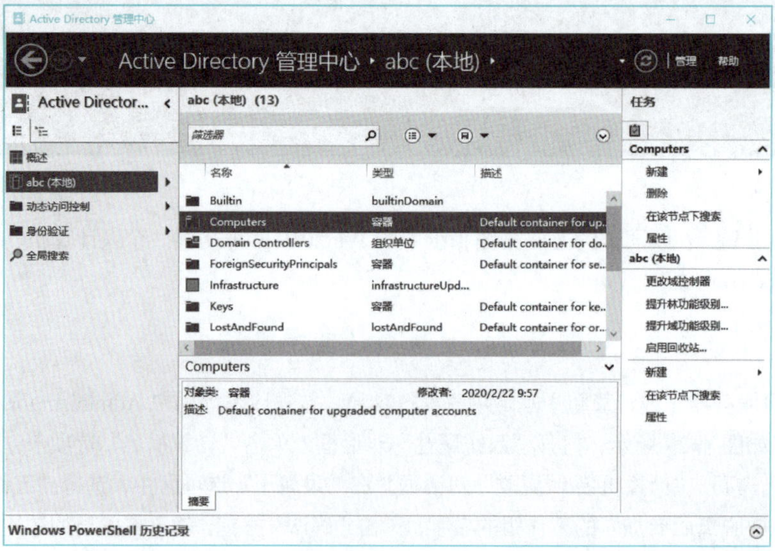

图 4-33　"Active Directory 管理中心"窗口

2. 在成员服务器上安装 Active Directory 管理工具

可以在成员服务器上使用 Active Directory 管理工具对域用户和组进行管理。

（1）步骤 1：首先以本地管理员 Administrator 身份登录，本地管理员拥有在服务器上安装程序的权限。单击“开始”→“服务器管理器”菜单项，打开“服务器管理器”窗口。单击“添加角色和功能”链接，打开“添加角色和功能向导”窗口，一直单击“下一步”按钮，直到弹出“选择功能”窗口，如图 4-34 所示。

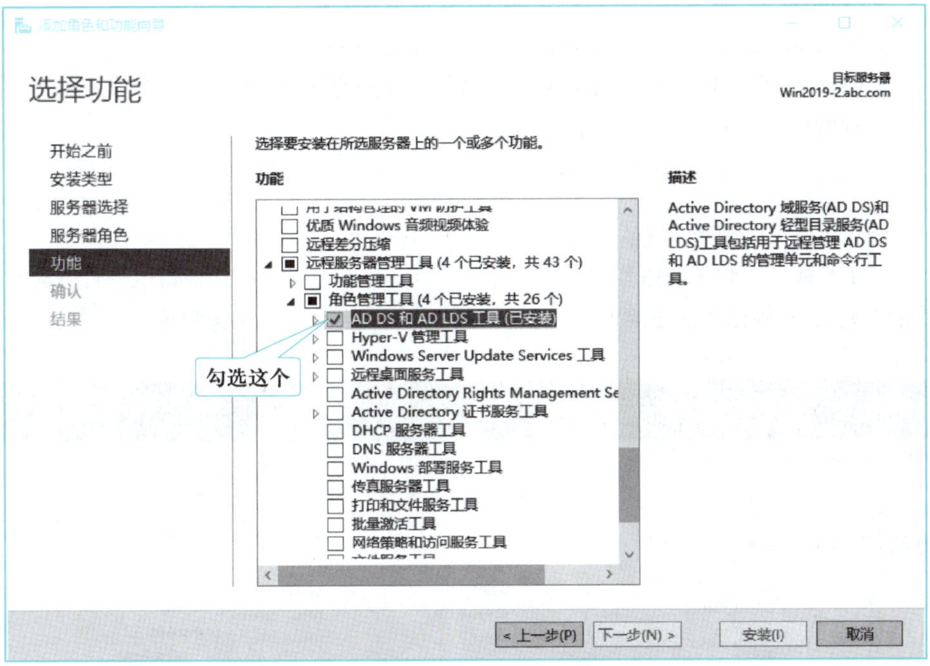

图 4-34 “选择功能”窗口

（2）步骤 2：在图 4-34 中，选中“AD DS 和 AD LDS 工具（已安装）”复选框，单击“下一步”按钮，按照提示完成安装。类似地，如果要在成员服务器上管理域中的其他服务（例如 DNS 服务），也可以在此安装相应服务的管理工具（例如 DNS 服务器工具）。

（3）步骤 3：注销，重新以域管理员 ABC\Adminstrator 登录，选择“开始”→“Windows 管理工具”菜单项，可以找到两个工具。

3. 在管理员计算机上使用 Active Directory 管理工具

管理员通常在自己的办公室使用自己的计算机（例如 Windows 10）管理域。有两个办法可以实现在自己的计算机上远程管理域。

（1）在域控制器或者域成员服务器上，打开远程桌面功能。管理员使用远程桌面连接到域控制器或者域成员服务器，使用控制器或者成员服务器上的管理工具进行操作。

（2）管理员在自己的计算机上安装 Active Directory 管理工具。先以本地管理员用户登录 Windows 10，从 https://www.microsoft.com/zh-CN/download/details.aspx?id=45520 下载“适用于 Windows 10 的远程服务器管理工具”，也称“Remote Server Administration Tools for Windows 10”，安装软件。注销，重新以域管理员 Adminstrator 登录，选择“开始”→“Windows 管理工具”菜单项，可以找到两个工具。

4.3.2　子任务 2　管理组织单位

1. 了解默认的容器

微课：4-13
创建组织单位

域控制器上默认有一些容器，有些容器是组织单位，如图 4-33 所示，注意区分容器和组织单位的图标。下面介绍其中的几个容器。

- Builtin：存放内置域安全组，这些组用来管理域。
- Computers：存放新加入域的计算机（含成员服务器）。
- Domain Controllers：组织单位，存放域中的控制器。
- Users：存放域中的内置全局组、一些网络服务的管理员组，以及升级为域控制器前的用户和组。

2. 新建组织单位

组织单位可以创建在域的顶层或者其他组织单位下，步骤如下。

（1）步骤 1：如图 4-35 所示，在“Active Directory 管理中心”窗口中，右击域名或者组织单位，在弹出的快捷菜单中，选择“新建”→“组织单位”菜单项。

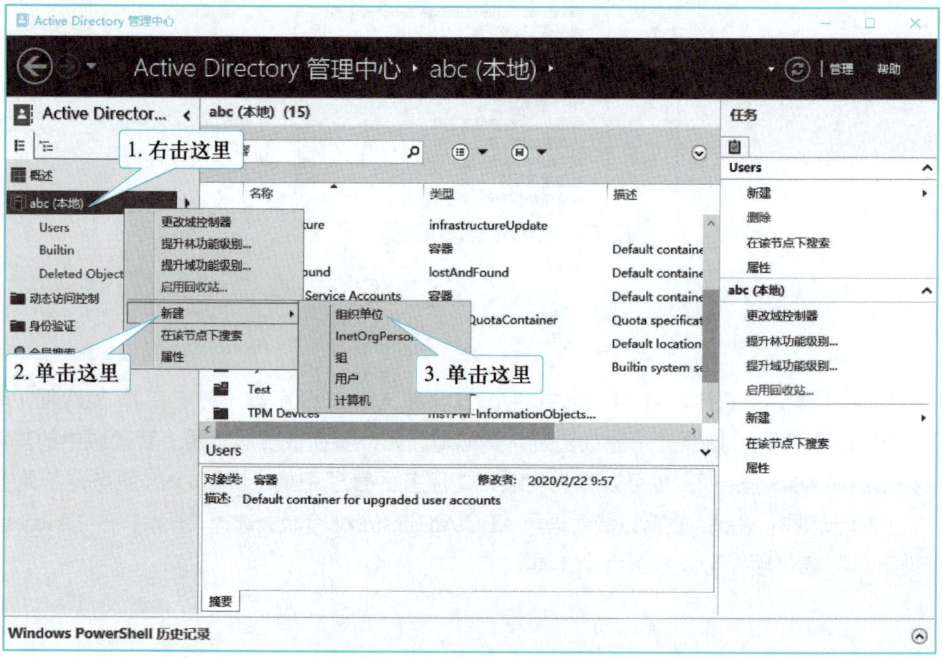

图 4-35　新建组织单位

（2）步骤 2：如图 4-36 所示，在“组织单位”区域中可以输入组织单位的名称、地址等相关信息，“防止意外删除”复选框默认是勾选的。在“管理者”区域，单击“编辑”按钮，可以设定组织单位的管理者（一个用户或者组），并输入管理者的地址等信息，需要注意，这不代表管理者真正有权力管理该组织单位，能否管理组织单位取决于这个管理者具有的安全权限。

3. 修改、删除、移动组织单位

1）修改组织单位属性

在“Active Directory 管理中心”窗口中右击组织单位，选择“属性”菜单项，如

图 4-37 所示，可以在“组织单位”页面中修改组织单位的信息，在“管理者”页面中修改组织单位的管理者。

图 4-36 设置组织单位

图 4-37 修改组织单位属性

单击“扩展”页面，单击“安全”选项卡，选择组或者用户，可以设置组或者用户对该组织单位的权限。如果组或者用户不在列表中，可以单击“添加”按钮，把组或者用户添加进来。图 4-37 中，jack 用户对该组织有完全控制的权限，因此可以在该组织单位下创建新的组、用户，添加计算机等。组或者用户管理组织单位的权限可在这里配置。

2）删除组织单位

如果在创建组织单位时，勾选了“防止意外删除”复选框，则需要先在组织单位的属性中清除“防止意外删除”复选框，才能删除组织单位。然后右击组织单位，选择“删除”菜单项，删除组织单位时，其下的对象一同删除。

3）移动组织单位

右击组织单位，选择“移动”菜单项，如图 4-38 所示，选择组织单位新的位置，单击“确定”按钮。

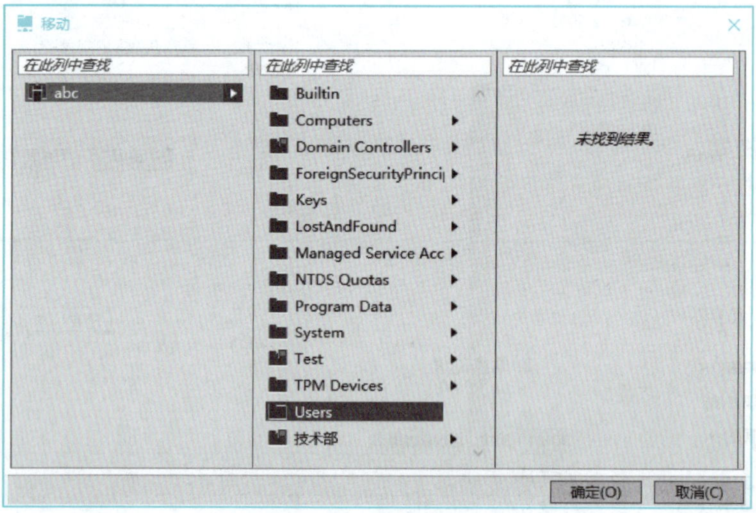

图 4-38　移动组织单位

4.3.3　子任务 3　管理域用户账户

微课：4-14
管理域用户账户

1. 创建域用户

域用户可以创建在域的顶层或者其他组织单位下，步骤如下。

（1）步骤 1：在“Active Directory 管理中心”窗口中，右击域名或者组织单位，选择“新建”→“用户”菜单项。

（2）步骤 2：如图 4-39 所示，在“账户”页面中可以输入名字、姓氏、全名等信息。其中的“用户 UPN 登录”表示用户可以邮件格式的名字在域中登录；“用户 SamAccountName”表示用户可以用 abc\xiaohong 登录，abc 是域的 NetBIOS 域名。

（3）步骤 3：如图 4-39 所示，单击“登录小时”超链接，如图 4-40 所示，设置该用户在星期几的哪个时间段可以登录。其中蓝色的时间块（以小时为单位）表示可以登录，白色时间块表示不能登录。若要编辑时间块，可选择时间块，单击“允许登录”或者“拒绝登录”选项，然后单击“确定”按钮。

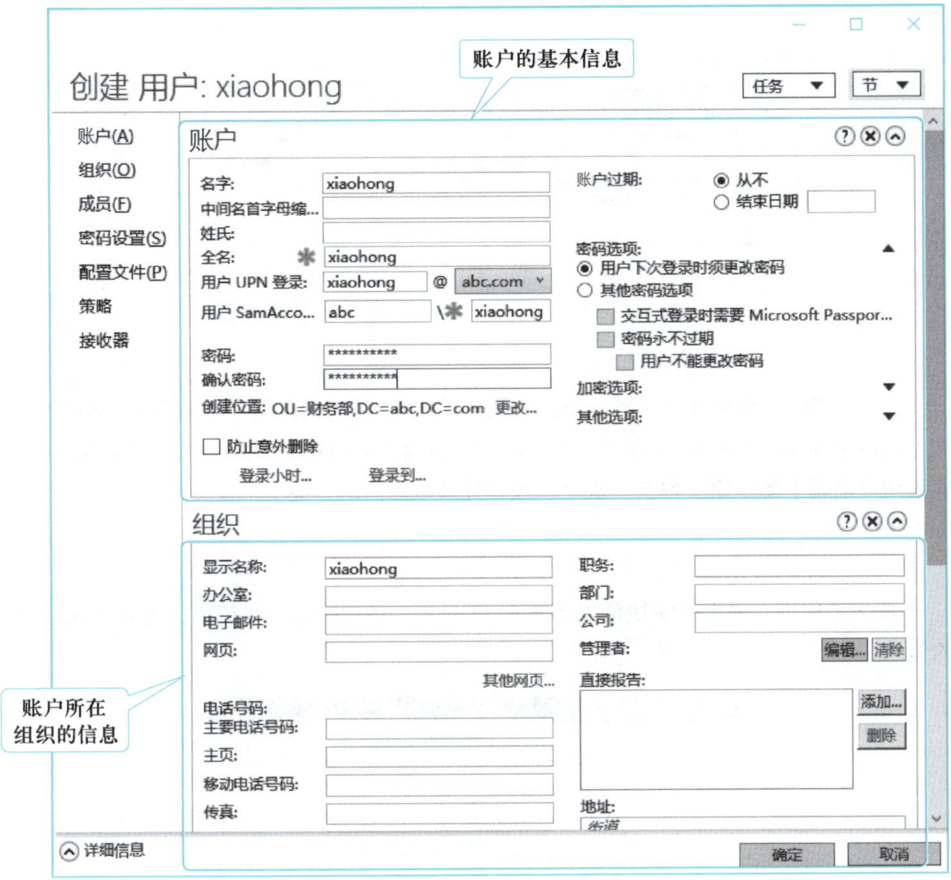

图 4-39 创建域用户

（4）步骤 4：如图 4-39 所示，单击“登录到”超链接，如图 4-41 所示，可以设置用户可以在哪些计算机上登录。默认用户可以在域中任何计算机上登录，但是这会受到组策略的影响。

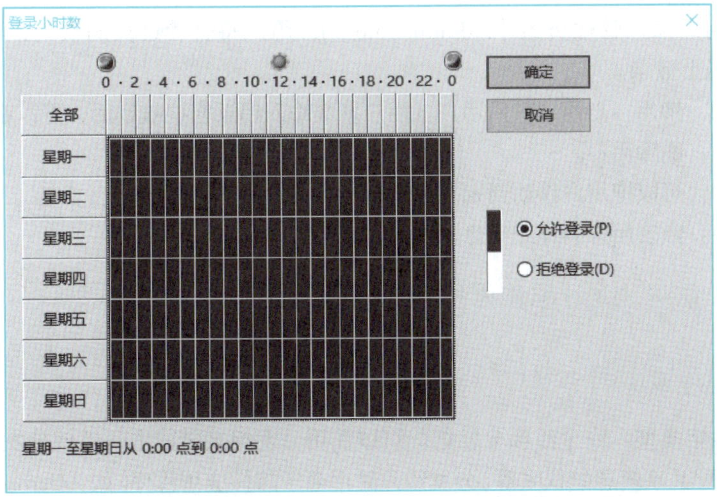

图 4-40 设置用户可以登录的时间段

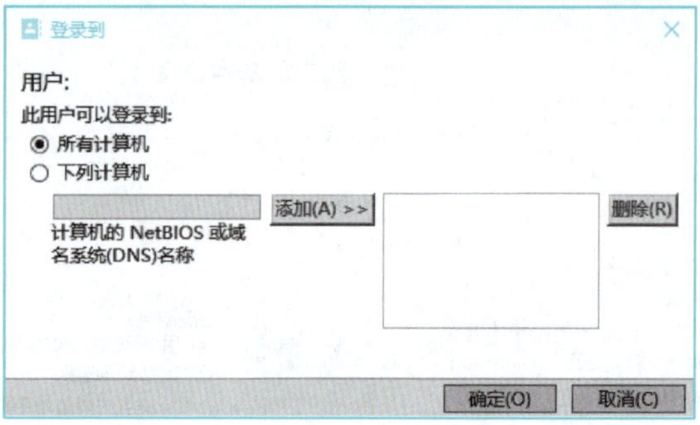

图 4-41　设置用户在哪些计算机上可以登录

（5）步骤 5：如图 4-39 所示，在“组织”页面中可以输入用户所在组织的相关信息。

（6）步骤 6：如图 4-39 所示，在“成员”页面中可以把该用户加入活动目录的组中，即该用户隶属于哪个组。单击“确定”按钮完成域用户的创建。

2. 更改域用户的信息

右击域用户，弹出的快捷菜单如图 4-42 所示，选择相应的菜单项，可以更改域用户的信息。

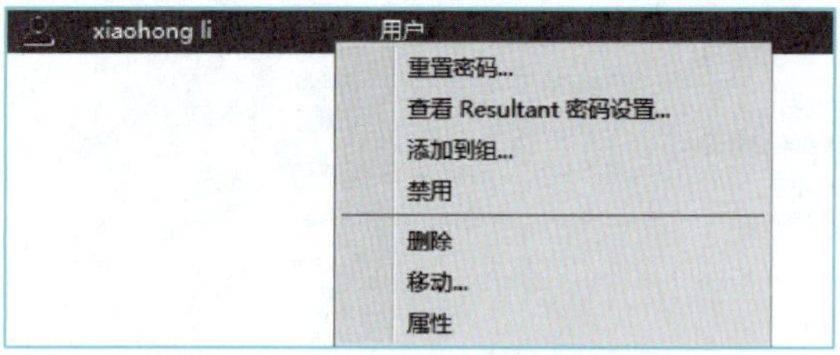

图 4-42　更改域用户

- 重置密码：用户遗忘密码时，管理员可以重置用户密码。
- 查看 Resultant 密码设置：查看用户绑定的密码策略。
- 添加到组：可以更改用户所隶属的组。例如，普通用户不能在域控制器上登录，把用户加入管理员组（Administrators），用户将有管理员的权利，可以在域控制器上登录。
- 启用、禁用：启用或禁用用户。用户多次输入错误密码被锁后，可以在此解锁。
- 删除：删除用户。
- 移动：可以把用户移动到别的组织单位。
- 属性：修改用户的详细信息。

4.3.4　子任务 4　管理域组账户

微课：4-15
管理域组账户

1. 了解组的类型

有两种组类型：安全组和分发组。可以使用分发组来创建电子邮件分发列表，使用安全组来分配共享资源的权限等。分发组只能用电子邮件应用程序（如 Microsoft Exchange Server）向用户集合发送电子邮件，这意味着它们不能列在随机访问控制列表（DACL）中。如果需要控制共享资源访问权限的组，则需要创建安全组。

从组的使用范围看，有三个组：本地域组、全局组和通用组，见表 4-1。这种设计主要是用于：多个域时，一个域的用户方便访问其他域的资源。

表 4-1 组的区别

全局组	成员只来自本地域的用户 成员可以访问同一域林的任何域中的资源
本地域组	成员可来自同一域林的任何域的用户、组 成员只能访问本地域的资源
通用组	成员可来自同一域林的任何域 成员可以访问同一域林的任何域的资源

如图 4-43 所示，一棵域树上有 abc.com、cn.abc.com 两个域，abc.com 域上有 UserA、UserB，想要访问 cn.abc.com 域中的服务器 File Server 上的共享文件夹 SharedDir。在 abc.com 域上创建全局组 Group1，把 UserA、UserB 加入 Group1。在 cn.abc.com 域上创建本地域组 Group2，并把 abc.com 的 Group1 加为该组的成员。在 FileServer.cn.abc.com 服务器上，把访问共享文件夹 SharedDir 的权限分配给 cn.abc.com 域上的本地域组 Group2，这样 abc.com 的 UserA、UserB 就可以访问 cn.abc.com 域的共享文件夹了。

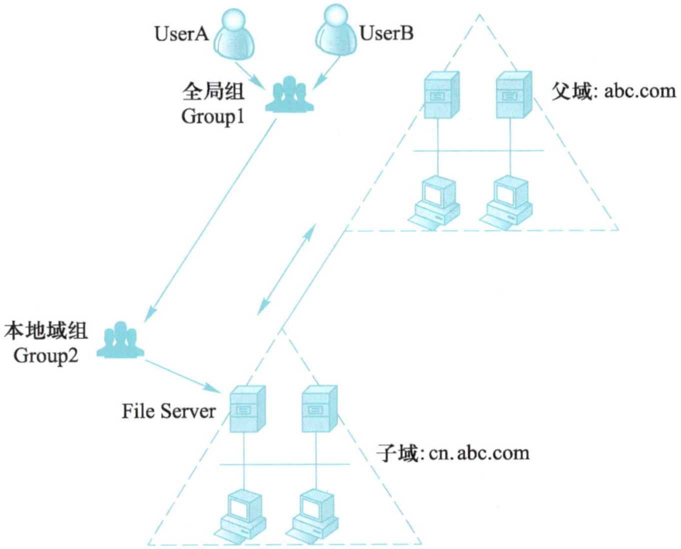

图 4-43 本地域组、全局组示例

本书案例只有一个域，选择作用域的意义不大，因此只讨论本地域组。

2. 了解内置域组

1）内置本地域组

内置本地域组主要在 Built 容器内，这些组已经被赋予一定权限用于管理活动目录。把用户和组加入内置本地域组中，这些用户和组就可以管理活动目录了。常用的组如下。

- Account Operators：可在容器中新建/删除/修改用户、组和计算机，部分内置的容器除外。
- Administrators：管理员组，具有管理活动目录的全部权限。默认用户 Administrator、组 Domain Admins、组 Enterprise Admins 是它的成员。

- Backup Operators：可使用 Windows 备份工具来进行备份/还原工作，也可以关闭域控制器。
- Guests：临时用户组，成员登录时无法永久改变桌面环境，系统会创建临时的用户配置文件，注销时用户配置文件删除。默认用户 Guest 与组 Domain Guests 都是该组的成员。
- Network Configuration Operators：有部分管理权限来管理网络功能的配置，例如配置 IP 地址，但不能更改驱动程序，不能配置网络服务。
- Performance Monitor Users：可以从本地和远程访问性能计数器数据。
- Printer Operators：可以管理域控制器上的打印机，包括建立、管理以及删除网络打印机，也可以关闭域控制器。
- Remote Desktop Users：可以使用远程桌面进行登录。
- Server Operators：可以备份和还原域控制器内的文件，锁定、解锁域控制器，更改域控制器上的时间，将域控制器关闭。
- Users：仅拥有使用系统的基本权限，例如执行程序，不能修改系统配置不能关闭服务器。默认 Domain Users 是其成员。

2）内置全局组

内置全局组主要在 Users 容器里，内置全局组本身没有权限，但是它们大多是某个内置本地域组的成员。注意不要把 Users 容器和 Users 组混淆。常用的内置全局组如下。

- Domain Admins：内置域本地组 Administrators 的成员，该组在域内的每一台计算机上有系统管理员的权限。默认成员有 Administrator。
- Domain Computers：所有的域成员计算机（域控制器除外）都在该组。
- Domain Controllers： 域中的所有域控制器。
- Domain Guests：域的所有来宾。该组是内置本地域组 Guests 组的成员。默认成员有 Guest。
- Domain Users：所有域用户都是该组成员。

3）内置通用组

内置通用组和内置全局组类似，在 Users 容器里。常用的内置通用组如下。

- Enterprise Admins：只存在于域林根域，有权管理域林内的所有域。
- Schema Admins：只存在于域林根域，有权管理域的架构（Schema）。

3. 创建域组

域用户可以创建在域的顶层或者其他组织单位下，步骤如下。

（1）步骤 1：在“Active Directory 管理中心”窗口中，右击域名或者组织单位，选择“新建”→“组”菜单项。

（2）步骤 2：如图 4-44 所示，在“组”区域中输入组名，设置组类型、组范围等；在“管理者”区域中输入管理者的信息，单击“确定”按钮。

4. 管理域组成员

如图 4-45 所示，在“成员（M）”页面中可以管理该组中的成员，单击“添加”按钮可以把其他组或者用户添加为该组的成员，组可以嵌套，组的成员可以是另一个组。注意，

"成员（F）"是指该组是哪些组的成员。

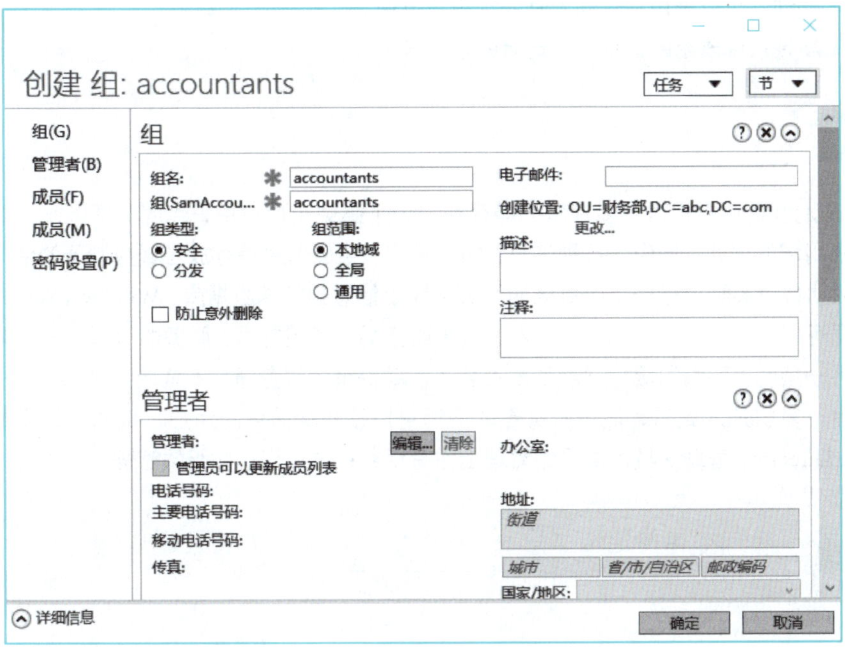

图 4-44 创建域组

在"成员"列表中选中成员，单击"删除"按钮可以把成员从该组中删除。

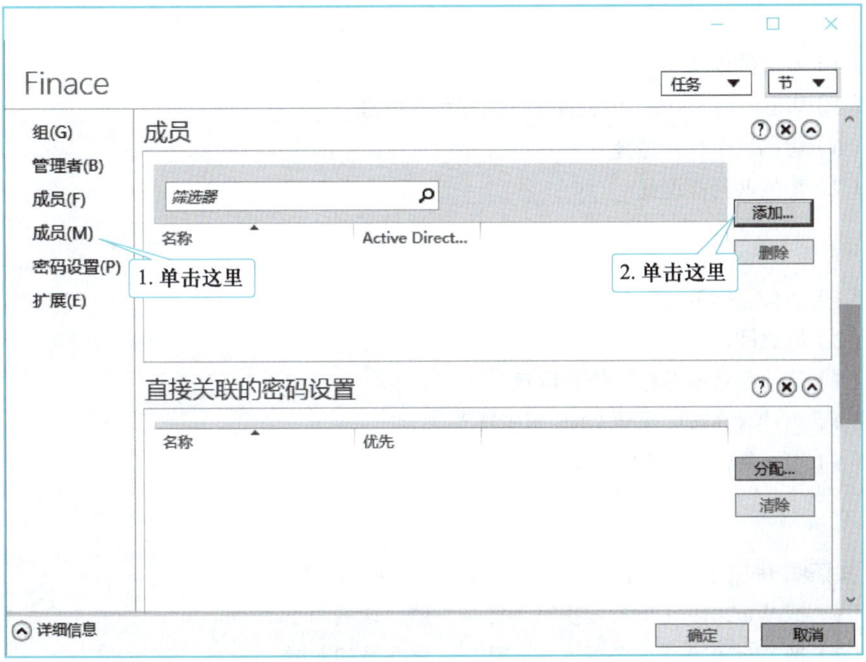

图 4-45 管理域组成员

5. 更改域组的信息

右击域组，选择相应的菜单项，可以更改域组的信息。

- 添加到其他组：把该组添加为其他组的成员。

- 删除：删除用户。
- 移动：可以把用户移动到别的组织单位中。
- 属性：修改组的信息、管理者的信息等。

小结

在大型企业中常常有多台服务器存在，为了避免用户在每一台服务器上一一登录，可以采用域的模式。域中的各种信息，包括用户、组的信息等存放在域控制器的活动目录中，活动目录实际上是一个以目录的形式来组织信息的特殊数据库。Windows Server 2019 服务器可以有三种角色：独立服务器、成员服务器、域控制器，服务器可以从一种角色转换到另一角色，所谓的域控制器就是安装了活动目录的服务器。安装域控制器，并把服务器或者计算机加入域后，域中服务器的资源可以授权给域中的用户。域的管理需要使用 Active Directory 管理工具，常见的管理工作有组织单位、用户和组的管理。

习题

1. 填空题

（1）活动目录存放在________上。

（2）域树中的子域和父域是相互________的，并且这种关系是可以________的。

（3）域林由________组成，域树由________组成，父域下有________。

（4）常见的对象有________、________、________。

（5）Windows Server 2019 服务器的三种角色是________、________、________。

（6）组的三个作用域是________、________、________。

（7）组的两种类型是________、________。

2. 简答题

（1）为什么需要域?

（2）域之间相互信任有什么用处?

（3）活动目录里存放了什么信息?

（4）为什么在域中需要 DNS 服务器?

（5）组织单位是什么? 它有什么作用?

3. 实践题

按照图 1-1 的规划，在项目 2 实践题基础上继续完成以下工作。

（1）把 Win2019-1 服务器提升为域控制器，域名为 abc.com。

（2）把 Win2019-2 服务器、Win2019-3 服务器加入域。

（3）把用户计算机加入域。

（4）在 Win2019-2 服务器、Win2019-3 服务器上安装 Active Directory 管理工具。

（5）在域中创建组织单位：研发部、销售部、技术部、财务部、行政部、企业领导，并把之前创建的组和用户迁移到相应的组织单位中。

项目 5

保证文件及文件夹的安全

项目背景

文件系统是操作系统在存储设备（例如磁盘）或分区上存放文件的方法和数据结构，即在存储设备上组织文件的方法。操作系统中负责管理和存储文件信息的软件称为文件管理系统，简称文件系统。由于数据安全已成为事关国家安全与经济社会发展的重大问题，需要重点关注，所以保证文件及文件夹的安全是管理员的基本职责。Windows 系统主要支持 FAT32、NTFS、ReFS 文件系统，在这些文件系统上可以存放文件夹和文件，NTFS、ReFS 文件系统为文件夹和文件提供了安全功能，控制用户的访问。本项目将在 Windows Server 2019 的文件及文件夹上为用户分配合适的安全权限，保证文件的安全访问；还为 NTFS 分区上的文件、文件夹启用压缩或加密功能，节约磁盘空间或者增加安全性。

项目任务

（1）选择合适的文件系统，如 FAT32、NTFS、ReFS。

（2）在文件或者文件夹上为用户分配合适的安全权限。

（3）使用文件、文件夹的压缩或者加密功能。

5.1　任务 1　了解文件系统、安全权限

微课：5-1
文件系统与安全权限

本任务将介绍 Windows Server 2019 支持的文件系统类型，以及 NTFS、ReFS 文件系统中文件、文件夹的安全权限。

PPT：5-1
文件系统与安全权限

5.1.1　子任务 1　了解文件系统

Windows 系列操作系统出现至今，随着软、硬件技术的发展，先后使用了 FAT、FAT16、FAT32、NTFS 等一系列文件系统。目前 Windows Server 2019 主要支持 FAT32、NTFS、ReFS 三种文件系统。FAT32 不提供安全功能，但兼容性好，除非在 U 盘上，否则不建议使用。NTFS、ReFS 则各有优势，可根据需要选择。

1. FAT32 文件系统

微课：5-2
了解文件系统

FAT32 文件系统是文件分配表（File Allocation Table，FAT）派生的文件系统。随着大容量硬盘的出现，从 Windows 98 起 FAT32 开始流行。FAT32 采用 32 位的文件分配表，相对使用 16 位分配表的 FAT16 文件系统，磁盘的管理能力大大增强，可以支持 2 TB 的分区，单个文件最大为 4 GB。FAT 和 NTFS 文件系统都固定使用 512 字节作为扇区大小，FAT 文件系统用“簇”作为数据单元。一个簇由一组连续的扇区组成，簇所含的扇区数必须是 2 的整数次幂，簇的最大值为 64 个扇区，即 32 KB。文件系统小于 8 GB，默认簇的大小为 4 KB；文件系统大于 8 GB、小于 16 GB，默认簇的大小为 8 KB。每个簇都有一个自己的地址编号。

FAT32 文件系统包括保留区、FAT 区、数据区。保留区存放了每扇区字节数、每簇扇区数、保留扇区数、FAT 表个数、文件系统大小（扇区数）、每个 FAT 表大小（扇区数）、根目录起始簇号，以及其他一些附加信息。FAT 区有 FAT1 和 FAT2，FAT1 描述簇的分配状态，以及标明文件或目录的下一个簇的簇号；FAT2 是 FAT1 的副本，如果 FAT1 损坏，可以使用 FAT2 进行恢复。数据区是真正用于存储文件和文件夹的区域。根目录（根表）位于数据区的起始位置，定义了每个文件的开始簇。当某个应用程序尝试读取文件时，操作系统首先会在根目录中查找该文件的开始簇，然后使用文件分配表寻找并读取该文件的其他簇。

如图 5-1 所示，E 盘采用了 FAT32 文件系统，通过命令来查看该文件系统的信息。

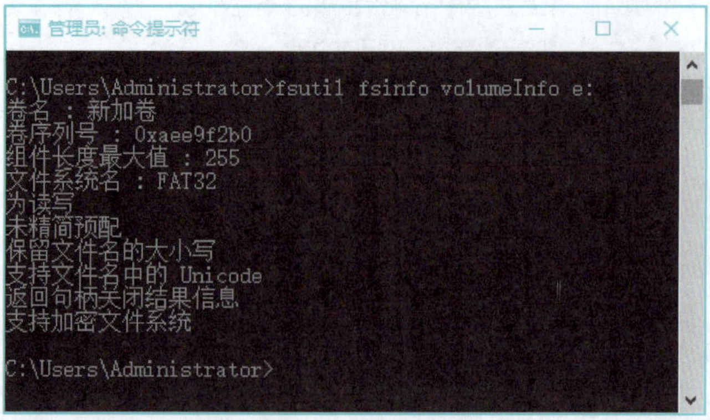

图 5-1　FAT32 文件系统信息

图 5-2 所示是 FAT32 文件系统具有的功能。

图 5-2 FAT32 文件系统具有的功能

2. NTFS 文件系统

NTFS（New Technology File System）是可扩展和可恢复的文件系统，是从 Windows NT 开始推荐使用的高性能的文件系统。它是一个为网络和磁盘配额、文件加密等安全特性特别设计的文件系统，提供长文件名、数据保护和恢复等功能，能通过目录和文件许可实现安全性，并支持跨越分区。NTFS 文件系统特点如下。

1）安全性

NTFS 文件系统能够指定用户对于某一文件或文件夹的权限。

2）容错性

NTFS 是一个日志文件系统，这意味着除了向磁盘中写入信息，该文件系统还会为发生的所有改变保留一份日志。这一功能让 NTFS 文件系统在发生错误的时候（比如系统崩溃或电源供应中断）更容易恢复，也使系统更加强壮。在这些情况下，NTFS 能够很快恢复正常，而且不会丢失数据。

3）可靠性

NTFS 把重要交易作为一个完整交易来处理，只有整个交易完成之后才算完成，这样可以避免数据丢失。如果向 NTFS 分区中写文件，会在内存中保留文件的一份副本，然后检查向磁盘中所写的文件是否与内存中的一致。如果两者不一致，操作系统就把相应的扇区标为坏扇区而不再使用它（簇重映射），然后用内存中保留的文件副本重新向磁盘上写文件。如果在读文件时出现错误，NTFS 则返回一个读错误信息，并告知相应的应用程序数据已经丢失。

4）大容量

NTFS 彻底解决了存储容量限制，NTFS 支持容量高达 256 TB 的卷和文件（支持的卷大小受簇的大小影响）。NTFS 的簇大小一般为 512 B～4 KB。

5）长文件名

NTFS 允许长达 255 个字符的文件名。在磁盘上存储 8.3 别名（采用 Unicode 编码），以提供与文件系统的兼容性。

6）支持 BitLocker 驱动器加密

BitLocker 驱动器加密为存储在 NTFS 文件系统上的重要系统信息和其他数据提供了更高的安全性。

图 5-3 所示是 NTFS 文件系统具有的功能，NTFS 比 FAT32 多了“卷影副本”“配额”“安全”功能。一般情况下，建议选择 NTFS，本书将重点介绍 NTFS。

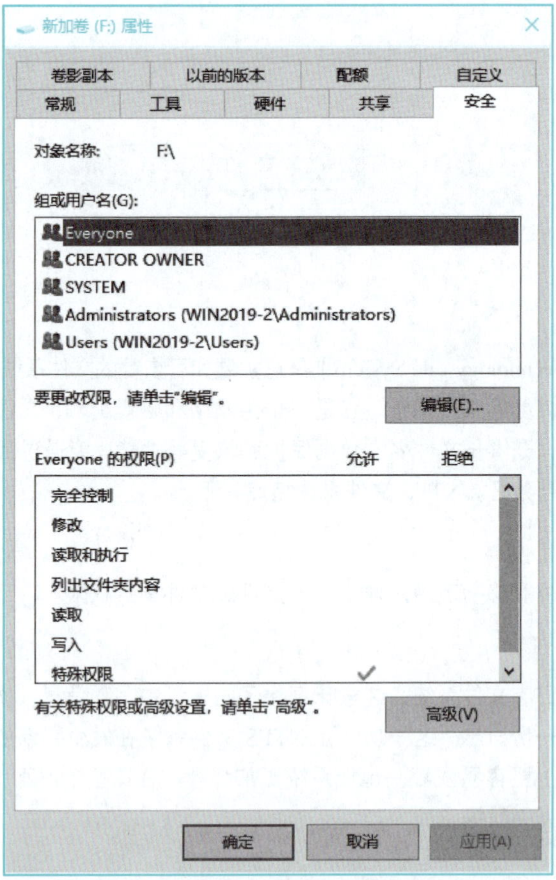

图 5-3　NTFS 文件系统具有的功能

3. ReFS 文件系统

ReFS（Resilient File System，弹性文件系统）是在 Windows Server 2012 中新引入的

一种文件系统，只能应用于存储数据，还不能引导系统，并且在移动媒介上也无法使用。ReFS 可提升数据可用性、跨各种工作负载、高效扩展到大数据集，并通过损坏复原功能来保证数据完整性。其主要优势如下。

1）复原

ReFS 引入了一项新功能，可以准确地检测到损坏并且能够在保持联机状态的同时修复这些损坏，从而增加数据的完整性和可用性。

2）性能

ReFS 还针对对性能极其敏感和虚拟化的工作负载引入了新功能，如实时层优化、块克隆和稀疏 VDL，它们是专为支持各种动态工作负载而设计的。

3）可伸缩性

ReFS 支持非常大的数据集（数百万太字节），而不会对性能有负面影响，并且与以前的文件系统相比实现了更好的扩展性。

图 5-4 所示是 ReFS 文件系统具有的功能，比 FAT32 多了“安全”功能，但和 NTFS 相比，少了“卷影副本”“配额”“压缩”“加密”功能。

图 5-4 ReFS 文件系统具有的功能

5.1.2 子任务 2 了解安全权限

微课：5-3 了解安全权限

NTFS 和 ReFS 文件系统上的文件和文件夹都有安全权限，FAT32 文件系统上的文件和文件夹则没有安全权限。如果磁盘分区的文件系统为 FAT32，则这块磁盘插到任何 Windows 系统计算机上，任何用户都可以访问分区上的文件或者文件夹。在 NTFS 或 ReFS 文件系统中，系统管理员或文件拥有者赋予用户或组访问某个文件和文件夹的权限后，用户或组才能访问该资源。权限可以赋予域中的用户或组，也可以赋予本地的用户或组。

1. 安全权限的相关术语

与文件、文件夹安全权限相关的术语：安全标识符（Security Identifier，SID）、访问控制列表（Access Control List，ACL）、安全主体（Security Principal，SP）、基本权限和特殊权限。

1）安全标识符

在前面章节介绍过，Windows 系统是通过 SID 对用户、组进行识别的，而不是通过用户名、组名。SID 是具有唯一性、绝对不会重复的一个数值，删除一个账户，再次创建同名账户，SID 是不相同的。可以使用 “whoami /all” 命令来查看当前用户的全部信息，SID 信息也在其中。Windows 系统的许多内置组具有固定的 SID，例如：不同 Windows 系统计算机的 Administrators 组的 SID 均为“S-1-5-32-544”，然而不同 Windows 系统计算机的 Administrator 用户的 SID 却不相同。

2）访问控制列表

访问控制列表是安全权限的核心，它是一个权限列表，用于控制特定用户、组对某个资源的访问权限。如图 5-3 所示，在访问控制列表中，每一个用户或组都对应一组访问控制项，这些访问控制项控制着用户、组对资源的访问权限。

3）安全主体

用户、组就是安全主体，每个安全主体都拥有相对应的账户名和 SID。权限的分配实际上就是为某个资源指定安全主体（用户、组）可以进行哪些操作。

4）基本权限和特殊权限

安全权限有基本权限和特殊权限之分，大多数情况下基本权限可以满足需求，特殊权限可以用来更加精细地控制对资源的访问。基本权限实际上是预先组合好的一组特殊权限。

2. 基本文件权限的种类

基本的文件权限如下。

（1）读取（Read）：允许用户读取文件的内容、查看文件的属性（只读、隐藏、存档等属性）、查看文件的所有者和权限。

（2）写入（Write）：允许用户改写文件内容（还需要读取权限）、改变文件的属性。

（3）读取与执行（Read & Execute）：除了允许用户读取文件，还允许用户运行该程序。

（4）修改（Modify）：除了允许用户读取、写入、执行，还允许用户删除文件。

（5）完全控制（Full Control）：允许用户拥有以上全部权限，还允许用户更改权限和取得所有权。

3. 基本文件夹权限的种类

文件和文件夹上的安全权限从名称上看大体一致，但实际含义有一定的差别。基本的文件夹权限如下。

（1）读取（Read）：允许用户查看文件夹内的文件和子文件夹，查看文件夹的属性、所有者和权限。

（2）写入（Write）：允许用户在文件夹里创建文件和子文件夹、改变文件夹的属性。

（3）列出文件夹内容（List Folder Contents）：除了允许用户读取，还允许用户遍历文件夹。

（4）读取与执行（Read & Execute）：与“列出文件夹内容”相同，但“列出文件夹内容”只会被文件夹继承，而“读取与执行”会被文件和文件夹继承。

（5）修改（Modify）：允许用户读取、写入、遍历，还允许用户删除文件夹。

（6）完全控制（Full Control）：允许用户拥有以上全部权限，还允许用户更改权限和取得所有权。

4. 文件和文件夹的特殊权限

基本权限是预先组合好的一组特殊权限，以简化管理。文件和文件夹的特殊权限见表 5-1，表 5-2 列出了基本权限和特殊权限的关系。

表 5-1 文件和文件夹的特殊权限

权　限	描　述
遍历文件夹/执行文件	对于文件夹：“遍历文件夹”允许通过文件夹来移动，以到达其他文件或文件夹，即使用户没有已遍历的文件夹的权限（仅适用于文件夹）。只有当“组策略”管理单元中没有授予组或用户“跳过遍历检查”用户权限时，遍历文件夹才起作用（默认情况下，授予 Everyone 组“跳过遍历检查”用户权限） 对于文件：“执行文件”允许运行程序文件（仅适用于文件） 设置文件夹的“遍历文件夹”权限不会自动设置该文件夹中所有文件的“执行文件”权限
列出文件夹/读取数据	“列出文件夹”允许查看文件夹内的文件名和子文件夹名。“列出文件夹”只影响该文件夹的内容，不影响正在设置其权限的文件夹（仅适用于文件夹） “读取数据”允许查看文件中的数据（仅适用于文件）
读取属性	允许查看文件或文件夹的属性，例如只读和隐藏。属性由 NTFS 定义
读取扩展属性	允许查看文件或文件夹的扩展属性。扩展属性由程序定义，可能因程序而变化
创建文件/写入数据	“创建文件”允许在文件夹内创建文件（仅适用于文件夹） “写入数据”允许对文件进行更改或覆盖现有内容（仅适用于文件）
创建文件夹/附加数据	“创建文件夹”允许在文件夹内创建文件夹（仅适用于文件夹） “附加数据”允许更改文件的末尾，而不是更改、删除或覆盖已有的数据（仅适用于文件）
写入属性	允许更改文件或文件夹的属性，例如只读或隐藏。属性由 NTFS 定义 “写入属性”权限不表示可以创建或删除文件或文件夹，它只包括更改文件或文件夹属性的权限
写入扩展属性	允许更改文件或文件夹的扩展属性。扩展属性由程序定义，可能因程序而变化 “写入扩展属性”权限不表示可以创建或者删除文件或文件夹，它只包括更改文件或文件夹属性的权限
删除子文件夹及文件	允许删除子文件夹和文件，即使尚未授予对子文件夹或文件的“删除”权限（适用于文件夹）

续表

权　限	描　述
删除	允许删除文件或文件夹。如果没有对文件或文件夹的“删除”权限，但是在父文件夹中已被授予“删除子文件夹及文件”权限，则仍然可以删除它
读取权限	允许读取文件或文件夹的权限，例如“完全控制”“读取”和“写入”
更改权限	允许更改文件或文件夹的权限，例如“完全控制”“读取”和“写入”
取得所有权	允许取得文件或文件夹的所有权。无论存在任何保护该文件或文件夹的权限，文件或文件夹的所有者始终可以更改其权限

表 5-2　基本权限和特殊权限的关系

特殊权限	完全控制	修改	读取及执行	列出文件夹内容（仅文件夹）	读取	写入
遍历文件夹/执行文件	√	√	√	√		
列出文件夹/读取数据	√	√	√	√	√	
读取属性	√	√	√		√	
读取扩展属性	√	√	√	√	√	
创建文件/写入数据	√	√				√
创建文件夹/附加数据	√	√				√
写入属性	√	√				√
写入扩展属性	√	√				√
删除子文件夹及文件	√					
删除	√	√				
读取权限	√	√	√	√	√	
更改权限	√	√				
取得所有权	√					

5. 了解安全权限的继承

默认情况下，为父文件夹设置安全权限后，该权限可被子文件夹和文件继承。例如分派用户 User1 对文件夹 Dir 具有读取的权限，则用户 User1 对文件夹 Dir 下的文件和文件夹也具有读取的权限。然而，可以阻止这种权限的继承，这样可以单独为安全主体（组或者用户）分派对子文件夹和文件的权限。

6. 了解安全权限的累加

用户可能会属于多个组，如果每个组都对各种资源拥有权限，那么该用户所具有的权限是各个组的权限之和。用户 User1 同时属于组 GroupA 和组 GroupB，它们对某文件的权限分配见表 5-3，则用户 User1 的有效权限为这 3 个权限的总和，即“写入 + 读取 + 运行”。

表 5-3 安全权限累加示例

用户和组	权 限
User1	写入
Group A	读取
Group B	运行
用户 User 1 的有效权限为 “写入 + 读取 + 运行”	

7. 理解拒绝权限优先于允许权限

当显式分派用户、组对某资源拥有“拒绝”权限时，拒绝权限优先于允许权限。用户 User1 同时属于组 Group A 和组 Group B，它们对某文件的权限分配见表 5-4，则用户 User1 的最终权限为 “读取”。因为 User1 是 Group A 的成员，Group A 对该文件的权限是拒绝写，根据拒绝权限优先于允许权限的原则，Group B 赋予成员 User1 写入的权限不生效。

表 5-4 拒绝权限优于允许权限

用户和组	权 限
User1	读取
Group A	拒绝写
Group B	写入
用户 User 1 的最终权限为 “读取”	

5.2 任务 2 安全权限设置

安全权限设置就是赋予用户或组访问某个文件或文件夹的权力，包括设置文件的安全权限、设置文件夹的安全权限、删除继承安全权限、设置特殊权限等。本任务将在 NTFS 分区的文件或文件夹上为用户或者组设置安全权限，ReFS 分区上的操作方法与此类似。

微课：5-4
安全权限设置

5.2.1 子任务 1 设置文件夹的安全权限

PPT：5-2
安全权限设置

在 Windows Server 2019 上创建 NTFS 或者 ReFS 分区（卷）时，系统会为该分区设置默认的安全权限，如图 5-5 所示。按照权限的继承原则，该文件夹下的文件、文件夹均有默认的安全权限。设置文件夹的安全权限的步骤如下。

（1）步骤 1：建议以本地 Administrator 或者对文件夹具有完全控制权限的用户登录 Windows Server 2019。

（2）步骤 2：右击 NTFS 分区上的文件夹，如“F:\DATA”，在弹出的快捷菜单中，选择“属性”菜单项，打开文件夹属性对话框，如图 5-5 所示。单击“安全”选项卡，可以看到从根目录继承的权限。单击“组或用户名”列表中的用户或者组，在对话框下部可以看到该用户或者组所具有的安全权限。

微课：5-5
设置文件夹安全权限

（3）步骤 3：如图 5-5 所示，单击“编辑”按钮，打开权限对话框，如图 5-6 所示。在“组或用户名”列表中选中“Users”组，可改变该组的权限。在“Users 的权限”列表中，勾选相应的“允许”或者“拒绝”复选框，单击“确定”按钮，回到文件夹属性对话框，单击“确定”按钮完成设置。在未禁用权限继承的情况下，从父目录继承的权限无法取消，即只能在继承基础上增加权限，而不能减少权限。

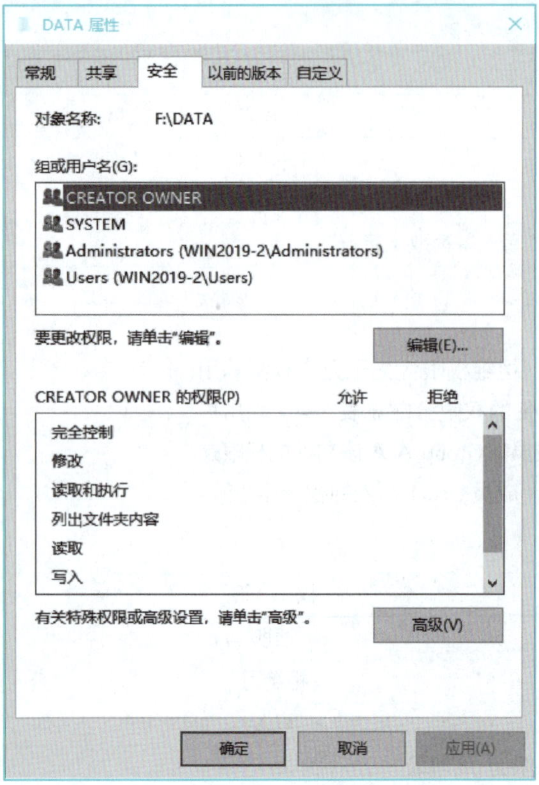

图 5-5　文件夹 F:\DATA 的默认安全权限

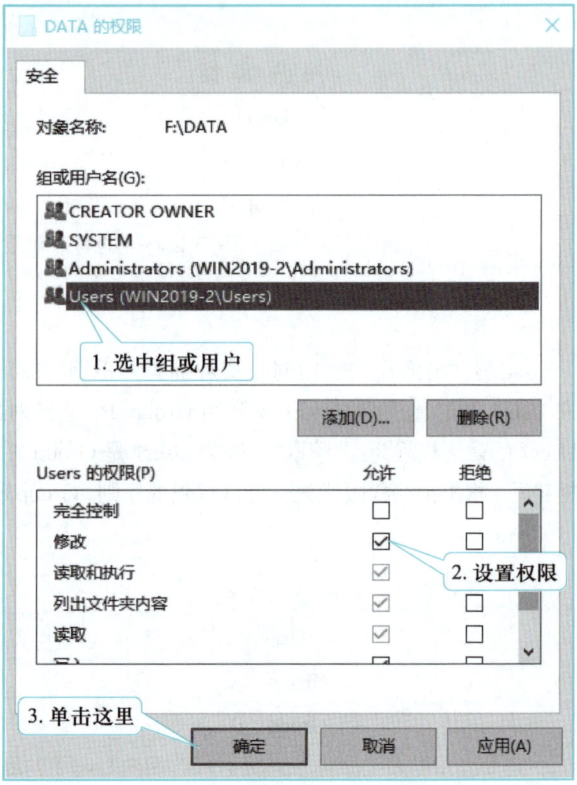

图 5-6　修改组或者用户的权限

（4）步骤 4：可以把文件夹权限赋予新的组或者用户。在图 5-6 中，单击“添加”按钮。如图 5-7 所示，如果该计算机已经加入域，则可以把文件夹的权限赋予本地计算机的账户，也可以赋予域的账户。单击“位置”按钮，如果要把权限赋予域的账户，则需要输入域的用户名和密码（注意：不是被赋予权限的用户名），单击“确定”按钮。

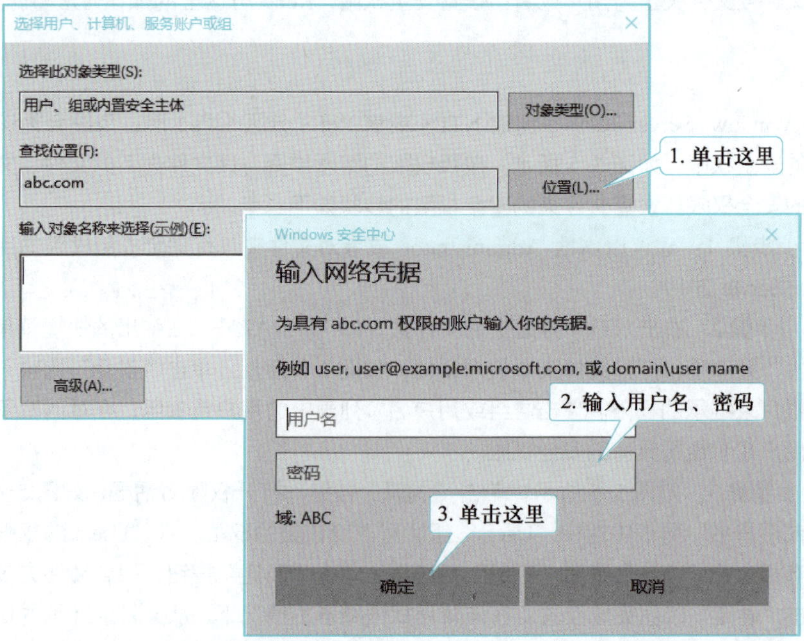

图 5-7　选择用户或组

（5）步骤 5：如图 5-8 所示，选中搜索的位置，单击“确定”按钮。

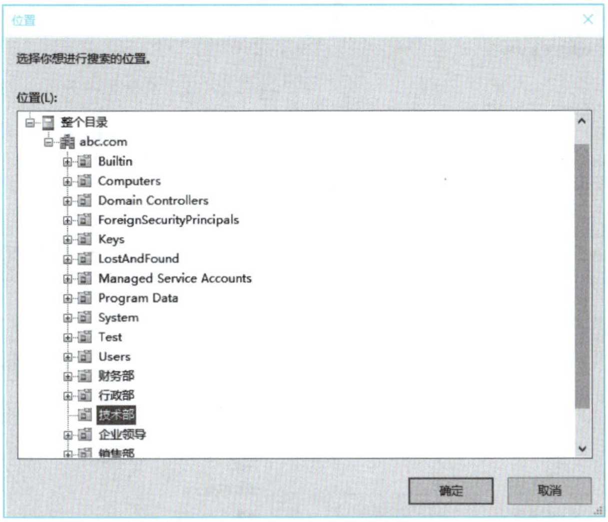

图 5-8 选择搜索的位置

（6）步骤 6：如图 5-9 所示，单击“高级”按钮，查找并选中组或者用户，单击“确定”按钮。设置新添加的组或者用户的权限，单击“确定”按钮。

图 5-9 添加用户权限

（7）步骤 7：删除权限。图 5-6 中，选择组或用户，单击“删除”按钮，可以删除组或用户的权限。要删除从父文件夹继承的权限，需要禁用继承，见 5.2.3 节。

5.2.2 子任务 2 设置文件的安全权限

对于文件，只有它的拥有者（Creator owner）、管理员（Administrator）和有完全控制权限的用户才可以设置它的安全权限。设置文件的安全权限的步骤和文件夹相似，不再赘述。右击文件，选择“属性”菜单项，单击“安全”选项卡，如图 5-10 所示，可以修改现有组或者用户的权限，也可以添加组或者用户的权限。

微课：5-6
设置文件的安全权限

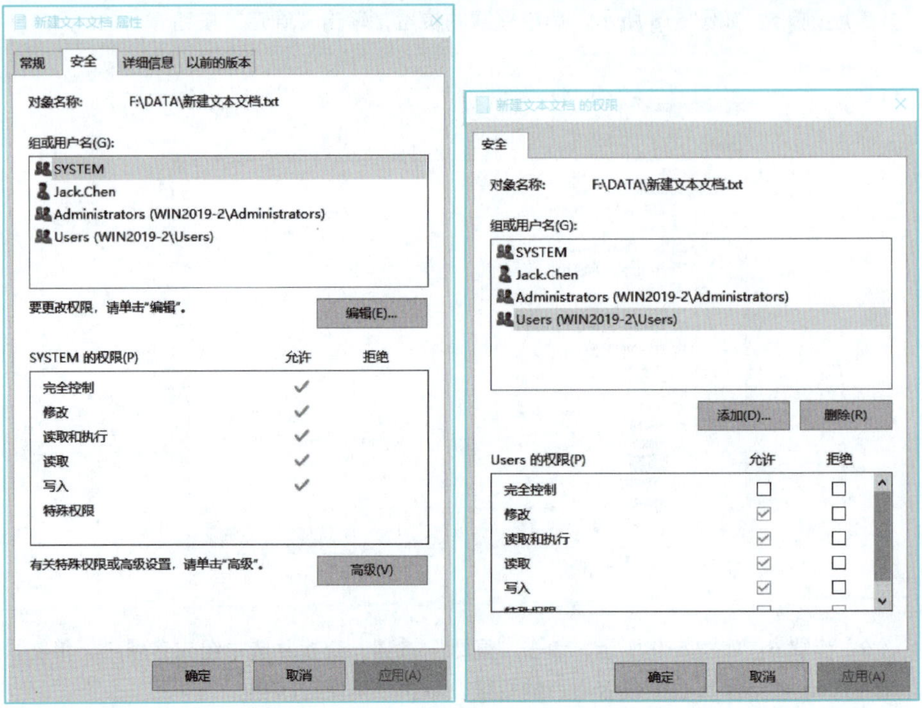

图 5-10　设置文件的安全权限

5.2.3　子任务 3　在文件、文件夹上禁用继承或强制继承安全权限

微课：5-7
在文件、文件夹禁用继承或强制使用继承

默认情况下，子文件夹或者文件从父文件夹继承安全权限，因此如果修改父文件夹的安全权限，则该文件夹下的子文件夹或者文件的安全权限也会一同改变。但是可以禁用继承，以“F:\DATA\Dir-1”文件夹为例，步骤如下。

（1）步骤 1：右击文件夹“F:\DATA\Dir-1”，选择“属性”菜单项，单击“高级”按钮，打开高级安全设置窗口，如图 5-11 所示。

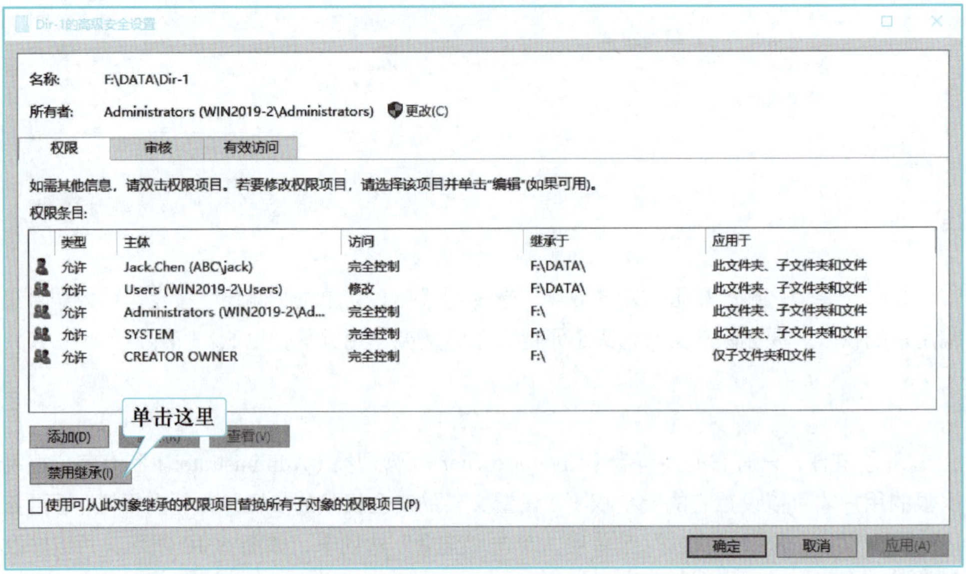

图 5-11　“高级安全设置”窗口

（2）步骤 2：如图 5-11 所示，单击“禁用继承”按钮。如图 5-12 所示，可以将从父文件夹继承的权限转换为此对象的权限。若选择从此对象删除所有从父文件夹继承的权限，则权限为空，需要添加组或者用户。提醒：如果没有任何组或者用户对一个文件或文件夹有权限，则该文件或文件夹会成为“黑洞”，它们会占用磁盘空间，但没有任何用户可以访问、删除，因此建议至少保留一个用户对文件或文件夹有安全控制的权限。

（3）步骤 3：如图 5-13 所示，禁用继承后，在“继承于”列可以看到均为“无”。以后对父文件夹“F:\DATA”安全权限的修改不会传递到“Dir-1”文件夹了。图 5-13 中，可以单击“启用继承”按钮，重新从父文件夹继承权限。

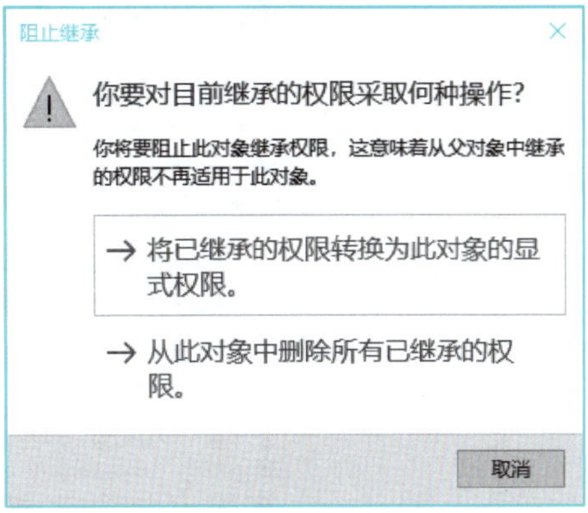

图 5-12 选择对目前继承的权限采取何种操作

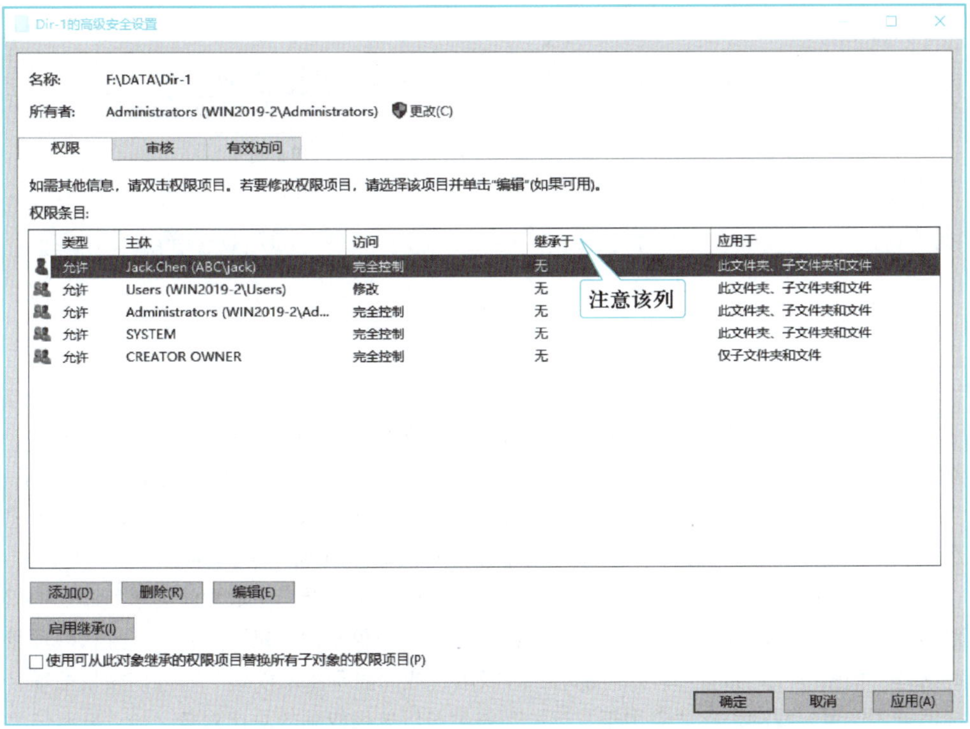

图 5-13 禁用继承后的文件夹

（4）步骤 4：可以在父文件夹设置强制继承。在步骤 1～步骤 3 中，“F:\DATA\Dir-1”已经禁止了从“F:\DATA”继承权限，但是可以在“F:\DATA”上强制“Dir-1”继承权限。如图 5-14 所示，在“F:\DATA”的高级安全设置对话框中，勾选“使用可从此对象继承的权限项目替换所有子对象的权限项目”复选框，则会把“F:\DATA”上的安全权限覆盖到各级子文件夹（例如“Dir-1”）上，各级子文件夹的原有权限会丢失，并且以后也将继承“F:\DATA”上的安全权限。

如果父文件夹上设置了强制继承，而子文件夹上禁用继承，子文件夹是否从父文件夹继承权限？ 以时间上最后的操作为准，也就是说，如果先在父文件夹上设置强制继承，后在子文件夹上禁用继承，则子文件夹不继承父文件夹的权限。如果先在子文件夹上禁用继承，后在父文件夹上设置强制继承，则子文件夹继承父文件夹的权限。

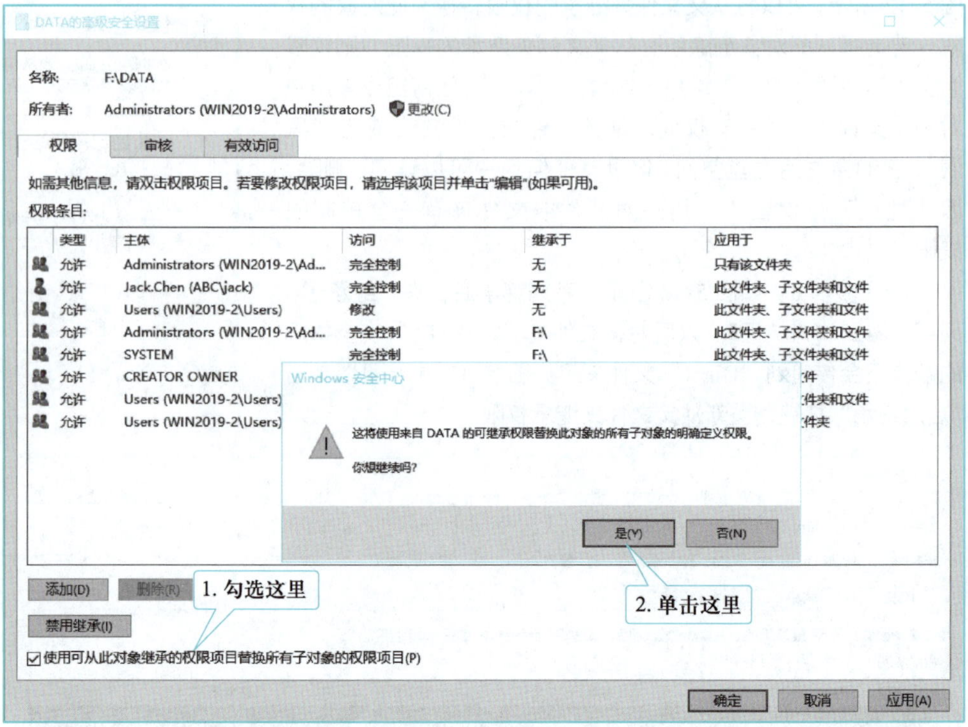

图 5-14　强制继承

5.2.4　子任务 4　为组和用户分配特殊权限

微课：5-8
高级安全权限设置

一般情况下，为组和用户分配基本权限可以满足大多数场景下用户访问资源的需要。然而有一些情况下，需要为组和用户分配特殊权限，以“F:\DATA”文件夹为例，步骤如下。

（1）步骤 1：右击文件夹在弹出的快捷菜单中，选择“属性”菜单项，单击“安全”选项卡，单击“高级”按钮，打开高级安全设置对话框，如图 5-14 所示。

（2）步骤 2：图 5-14 中，从父目录继承的权限只能查看，在本文件夹单独添加的权限则可以编辑。在“权限条目”列表中选择组或用户，单击“编辑”按钮。打开权限项目对话框，如图 5-15 所示。单击“显示高级权限”或“显示基本权限”可以切换权限项，根据需要设置好权限。在“应用于”下拉列表中可以选择权限的应用对象，如“只有该文件夹”“此文件夹、子文件夹和文件”等。单击“确定”按钮关闭各级窗口。

（3）步骤 3：如果从父文件夹继承的权限不足，或者组和用户不在已有的权限条目中，则在图 5-14 中，单击“添加”按钮，可以添加组和用户的权限。

5.2.5　子任务 5　更改文件或文件夹的所有者

微课：5-9
更改文件或文件夹所有者

Windows Server 2019 中的文件或者文件夹都有所有者，默认创建文件或者文件夹的用户就是所有者。所有者有一项很大的权利，就是不论是否拥有该对象的权限，所有者都可以改变对象的权限。例如：如果用户 jack 是“Dir-2”文件夹的所有者，即使 jack 对“Dir-2”文件夹没有任何权限，甚至进入不了“Dir-2”文件夹，但 jack 可以改变“Dir-2”文件夹的权限，jack 可以把完全控制权限赋予自己及其他用户，因此所有者的权限实际上是很大的。

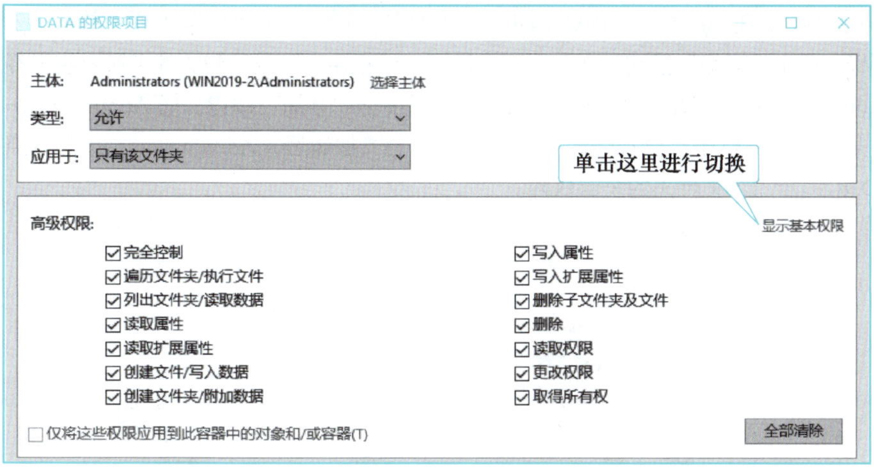

图 5-15 设置特殊权限

所有者是可以更改的，管理员组 Administrators 的成员以及对该文件或者文件夹具有“取得所有权”特殊权限的用户，可以更改文件或者文件夹的所有者。因此为了安全起见，不要轻易把“取得所有权”特殊权限分配给组或者用户。

假设 abc.com 域的用户 jack 在 Win2019-2 服务器上的“F:\DATA”下创建了一个文件夹“Dir-2”，并且 jack 把文件夹的权限设置为仅 abc\jack 用户有完全控制权限，如图 5-16 所示。jack 离职，该用户被删除，则没有任何用户可以访问或删除“F:\DATA\Dir-2”文件夹，“F:\DATA\Dir-2”文件夹成为“黑洞”。可以通过更改所有者解决文件夹“黑洞”问题，步骤如下。

（1）步骤 1：以 Administrator 登录 Win2019-2 服务器，右击“F:\DATA\Dir-2”文件夹，选择“属性”菜单项，单击“安全”选项卡，单击“高级”按钮，如图 5-17 所示。

（2）步骤 2：在图 5-17 中，单击“更改”按钮，在“选择用户和组”对话框中，选择 Administrator 用户，单击“确定”按钮。在各级对话框中，单击“确定”按钮，关闭对话框。

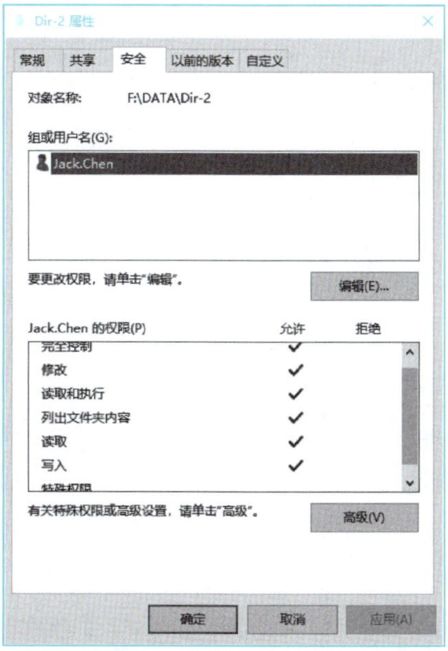

图 5-16 Dir-2 的安全权限

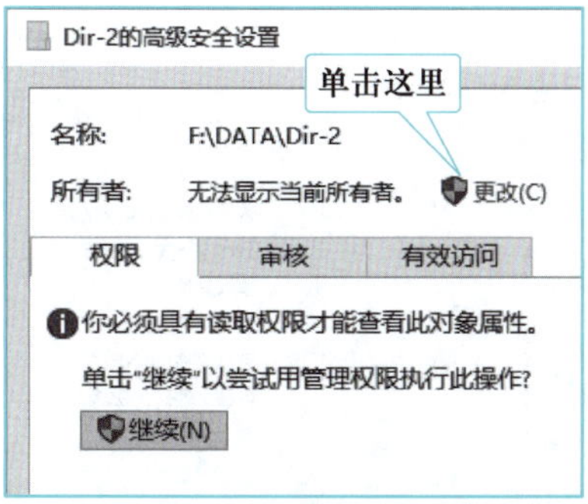

图 5-17 更改前的所有者

（3）步骤 3：右击“F:\DATA\Dir-2”文件夹，选择“属性”菜单项，单击“安全”选项卡，单击“高级”按钮，在高级安全设置对话框中，可以看到文件夹所有者已经更改为 Administrator，如图 5-18 所示。此时，可以单击“添加”按钮，把 Administrator 加到权限条目中，并赋予完全控制权限，单击“确定”按钮后，Administrator 用户就拥有了“F:\DATA\Dir-2”文件夹的全部权限。

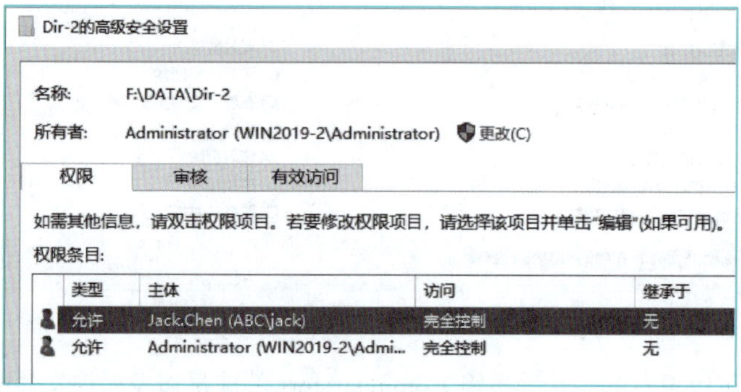

图 5-18　更改后的所有者

5.2.6　子任务 6　计算用户的有效权限

微课：5-10
用户的有效权限

从前面的讨论可以知道，用户对文件、文件夹的最终权限受到很多因素的影响：用户所属的组、是否从父文件夹继承、是否有显式拒绝等。因此为用户分配权限后，确认用户对文件、文件夹的最终权限是否就是预期的权限，可能会是一件困难的事情。Windows Server 2019 提供了一个验证工具，使用的步骤如下。

（1）步骤 1：如图 5-19 所示，在文件或者文件夹的高级安全设置对话框中，单击“有效访问”选项卡。

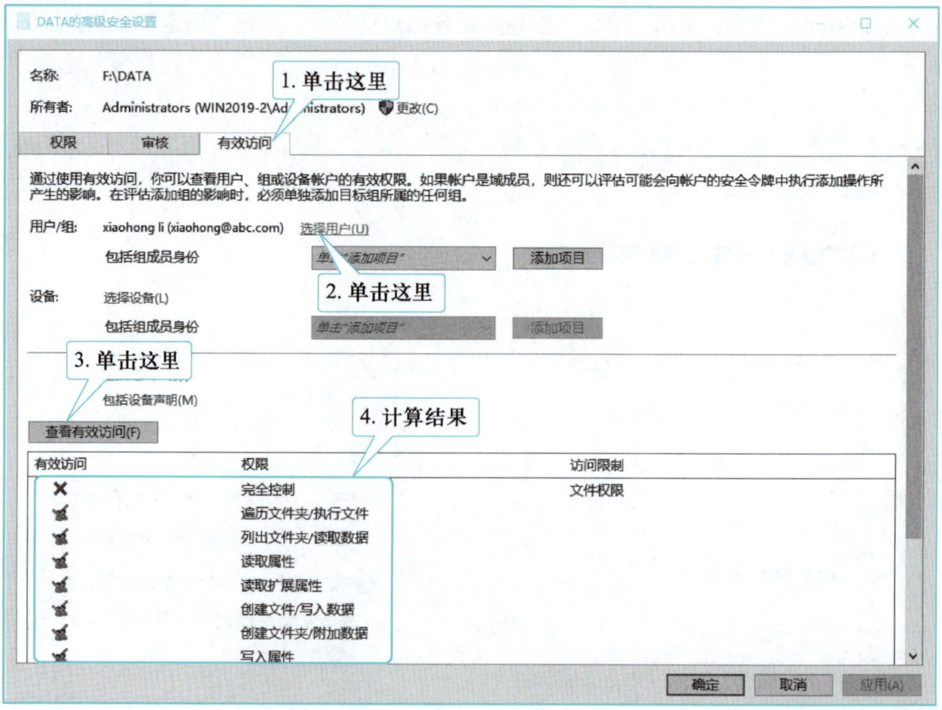

图 5-19　计算用户的有效权限

（2）步骤 2：单击“选择用户”链接，选择本地计算机或者域中的用户或者组，返回图 5-19 所示对话框。

（3）步骤 3：在图 5-19 中，单击“查看有效访问”按钮，系统会计算该用户或者组的有效权限。

5.3 任务 3 文件或文件夹复制、移动时权限的变化

只有 NTFS 或者 ReFS 分区上的文件或者文件夹有安全权限，因此本任务仅介绍文件或文件夹在 NTFS 或者 ReFS 分区上复制、移动时权限的变化。NTFS 或者 ReFS 分区上的文件或者文件夹复制、移动到 FAT32 分区上，安全权限将全部丢失。

微课：5-11
移动文件时权限的变化

PPT：5-3
移动文件时权限的变化

5.3.1 子任务 1 文件或文件夹复制时权限的变化

不论原位置和目的位置是否在同一分区内，文件或者文件夹复制到另一文件夹中时，将继承目的文件夹的权限。复制时，实际上是在目的文件夹创建新的文件或者文件夹。如图 5-20 所示的第一个情形，“F:\DATA1”下的文件 file1.txt 复制到“F:\DATA2”下，file1.txt 的安全权限将继承“F:\DATA2”的安全权限，和源文件的权限无关。同样，如图 5-20 所示的第二个情形，“F:\DATA1”下的文件 file2.txt 复制到“G:\DATA2”下，file2.txt 的安全权限将继承“G:\DATA2”的安全权限，也和源文件的权限无关。

微课：5-12
复制时权限的变化

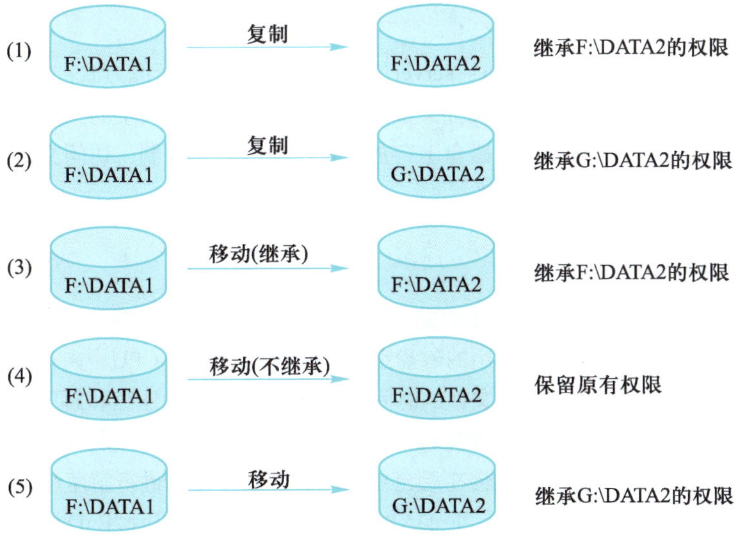

图 5-20 文件或文件夹复制、移动时权限的变化

5.3.2 子任务 2 文件或文件夹移动时权限的变化

微课：5-13
移动时的权限变化

1. 分区内移动文件或文件夹

（1）分区内移动文件或文件夹时，如果原文件或文件夹设置为继承父文件夹权限，则会先删除原文件或文件夹从父文件夹（原文件夹）继承的权限，保留非继承的权限，然后继承目的文件夹的权限。如图 5-20 所示的第三个情形，“F:\DATA1”下的文件 file3.txt

移动到“F:\DATA2”下，file3.txt 会保留原有非继承的权限，并继承“F:\DATA2”的安全权限。

（2）分区内移动文件或文件夹时，如果原文件或文件夹设置为不继承父文件夹权限，则不会继承目的文件夹的权限。如图 5-20 所示的第四个情形，“F:\DATA1”下的文件 file4.txt 移动到“F:\DATA2”下，file4.txt 会保留原有的安全权限。

2. 分区间移动文件或文件夹

分区间移动文件或文件夹时，则文件或文件夹会继承目的文件夹的权限。这个过程实际上等同于先复制文件或文件夹到目的文件夹，然后在原文件夹中删除原文件或文件夹。如图 5-20 所示的第五个情形，“F:\DATA1”下的文件 file5.txt 移动到“G:\DATA2”下，file5.txt 会继承“G:\DATA2”的安全权限。

微课：5-14
压缩加密文件或文件夹

PPT：5-4
压缩加密文件或文件夹

5.4　任务 4　压缩、加密文件或文件夹

文件或者文件夹的压缩和加密功能是 NTFS 文件系统特有的功能，FAT32 和 ReFS 文件系统均不具备。默认情况下，对文件夹设置了压缩或加密属性后，这种属性会被该文件夹下的文件和子文件夹继承。压缩和加密功能不能同时设置。本任务将在文件或者文件夹上启用压缩或者加密功能，以提高磁盘空间的利用率和增强文件安全性。

微课：5-15
压缩文件或文件夹

5.4.1　子任务 1　压缩文件或文件夹

Windows Server 2019 有两种文件夹压缩方式：NTFS 压缩和压缩文件夹。文件夹被压缩了，则默认文件夹下的文件也会被压缩。文件只是在磁盘上存放时是压缩的，在复制、访问文件时，系统会自动解压文件。

图 5-21　压缩前文件所占用的空间大小

1. NTFS 压缩

NTFS 压缩是 NTFS 文件系统内置的功能，这项功能可以减少文件实际占用的磁盘空间，但会稍微占用 CPU、内存资源，也会稍微增加访问文件的时间。NTFS 文件系统的压缩和解压缩对于用户是透明的，管理员对文件或文件夹启用压缩后，用户访问文件或文件夹时，系统会在后台自动对文件或文件夹进行解压缩，用户不用干涉。以下对比“F:\DATA”文件夹启用压缩前后“F:\DATA\flower.bmp”文件占用的实际磁盘空间，步骤如下。

（1）步骤 1：右击“F:\DATA\flower.bmp”并选择“属性”菜单项，单击“常规”选项卡，如图 5-21 所示，该文件实际占用的空间为 3,387,392 字节。

（2）步骤 2：右击“F:\DATA”文件夹并选择“属性”菜单项，单击“常规”选项卡。如图 5-22 所示，单击“高级”按钮，勾选“压缩内容以便节省磁盘空间”复选框，单击“确定”按钮。

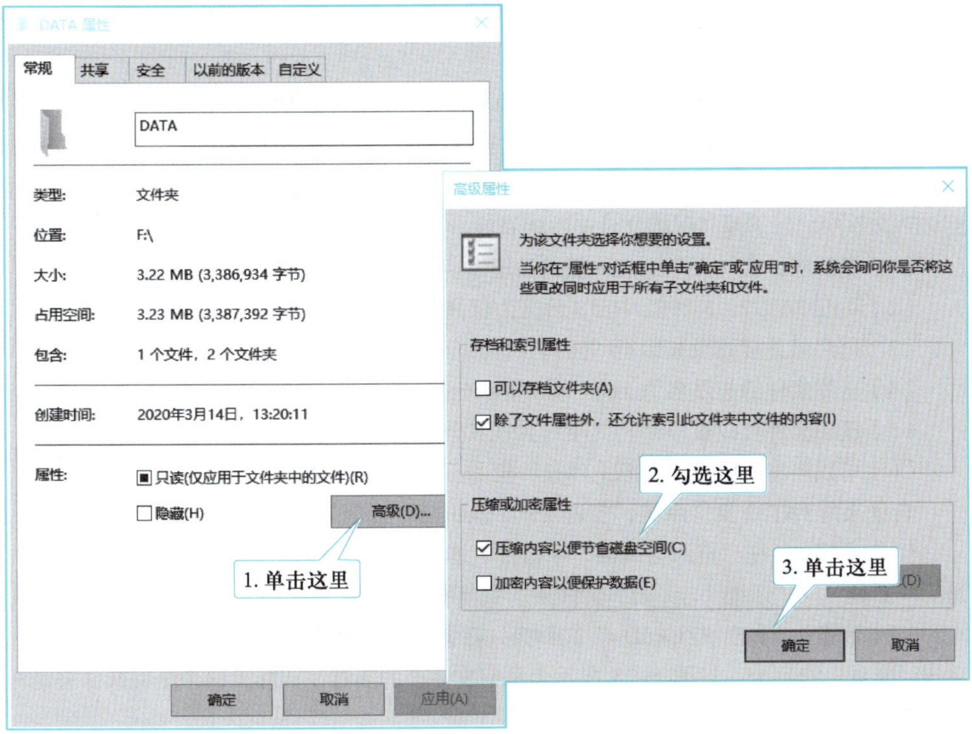

图 5-22 文件夹启用压缩功能

（3）步骤 3：如图 5-23 所示，在“确认属性更改”对话框中，如果选中“仅将更改应用于此文件夹”单选按钮，则文件夹下现有的文件、子文件夹不被压缩，新创建的文件、子文件夹才会被压缩。如果选中“将更改应用于此文件夹、子文件夹和文件”单选按钮，则文件夹原有的文件、子文件夹也被压缩，这里选择后者，单击“确定”按钮。

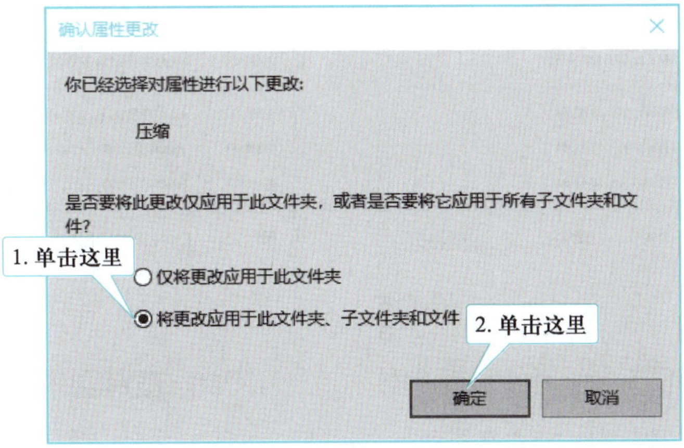

图 5-23 确认属性更改

（4）步骤 4：文件或者文件夹启用压缩后，在资源管理器中可以看到文件或者文件夹的图标的右上方多了一对互指的箭头。

（5）步骤 5：再次查看“F:\DATA\flower.bmp”文件的属性，如图 5-24 所示，该文件实际占用的空间为 2,633,728 字节，小于文件的大小。

2. 压缩文件夹

NTFS 压缩只能应用在 NTFS 分区上的文件夹或文件上，用“压缩文件夹”功能则可以在 FAT32、NTFS、ReFS 卷上存放压缩文件夹。该功能实际上把整个文件夹压缩成一个 ZIP 文件，用户访问文件夹时，系统自动解压缩；用户保存数据时，系统自动把数据压缩到 ZIP 文件中。以下是“压缩文件夹”的特性。

（1）复制到该文件夹下的文件被自动压缩。

（2）可在 FAT32、NTFS、ReFS 分区上保持其压缩特性。

（3）用户可直接读取和运行“压缩文件夹”里的压缩文件，系统会自行解压缩。

（4）压缩文件的扩展名为.zip，可被 WinZip、WinRAR 解压缩。

（5）压缩文件可以被移动和复制到其他其分区或网络上。

（6）可以用密码保护“压缩文件夹”里的压缩文件及文件夹。

E 盘采用 FAT32 文件系统，创建“E:\ZipedDir”压缩文件夹的步骤如下。

（1）步骤 1：在“资源管理器”中打开 E 盘，在空白处右击，在弹出的快捷菜单中，选择“新建”→“压缩（zipped）文件夹”菜单项，输入文件夹的名称“ZipedDir”。

（2）步骤 2：右击“ZipedDir”文件夹，在弹出的快捷菜单中，选择“属性”菜单项，单击“常规”选项卡，如图 5-25 所示为压缩文件夹的属性，实际上这个压缩文件夹是一个 ZIP 文件，显示的是该 ZIP 文件的属性。

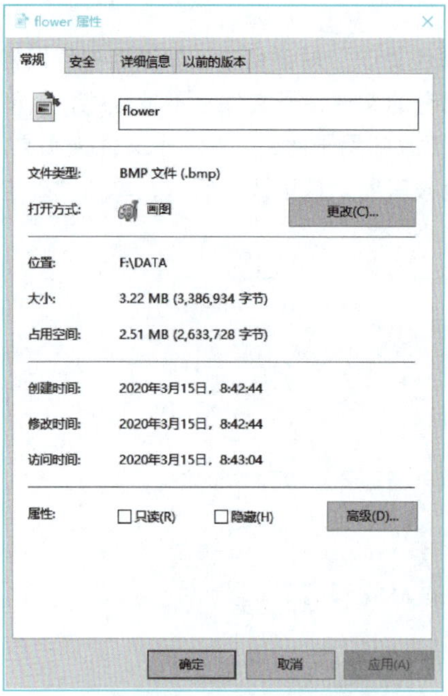

图 5-24 压缩后文件所占用的空间大小

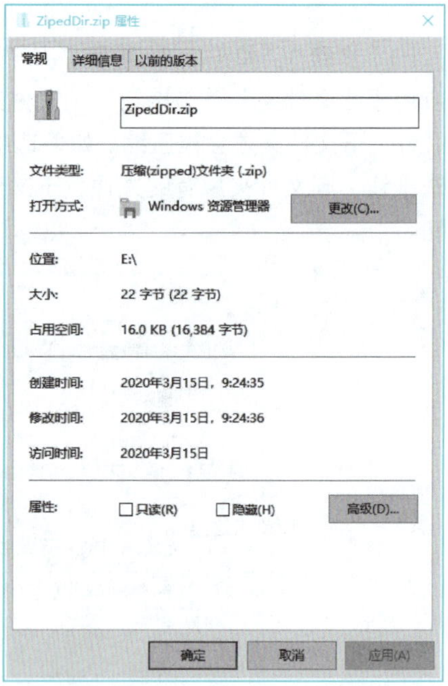

图 5-25 压缩文件夹的属性

（3）步骤 3：访问该文件夹里的文件将自动压缩、解压缩。

3. 启用文件压缩功能

NTFS 分区上的文件夹启用压缩功能后，默认该文件夹下新创建的文件将自动启用压缩功能，但是可以单独在该文件的属性中禁用压缩。同理，即使文件在 NTFS 分区上的一个没有启用压缩功能的文件夹下，也可以单独在该文件的属性中启用压缩。启用文件压缩的步骤和启用文件夹压缩的步骤类似，不再赘述。

5.4.2 子任务 2 加密文件或文件夹

微课：5-16
加密文件或文件夹

Windows Server 2019 利用加密文件系统（Encrypting File System，EFS）提供加密的功能，从而提高文件的安全性。

用户或应用程序读取加密文件时，系统会将文件自动解密后供用户或应用程序使用，而存储在磁盘内的文件仍然处于加密状态；当该文件发生变化时，系统会自动加密后再写入磁盘。以下是加密文件的特性。

（1）文件加密只有 NTFS 文件系统支持，加密文件复制到 FAT32、ReFS 分区后，该文件会被解密。

（2）利用 EFS 加密的文件在网上传输时是以解密的状态进行的，所以文件加密只是存储加密。

（3）对文件加密后，只有执行加密操作的用户可以透明地访问该文件，要想让其他用户访问该文件，必须“授权”。

（4）NTFS 文件的加密和压缩是互斥的。

启用文件夹加密功能的步骤如下。

（1）步骤 1：右击“F:\DATA1”文件夹，在弹出的快捷菜单中，选择“属性”菜单项，单击“常规”选项卡。如图 5-26 所示，单击“高级”按钮，勾选“加密内容以便保护数据”复选框，单击“确定”按钮。

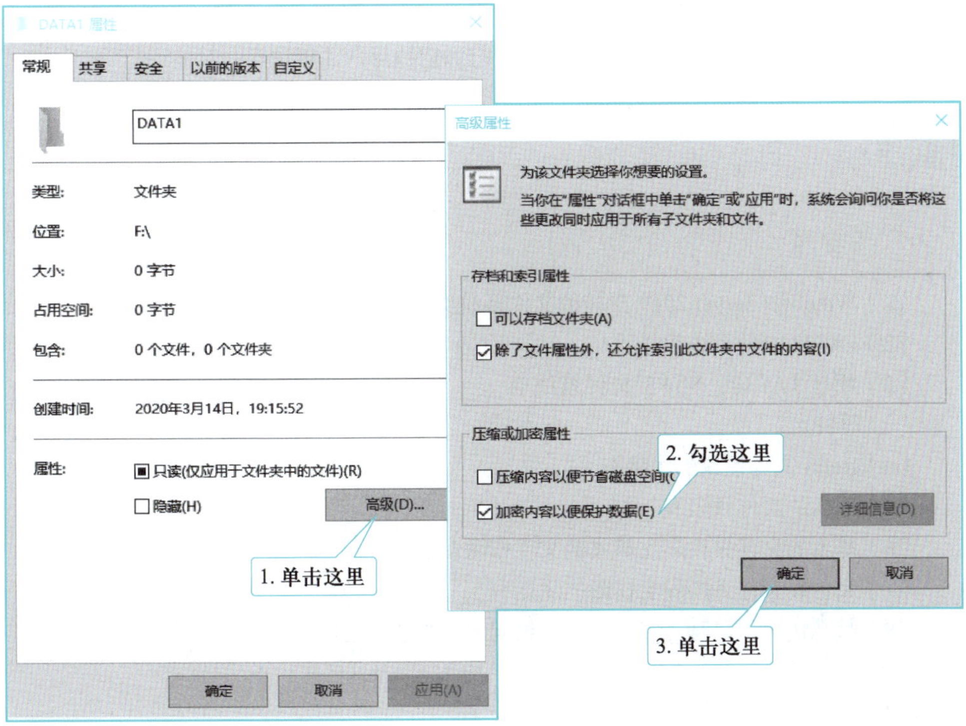

图 5-26 启用文件夹加密功能

（2）步骤 2：在“确认属性更改”对话框中，如果选中“仅将更改应用于此文件夹”

单选按钮，则文件夹下现有的文件、子文件夹不被加密，新创建的文件、子文件夹才会被加密。如果选中“将更改应用于此文件夹、子文件夹和文件”单选按钮，则文件夹原有的文件、子文件夹也被加密。这里选择后者，单击“确定”按钮。

（3）步骤 3：启用文件夹加密功能后，在“资源管理器”中可以看到文件图标的右上方多了一个锁。

启用文件夹加密功能后，加密密钥是被保护的，只有执行加密操作的用户或者被“授权”的用户才能使用密钥访问该文件。即使某用户对该文件有完全控制的权限，如果该用户不是执行加密操作的用户或者被“授权”的用户，也无法访问文件，因为没有密钥。

和文件的压缩类似，不论文件所在的文件夹是否启用加密功能，都可以单独在文件的属性中启用或禁止加密功能。

小结

Windows Server 2019 支持 FAT32、NTFS、ReFS 文件系统，FAT32 没有安全权限，支持的分区和文件较小，但兼容性好，只建议在 U 盘上使用。NTFS 有安全权限、磁盘配额、压缩、加密功能，可靠性高，建议大多数场景下使用。ReFS 有安全权限，但不能作为引导分区，没有压缩和加密功能，可靠性高，适用于数据存储。安全权限可以控制用户和组对文件、文件夹的访问，权限可以从父文件夹继承，用户也可以从组中获得权限，但是拒绝权限优先于允许权限。复制或者移动文件或文件夹时，文件或文件夹的权限可能发生变化。NTFS 分区的文件或文件夹可以进行压缩，以减少实际占用的磁盘空间。NTFS 分区的文件或文件夹可以进行加密，只有执行加密的用户才能访问。

习题

1. 填空题

（1）Windows Server 2019 支持的文件系统类型有________、________、________。

（2）FAT32 文件系统包括：________区、________区、________区。

（3）相比 FAT32，NTFS 文件系统有________、________、________、________、________等特点。

（4）ReFS 文件系统的优势有________、________、________，适合________。

（5）基本的文件权限有________、________、________、________、________。

（6）基本的文件夹权限比基本的文件权限多了________。

（7）文件或文件夹的安全权限的规则有________、________、________。

（8）默认情况下只有________可以访问启用加密功能的文件。

2. 简答题

（1）文件或文件夹的访问控制列表有什么用途？

（2）文件基本权限和特殊权限有什么关系？

（3）“F:\DATA1”下的文件 file.txt 移动到“G:\DATA2”下，file.txt 的权限会怎么变化? F 盘、G 盘均为 NTFS 分区。

（4）在 NTFS 分区上压缩文件有什么优、缺点?

3. 实践题

按照 1.1.1 节里描述的企业现状创建文件夹，并分配安全权限。

（1）在 Win2019-2 服务器的 NTFS 分区上为研发部、销售部、技术部、财务部、行政部五个部门各创建一个文件夹；在各部门文件夹下为部门的员工分别创建文件夹。在 NTFS 分区上额外创建文件夹“Public”，所有用户可以访问。

（2）把各部门文件夹的完全控制权限分配给各部门的领导（abc.com 域中的用户）。

（3）把各员工文件夹的完全控制权限分配给各员工（abc.com 域中的用户），不从父文件夹继承权限。

（4）在“Public”文件夹上启用压缩功能。

项目 6

管理共享文件夹及分布式文件系统

项目背景

计算机联网的主要目的是资源共享，文件共享是网络上最常用的资源共享方式。用户将自己计算机上的文件夹共享出来，其他计算机上的用户可以通过网络访问被共享的文件夹。当网络中有多台服务器共享出文件夹，用户访问这些服务器上的共享文件夹时，需要指定不同服务器的名称，分布式文件系统可以为用户提供访问不同服务器的共享文件夹的统一入口，简化操作。

本项目将把 Win2019-2 服务器作为文件服务器，在服务器上把文件夹进行共享，并配置合适的共享权限；此外，在 Win2019-1 服务器上安装分布式文件系统的命名空间服务；在 Windows 10 客户端访问共享文件和分布式文件系统。

项目任务

（1）在服务器上共享文件夹并设置共享权限。
（2）在客户端使用共享文件夹。
（3）使用分布式文件系统访问不同服务器上的共享文件夹。

6.1　任务 1　共享文件夹

微课：6-1
共享文件夹

共享文件夹时，被共享的文件夹所在的计算机通常称为文件服务器，而通过网络使用共享文件夹的计算机称为客户端。文件服务器和客户端上的操作系统都可以是 Windows 10 或者 Windows Server 操作系统。本任务将把 Win2019-2 作为文件服务器，为用户提供文件夹共享服务，而在客户端（Windows 10）访问共享文件夹。

6.1.1　子任务 1　使用公用文件夹

PPT：6-1
共享文件夹

顾名思义，公用文件夹是所有人都可以使用的文件夹。Windows Server 2019、Windows 10 等系统都有“公用”文件夹，该文件夹的路径是“C:\用户\公用”，如图 6-1 所示。

微课：6-2
使用公用文件夹

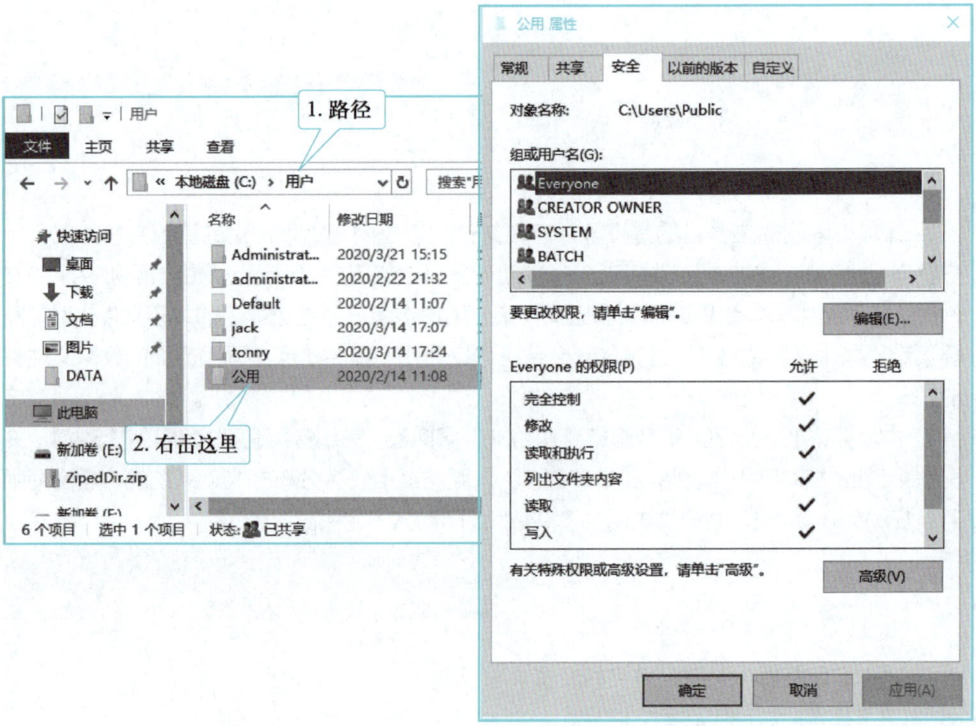

图 6-1　公用文件夹

公用文件夹下有“公用文档”“公用视频”“公用图片”等子文件夹。公用文件夹有两种使用方式，一种是用户（不管是本地用户还是域用户）在本地计算机登录，可以任意访问公用文件夹。这是因为，从图 6-1 可以看到 Everyone 用户组对公用文件夹具有“完全控制”的权限，任何成功登录的用户（不管是本地用户还是域用户）都属于 Everyone 用户组。

另一种访问公用文件夹的方式是通过网络访问，实际上就是文件夹共享的简化版。以访问 Win2019-2 服务器上的公用文件夹为例进行说明，步骤如下。

（1）步骤 1：选择“开始”→“控制面板”菜单项，单击“网络和 Internet”→

“网络和共享中心”选项，打开如图 6-2 所示窗口，注意，当前的活动网络为“域网络”。

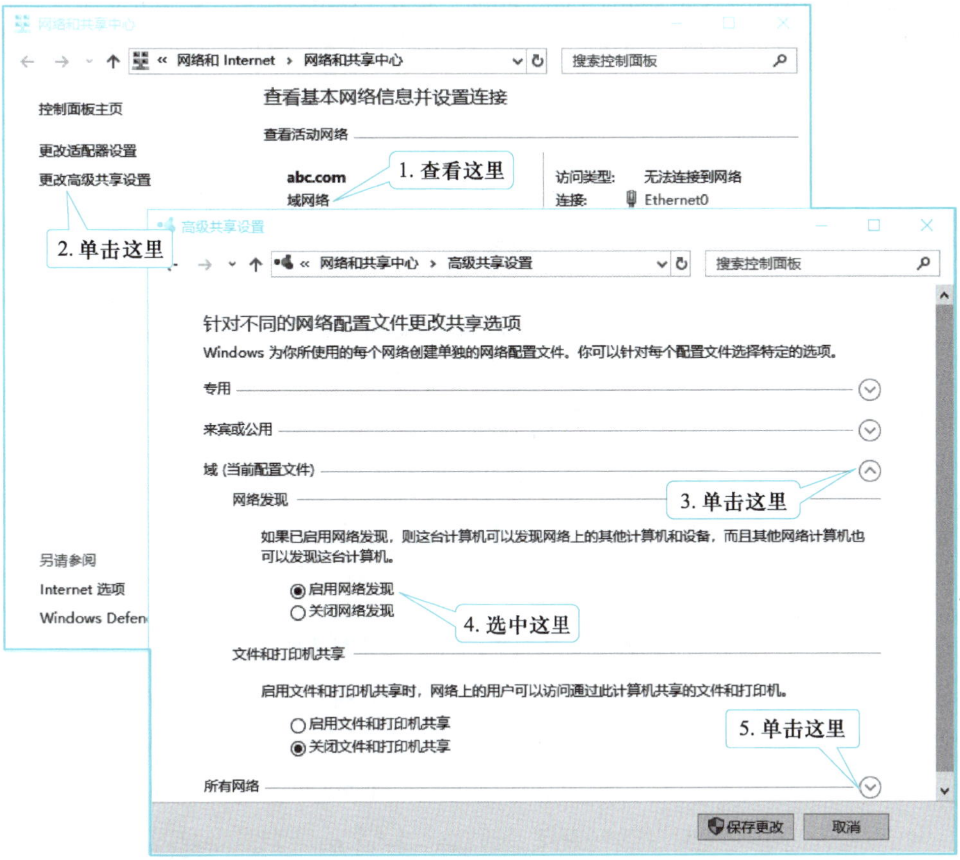

图 6-2 启用网络发现

（2）步骤 2：单击“更改高级共享设置”链接，打开“高级共享设置”窗口。单击“域（当前配置文件）”右侧的向下箭头，展开选项。选择“启用网络发现”选项，这台计算机可以发现网络上的其他计算机，而且其他网络上的计算机也能发现这台计算机。

（3）步骤 3：在图 6-2 右下角，单击“所有网络”右侧的向下箭头，如图 6-3 所示，选中“启用共享以便可以访问网络的用户可以读取和写入公用文件夹中的文件”单选按钮，单击“保存更改”按钮。该设置会使得“C:\Users\Public”（公用文件夹的父文件夹）被共享，共享权限是“Everyone”用户组有完全控制权限。

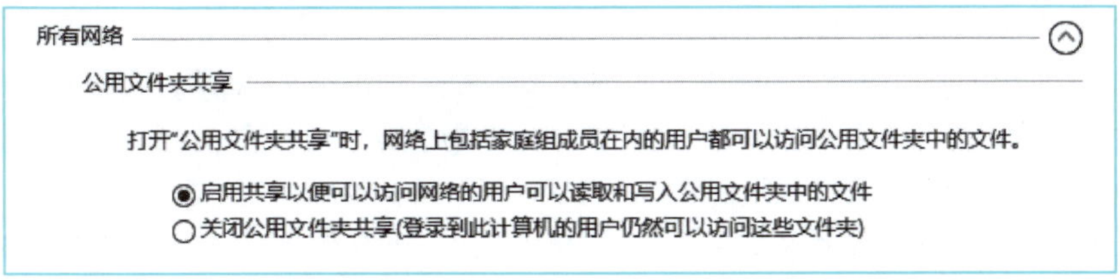

图 6-3 共享公用文件夹

（4）步骤 4：选项“开始”→“Windows 管理工具”→“计算机管理”菜单项，打开“计算机管理”窗口。单击窗口左侧的“服务和应用程序”→“服务”项，找到“Function Discovery Resource Publication”服务，双击该服务，如图 6-4 所示。把“启动类型”改为“自动”，单击“启动”按钮启动服务，单击“确定”按钮关闭对话框。

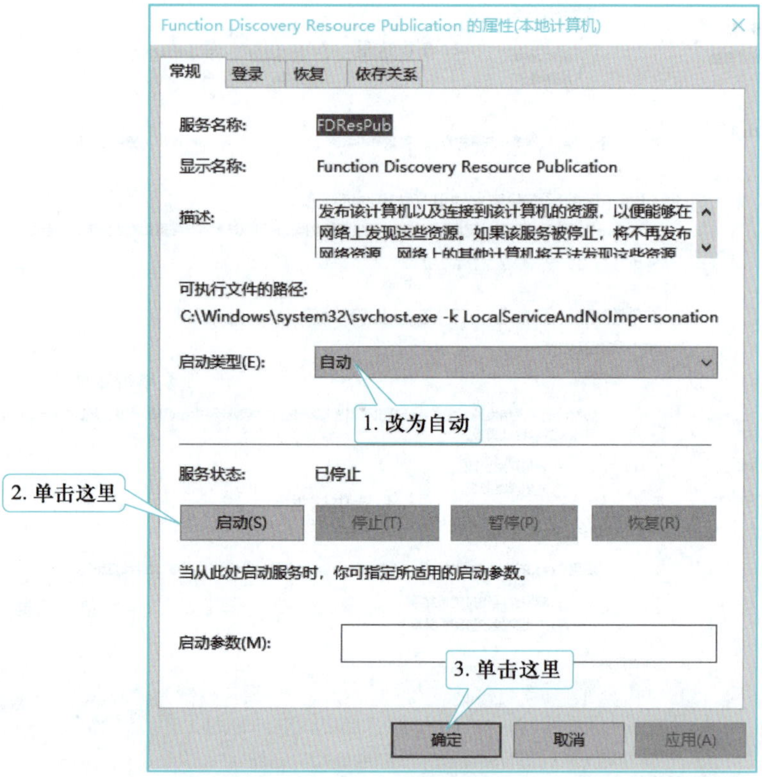

图 6-4　Function Discovery Resource Publication 服务

（5）步骤 5：在 Windows 10（客户端）上的资源管理器中输入“\\Win2019-2”或者“\\192.168.100.11”就可以访问 Win2019-2 服务器上的公用文件夹了。

6.1.2　子任务 2　了解共享文件夹

除了使用公用文件夹来共享文件，还可以使用更加强大的文件夹共享功能。FAT32、NFTS、ReFS 文件系统上的文件夹都可以被共享。

微课：6-3
共享文件夹的权限

1. 了解共享文件夹的权限

文件夹被共享时，可以设置如下共享权限。

（1）完全控制：查看该共享文件夹内的文件名称、子文件夹名称，查看文件内的数据、执行程序，遍历子文件夹，向该共享文件夹内添加文件、子文件夹，修改文件内数据，删除子文件夹及文件，更改权限，取得所有权。

（2）更改：查看该共享文件夹内的文件名称、子文件夹名称，查看文件内的数据、执行程序，遍历子文件夹，向该共享文件夹内添加文件、子文件夹，修改文件内的数据。

（3）读取：查看该共享文件夹内的文件名称、子文件夹名称，查看文件内的数据、执行程序，遍历子文件夹。

以上权限中，“完全控制”包含了“更改”“读取”权限，“更改”包含了“读取”权限。

2. 了解共享权限规则

1）共享权限的累加

如果用户隶属于多个用户组，这些组对共享文件夹拥有不同的共享权限，那么这个用户所具有的共享权限是这些组的权限的累加。例一：用户 User1 同时属于组 Group A 和组 Group B，某文件夹的共享权限分配见表 6–1，则用户 User1 的有效权限为这 3 个权限的总和，即“更改”。

表 6–1 共享权限累加举例

用 户 和 组	权 限
User1	更改
Group A	读取
Group B	未指定
用户 User1 的有效权限为“更改”	

2）拒绝权限优先

如果显式指定用户或组对某文件夹具有拒绝权限，则拒绝权限优先于其他权限。例二：用户 User1 属于组 Group A，某文件夹的共享权限分配见表 6–2，则用户 User1 对该文件夹仅具有“读取”权限。

表 6–2 拒绝权限优先举例

用 户 和 组	权 限
Everyone	完全控制
Group A	拒绝更改
用户 User1 的有效权限为“读取”	

3. 了解共享权限和安全权限共同作用的结果

FAT32 文件系统上的文件夹没有安全权限，因此共享权限是通过网络访问资源时保证安全的唯一方法。如果共享文件夹在 NTFS 或者 ReFS 文件系统上，则用户通过网络访问共享文件夹时，所具有的权限是共享权限和安全权限的最小值。也就是说，NTFS 或者 ReFS 文件系统上的安全权限不仅控制用户本地登录时访问文件或者文件夹的权限，也控制着用户通过网络访问文件或者文件夹的权限。

例三：用户 User1 属于组 Group A，用户 User1 对文件夹“C:\DATA”有“完全控制”的共享权限，组 Group A 对该文件夹有“读取”的安全权限，那么用户 User1 的最终共享权限是“读取”，见表 6–3。

表 6-3　共享权限和安全权限累加举例

用户和组	共享权限	安全权限
User1	完全控制	
Group A		读取
用户 User1 的有效权限为“读取”		

利用这个特点，可以对共享文件夹进一步设置安全权限，将文件夹的共享权限和安全权限组合起来，增强文件的安全性。

6.1.3　子任务 3　创建共享文件夹

通常是 Administrator 把文件夹进行共享。以在 Win2019-2 服务器上把文件夹“F:\DATA”进行共享为例，步骤如下。

微课：6-4
创建共享文件夹

（1）步骤 1：在“资源管理器”中右击“F:\DATA”文件夹，单击“属性”菜单项，打开文件夹的属性对话框，单击“共享”选项卡。

（2）步骤 2：单击“共享”按钮，打开“网络访问”对话框，如图 6-5 所示。在文本框中输入用户名或者组名，单击“添加”按钮。用户或者组可以是本地账户或者域账户，如果服务器已经加入域，建议把共享权限授予域账户，这样可以减少用户访问共享文件夹时输入用户名和密码的次数。

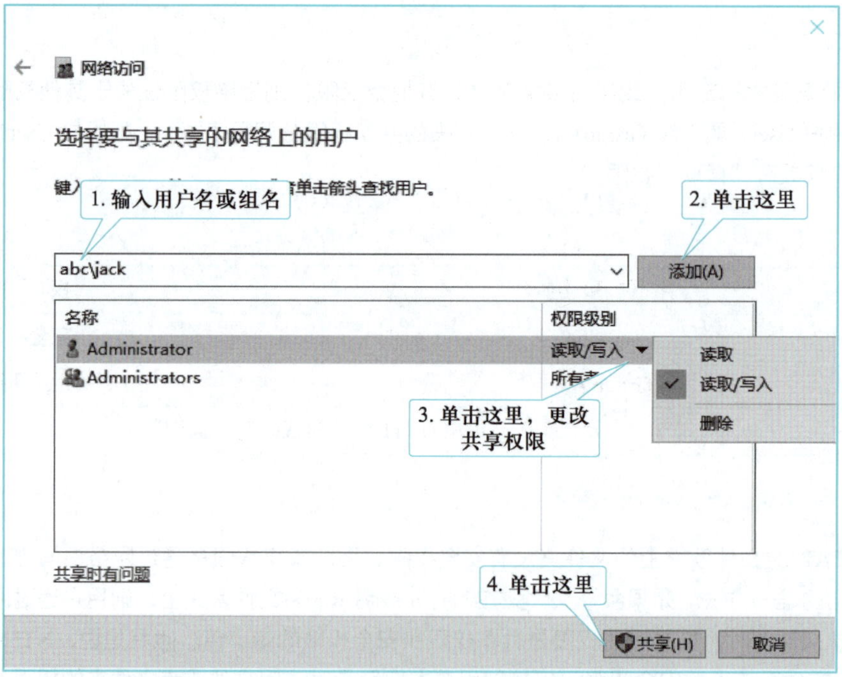

图 6-5　创建共享文件夹

（3）步骤 3：图 6-5 中，单击用户列表中的条目右侧的向下箭头，可以更改或者删除用户的共享权限。单击“共享”按钮完成共享。第一次将文件夹共享时，系统会自动启用文件和打印机共享。如图 6-6 所示，可以看到 DATA 文件夹已共享。

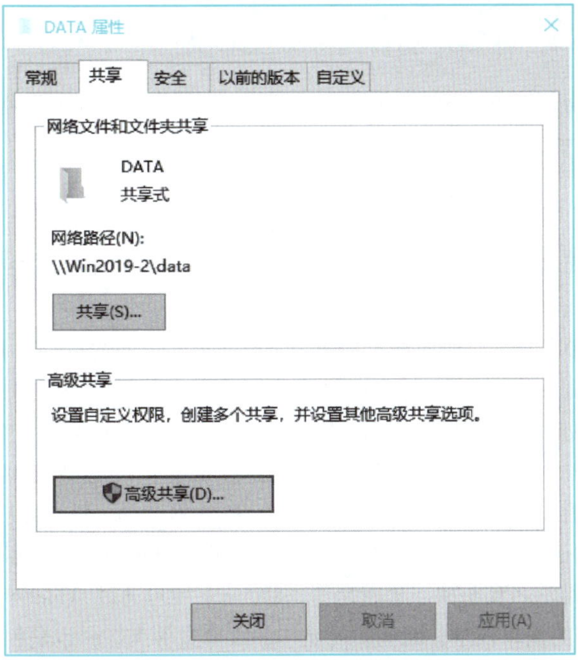

图 6-6 DATA 文件夹已共享

（4）步骤 4：在图 6-6 中，单击“高级共享”按钮，打开“高级共享”对话框，如图 6-7 所示。在“将同时共享的用户数量限制为”选项中，可以控制多少用户能同时访问共享文件夹。

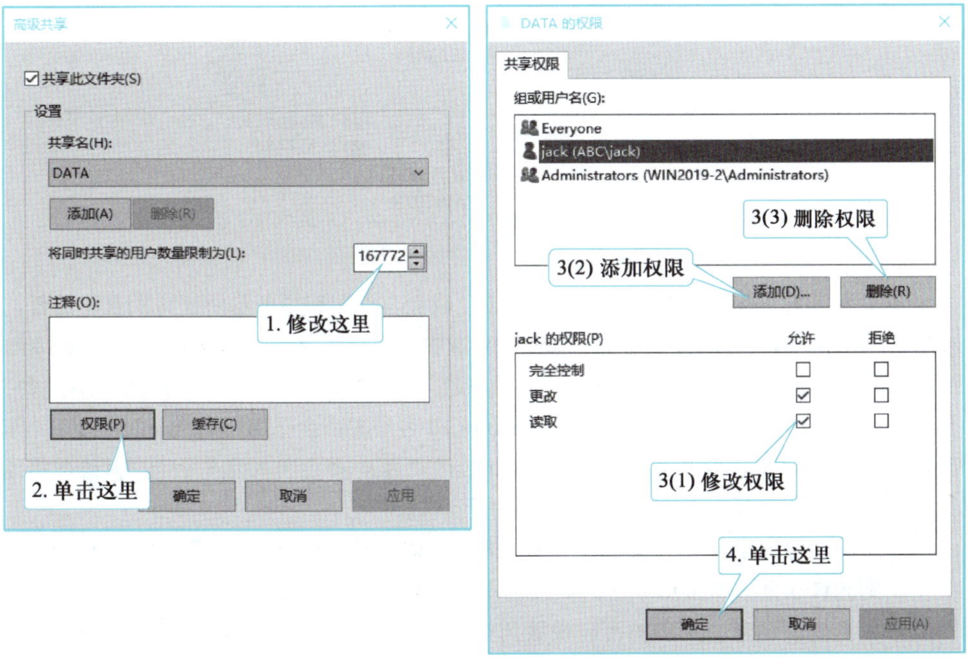

图 6-7 文件夹的高级共享设置

（5）步骤 5：单击“权限”按钮，打开文件夹的权限对话框，可以修改、添加、删除用户或者组的共享权限。

6.1.4　子任务 4　从客户端访问共享文件夹

用户在客户端（以 Windows 10 为例，也可以在其他的 Windows 操作系统上进行）访问共享文件夹的方式较多。

微课：6-5
从客户端访问共享文件夹

1. 访问共享文件夹时的身份认证过程

当用户通过网络访问共享文件夹时，需要在文件服务器上进行身份认证，只有认证通过才允许访问。具体有以下几种情况。

（1）客户端和服务器均加入域（同一个域或者相互信任的不同域）。如图 6-8 所示，Windows 10 客户端、Win2019-2 服务器均已经加入 abc.com 域，Win2019-1 服务器为域控制器。用户在 Windows 10 客户端上以域用户名 abc\jack、密码 123456 进行登录。当 abc\jack 用户访问 Win2019-2 服务器上的共享文件夹时，Windows 10 客户端会把当前的登录用户名 abc\jack 和密码 123456 发送到 Win2019-2 服务器，而 Win2019-2 服务器会通过 Win2019-1 服务器进行身份认证。访问共享文件夹时，Windows 10 客户端不会要求用户 abc\jack 再次输入用户名和密码。也就是说，abc\jack 用户通过 Windows 10 客户端登录到域后，只要有足够的共享权限，就能访问域中的共享文件夹，这也是创建域、域树、域林的一个目的——实现单一登录。

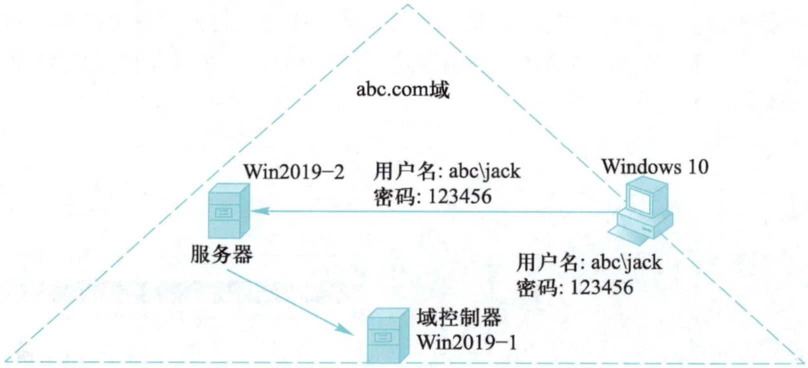

图 6-8　客户端和服务器均加入域时访问共享文件夹的身份认证

（2）客户端和服务器中有一方未加入域，或者客户端和服务器所在域相互不信任。如图 6-9 所示，Win2019-2 服务器在 abc.com 域中，用户在 Windows 10 客户端上以本地账户 Administrator、密码 123456 登录，当用户访问 Win2019-2 服务器上的共享文件夹时，不论 Windows 10 客户端是否加入域，Windows 10 客户端都会把用户名 Administrator、密码 123456 发送到 Win2019-2 服务器上。Win2019-2 服务器会用本地安全账户管理数据库（SAM）进行身份认证，而不是让域控制器进行认证。

- 如果本地安全账户管理数据库存在相同用户 Administrator，密码也是 123456，则允许访问。Windows 10 客户端不会要求用户 Administrator 再次输入用户名和密码。注意：用户的密码设置为空时，不允许访问共享文件夹。
- 如果本地安全账户管理数据库存在相同用户 Administrator，密码不是 123456，则 Windows 10 客户端要求用户重新输入有效的用户名和密码，如图 6-10 所示。
- 如果本地安全账户管理数据库不存在用户 Administrator，并且 Win2019-2 服务器存在已激活的 Guest 用户，则以 Guest 身份来访问共享文件夹。Windows 10

客户端不会要求用户 Administrator 再次输入用户名和密码。

- 如果本地安全账户管理数据库不存在用户 Administrator，并且 Win2019-2 服务器上的 Guest 用户已禁用（默认是禁用的），则 Windows 10 客户端要求用户重新输入有效的用户名和密码，如图 6-10 所示。

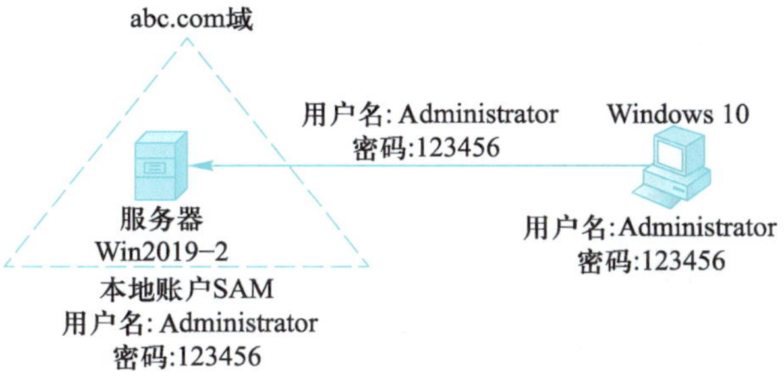

图 6-9 客户端和服务器一方未加入域时访问共享文件夹的身份认证

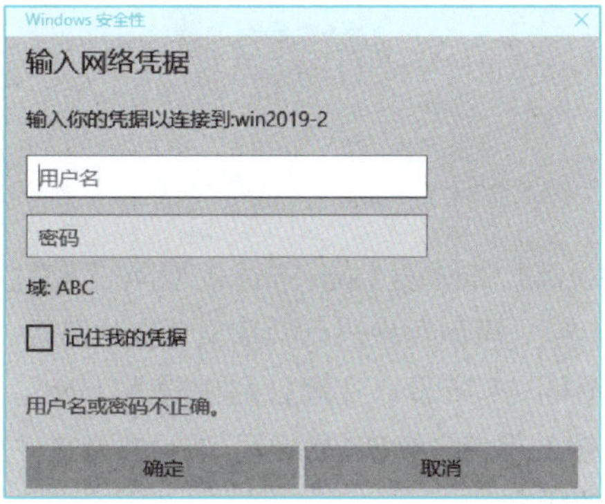

图 6-10 输入访问共享文件夹的用户名和密码

2. 利用网络发现功能连接服务器

（1）步骤 1：在 Windows 10 客户端的桌面上，双击“此电脑”图标，打开资源管理器，如图 6-11 所示。单击“网络”链接。如果之前未在系统里打开网络发现和文件共享功能，则系统报错，单击“确定”按钮。再单击“单击以更改”链接，选择“启用网络发现和文件共享”选项。

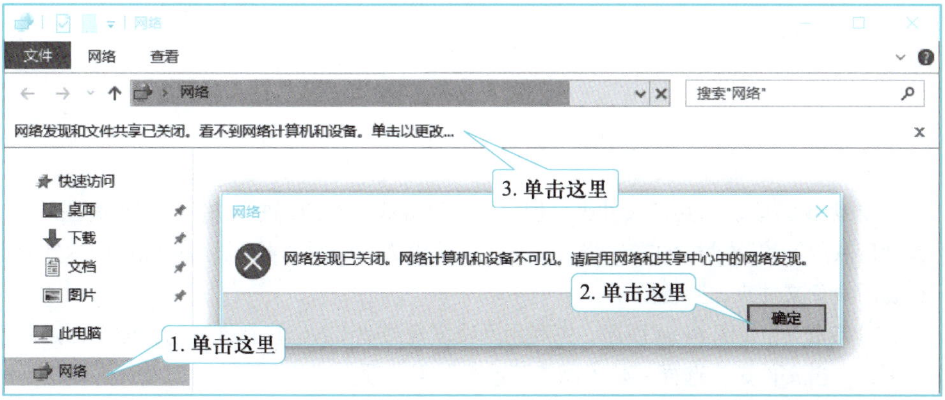

图 6-11 使用网络发现功能连接服务器

（2）步骤 2：稍等片刻，Windows 10 客户端将发现网络上的服务器并在列表中列出，如图 6-12 所示。双击服务器，根据具体情形可能会弹出图 6-10 所示对话框，输入用户名和密码后，将列出该服务器上的共享文件夹，用户可根据自己具有的权限访问共享文件夹。

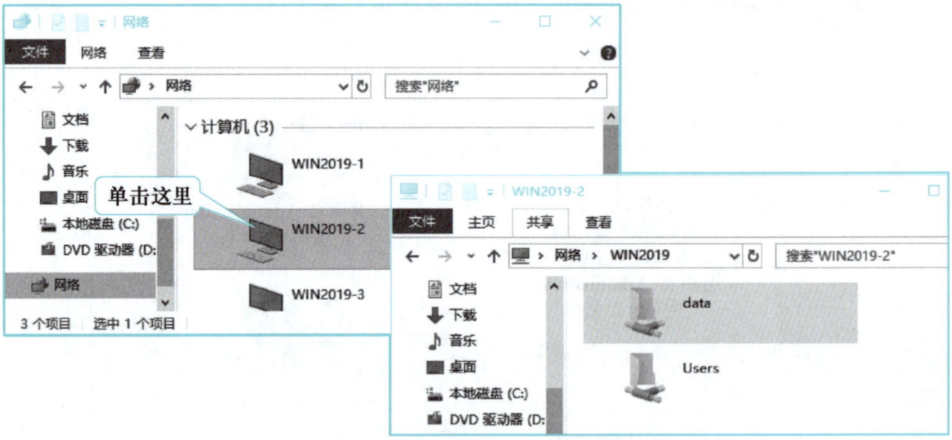

图 6-12　访问共享文件夹

3. 使用 UNC 访问共享文件夹

通用命名约定（Universal Naming Convention，UNC）格式为“\\计算机名\共享名”或“\\计算机 IP 地址\共享名”，可以用来表示共享文件夹的路径。在客户端（Windows 10）上打开资源管理器，如图 6-13 所示，在地址栏中输入 UNC，根据具体情形可能会弹出图 6-10 所示对话框，输入用户名和密码后即可访问共享文件夹。这种方法适用于事先知道共享文件夹的 UNC 的场合。

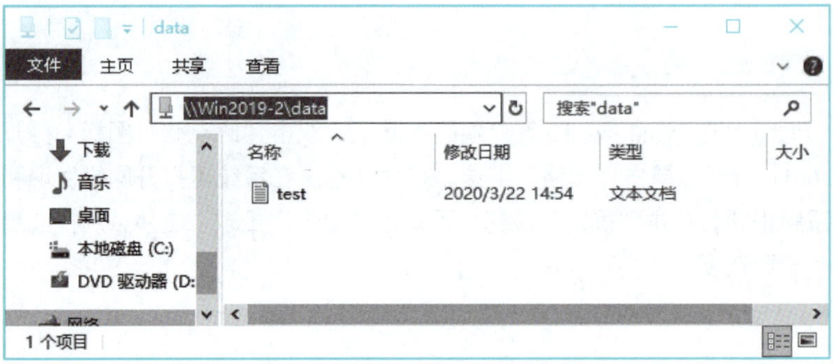

图 6-13　使用 UNC 访问共享文件夹

4. 将共享文件夹映射为驱动器

如果需要频繁访问共享文件夹，使用网络发现或者 UNC 进行访问就显得有些烦琐。可以利用映射网络驱动器的方法将共享文件夹映射为一个驱动器，随后可像访问本地磁盘一样访问共享文件夹，步骤如下。

（1）步骤 1：如图 6-14 所示，先利用网络发现或者 UNC 找到要映射为驱动器的共享文件夹，右击文件夹，选择“映射网络驱动器”菜单项。

图 6-14　映射网络驱动器

（2）步骤 2：如图 6-15 所示，设置映射网络驱动器选项。在“驱动器”下拉列表中可以设置驱动器的盘符；在“文件夹”文本框中可以输入共享文件夹的 UNC。如果勾选“登录时重新连接”复选框，则每次用户登录后，系统将自动进行映射，无须重复映射操作；如果不使用当前登录用户来映射网络驱动器，则勾选“使用其他凭据连接”复选框，单击“完成”按钮。

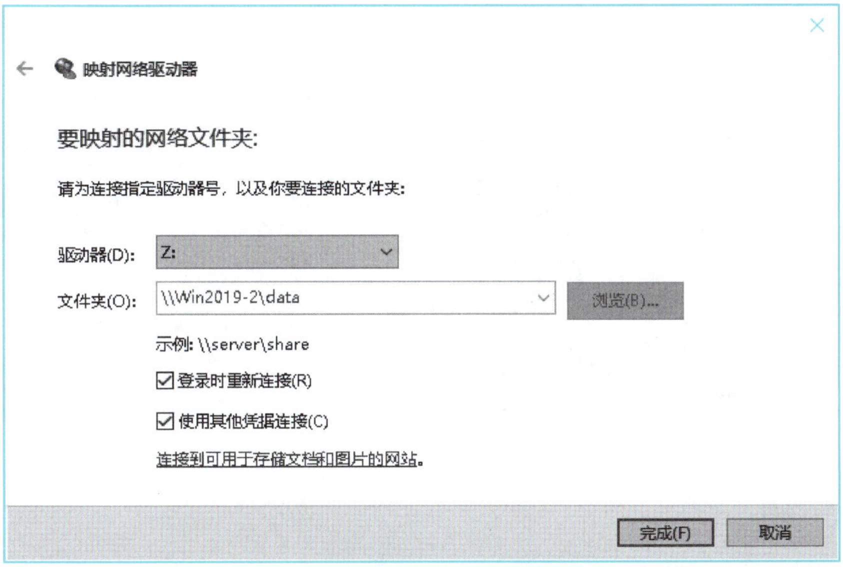

图 6-15　设置映射网络驱动器选项

（3）步骤 3：如果步骤 2 中勾选了“使用其他凭据连接”复选框，则弹出如图 6-10 所示的对话框，输入新的用户名和密码，并勾选“记住我的凭据”复选框，单击“确定”按钮，完成映射。在如图 6-16 所示的资源管理器中，可以看到新映射的网络驱动器。

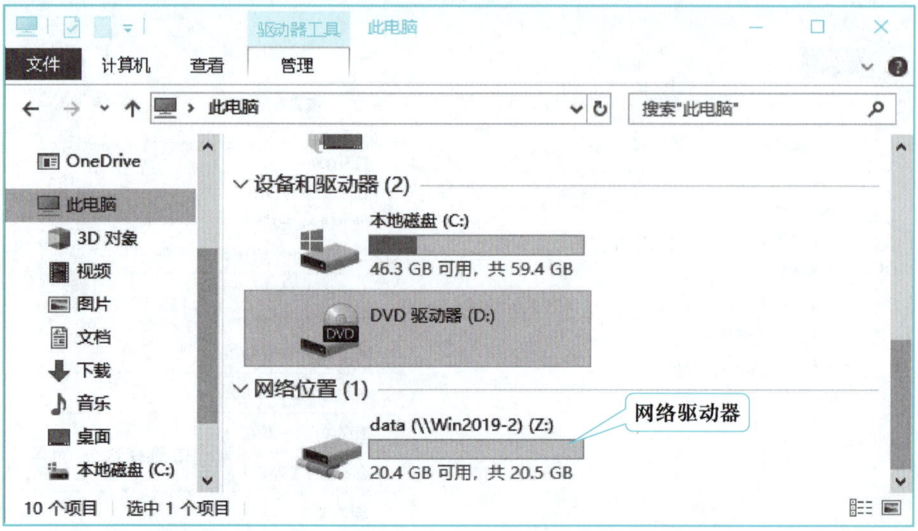

图 6-16　网络驱动器

6.1.5　子任务 5　管理共享文件夹

微课：6-6
管理共享文件夹

在 Win2019-2 服务器上，选择“开始”→“Windows 管理工具”→“计算机管理”菜单项，打开“计算机管理”窗口，如图 6-17 所示。在窗口左侧窗格单击“系统工具”→“共享文件夹”→“共享”项，管理员可以在此集中管理该计算机上的共享文件夹。

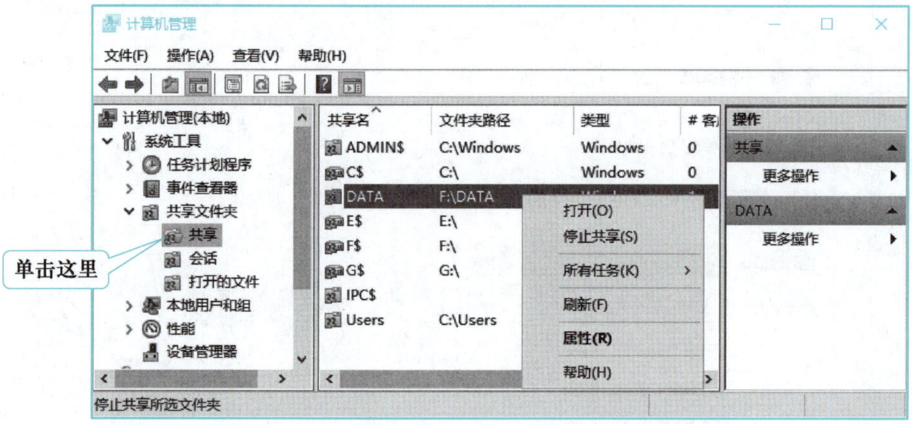

图 6-17　“计算机管理”窗口

1. 管理共享

在图 6-17 所示窗口的右边窗格中，可以看到本地计算机上所有的共享文件夹，包括了系统自动共享出来的隐藏共享文件夹，隐藏共享文件夹以“$”结尾。如果停止这些隐藏共享可能会导致系统某些功能不能正常运行，所以不要轻易更改。如果想把某个共享文件夹隐藏，可以在共享文件夹名后面加“$”，这样使用网络发现将无法显示该共享文件夹。

右击某共享文件夹名，选择相应的菜单项可以管理共享文件夹。

- “打开”：打开文件夹。
- “停止共享”：停止共享。

- “属性”：打开文件夹的属性对话框。

2. 管理会话

如图 6-18 所示，单击窗口左边窗格中的“会话”项，可以看到有哪些会话。会话信息包含用户、计算机名、打开文件、连接时间等。右击会话，可以关闭会话。

图 6-18 管理会话

3. 管理打开的文件

如图 6-19 所示，单击窗口左边窗格中的“打开的文件”项，可以看到哪些文件已被打开。文件信息包含打开文件、访问者、锁定、打开模式等。右击文件，可以关闭打开的文件。

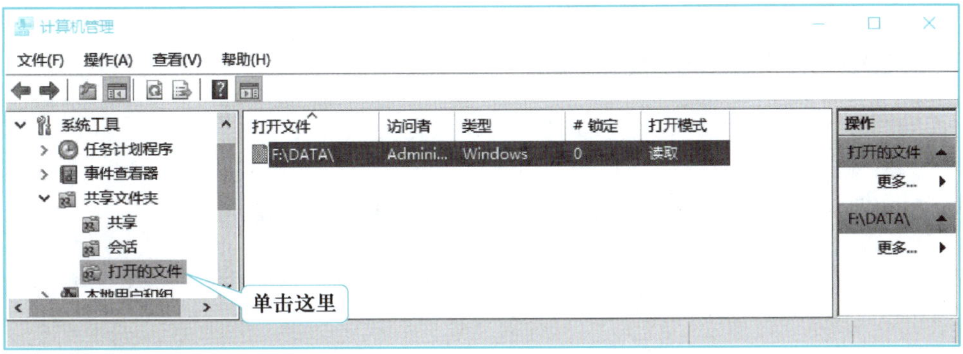

图 6-19 管理打开的文件

6.2 任务 2 卷影副本

我们经常需要在误删除文件后恢复文件，或者需要恢复文件至修改前的状态。卷影副本允许用户像查看过去某一时刻存在的内容一样查看共享文件夹的内容，只有 NTFS 卷（分区）才支持卷影副本功能，FAT32、ReFS 均不支持。启动共享文件夹的卷影副本功能后，系统会在指定的时间将共享文件夹的内容复制到指定存储区域。卷影副本主要用于帮助恢复被无意中删除或错误编辑的文件，同时还可以用于比较文件不同版本，了解一段时间内文件发生的变化。本任务将在 Win2019-2 服务器上的 F 盘启用卷影副本，用于恢复共享文件的早期版本。

微课：6-7
使用卷影副本

PPT：6-2
使用卷影副本

6.2.1　子任务 1　启用卷影副本

微课：6-8
创建卷影副本

卷影副本功能是在 NTFS 卷（分区）层面启用的，启用卷影副本后，不论用户是本地登录计算机，还是通过共享，都可以查看分区的文件的以前版本，或者把文件还原到以前的版本。

以在 Win2019-2 服务器上的 F 盘启用卷影副本为例，步骤如下。

（1）步骤 1：在资源管理器中右击“F:”并选择“属性”菜单项，单击“卷影副本”选项卡，如图 6-20 所示。在“选择一个卷”列表中选择要启用卷影副本的卷，本例为“F:\”。

（2）步骤 2：在图 6-20 中，单击“设置”按钮，打开“设置”对话框。在“位于此卷”下拉列表中选择作为卷影副本存储区的卷。默认卷影副本存储区在启用卷影副本的卷上，这不是好的策略。建议把卷影副本存储区放到另外一个没有启用卷影副本的卷上。本例选择 G 盘作为卷影副本存储区。在“最大值”选项区中可以设置卷影副本存储区大小为“没有限制”，或者设置为指定的大小（以 MB 为单位）。根据提示，每一个卷影副本至少需要 300 MB，因此需要根据卷影副本数量计算卷影副本存储区大小。当卷影副本存储区被写满时，最早的卷影副本会被覆盖。

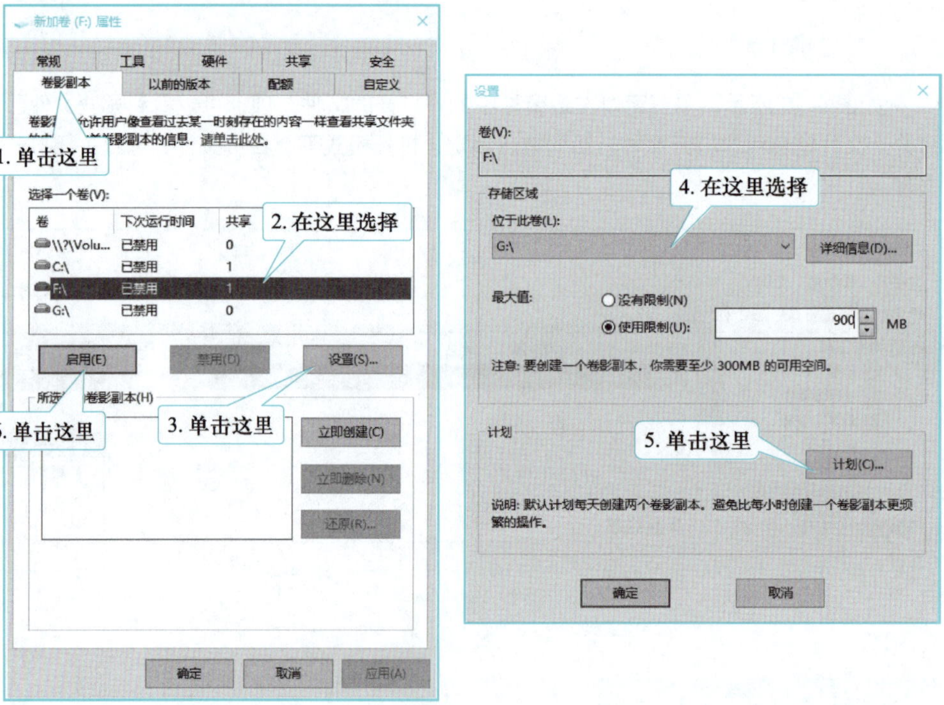

图 6-20　启用卷影副本

（3）步骤 3：在图 6-20 中，单击“计划”按钮，打开计划对话框，如图 6-21 所示。可以添加、修改、删除卷影副本创建计划。默认有两个计划，分别是在每工作日的 7:00 和 12:00 创建卷影副本。单击“确定”按钮。回到图 6-20 所示对话框，单击“启用”按钮。

（4）步骤 4：如图 6-22 所示，单击“是”按钮，确认启用卷影复制，则系统会立即创建一个卷影副本。启用卷影副本的卷的属性如图 6-22 的右侧对话框所示，也可以单击“立即创建”按钮，手动创建卷影副本。

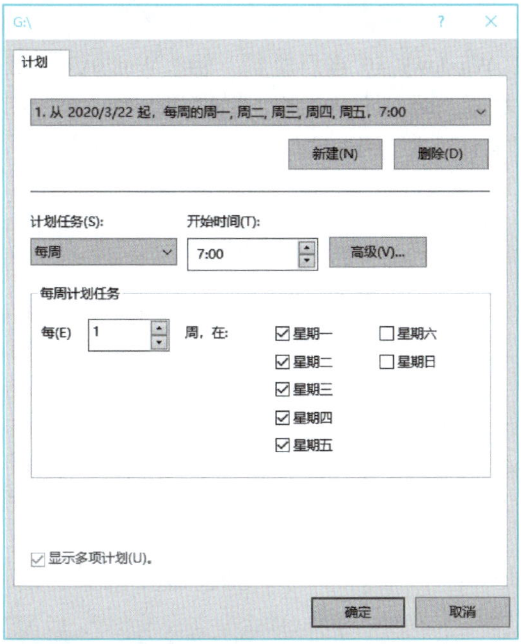

图 6-21 卷影副本创建计划

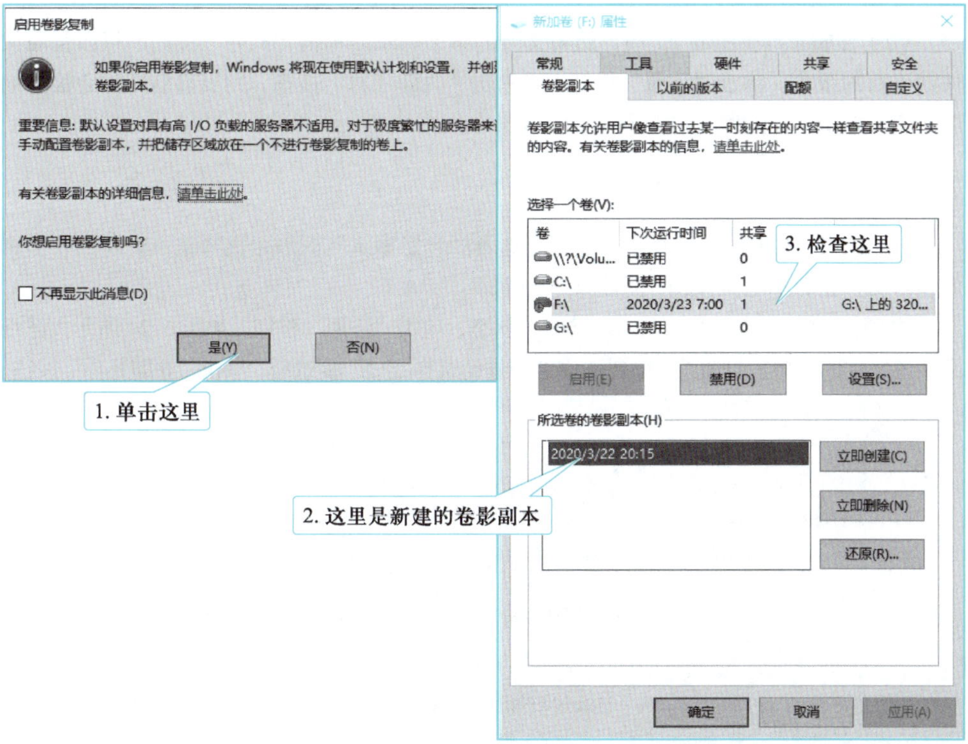

图 6-22 确认启用卷影复制

6.2.2 子任务 2 利用卷影副本还原文件

启用卷影副本后，当卷上的文件或者文件夹发生变化后，可以查看文件或者文件夹的早期版本，或者还原到早期版本。下面以 Win2019-2 服务器上的“test.txt”文件为例，

微课：6-9
利用卷影副本还原文件

步骤如下。

（1）步骤 1：在 Windows 10 客户端上，连接 Win2019-2 服务器上的共享文件夹“\\Win2019-2\data”，右击“test.txt”并选择“属性”菜单项，单击“以前的版本”选项卡，如图 6-23 所示，在“文件版本”列表中会列出该文件的各个版本。

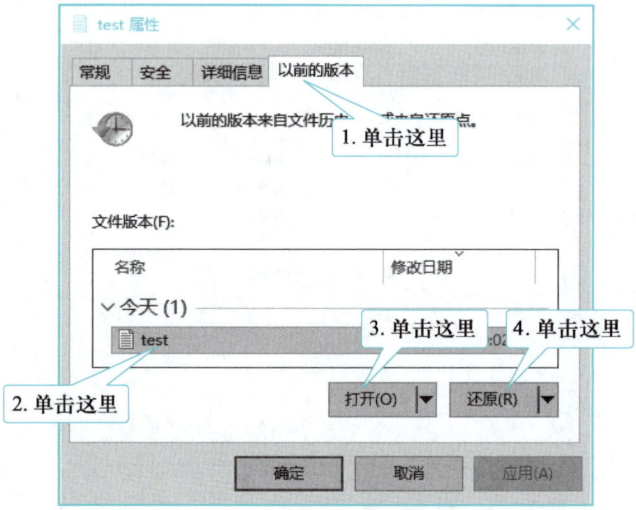

图 6-23 客户端使用卷影副本

（2）步骤 2：在图 6-23 中，选中文件的某个版本，单击“打开”按钮，可以查看文件的以前的版本。单击“还原”按钮，再单击“立即还原”按钮，则当前的文件会被早期版本的文件覆盖，注意，这是不可撤销的操作。

6.2.3 子任务 3 管理卷影副本

在图 6-22 右侧的对话框中，在“所选卷的卷影副本”列表中选择某一时间的卷影副本，单击“立即删除”按钮，可删除卷影副本。

微课：6-10 管理卷影副本

如果要把卷还原到卷影副本创建时的状态，单击“还原”按钮，如图 6-24 所示，仔细阅读还原卷的后果，勾选“如果要还原这个卷请选择此处”复选框，单击“立即还原”按钮。

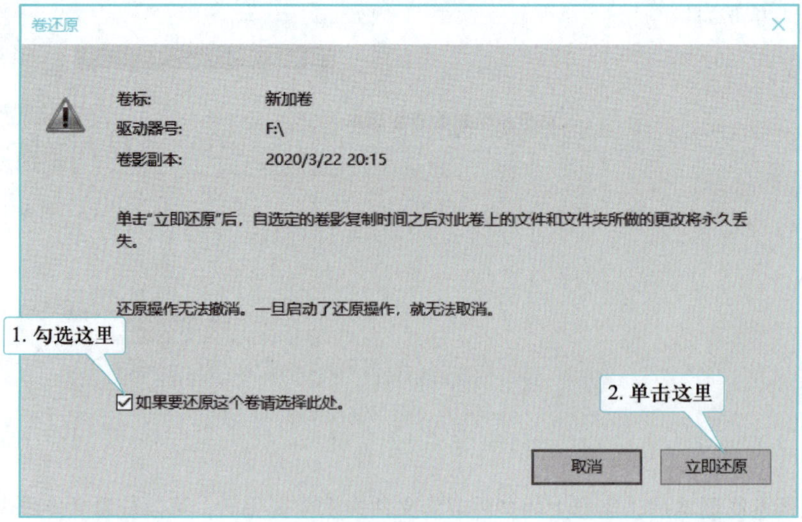

图 6-24 还原卷

6.3 任务 3 使用分布式文件系统

如果网络有多个文件服务器，用户访问共享文件夹时需要指明服务器名称，登录不同服务器来访问共享文件夹。分布式文件系统（Distributed File System，DFS）为用户访问文件系统提供了单个访问点和一个逻辑树结构，通过 DFS，用户在访问文件时不需要知道它们的实际物理位置，分布在多个服务器上的文件在用户面前就如同在网络的同一个位置。本任务将在 Win2019-1 服务器上安装 DFS 命名空间服务，把 Win2019-1、Win2019-2、Win2019-3 服务器上的共享文件夹组成统一的逻辑共享文件系统，方便用户的访问。

微课：6-11
分布式文件系统

PPT：6-3
分布式文件系统

6.3.1 子任务 1 了解 DFS

1. 使用 DFS 的原因

网络中有多个服务器共享了文件夹，用户访问这些文件夹时需要在 UNC 中指明服务器名称，显得十分烦琐。如图 6-25 所示，客户端（Windows 10）访问 Win2019-1、Win2019-2、Win2019-3 服务器上的共享文件夹，需要使用三个不同的服务器名称。

微课：6-12
了解 DFS

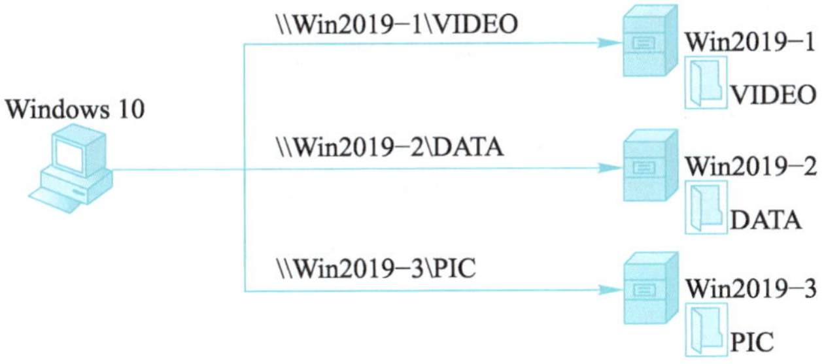

图 6-25 用户访问不同服务器上的共享文件夹

DFS 可以将同一网络中不同计算机上的共享文件夹组织起来，形成一个单独的、逻辑的、层次式的共享文件系统。如图 6-26 所示，DFS 的命名空间根路径为“\\Server\DFS”，在根路径下有 SHARED 文件夹，SHARED 文件夹有三个子文件夹，三个子文件映射到三个服务器上的共享文件夹。客户端（Windows 10）在访问共享文件夹“\\Server\DFS\SHARED”的三个子文件夹时，将被重定向到包含共享资源的服务器。这样，用户只需要知道 DFS根路径即可访问整个企业的共享文件夹。

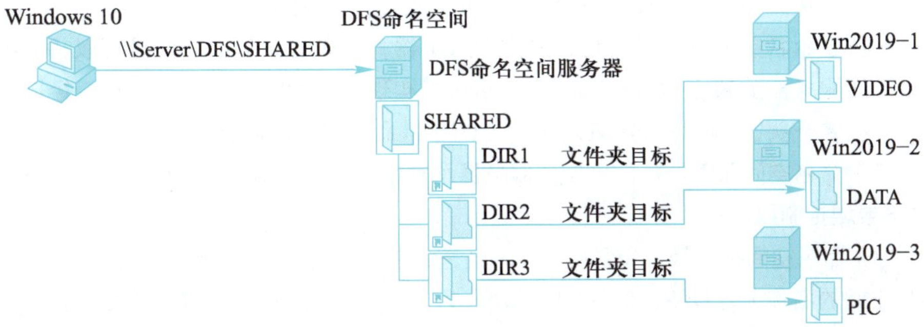

图 6-26 用户使用 DFS 访问不同服务器上的共享文件夹

DFS 不仅可以将同一网络中的不同计算机上的共享文件夹组织起来形成一个逻辑的共享文件系统，还具有以下功能。

（1）提供高可靠性：在 DFS 中，可以将一个文件夹映射到多台服务器上的共享文件夹，当一台服务器故障时，客户端会被重新定向到其他服务器。

（2）提高效率：客户端通过 DFS 访问文件夹时，DFS 会根据用户所处的站点（位置）为用户提供服务器列表，离用户较近的服务器排在前面，这样用户就能高效访问共享文件夹。

（3）提供负载均衡：不同的用户获得的服务器列表可能不一样，意味着不同的用户可能从不同的服务器获得共享文件，从而实现负载均衡。

（4）提供复制：一个文件夹映射到多台服务器上的共享文件夹，但用户从不同服务器上应该获得相同的文件内容，DFS 复制可以在多台服务器之间同步文件夹的内容。

2. DFS 相关术语

为了说明 DFS 的相关术语，把图 6-26 做一些改变，如图 6-27 所示。

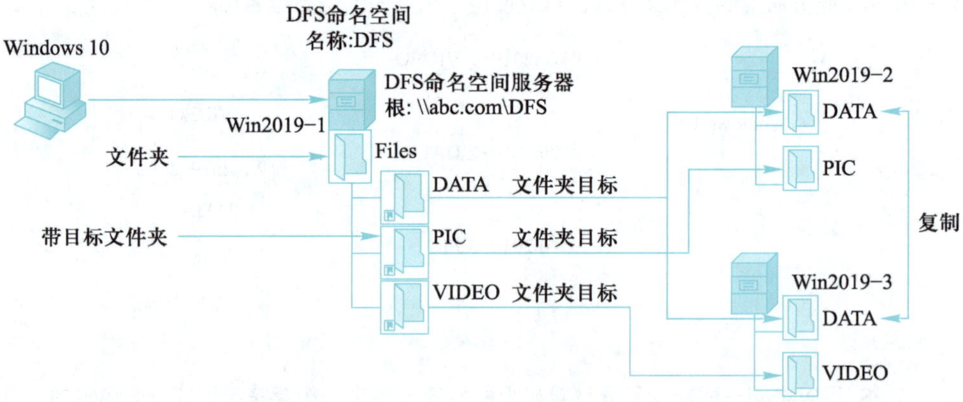

图 6-27　DFS 架构

（1）命名空间：通过 DFS 命名空间可以将位于不同服务器的共享文件夹集成在一起，并以一个虚拟文件夹呈现给用户。命名空间分为以下两种。

- 基于域的命名空间：将命名空间的配置信息存储到活动目录、命名空间服务器，可以有多台命名空间服务器，具备命名空间的冗余功能。命名空间根路径以域名开头，例如“\\abc.com\DFS”，DFS 是命名空间的名称。
- 独立命名空间：只有一台命名空间服务器，没有冗余功能。但是可以将命名空间服务器放置在服务器集群中，由集群实现冗余功能。命名空间根路径以计算机名开头，例如“\\Server\DFS”，DFS 是命名空间的名称。

（2）命名空间服务器：命名空间服务器承载命名空间。命名空间服务器可以是成员服务器或域控制器。

（3）命名空间根路径：命名空间根路径是命名空间的起点。在图 6-27 中，根的名称（命名空间的名称）为 DFS，命名空间根路径为“\\abc.com\DFS”，此类型命名空间是基于域的命名空间，因为它以域名开头（abc.com），并且其元数据存储在活动目录域服务中。尽管图 6-27 显示了单个命名空间服务器，但是基于域的命名空间可以存放在多个命名空间服务器上，以提高命名空间的可用性。

（4）文件夹：没有文件夹目标的文件夹将结构和层次结构添加到命名空间中，具有文件夹目标的文件夹为用户提供实际内容。用户浏览命名空间中具有文件夹目标的文件夹时，命名空间服务器将客户端计算机透明地重定向到一个文件夹目标的引荐。

（5）文件夹目标：文件夹目标是共享文件夹或与命名空间中的某个文件夹关联的另一个命名空间的 UNC 路径。文件夹目标表示存储数据和内容的位置。在图 6-27 中，名为“DATA”的文件夹包含两个文件夹目标，一个位于 Win2019-2 服务器，另一个位于 Win2019-3 服务器；名为“PIC”的文件夹只包含一个文件夹目标，位于 Win2019-2 服务器。客户端浏览“\\abc.com\DFS\Files\DATA”时，将以透明方式重定向到共享文件夹“\\Win2019-2\DATA”或“\\Win2019-3\DATA”，具体取决于用户当前所在的站点。

（6）复制：图 6-27 中的“DATA”文件夹映射到两个服务器上的共享文件夹，这两个服务器提供给客户的文件必须经过同步，同步由 DFS 复制来实现。DFS 复制采用远程差异压缩算法，仅复制有变化的部分，而不是整个文件。

（7）复制拓扑：复制拓扑用来描述 DFS 复制中各服务器的连接关系，有以下几种复制拓扑，可以根据公司网络带宽、网络的地理位置等因素选择。

- 集散：如图 6-28（a）所示，至少有三台服务器，一台服务器作为中心服务器，其他分支服务器和中心服务器进行复制。文件从分支服务器复制到中心服务器，再从中心服务器复制到其他分支服务器，分支服务器之间不会复制。
- 交错：如图 6-28（b）所示，实际上就是全网状拓扑，任何一台服务器都会和其他服务器进行复制。
- 无拓扑：自行建立服务器之间的连接关系，只有被指定的服务器之间才会复制。

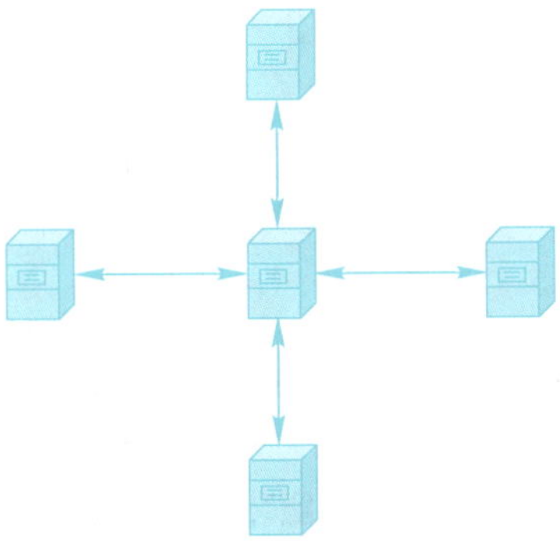

(a) 集散

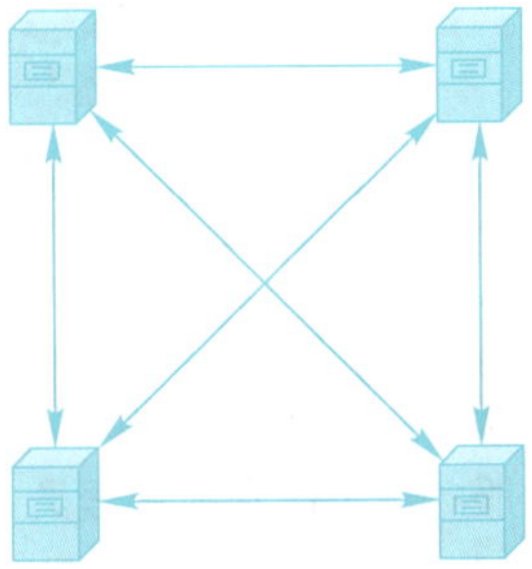

(b) 交错

图 6-28 复制拓扑

6.3.2 子任务2 安装、配置 DFS

1. 安装 DFS 命名空间服务

微课：6-13 安装配置 DFS

和 DFS 相关的角色有两个：DFS 命名空间和 DFS 复制。如果使用基于域的命名空间，可以在域控制器、成员服务器上安装 DFS 命名空间角色；如果是独立命名空间，可以在域控制器、成员服务器或者独立服务器（没有加入域的服务器）上安装 DFS 命名空间角色。参与 DFS 复制的服务器必须位于一个域林中，并且被复制的文件夹要在 NFTS 分区上，FAT32、ReFS 上的文件夹不支持复制。

本小节的网络拓扑如图 1-1 所示，DFS 架构如图 6-27 所示，Win2019-1 服务器为域控制器，将在 Win2019-1 服务器上安装 DFS 命名空间角色，只部署一个命名空间服务器。Win2019-2 服务器和 Win2019-3 服务器是域 abc.com 的成员服务器，服务器上有共享文件夹，都安装 DFS 复制角色，但不安装 DFS 命名空间角色。构建 DFS 的步骤如下。

（1）步骤 1：在 Win2019-1 服务器上安装 DFS 命名空间角色。在 Win2019-1 服务器上以域管理员 Administrator 登录。选择“开始”→“服务器管理器”菜单项，打开“服务器管理器”窗口。单击“添加角色和功能”链接，按照“添加角色和功能向导”的提示，如图 6-29 所示，安装“DFS 命名空间”角色。

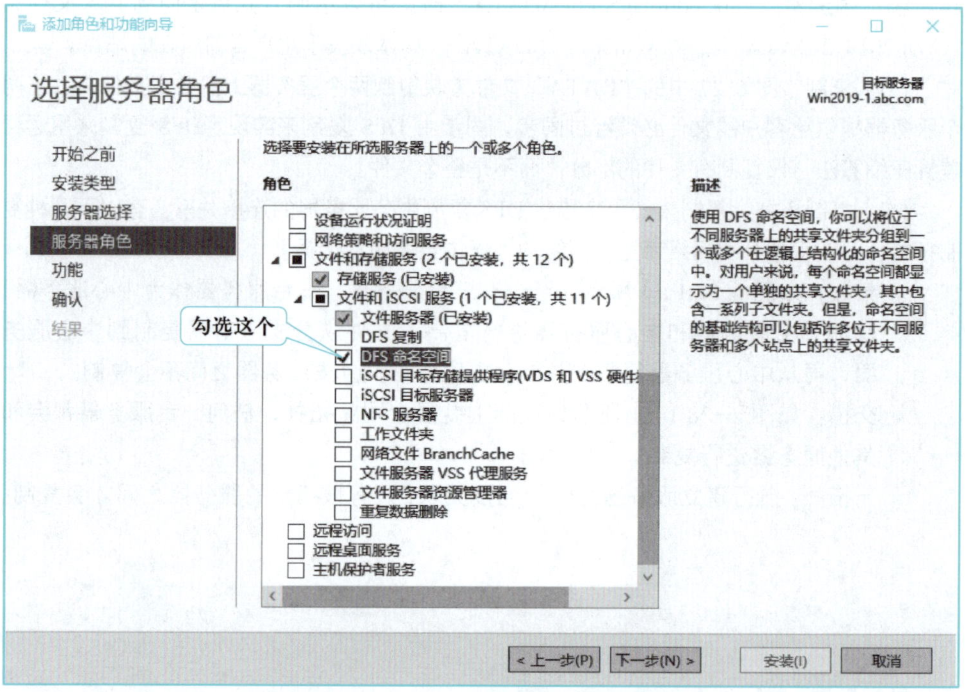

图 6-29　安装 DFS 命名空间角色

（2）步骤 2：在 Win2019-2、Win2019-3 服务器上安装 DFS 复制角色。在 Win2019-2、Win2019-3 服务器上以本地管理员 Administrator 登录。选择“开始”→“服务器管理器”菜单项，打开“服务器管理器”窗口。单击“添加角色和功能”链接，按照“添加角色和功能向导”的提示，如图 6-30 所示，安装“DFS 复制”角色。

（3）步骤 3：按照图 6-27 的规划，在 Win2019-2 服务器上的 NTFS 分区创建“DATA”“PIC”文件夹，将文件夹共享，并设置合适的共享权限。

（4）步骤 4：按照图 6-27 的规划，在 Win2019-3 服务器上的 NTFS 分区创建“DATA”“VIDEO”文件夹，将文件夹共享，并设置合适的共享权限。

2. 配置 DFS

DFS 配置步骤如下。

（1）步骤 1：在 Win2019-1 服务器上以域管理员 Administrator 登录。选择“开始”→“Windows 管理工具”→“DFS Management”菜单项，打开“DFS 管理”窗口，如图 6-31 所示。

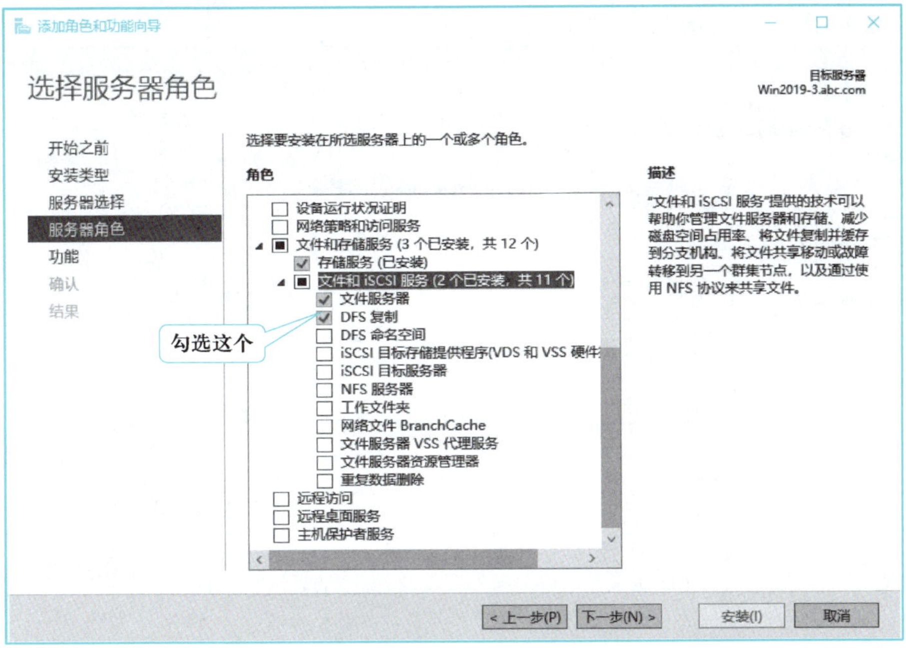

图 6-30 安装 DFS 复制角色

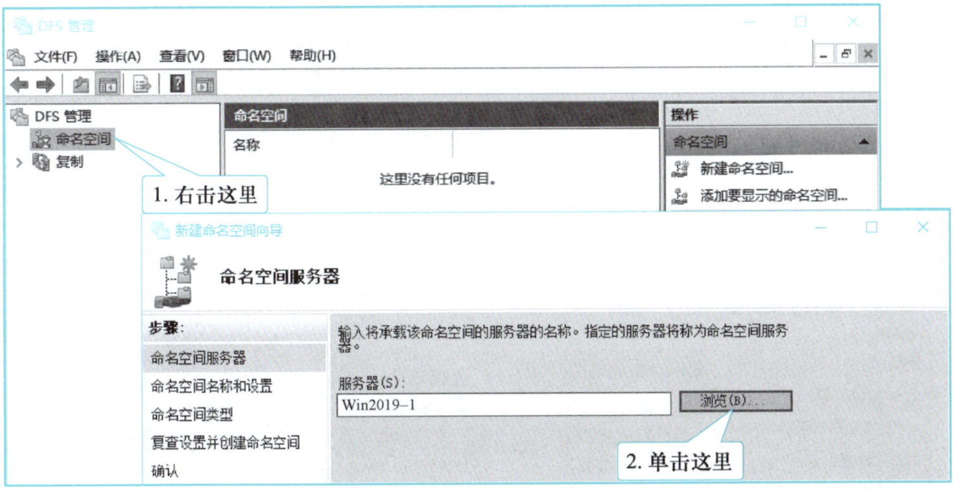

图 6-31 “DFS 管理”窗口

（2）步骤 2：如图 6-31 所示，右击窗口左侧窗格的“命名空间”项，选择“新建命名空间”菜单项，打开“新建命名空间向导”，输入服务器名称“Win2019-1”，或者单击“浏览”找到服务器 Win2019-1，单击“下一步”按钮。

（3）步骤 3：如图 6-32 所示，输入命名空间的名称，本例为“DFS”。向导将会在 Win2019-1 服务器上创建一个共享文件夹，单击“编辑设置”按钮可以设置共享文件夹的路径和权限，单击“确定”按钮回到向导对话框，单击“下一步”按钮。

（4）步骤 4：如图 6-33 所示，可以选择命名空间类型。Win2019-1 服务器为域控制器，因此选择“基于域的命名空间”单选按钮，单击“下一步”按钮。在“复查设置并创建命名空间”对话框中，单击“创建”按钮，单击“关闭”按钮完成命名空间的创建。创建好的命名空间如图 6-34 所示，由于 DFS 是基于域的命名空间，因此命名空间的根路径为“域名+命名空间名称”，即“\\abc.com\DFS”。

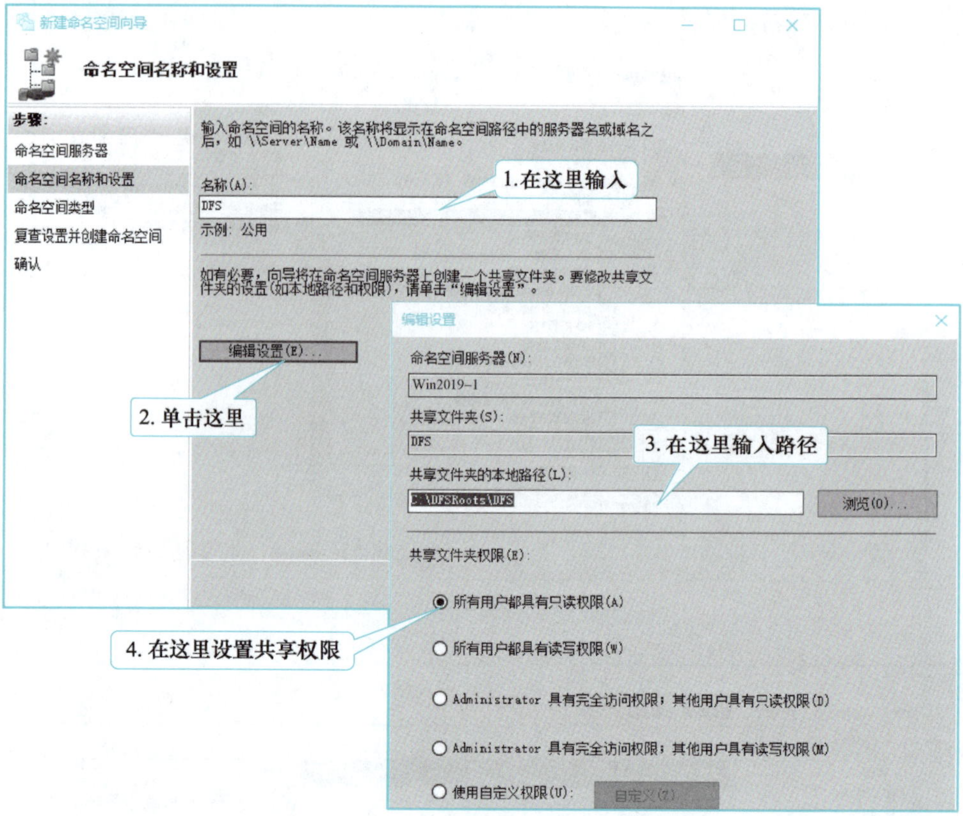

图 6-32　“命名空间名称和设置”窗口

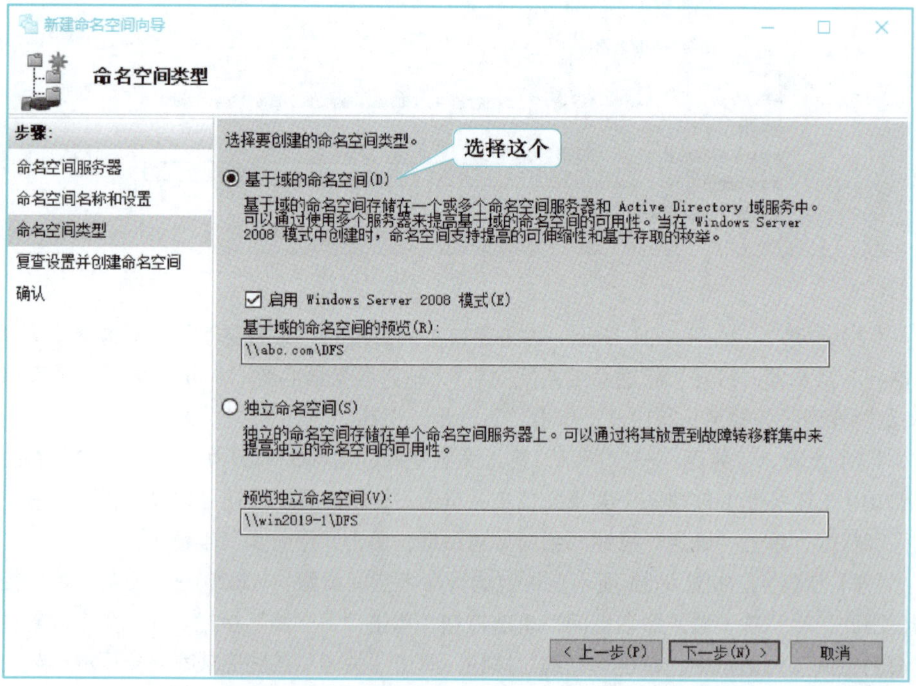

图 6-33　“命名空间类型”窗口

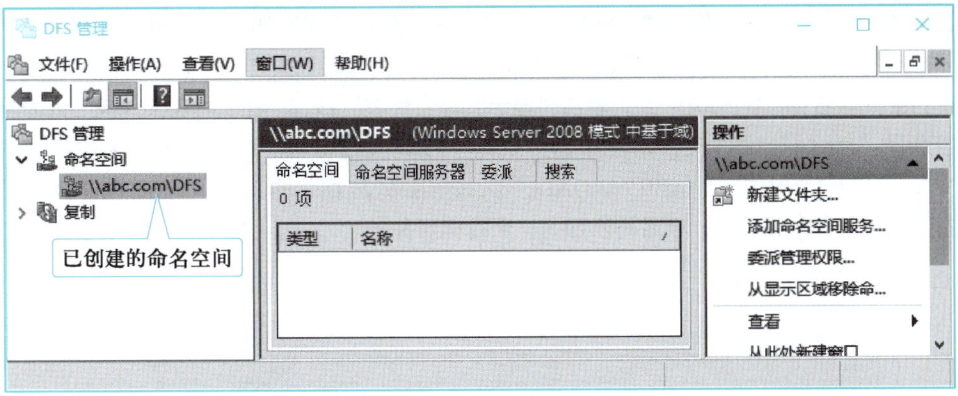

图 6-34 创建好的命名空间

（5）步骤 5：如图 6-34 所示，在左侧窗格右击“\\abc.com\DFS”项，选择“新建文件夹”菜单项，打开“新建文件夹”窗口，如图 6-35 所示，输入文件夹名称“Files”，单击“确定”按钮。根据图 6-27 所示的 DFS 架构，创建如图 6-36 所示的文件夹结构。

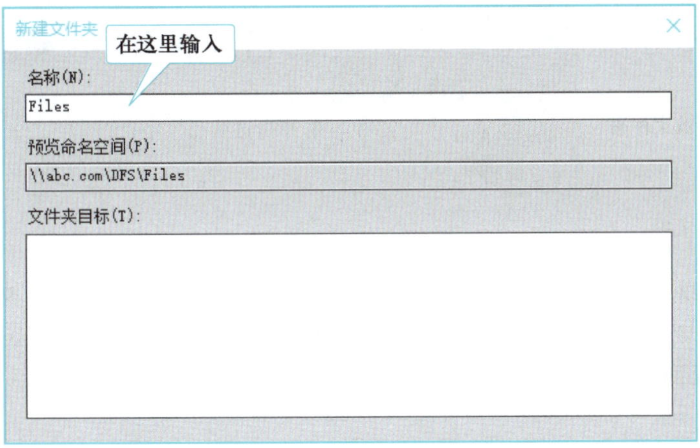

图 6-35 “新建文件夹”窗口

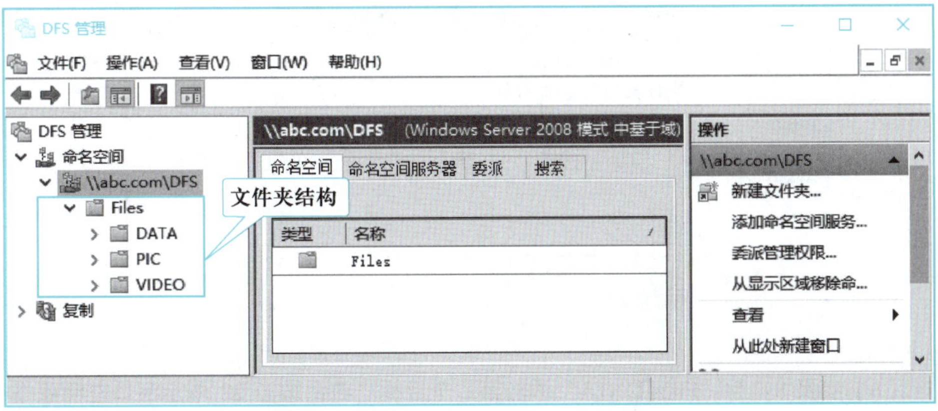

图 6-36 创建好的文件夹结构

（6）步骤 6：如图 6-36 所示，右击左侧窗格的“DATA”文件夹，选择“添加文件夹目标”菜单项，打开“新建文件夹目标”对话框，如图 6-37 所示。可以在“文件夹目标的路径”输入框中直接输入“DATA”文件夹的映射路径“\\Win2019-2\DATA”，或者单击“浏览”按钮，打开“浏览共享文件夹”窗口，在“服务器”文本框中输入共享文件夹所在的服务器名称“Win2019-2”，单击“显示共享文件夹”按钮，在“共享文件夹”列表框中选择“DATA”文件夹，两次单击“确定”按钮关闭窗口。这样就把命名空间中的“Files\DATA”映射到“\\Win2019-2\DATA”了，按照图 6-27 所示的 DFS 架构，“Files\DATA”应该有两个目标服务器，稍后再添加另一个目标服务器。

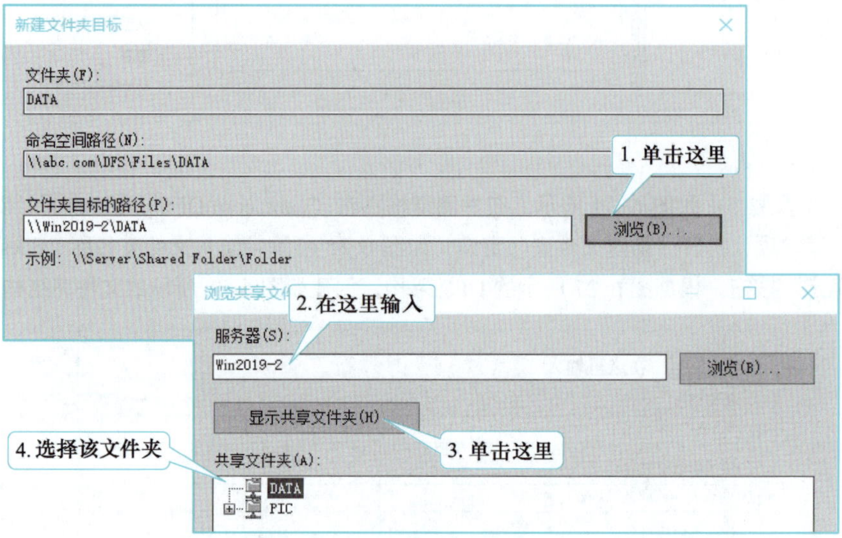

图 6-37　添加文件夹目标

（7）步骤 7：按照步骤 6 的方法，把命名空间中的“Files\PIC”文件夹映射到“\\Win2019-2\PIC”，“Files\VIDEO”映射到“\\Win2019-3\VIDEO”，如图 6-38 所示，各文件夹已经添加目标。

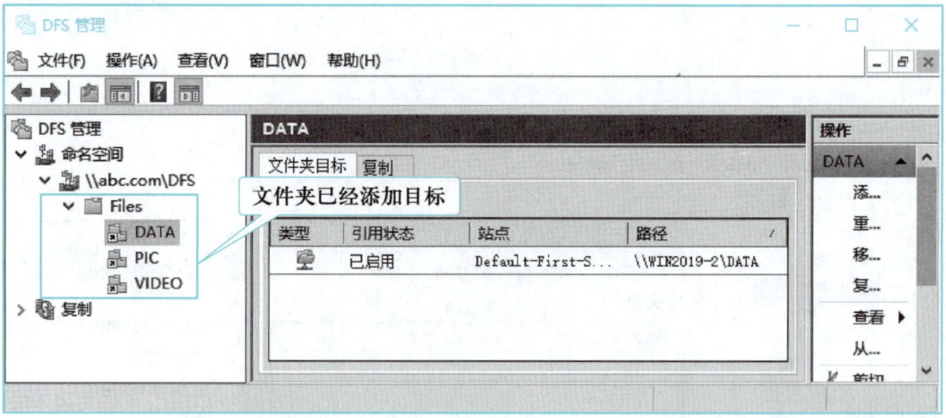

图 6-38　各文件夹已经添加目标

（8）步骤 8：为“Files\DATA”添加第二个目标。右击图 6-38 所示窗口左侧窗格中的“DATA”文件夹，选择“添加文件夹目标”菜单项，打开“新建文件夹目标”对话框，如图 6-39 所示。手工输入或者单击“浏览”按钮找到文件夹目标的路径“\\Win2019-3\DATA”，单击“确定”按钮。由于该文件夹现在有两个目标，因此两个目标之间需要进行复制，如图 6-40 所示，单击“是”按钮，创建复制组。

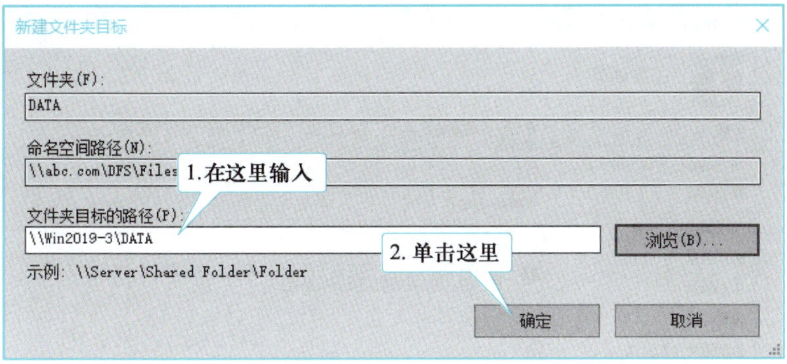

图 6-39　为文件夹添加第二个目标

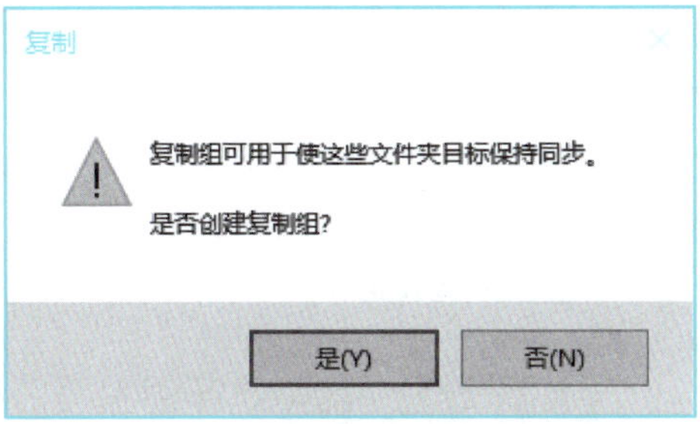

图 6-40　创建复制组

（9）步骤 9：如图 6-41 所示，在“复制组和已复制文件夹名”界面中，输入复制组名或者保持默认名称，单击“下一步”按钮。

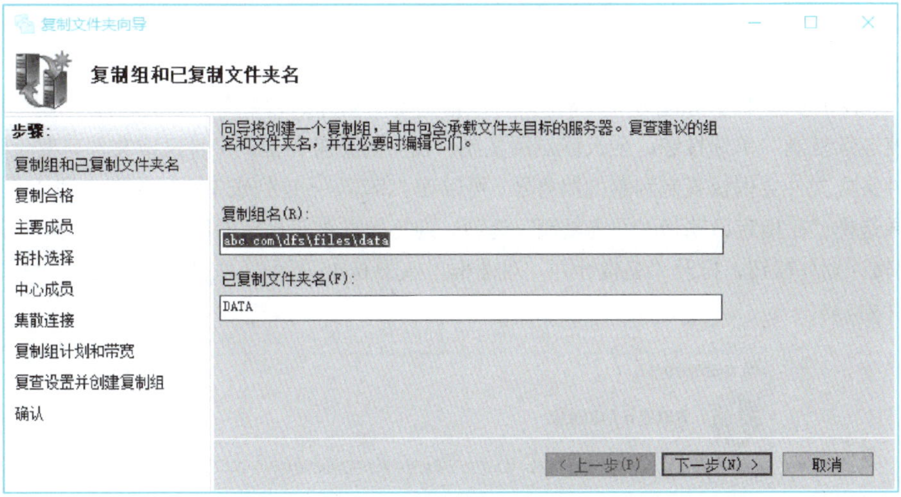

图 6-41　设置复制组名

（10）步骤 10：如图 6-42 所示，在“主要成员”下拉列表中，选择一台服务器作为主要成员，单击“下一步”按钮。主要成员服务器上的文件夹和文件在初始复制期间具有权威性，也就是初始复制时会把主要成员服务器上的文件夹和文件覆盖到别的服务器上。

（11）步骤 11：如图 6-43 所示，选择复制拓扑，因为本例的文件夹只有两个目标，所以不能选择“集散”拓扑。选择“交错”拓扑，则所有服务器（实际上只有两个）会建立网状的连接，单击“下一步”按钮。

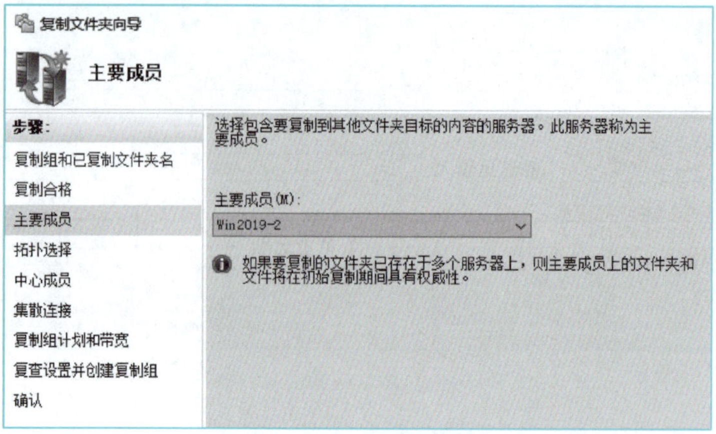

图 6-42　选择主要成员

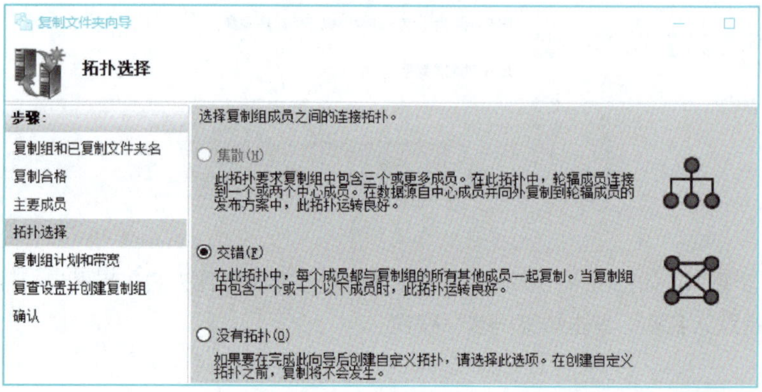

图 6-43　选择复制拓扑

（12）步骤 12：如图 6-44 所示，可以指定复制组计划和带宽。本例选择“使用指定带宽连续复制”单选按钮，全天候启用复制，当一台服务器上的文件夹或文件有变化时，文件夹或文件会很快复制到别的服务器；可以在“带宽”下拉列表中选择复制占用的带宽。如果选择“在指定日期和时间内复制”选项，则复制发生在指定的日期和时间，此时单击“编辑计划”按钮，打开“编辑计划”对话框，如图 6-45 所示，可以添加、删除、修改复制计划。

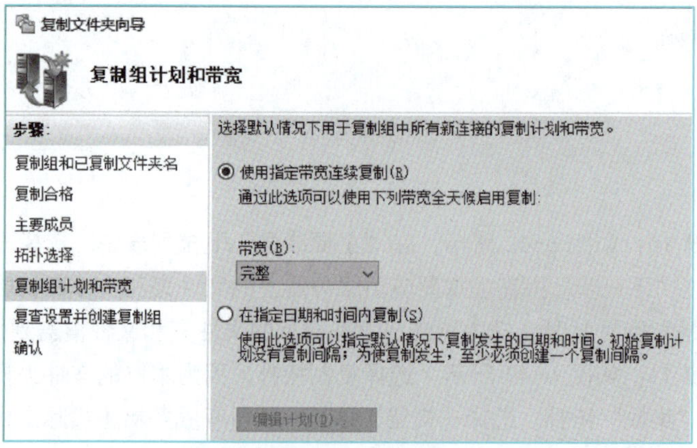

图 6-44　设置复制组计划和带宽

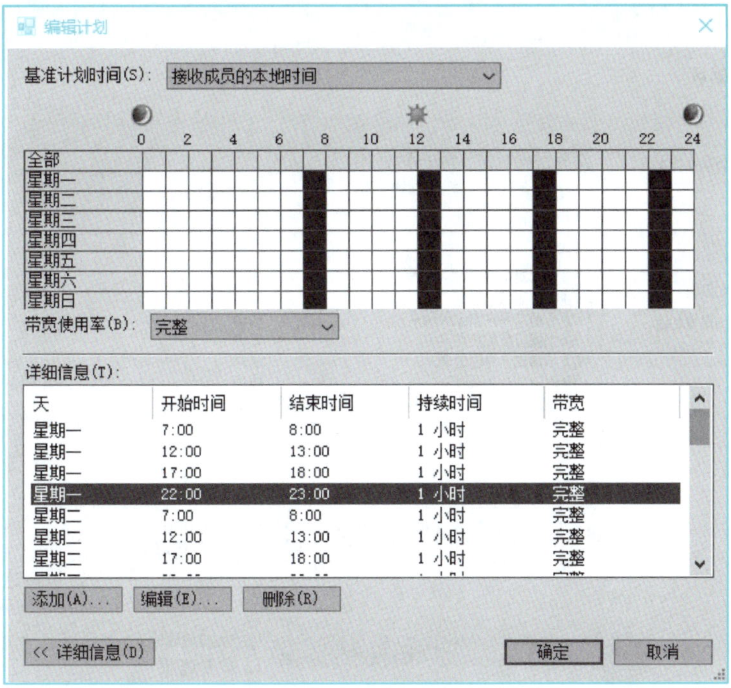

图 6-45 “编辑计划”对话框

（13）步骤 13：如图 6-46 所示，检查复查组设置是否正确，可以单击“上一步”按钮返回并修改。如果设置正确，单击“创建”按钮。如图 6-47 所示，开始创建复制计划。由于本例创建的是基于域名的命名空间，复制组成员的复制配置需要通过活动目录进行复制，因此提醒复制可能延迟。图 6-48 所示是创建好的复制。

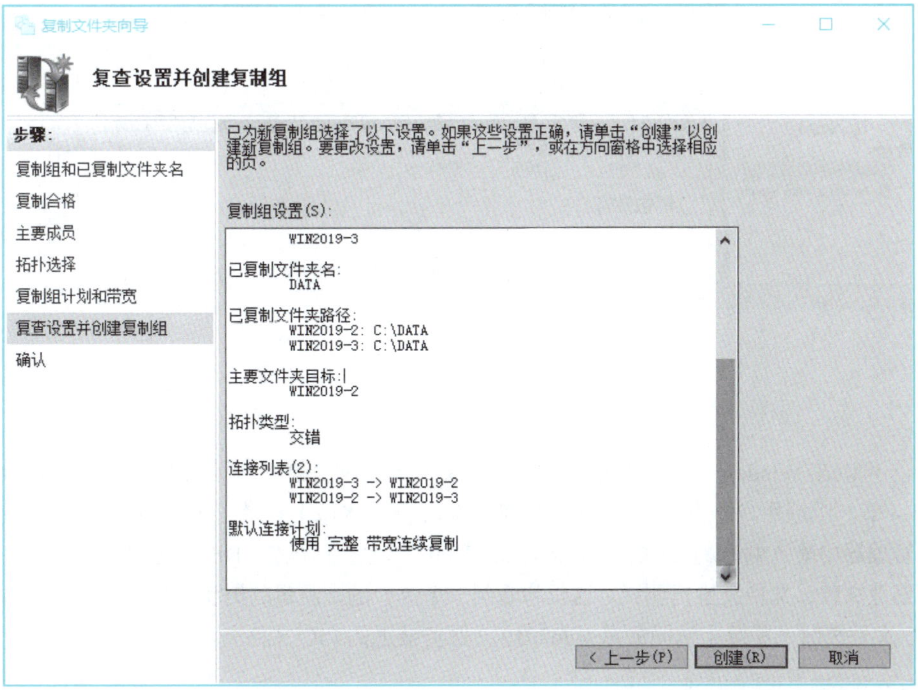

图 6-46 “复查设置并创建复制组”对话框

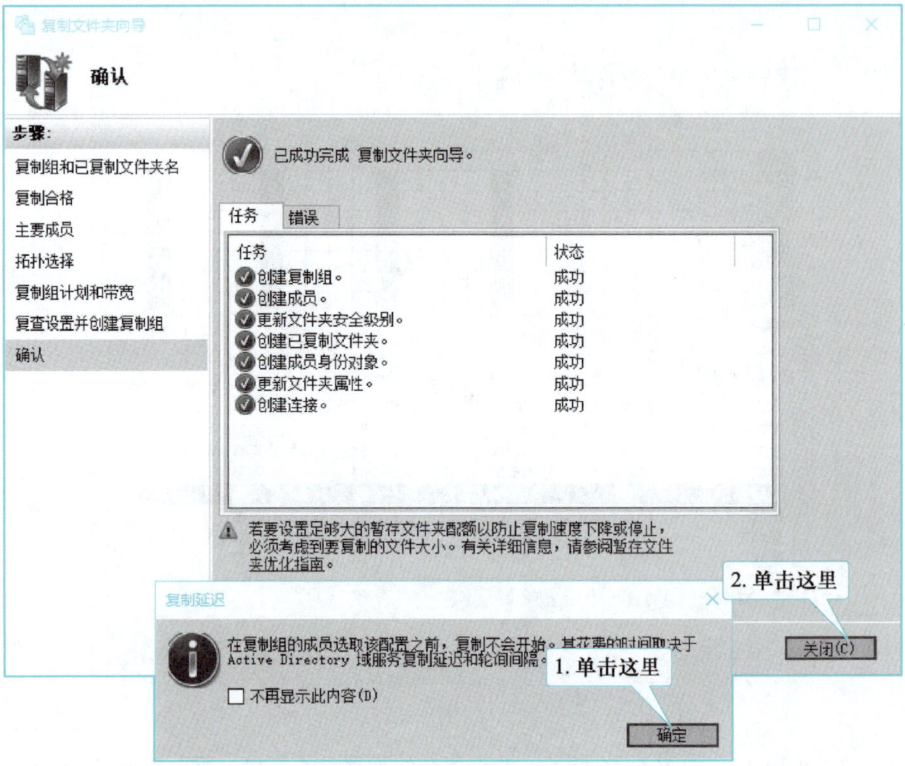

图 6-47　开始创建复制计划

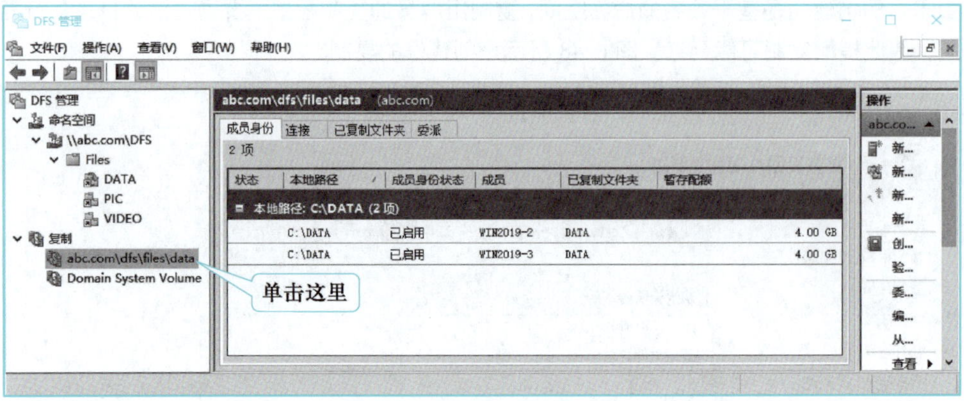

图 6-48　创建好的复制

6.3.3　子任务 3　测试 DFS

微课：6-14
测试 DFS

可以在 Windows 10 客户端上访问共享文件夹，测试 DFS 是否正常，操作步骤参见 6.1.4 节。以域用户身份在 Windows 10 客户端（已加入域）登录，如图 6-49 所示，在资源管理器中输入共享的 UNC “\\abc.com\DFS\Files”，则可以访问 DFS，可以在各子文件夹下创建文件、文件夹进行测试。这里将看到一个单一的、逻辑的树状结构，当客户端访问 PIC 文件夹时，实际上访问的是 Win2019-2 服务器上的 PIC 文件夹。

图 6-49 在客户端测试 DFS

由于“\\abc.com\DFS\Files\DATA”文件夹有两个目标，分别为“\\Win2019-2\DATA”“\\Win2019-3\DATA”，并且配置了连续复制，当用户登录 Windows 10 客户端，在“\\abc.com\DFS\Files\DATA”中创建文件时，“\\Win2019-2\DATA”“\\Win2019-3\DATA”中都会创建该文件。

6.3.4 子任务 4 管理 DFS

1. 管理命名空间服务器

微课：6-15 管理 DFS

一个命名空间可以有多个命名空间服务器来实现冗余或提高性能，如图 6-48 所示，右击命名空间“\\abc.com\DFS”，选择“添加命名空间服务器”菜单项，打开“添加命名空间服务器”对话框，如图 6-50 所示。在“命名空间服务器”文本框中输入新的服务器名称，或者单击“浏览”按钮查找新的服务器名称。注意：要事先在新的服务器上安装命名空间服务器角色，步骤参见 6.3.2 节。由于命名空间服务器上会创建一个共享文件夹，所以可在“共享文件夹路径”文本框中输入文件夹路径，单击“编辑设置”按钮可以编辑共享文件夹的权限。单击“确定”按钮，稍等十几秒，完成添加。如图 6-51 所示，命名空间“\\abc.com\DFS”有两个命名空间服务器。

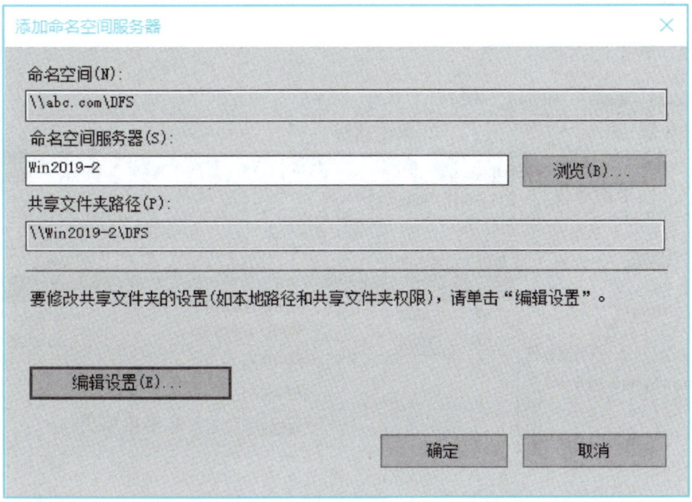

图 6-50 “添加命名空间服务器”对话框

当然，如果一个命名空间有多个命名空间服务器，则可以禁用或者删除其中的一些命名空间服务器，但至少保留一个。“禁用”是暂时停止命名空间服务器功能，后续可以重新启用，常用于服务器停机维护的场景。“删除”则是在命名空间服务器上删除命名空间。如图 6-51 所示，在左侧窗格选中命名空间，在右侧窗格单击“命名空间服务器”选项卡，会列出该命名空间的全部服务器，右击要禁用或者删除的服务器，选择“禁用命名空间服务器”或者“删除”菜单项，在确认对话框中单击“是”按钮。

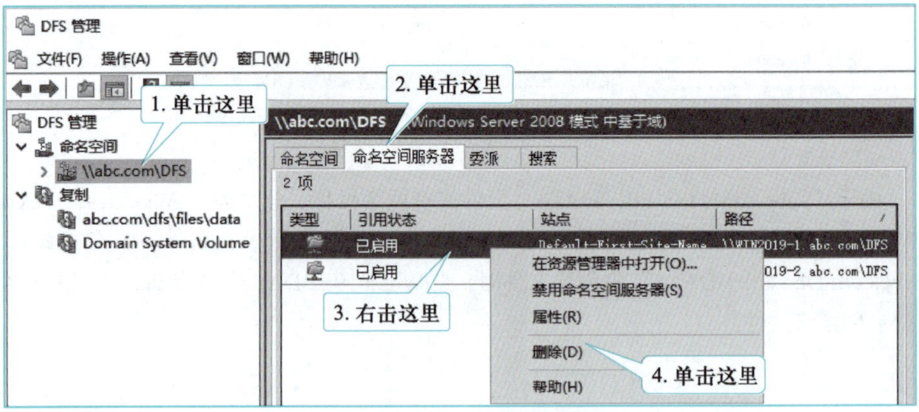

图 6-51　禁用或者删除命名空间服务器

2．管理文件夹目标

如果 DFS 的一个文件夹有多个文件夹目标，则可以禁用或者删除其中的一些文件夹目标，但至少保留一个（如果一个都没有，文件夹就没有实际内容了）。“禁用”是暂时停止文件夹目标被客户访问，后续可以重新启用，常用于服务器停机维护的场景。“删除”则是永久删除映射关系。如图 6-52 所示，在左侧窗格选中文件夹，在右侧窗格单击“文件夹目标”选项卡，会列出文件夹目标，右击要禁用或者删除的文件夹目标，选择“禁用文件夹目标”或者“删除”菜单项，在确认对话框中单击“是”按钮。如果删除，先单击“是”按钮，再在如图 6-53 所示的对话框中，选择是否一同删除复制文件夹中的成员身份。

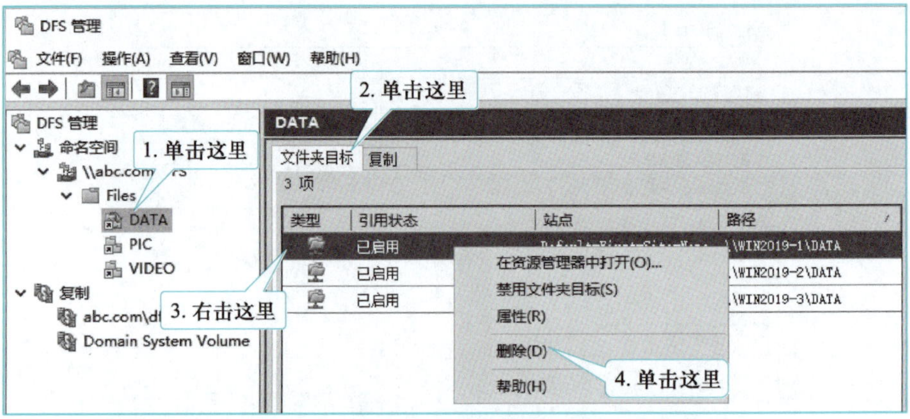

图 6-52　禁用或者删除文件夹目标

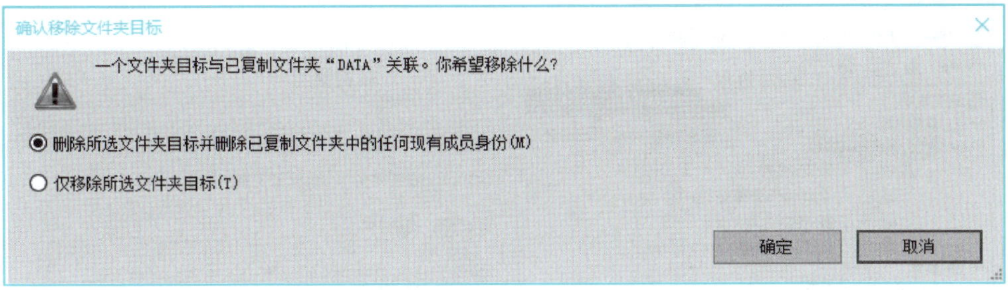

图 6-53　选择是否一同删除复制文件夹中的成员身份

3. 设置引用

当客户端访问 DFS 的文件夹时，命名空间服务器会为客户端提供引用列表，列表中包含拥有这些资源的目标服务器，客户端会从列表中选择排列在最前面的服务器，如果这个服务器有故障，客户端会使用下一个服务器。引用列表中的服务器如果和客户端在同一个活动目录站点，则服务器排在最前面；如果有多个服务器和客户端在同一个活动目录站点，则随机排序。如果引用列表中的服务器和客户端不在同一个活动目录站点，则有以下几种排序。

- 随机排序：不论服务器在哪个活动目录站点，也不论连接活动目录站点成本，随机排序。
- 最低成本：按照连接活动目录站点成本排序，活动目录站点连接成本相同则随机排序。
- 排除客户端站点的目标：如果服务器和客户端在不同活动目录站点，则服务器不在列表中，即禁用站点外的服务器。

可以设置引用控制列表中的服务器的先后顺序，引用可以在整个命名空间上设置，也可以在文件夹上设置。在命名空间上设置的引用影响该命名空间中的全部文件夹。要设置命名空间的引用，如图 6-54 所示，在 “DFS 管理” 窗口左侧右击命名空间，选择 “属性” 菜单项，打开命名空间的属性对话框，单击 “引用” 选项卡。在 “缓存持续时间” 输入框中可以设置客户端获得引用列表后，列表在缓存区保留的时间，该时间内客户端无须从命名空间服务器获取列表。在 “排序方法” 下拉列表中可以设置站点外服务器的排序方式。“客户端故障回复到首选目标”是指客户端访问的首选服务器有故障，客户端切换、访问下一个服务器后，如果原服务器故障排除了，客户端是否访问原服务器。

文件夹的引用仅影响单个文件夹。要设置文件夹的引用，如图 6-55 所示，在 “DFS 管理” 窗口左侧右击文件夹，选择 “属性” 菜单项，打开文件夹属性对话框，单击 “引用” 选项卡。这里设置的 “缓存持续时间” 会替代命名空间上设置的缓存时间。默认文件夹继承命名空间上的引用设置，勾选 “排除客户端站点之外的目标”“客户端故障回复到首选目标” 复选框，可以替代命名空间上相应的设置。

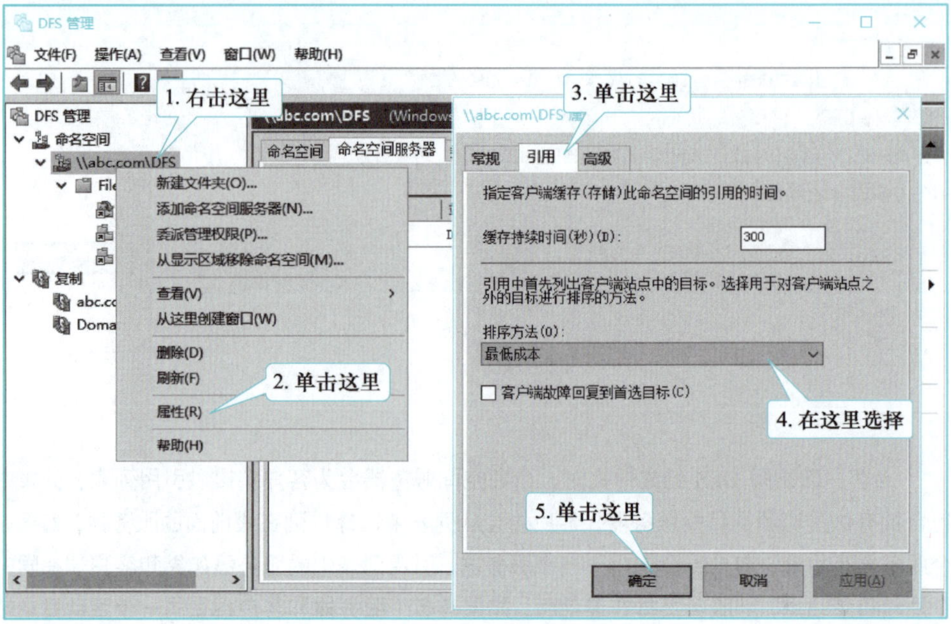

图 6-54　设置命名空间的引用

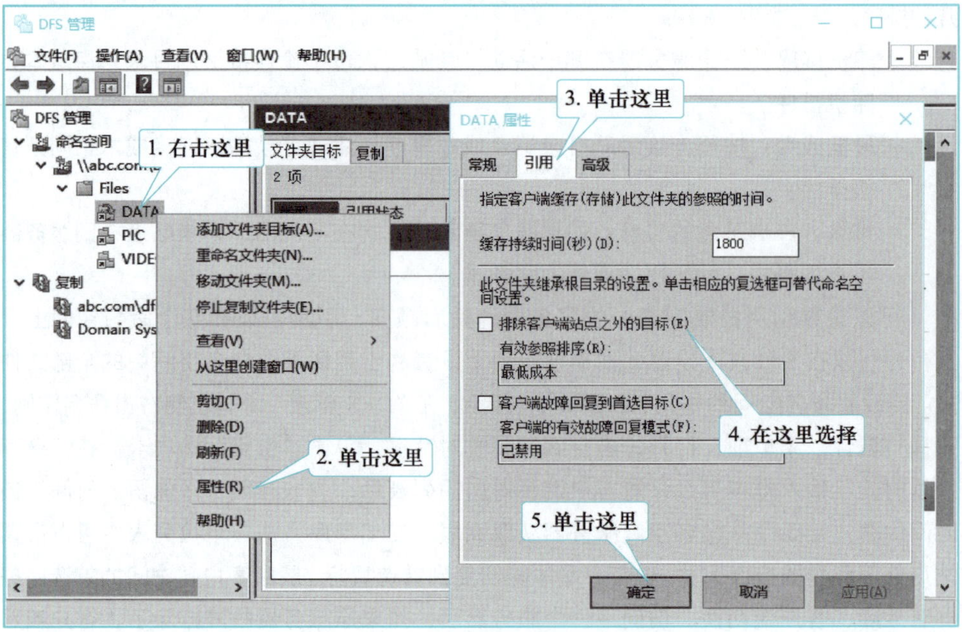

图 6-55　设置文件夹的引用

4. 管理复制

如果 DFS 文件夹映射多个目标，多个共享文件夹的文件必须同步，以保证客户端被定向到不同目标时获得相同内容的文件。在为文件夹添加多个文件夹目标时，需要设置文件夹的复制。图 6-56 所示是已经创建的复制，可以对这个复制进行管理。

在图 6-56 右侧的“操作”窗格中，单击“新建拓扑”链接，可以创建新的复制拓扑，但是会把现有的复制拓扑覆盖。单击“验证拓扑”链接，可以验证复制拓扑中各连接是否正常。

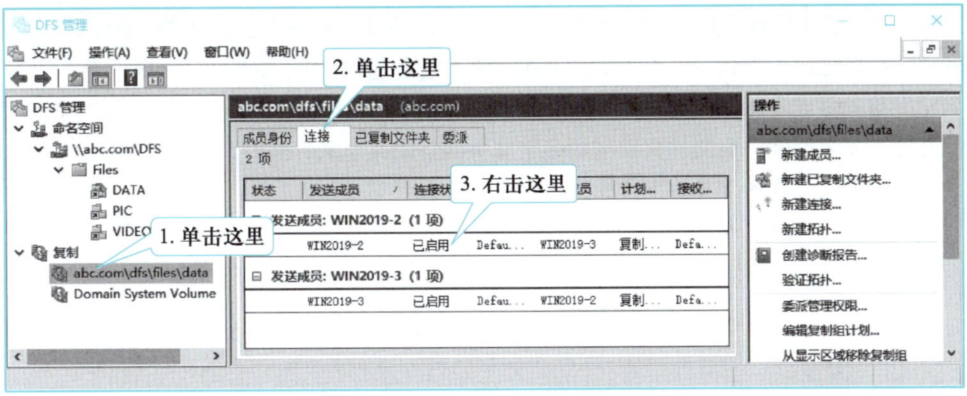

图 6-56　管理复制

在图 6-56 左侧窗格中，单击“复制”下的文件夹复制名称。再在中间窗格中单击“连接”选项卡，可以看到文件夹的复制拓扑中服务器之间的连接，右击某一连接，选择“属性”菜单项，打开连接的属性对话框，如图 6-57 所示。勾选或取消勾选“在此连接上启用复制”复选框，可以在连接上启用、禁用复制；勾选或取消勾选“使用远程差分压缩（RDC）”复选框，可以在连接上启用、禁用压缩。单击“计划”选项卡，可以编辑该连接上的复制计划。

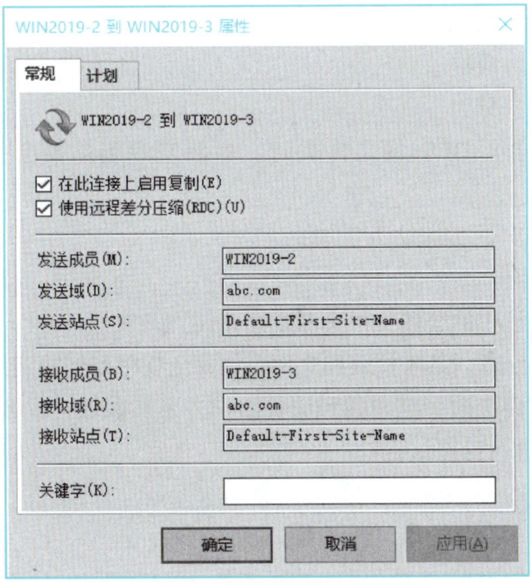

图 6-57　连接的属性对话框

小结

文件共享是最常见的资源共享方式，文件夹被共享时，可以设置共享权限。共享权限有完全控制、更改、读取，前者包含后者的权限。当用户隶属于多个组时，用户所具有的共享权限是这些组的权限的累加。如果共享文件夹在 NTFS 或者 ReFS 文件系统上，则用户通过网络访问共享文件夹时，所具有的权限是共享权限和安全权限的最小值。用户可以利用网络发现、UNC、映射网络驱动器来使用共享文件夹。卷影副本允许用户像查看过去某一时刻存在的内容一样查看共享文件夹的内容，只有 NTFS 卷（分区）支持卷影副本功能。分布式文件系统（DFS）可以将同一网络中的不同计算机上的共享文件夹组织起来，形成一个单独的、逻辑的、层次式的共享文件系统。构建 DFS 需要在不同服务器安装命名空间服务器或者 DFS 复制角色。命名空间服务器承载命名空间，分为基于域的命名空间和独立命名空间。当文件夹映射到多个服务器上的共享文件夹时，需要使用 DFS 复制功能保证不同服务器上文件夹目标的同步。

习题

1. 填空题

（1）文件夹共享权限有________、________、________。

（2）如果显式指定用户或组对某文件夹具有拒绝权限，则________权限优先。

（3）隐藏共享文件夹以________结尾。

（4）________功能允许用户像查看过去某一时刻存在的内容一样查看共享文件夹的内容。

（5）只有________卷（分区）才支持卷影副本功能。

（6）________可以将同一网络中的不同计算机上的共享文件夹组织起来，形成一个单独的、逻辑的、层次式的共享文件系统。

（7）命名空间分为两种：________、________。

（8）DFS 复制拓扑分为________、________、________。

（9）当客户端访问 DFS 的文件夹时，命名空间服务器会引导客户端优先访问________服务器。

2. 简答题

（1）Windows 系统中的公用文件夹有哪些使用方式？

（2）文件夹被共享时，共享权限和文件夹的安全权限如何决定用户的共享权限？

（3）访问共享文件夹时，客户端和服务器一方未加入域，或者客户端和服务器所在域相互不信任，如何进行身份认证？

3. 实践题

按照图 1-1 所示的规划，继续项目 5 的实践题，在 Win2019-1、Win2019-2、Win2019-3 三台服务器上完成以下工作。

（1）在 Win2019-2 服务器上把研发部、销售部、技术部、财务部、行政部五个部门的文件夹进行共享，保证仅各部门的领导对自己部门的文件夹有完全控制权限，并且员工的文件夹仅各员工有完全控制权限。

（2）在 Win2019-1 服务器上安装 DFS 命名空间角色，在 Win2019-2、Win2019-3 服务器上安装 DFS 复制角色。

（3）利用 DFS，实现全部员工使用 DFS 访问共享文件夹。

（4）在 DFS 上把 Public 文件夹映射到 Win2019-2、Win2019-3 服务器上的共享目录 Public，Everyone 组的用户仅有读取权限，域管理员有完全控制权限。

项目 7
构建 DNS 服务器

项目背景

在一个 TCP/IP 架构的网络（如互联网、企业内部网络）环境中，域名系统（Domain Name System，DNS）是一个非常重要而且常用的系统，其主要功能就是将人易于记忆的主机名（如 www.abc.com）与人不容易记忆的 IP 地址（如 192.168.100.10）进行转换。提供 DNS 服务的主机称为 DNS 服务器，它负责应答来自 DNS 客户端的查询请求。本项目将在企业内部网络中部署 DNS 服务器，创建 abc.com 域，并为各个服务器添加 DNS 记录。

项目任务

（1）安装 DNS 服务器。
（2）配置 DNS 服务器，添加合适的查找区域。
（3）添加合适的 DNS 记录。
（4）配置 DNS 转发器。
（5）测试 DNS 服务器。

7.1　任务 1　了解 DNS

微课：7-1
了解 DNS

PPT：7-1
了解 DNS

在 TCP/IP 网络上，每个设备都用唯一的 IP 地址来标识，设备之间的通信也是使用 IP 地址进行的。但是人们在使用网络资源的时候，更倾向于使用便于记忆、有代表意义的名称——主机名，也称域名。例如，"www.baidu.com"是百度的域名，打开浏览器在地址栏中输入"www.baidu.com"，就能看到所需要的页面。这是因为输入域名后，有一台称为 DNS 服务器的计算机把域名"翻译"成了相应的 IP 地址。本任务将介绍域名结构、DNS 服务器工作原理，为后续正确构建 DNS 服务器做准备。

7.1.1　子任务 1　DNS 的功能

微课：7-2
了解 DNS 的功能

在早期的 IP 网络里面，每台计算机都用 IP 地址来表示，不久人们就发现 IP 地址很难记忆。于是，一些 UNIX 的管理者就建立了一个 HOSTS 对应表，将 IP 地址和主机名字对应起来，只要用户输入主机的名字，计算机就可以将该名字转换成机器能够识别的 IP 地址。在 Windows 系统的计算机里也有这样的文件：\WINDOWS\system32\drivers\etc\hosts，该文件没有扩展名，可以用"记事本""写字板"等程序打开，如图 7-1 所示，"www1.abc.com"的 IP 地址为"192.168.100.30"。

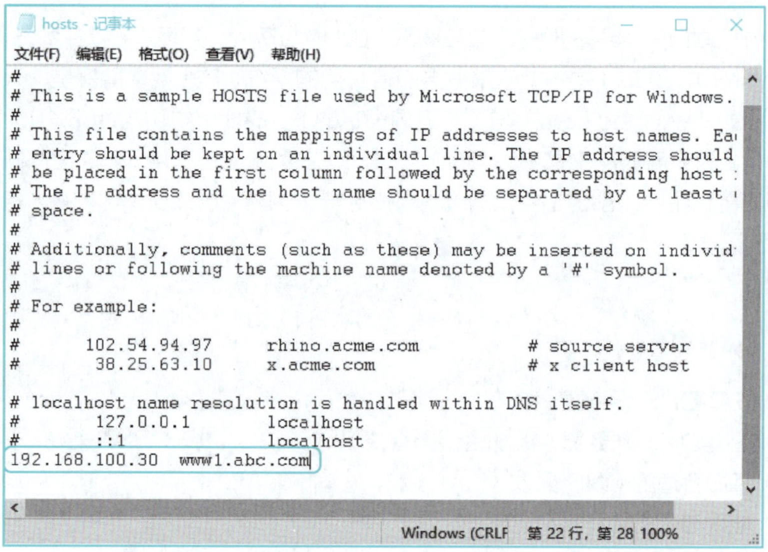

```
hosts - 记事本
文件(F)  编辑(E)  格式(O)  查看(V)  帮助(H)
#
# This is a sample HOSTS file used by Microsoft TCP/IP for Windows.
#
# This file contains the mappings of IP addresses to host names. Ea
# entry should be kept on an individual line. The IP address should
# be placed in the first column followed by the corresponding host
# The IP address and the host name should be separated by at least
# space.
#
# Additionally, comments (such as these) may be inserted on individ
# lines or following the machine name denoted by a '#' symbol.
#
# For example:
#
#      102.54.94.97     rhino.acme.com          # source server
#       38.25.63.10     x.acme.com              # x client host

# localhost name resolution is handled within DNS itself.
#       127.0.0.1       localhost
#       ::1             localhost
192.168.100.30  www1.abc.com
Windows (CRLF   第 22 行, 第 28  100%
```

图 7-1　hosts 文件

但是随着 Internet 规模的不断扩大，这种做法显然是不可行的。为了解决这个问题，自 1983 年起 Internet 开始采用域名系统（Domain Name System，DNS）。DNS 的作用是将主机名和 IP 地址做映射，可以把主机名解析为 IP 地址，也可以把 IP 地址解析为主机名。一般来说，每个组织有自己的 DNS 服务器，并维护自己的域的资源记录（也就是主机名和 IP 地址之间的映射记录）。当客户端请求域名解析时，DNS 服务器先在自己管理的域的记录中检查是否有对应的 IP 地址。如果未找到，它就会向其他 DNS 服务器询问该信息。域名解析的流程如图 7-2 所示，详细步骤如下。

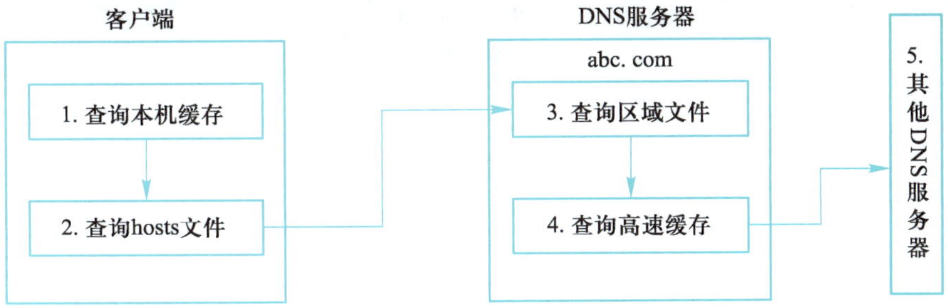

图 7-2 域名解析的流程

（1）在客户端浏览器中输入“www.abc.com”，客户端首先在本机的缓存中查找是否有“www.abc.com”的地址，如果有就使用缓存的地址。

（2）如果缓存中没有，则在本机的 hosts 文件中查找是否有“www.abc.com”的记录，如果有则使用该记录映射的 IP 地址。

（3）如果 hosts 文件没有记录，则客户端根据网络属性中配置的 DNS 服务器地址，向 DNS 服务器发送查询，查询“www.abc.com”的 IP 地址。DNS 服务器先在自己负责管理的域（图 7-2 中的“abc.com”）的区域文件中查找是否有“www.abc.com”的记录，如果有该记录，则向客户端应答 IP 地址。

（4）如果客户端查询的是“www.sina.com”的 IP 地址，因为 DNS 服务器不负责“sina.com”域的管理，DNS 服务器会在自己的高速缓存中查找是否有“www.sina.com”的记录，如果有则向客户端应答 IP 地址。

（5）如果 DNS 服务器无法在高速缓存中查找到“www.sina.com”的记录，则会联系其他 DNS 服务器，查询得到“www.sina.com”的 IP 地址，返回给客户端。这个过程称为递归查询。

（6）不管是客户端还是 DNS 服务器，获得 IP 地址后都会进行缓存，缓存是有时效性的，过一段时间缓存会被删除。

7.1.2 子任务 2 域名的结构

为了全球的 DNS 能够协同工作，以及确保网络上每台主机的域名不会重复，整个 DNS 被设计成层次结构，分为根域、顶层域、子域和主机。

微课：7-3
域名结构

1. 根域

这是 DNS 的最上层，当下层的任何一台 DNS 服务器无法解析某个 DNS 名称时，便可以向根域的 DNS 寻求协助。理论上，只要所查找的主机按规定注册，那么无论它位于何处，从根域的 DNS 服务器往下层查找，一定可以解析出它的 IP 地址。

2. 顶层域

顶层域一般代表一种类型的组织机构或国家地区，如 net、com、org、edu、gov、mil、cn、jp。美国以外的国家，大多数以 ISO3116 所规定的国家码来区分，例如，cn 为中国，jp 为日本，ca 为加拿大，等等，如图 7-3 所示。

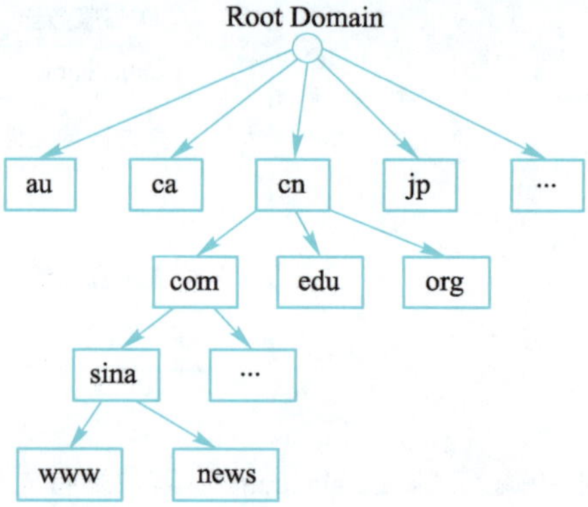

图 7-3　DNS 顶级域名以国家码命名

但是在美国，虽然它也有域名“us”，却很少用来当成顶级域名，反而以“组织性质”来区分，如图 7-4 所示。

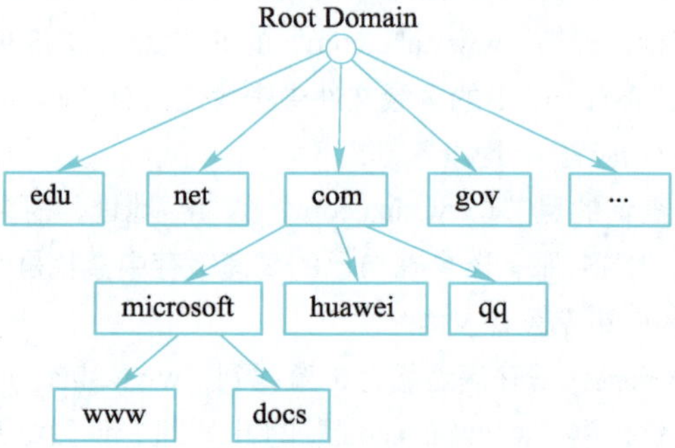

图 7-4　DNS 顶级域名以组织性质命名

常见的组织名称如下。

com：表示商业组织。

edu：表示教育机构。

org：表示非营利组织。

top：表示高端。

net：表示计算机网络组织。

gov：表示政府组织。

mil：表示军事部门。

biz：表示商业结构。

3. 子域

第二、第三层甚至第四层的子域可以说是整个 DNS 中最重要的部分，在这些域之下的域名可以开放给所有申请人，名称则由申请者自己定义，保证不重复即可，例如“szpt.edu.cn”。

4. 主机

最后一层是主机，也就是隶属于子域的计算机的名称，这一层由各个域的管理员自行建立，不需要通过管理域名的机构。例如，可以在“szpt.edu.cn”这个子域下建立

“www.szpt.edu.cn”“ftp.szpt.edu.cn” 等主机。“www.szpt.edu.cn” 实际上是 “szpt.edu.cn” 域的 www 主机。

域名有相对域名和绝对域名之分。相对域名就是指在某一级域名下的下属域名。例如，szpt 是 edu 下属的一个相对域名，而 edu 又是 cn 下属的一个相对域名。绝对域名是完整的域名，一直写到根域名，例如 “www.szpt.edu.cn” 就是一个绝对域名。绝对域名有时也称完全合格的域名 (Full Qualified Domian Name，FQDN)。在局部范围内使用相对域名更为方便。

7.1.3 子任务 3 DNS 区域

如图 7-5 所示，DNS 区域是域名空间的一部分，通过它可以把整个域名空间分割成小的区域，某个 DNS 区域的域名解析由一台或几台 DNS 服务器负责，DNS 区域的资源记录 (例如某主机的 IP 地址) 存储在区域文件里。一台 DNS 服务器可以负责一个或者多个 DNS 区域的域名解析；反之，多台 DNS 服务器可以共同负责一个 DNS 区域的域名解析，以实现冗余和负载均衡。DNS 域名的结构是层次状的，如果一个 DNS 区域空间太大，DNS 服务器无法承担大量的域名解析，可以把其中的一小部分域名空间独立出去，委派给其他 DNS 服务器进行域名解析。在图 7-5 中，“cn” 域由服务器 1 负责域名解析，服务器 1 可以把其中的一部分域名空间“com.cn”委派给服务器 2 进行域名解析；这样“com.cn”域由服务器 2 负责域名解析，同样，服务器 2 可以把其中的一部分域名空间 “sina.com.cn” 委派给服务器 3 进行域名解析。

微课：7-4
了解 DNS 区域

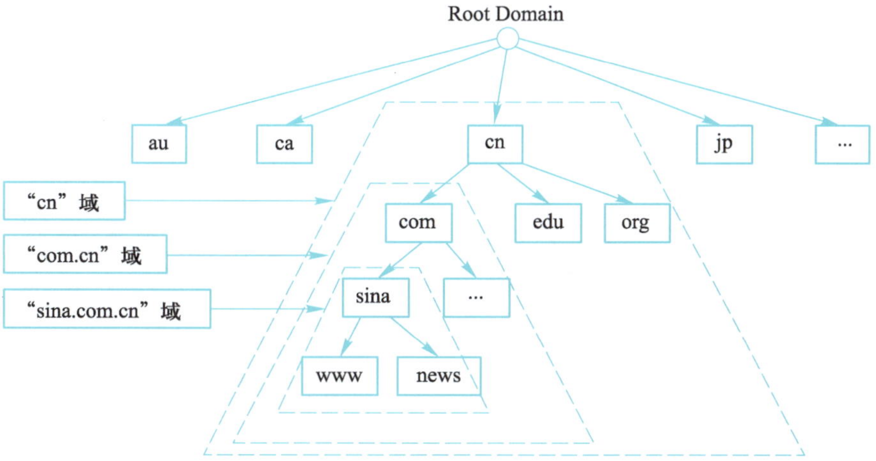

图 7-5 DNS 区域

7.1.4 子任务 4 DNS 的迭代过程

我们通常使用 DNS 域名和全世界范围内的各个主机进行通信，但不是单台 DNS 服务器就能够解析出全世界范围内的各个域名的 IP 地址，这需要全世界所有的 DNS 服务器协同工作。域名是按层次结构进行组织的，每一台 DNS 服务器只负责自己管理的 DNS 区域的资源记录，因此不会出现资源记录过多的问题；同时这些 DNS 服务器是相互联系的，共同完成客户端的 DNS 请求。

微课：7-5
递归查询与迭代查询

各组织的 DNS 服务器负责自己 DNS 域的域名解析，如果 DNS 客户端请求其他域名的解析，将发生 DNS 迭代。如图 7-6 所示，以解析 www.microsoft.com 的 IP 地址为例，详细过程如下。

（1）DNS 客户端发送一个查询给首选 DNS 服务器（就是网络属性中设置的 DNS 服务器），等待域名服务器返回“www.microsoft.com”的 IP 地址。

（2）本地域名服务器（管理的是“abc.com”域）发现自己并不管理“microsoft.com”域，无法解析“www. microsoft.com”的 IP 地址。就查询缓存的信息，如果有缓存就返回一个应答给客户。如果在本地缓存中没有相应的记录，那么本地的 DNS 服务器将向根域名服务器发送查询请求。全世界共有 13 台根域名服务器，DNS 服务器上有这些根域名服务器的列表。

（3）根域名服务器返回“com”域名服务器的 IP 地址。

（4）本地域名服务器向“com”域名服务器发送查询请求。

（5）“com”域名服务器返回“microsoft.com”域名服务器的地址。

（6）本地域名服务器向“microsoft.com”域名服务器发送查询请求，查询“www.microsoft.com”的 IP 地址。

（7）“microsoft.com”域名服务器返回“www.microsoft.com”的 IP 地址给本地域名服务器。

（8）由本地域名服务器将该查询结果返回给 DNS 客户端；同时缓存起来，如果有其他 DNS 客户端查询 www.microsoft.com 的 IP 地址，本地域名服务器将直接响应，不再迭代。

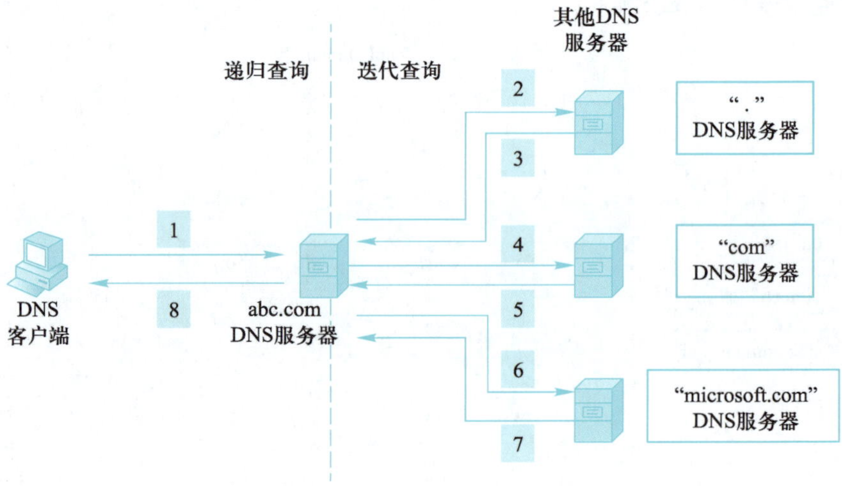

图 7-6　DNS 迭代过程

7.1.5　子任务 5　资源记录

微课：7-6
了解资源记录

如前所述，每个 DNS 区域的区域文件存放有资源记录（Resource Records，RR）。一般来说，资源记录包含与特定主机有关的信息，如 IP 地址、主机的所有者或者提供服务的类型，当服务器进行 DNS 解析时，它取回的是与该域名相关的资源记录。

数据库文件的每一行都由一条资源记录组成，而每个资源记录通常包含 5 项，大多数情况下用 ASCII 文本显示，格式如下：

Name　Time to live　Class　Record type　Record data

例子：www.abc.com. 86400　IN　A　192.168.1.1

各项的含义如下：

（1）名字（Name）：该项给出要定义的资源记录的名称，该名称通常用来作为域名查询时的关键字。

（2）存活期（Time to live）：存活期过后，该记录不再有效。

（3）类别（Class）：该项说明网络类型。目前大部分的资源记录都采用“IN”，表示 Internet，该项的默认值为“IN”。

（4）记录类型（Record type）：该项说明资源记录的类型，常用的资源记录类型见表 7-1。

表 7-1 常用的资源记录类型

记 录 类 型	说 明
NS	NS 记录和 SOA 记录是任何一个 DNS 区域都不可或缺的两条记录，NS 记录也称名称服务器记录，用于说明这个区域有哪些 DNS 服务器负责解析
SOA	SOA 记录说明负责解析的 DNS 服务器中哪一个是主服务器
A	A 记录也称主机记录，是使用最广泛的 DNS 记录，A 记录的基本作用就是说明一个域名对应的 IP 地址是什么。A 记录还可以作为低成本的负载均衡的解决方案，比如，www.contoso.com 可以创建多个 A 记录，对应多台物理服务器的 IP 地址，可以实现基本的流量均衡
CNAME	CNAME 记录又称别名记录，即其他记录的别名
MX	邮件交换记录。指向一个邮件服务器，用于电子邮件系统发邮件时根据收件人的地址后缀来定位邮件服务器
PTR	PTR 记录也称指针记录，PTR 记录是 A 记录的逆向记录，作用是把 IP 地址解析为域名
SRV	SRV 记录是服务器资源记录的缩写，其作用是说明一个服务器能够提供什么服务

（5）记录数据（Record data）：说明和该资源记录相关的信息，通常由资源记录类型来决定。

7.1.6 子任务 6 进行 DNS 规划

如图 1-1 所示，在企业内部部署 DNS 服务器（在 Win2019-1 服务器上）为企业内的计算机提供域名解析服务。假设企业已经申请了域名“abc.com”。在该 DNS 服务器上，需要把常用的资源记录添加到正向 DNS 域 abc.com 中，主要有 www、ftp、mail、pop3、smtp、imap 以及邮件交换记录等。Win2019-2 服务器作为备用 DNS 服务器。为提高效率，对于互联网上的域名解析，可以在 DNS 服务器上设置转发器，转发器指向当地的 ISP 的 DNS 服务器（深圳的 DNS 服务器为 202.96.134.133、202.96.128.86），让当地 ISP 的 DNS 服务器进行域名解析。

微课：7-7
进行 DNS 规划

7.2 任务 2 安装和配置 DNS 服务器

微课：7-8
安装和配置 DNS

PPT：7-2
安装和配置 DNS

项目 4 中在 Win2019-1 服务器上安装活动目录时，由于活动目录需要 DNS 的支持，因此同时安装了 DNS 服务器。为了说明 DNS 的安装过程，本任务在 Win2019-2 服务器上安装和配置 DNS 服务器、添加资源记录。这样网络上同时存在 Win2019-1、Win2019-2 两个 DNS 服务器，本任务将 Win2019-2 服务器配置为备用 DNS 服务器。

7.2.1　子任务 1　安装 DNS 服务器

在 Win2019-2 服务器上安装 DNS 服务器的步骤如下。

微课：7-9
安装 DNS 服务器

（1）步骤 1：以用户 Administrator 登录到 Win2019-2 服务器，选择“开始”→“服务器管理器”菜单项，打开“服务器管理器”窗口，单击“添加角色和功能”，根据向导进行操作。

（2）步骤 2：如图 7-7 所示，选中“DNS 服务器”复选框，单击“下一步”按钮，根据向导进行操作。

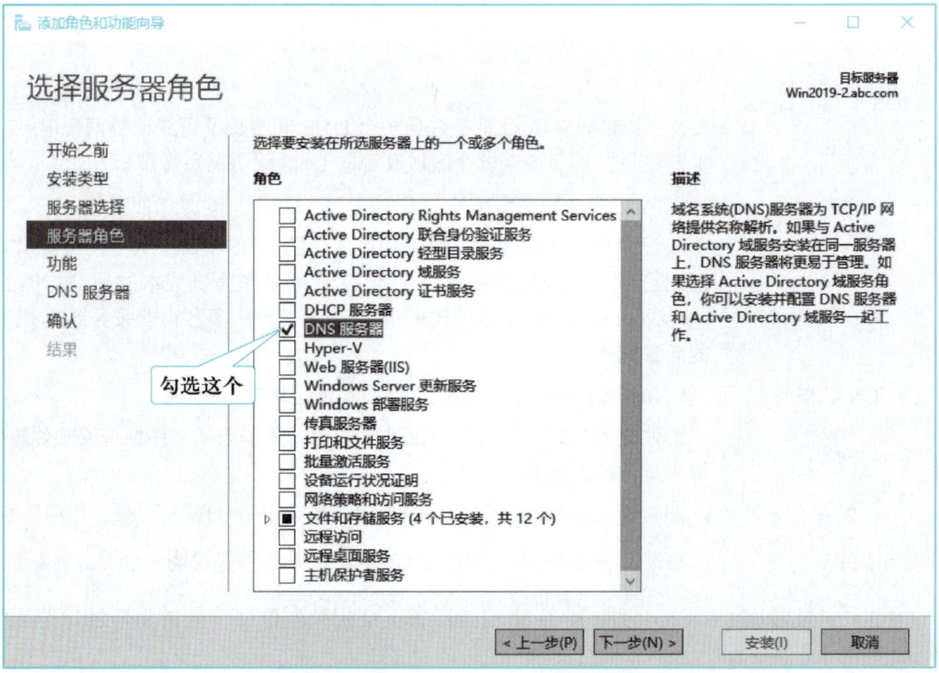

图 7-7　添加“DNS 服务器”角色

7.2.2　子任务 2　创建正向查找区域

微课：7-10
创建正向查找区域

正向查找是指根据域名解析 IP 地址，例如把 www.abc.com 解析为 192.168.100.11。DNS 区域有主要区域和辅助区域之分，在主要区域上可以添加、删除资源记录，如果主要区域配有辅助区域，则主要区域的资源记录会复制到辅助区域。辅助区域则是主要区域的副本，例如 Win2019-1 服务器上有一个主要区域 abc.com，在 Win2019-2 服务器上创建一个辅助区域 abc.com，它复制 Win2019-1 服务器的主要区域。辅助区域里不能添加、删除资源记录，当主要区域的资源记录变化时，辅助区域的资源记录也会跟着变化。辅助区域可实现 DNS 的冗余和负载均衡。

需要说明的是，DNS 域名是需要通过代理商申请的，申请成功后才能把 DNS 服务器真正接入 Internet。本书用于教学，所使用的域名是虚构的，在图 1-1 所示的网络拓扑内可以正常运行，但是 Internet 中的计算机无法使用虚构的域名访问网络内的资源。

1. 创建类型为主要区域的 DNS 正向查找区域

图 1-1 中的 Win2019-1 服务器是域控制器，在项目 4 中安装活动目录时安装了 DNS

服务，选择“开始”→“Windows 管理工具”→“DNS”菜单项，打开“DNS 管理器”窗口，如图 7-8 所示。在左边的窗格展开“Win2019-1”→“正向查找区域”→“abc.com”项，可以看到已经存在许多资源记录，请勿随意删除和修改。

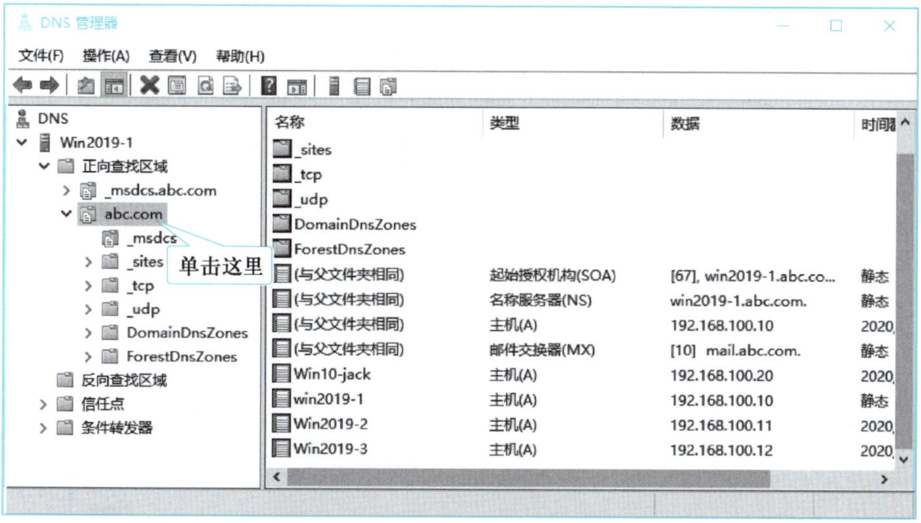

图 7-8　“DNS 管理器”窗口

在 Win2019-1 服务器上创建新的正向查找区域（例如虚构的 xyz.com），具体步骤如下。

（1）步骤 1：在图 7-8 中，在左侧窗格中右击“正向查找区域”，选择“新建区域”菜单项，打开“新建区域向导”对话框，单击“下一步”按钮。

（2）步骤 2：如图 7-9 所示，选择“主要区域”单选按钮，取消勾选“在 Active Directory 中存储区域”复选框，单击“下一步”按钮。如果勾选“在 Active Directory 中存储区域”复选框，则该 DNS 区域的数据会保存到活动目录中，并通过活动目录复制到域中的其他 DNS 服务器，本网络只有一个域控制器，所以取消勾选该复选框。

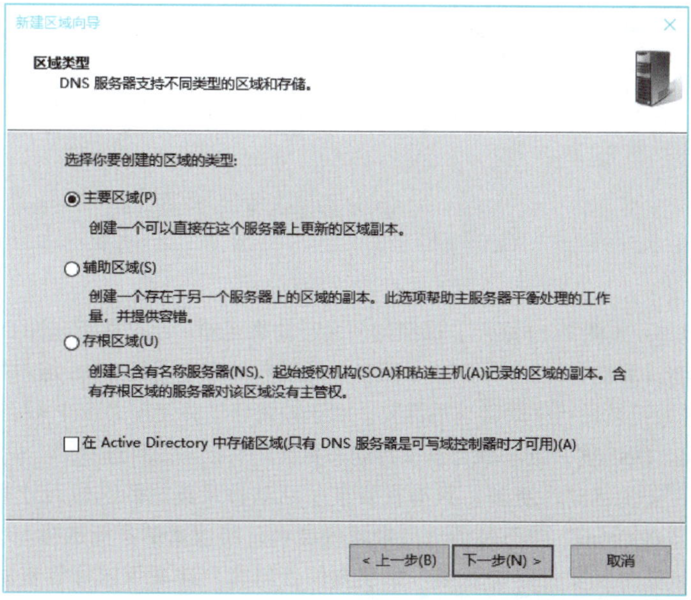

图 7-9　选择区域类型

（3）步骤 3：如图 7-10 所示，输入区域名称，单击“下一步”按钮。

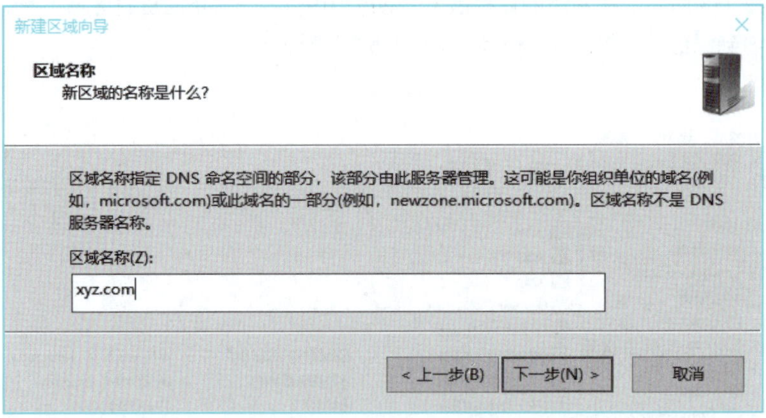

图 7-10　输入区域名称

（4）步骤 4：如图 7-11 所示，可以修改区域文件名，单击“下一步”按钮。

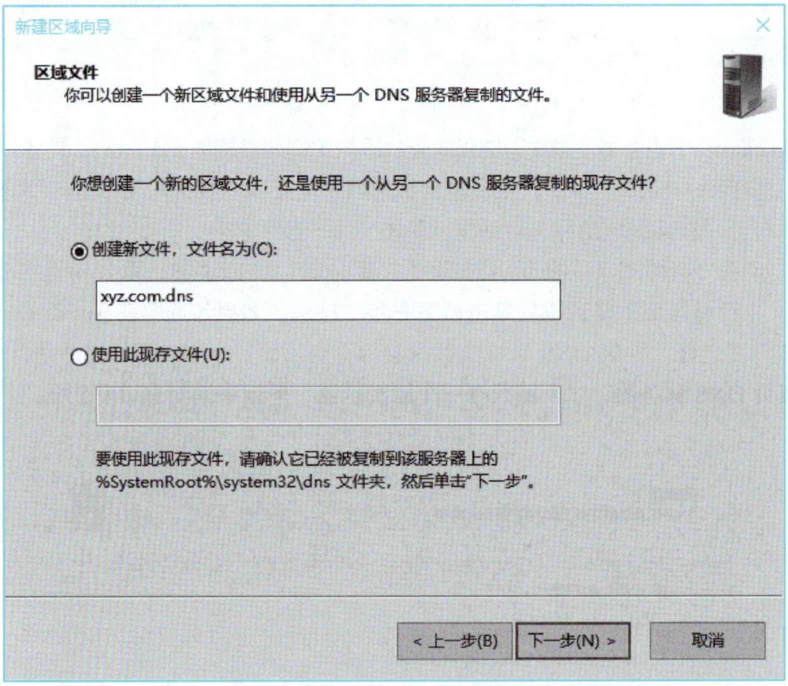

图 7-11　修改区域文件名

（5）步骤 5：如图 7-12 所示，选择如何进行动态更新。动态更新允许 DNS 客户端更改 IP 地址或者计算机名时，使用 DNS 服务器注册和动态地更新 DNS 域中的资源记录。它减少了对区域记录进行手动管理的需要，对于频繁移动并使用 DHCP 获得 IP 地址的客户端更是如此。DNS 客户端和服务器支持动态更新，有以下三种选择。

- 只允许安全的动态更新：只有在安装了活动目录集成的区域后才能选择该项，由于“xyz.com”并不是活动目录域的域名，所以本例不能选择。
- 允许非安全和安全动态更新：如果要使任何客户端都可以接收资源记录的动态更新，可以选择此项。但是由于可以接收来自非信任源的更新，存在安全隐患，所以选择此项时要慎重。

- 不允许动态更新：此区域不接收资源记录的动态更新，选择此项比较安全，但是需要手动更新资源记录。

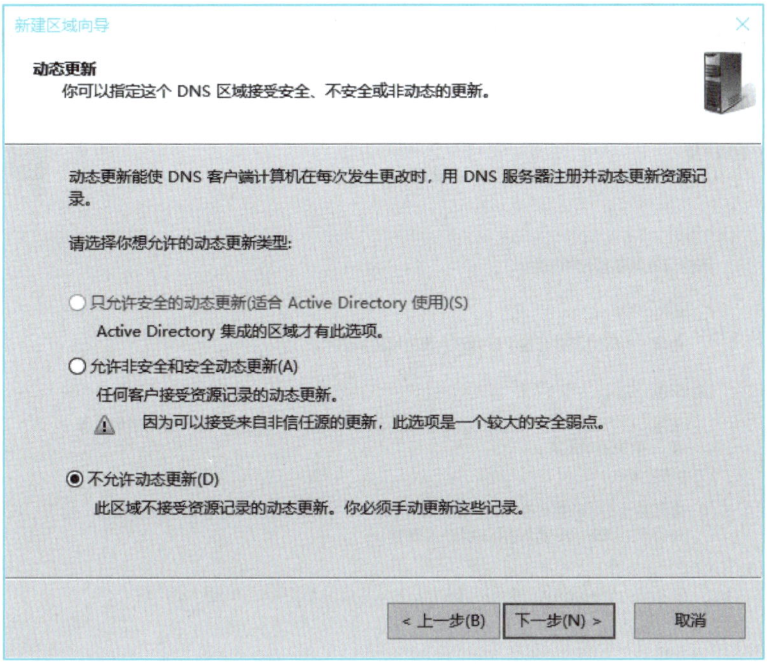

图 7-12　选择如何进行动态更新

本例选择“不允许动态更新”选项，单击“下一步”按钮。在下一对话框中，单击“完成”按钮。

（6）步骤 6：如图 7-13 所示是新创建的 DNS 域，每个域都有两条资源记录，即 SOA 和 NS 记录，稍后可以添加其他资源记录。

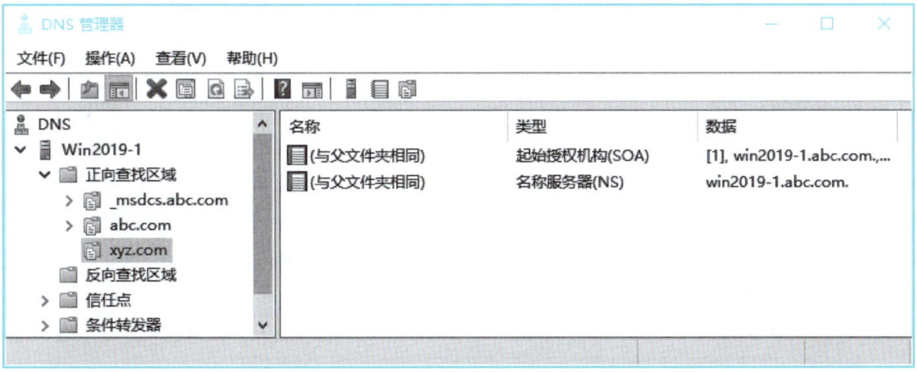

图 7-13　新创建的 DNS 域

2. 创建类型为辅助区域的 DNS 正向查找区域

以在 Win2019-2 服务器上创建辅助区域 abc.com 为例，步骤如下。

（1）步骤 1：在 Win2019-1、Win2019-2 服务器上确认防火墙已经放行“DNS 服务器”的流量。

（2）步骤 2：以 Administrator 用户登录 Win2019-2 服务器，选择“开始”→“Windows 管理工具”→“DNS”菜单项，打开“DNS 管理器”窗口。在左侧窗格中右击“正向查找区域”，选择“新建区域”菜单项，打开“新建区域向导”对话框，单击“下一步”按钮。

（3）步骤 3：如图 7-14 所示，选择“辅助区域”选项，单击“下一步”按钮。

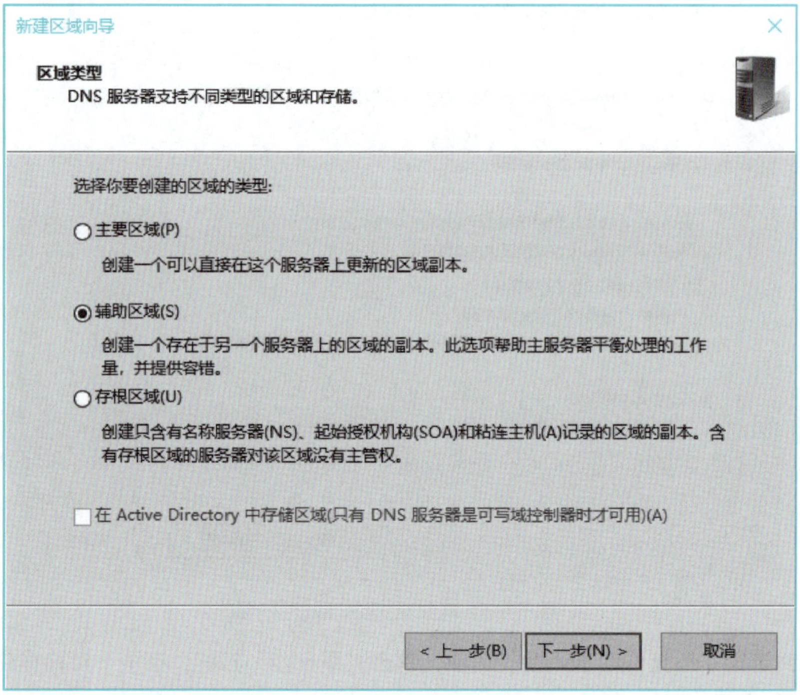

图 7-14　选择“辅助区域”选项

（4）步骤 4：如图 7-15 所示，输入区域名称，辅助区域的名称必须和主要区域的名称一样，单击“下一步”按钮。

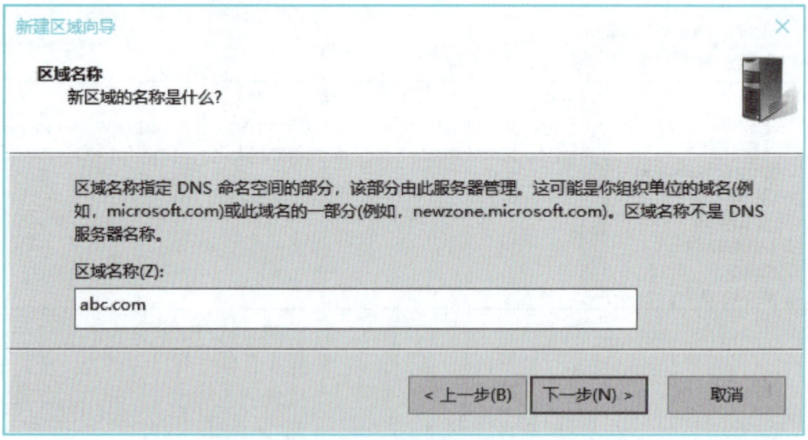

图 7-15　设置区域名称

（5）步骤 5：如图 7-16 所示，输入主 DNS 服务器的 IP 地址，即 Win2019-1 服务器的 IP 地址，单击“下一步”按钮。在下一对话框中，单击“完成”按钮。

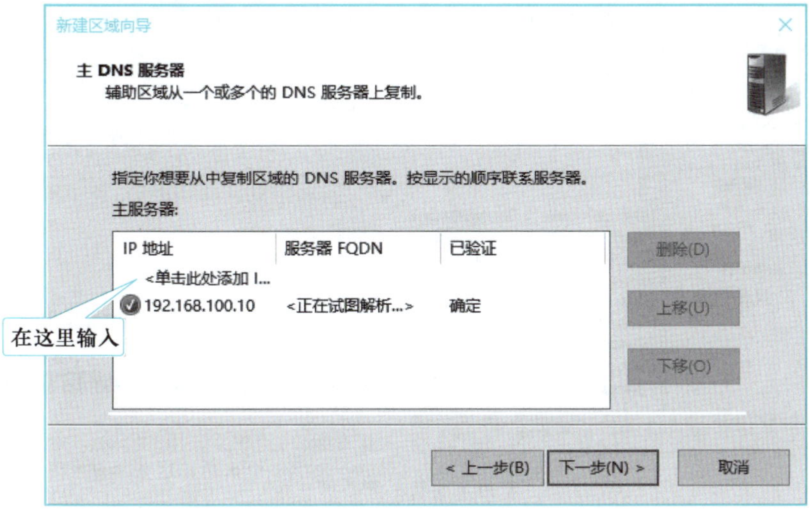

图 7-16 输入主 DNS 服务器的 IP 地址

（6）步骤 6：图 7-17 所示为新创建的辅助区域。系统提示出错，原因是还未在 Win2019-1 服务器的主要区域上允许辅助区域进行复制。

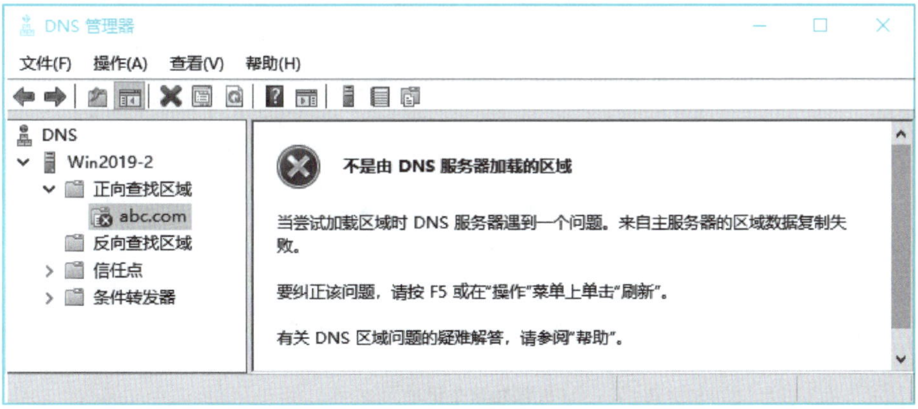

图 7-17 新创建的辅助区域

（7）步骤 7：如图 7-18 所示，在 Win2019-1 服务器上允许复制。在 Win2019-1 服务器上打开“DNS 管理器”窗口，单击左侧窗格的“abc.com”域，在右侧窗格中，双击类型为“名称服务器（NS）”的记录，打开“abc.com 属性”对话框。单击“名称服务器”选项卡，单击“添加”按钮，添加一条记录。记录的“服务器完全限定的域名（FQDN）”为“win2019-2.abc.com.”，注意不要少了最后一个字符“.”，IP 地址为“192.168.100.11”，单击“确定”按钮。

（8）步骤 8：在图 7-18 中，右击左侧窗格的“abc.com”域，选择“属性”菜单项，打开“abc.com 属性”对话框，如图 7-19 所示。单击“区域传送”选项卡，勾选“允许区域传送”复选框，本例选择“只允许到下列服务器”单选按钮，单击“编辑”按钮，添加“192.168.100.11”（即 Win2019-2 服务器的 IP 地址），单击“通知”按钮。

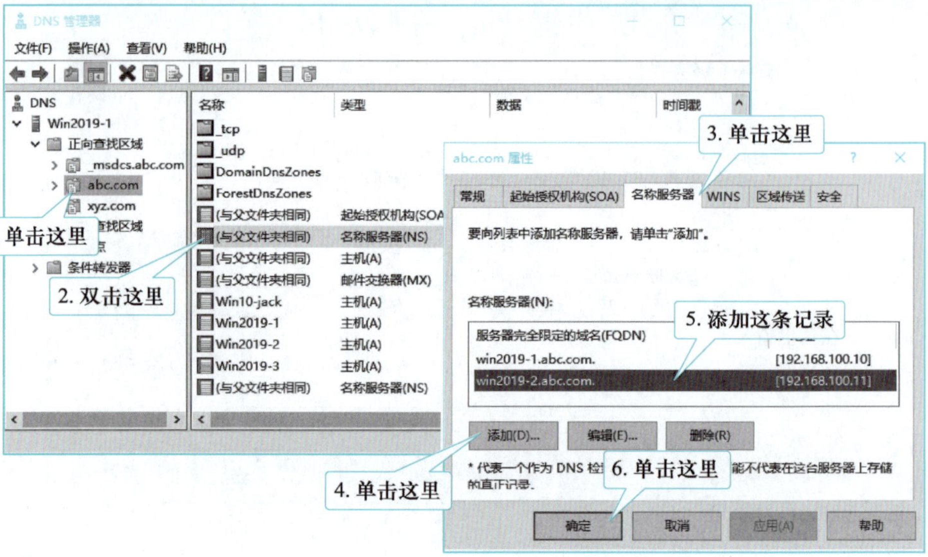

图 7-18　修改主要区域的 NS 记录

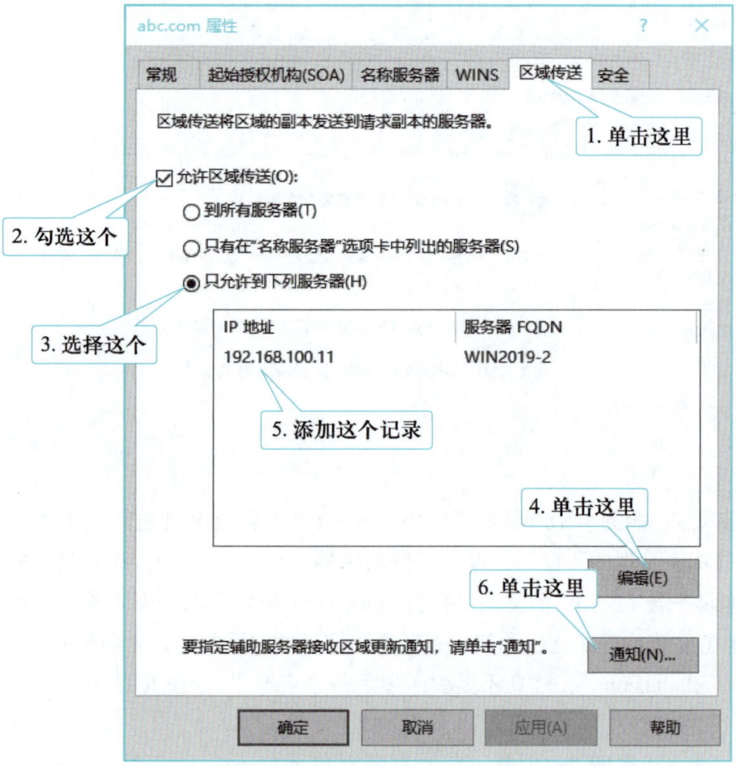

图 7-19　允许区域传送

（9）步骤 9：如图 7-20 所示，勾选“自动通知”复选框，则当本域的资源记录有变化时，主服务器（Win2019-1）会通知辅助服务器（Win2019-2）。选择“下列服务器”单选按钮，并输入 Win2019-2 服务器的 IP 地址“192.168.100.11”，单击“确定”按钮，关闭对话框。

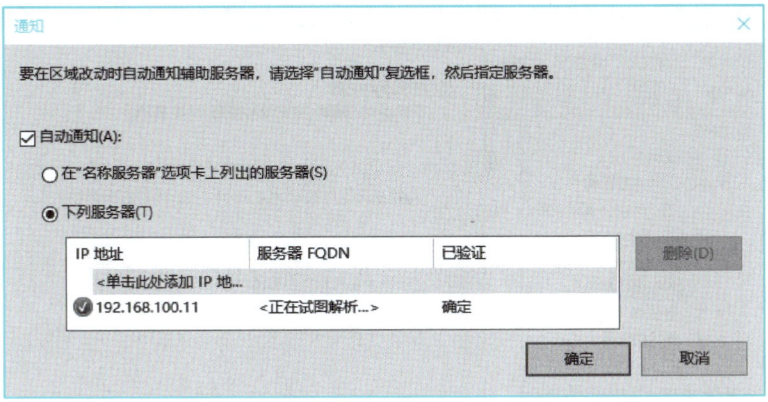

图 7-20 指定辅助服务器接收更新通知

（10）步骤 10：如图 7-21 所示，在 Win2019-2 服务器上的“DNS 管理器”窗口中，右击左侧窗格的“abc.com”域，选择“刷新”菜单项，在右侧窗格可以看到从主服务器复制过来的资源记录。

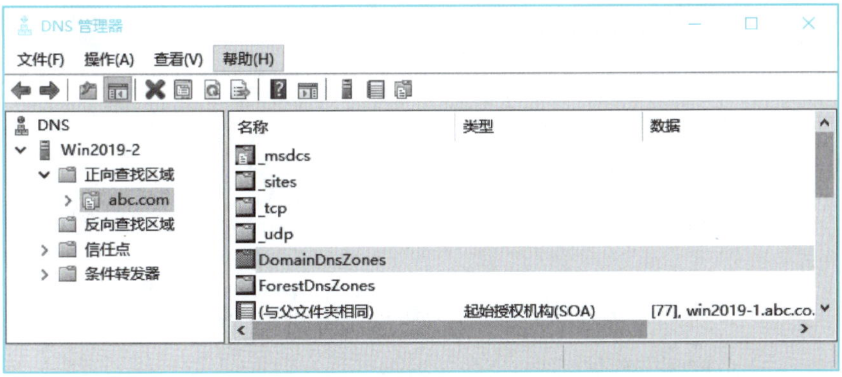

图 7-21 成功复制后的辅助区域的资源记录

7.2.3 子任务 3 创建反向查找区域

反向查找是指根据 IP 地址解析域名，例如把 192.168.100.10 解析为 win2019-1.abc.com。在实际中，反向查找使用得较少，因此可考虑是否创建反向查找区域。以在 Win2019-1 服务器上创建反向查找区域为例，步骤如下。

微课：7-11
创建反向查找区域

（1）步骤 1：在 Win2019-1 服务器的“DNS 管理器”窗口中，右击左侧窗格中的“反向查找区域”项，选择“新建区域”菜单项。按照向导提示，并参照创建正向查找区域的步骤，选择创建的区域类型为“主要区域”，不选择“在 Active Directory 中存储区域”。如图 7-22 所示，选择“IPv4 反向查找区域”单选按钮，单击“下一步”按钮。

（2）步骤 2：如图 7-23 所示，输入网络 ID。按照图 1-1 的规划，网络地址为 192.168.100.0 网段，所以网络 ID 为“192.168.100”。反向查找区域名称为网络 ID 的倒序加“in-addr.arpa”，所以本例中系统自动生成“100.168.192.in-addr.arpa”。单击“下一步”按钮。

（3）步骤 3：按照新建区域向导提示完成其余步骤，可参照创建正向查找区域的步骤。如图 7-24 所示是成功创建的反向查找区域。除了 SOA 和 NS 记录，刚创建的区域没有其他资源记录，稍后可以添加。

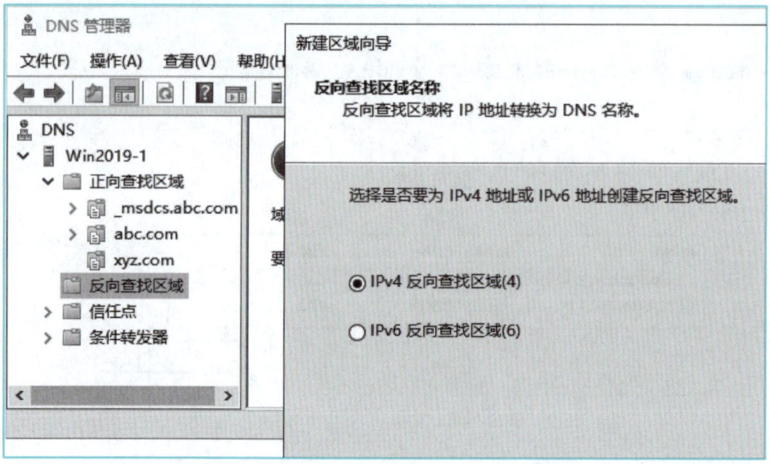

图 7-22　选择创建 IPv4 反向查找区域

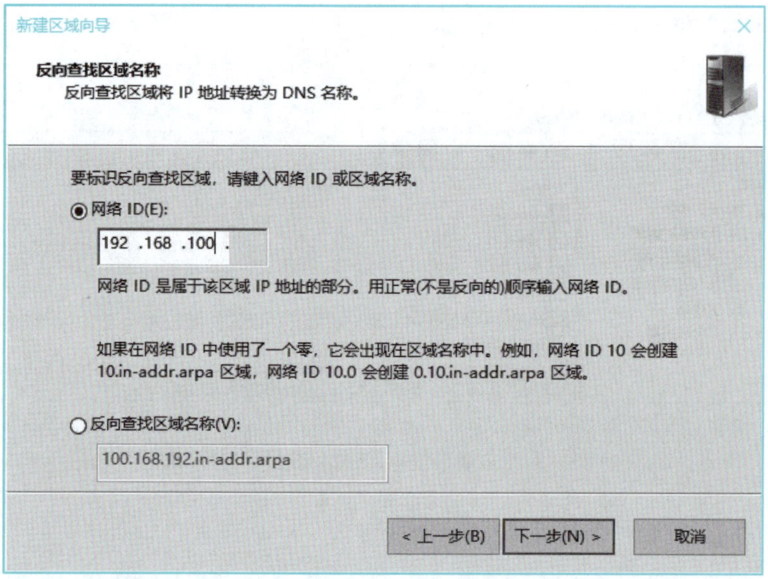

图 7-23　反向查找区域名称

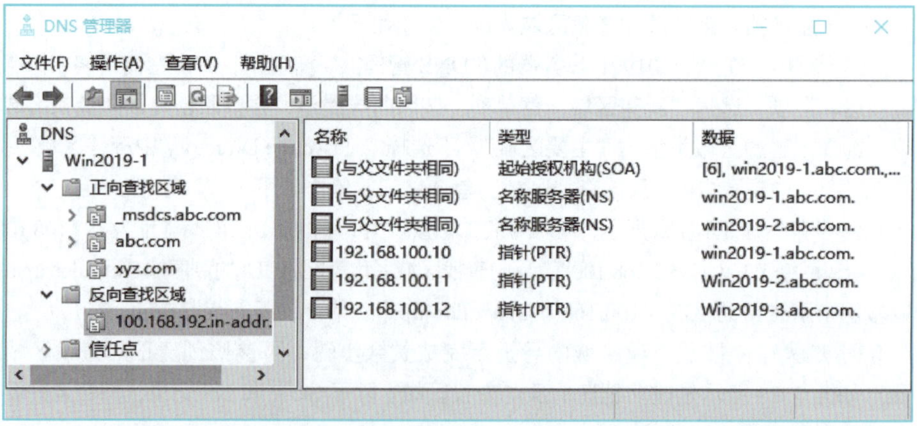

图 7-24　成功创建的反向查找区域

（4）步骤 4：为了实现反向查找的冗余和负载均衡，可在 Win2019-2 服务器上创建该区域的辅助区域。

要说明的是，需要为不同的网络 ID 创建不同的反向查找区域。例如，网络中若有 192.168.100.0、192.168.200.0 两个网段，则需要分别创建网络 ID 为“192.168.100”“192.168.200”的两个反向查找区域。

7.2.4 子任务 4 创建主机记录

主机记录（A 记录是 IPv4 记录，AAAA 记录是 IPv6 记录）用于将 DNS 域名映射到主机使用的 IP 地址。按照图 1-1 的规划，公司局域网需要新建 4 条主机记录，域名和 IP 地址的对应关系见表 7-2。

微课：7-12
创建主机记录

表 7-2 域名和 IP 地址的对应关系

域　　名	IP 地址	功　　能
www.abc.com	192.168.100.11	Web 服务器
ftp.abc.com	192.168.100.11	FTP 服务器
mail.abc.com	192.168.100.11	E-mail 服务器
ca.abc.com	192.168.100.10	证书（CA）服务器

新建主机记录的步骤如下。

（1）步骤 1：如图 7-25 所示，在“DNS 管理器”窗口中，右击“正向查找区域”下的“abc.com”项，选择“新建主机（A 或者 AAAA）”菜单项。

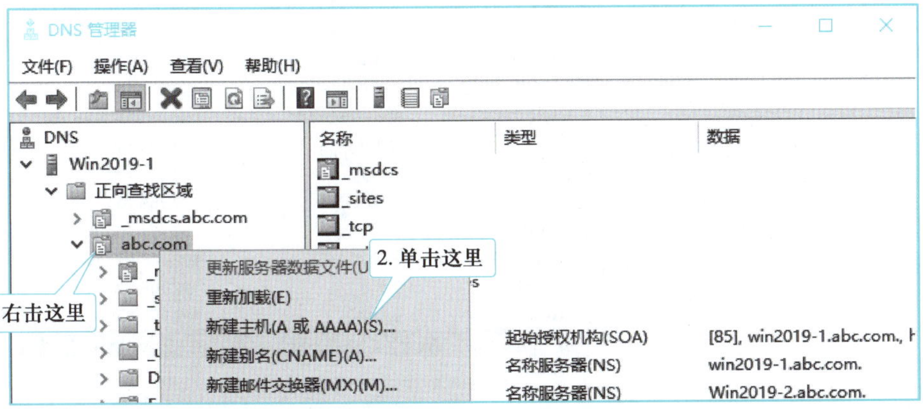

图 7-25 “新建主机”菜单

（2）步骤 2：如图 7-26 所示，在“名称”文本框中输入主机名称“www”，在“IP 地址”文本框中输入主机的 IP 地址“192.168.100.11”，勾选“创建相关的指针（PTR）记录”复选框，则会在反向查询区域（“100.168.192.in-addr.arpa”区域）同时添加该主机的 PTR 记录。单击“添加主机”按钮。

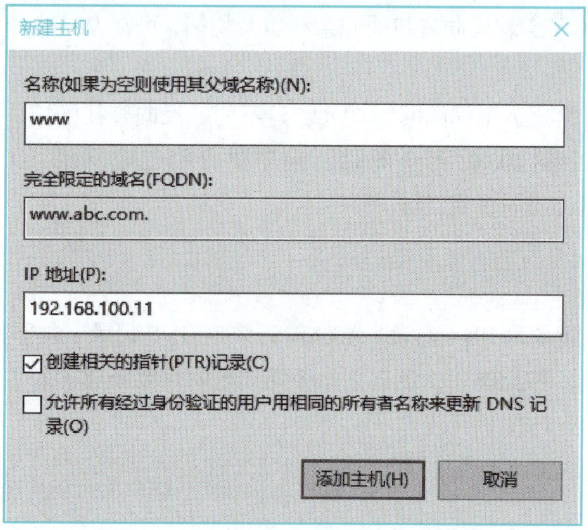

图 7-26 “新建主机”对话框

(3)步骤 3：重复步骤 2，添加其他主机记录，如图 7-27 所示。

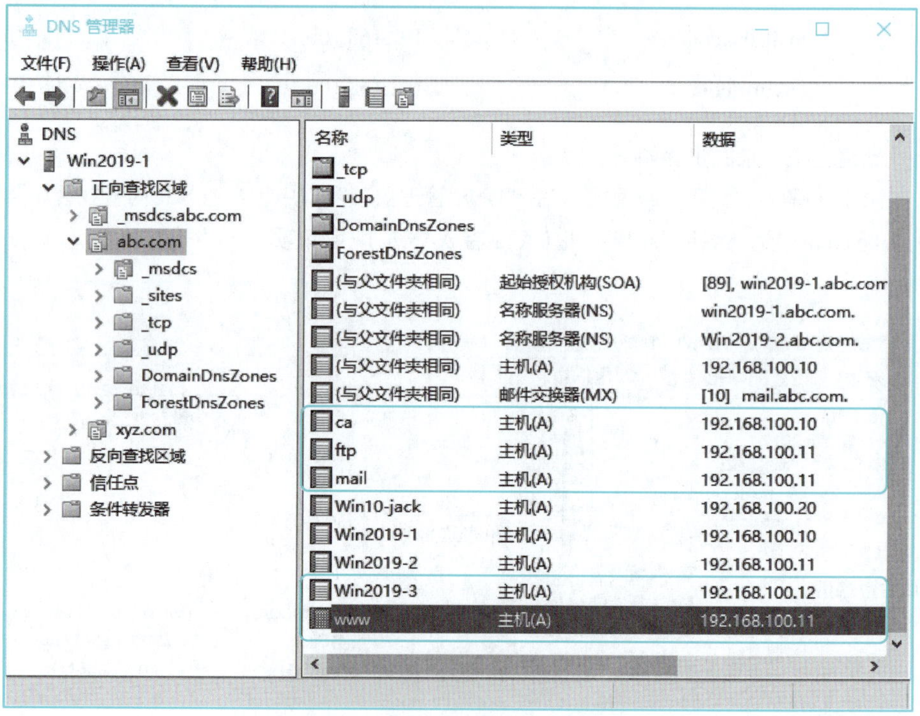

图 7-27 成功添加主机记录

7.2.5 子任务 5 创建别名记录

微课：7-13
创建别名记录

可以为完全合格主机域名（FQDN）创建别名，当 FQDN 的 IP 地址发生变化时，该别名所映射的 IP 地址也会发生变化，无须更改别名记录。本小节将建立表 7-3 所列的别名，具体步骤如下。

表 7-3 别名和 FQDN 的对应关系

别 名	IP 地址	主 机 名
imap.abc.com	192.168.100.11	mail.abc.com
pop3.abc.com	192.168.100.11	mail.abc.com
smtp.abc.com	192.168.100.11	mail.abc.com

（1）步骤 1：在“DNS 管理器”窗口中，右击“正向查找区域”下的“abc.com”项，选择“新建别名（CNAME）”菜单项。

（2）步骤 2：如图 7-28 所示，在“别名”文本框中输入“imap”，在“目标主机的完全合格的域名（FQDN）”文本框中，输入此别名所指向的 FQDN 记录“mail.abc.com”。也可以单击“浏览”按钮，在“浏览”对话框中搜索域中已有的主机记录。选中记录后，单击“确定”按钮，再单击“确定”按钮。

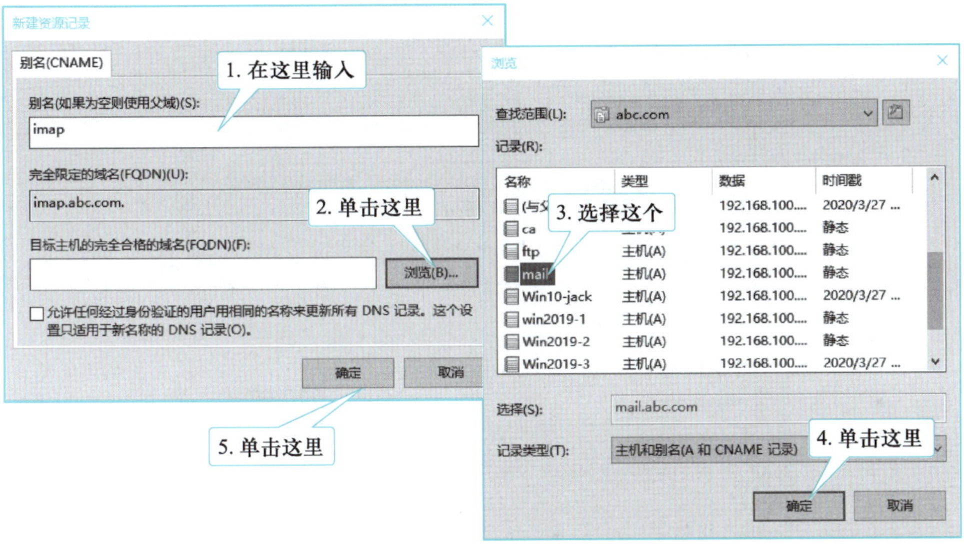

图 7-28 新建“别名”界面

（3）步骤 3：重复步骤 1、2，添加其他别名记录。图 7-29 所示为成功添加的 3 条别名记录。

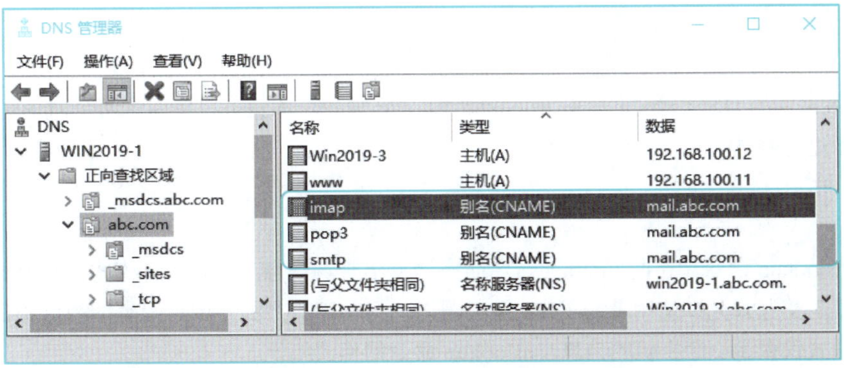

图 7-29 成功添加的 3 条别名记录

7.2.6　子任务 6　创建邮件交换器记录

微课：7-14
创建 MX 记录

电子邮件服务器转发邮件时，根据邮件收件人地址中的 DNS 域名，使用邮件交换器（MX）资源记录来查找邮件服务器，详细过程参见 10.1.4 节。例如，收件人地址为“jack@abc.com”，则电子邮件服务器会向 DNS 服务器请求“abc.com”的邮件交换器资源记录。因此，为了使 Internet 上的用户能成功地把邮件发给企业的用户，需要添加邮件交换器记录。在“DNS 管理器”窗口中，右击“正向查找区域”下的“abc.com”项，选择“新建邮件交换器（MX）”菜单项。如图 7-30 所示，在“主机或子域”文本框中输入主机或子域名称，一般保持为空。在“邮件服务器的完全限定的域名（FQDN）”文本框中输入邮件服务器主机记录的 FQDN。也可以通过单击“浏览”按钮来查找邮件服务器主机记录的 FQDN。根据需要设置“邮件服务器优先级”，默认值为 10，有多条 MX 记录时，该值较小的记录优先。单击“确定”按钮。

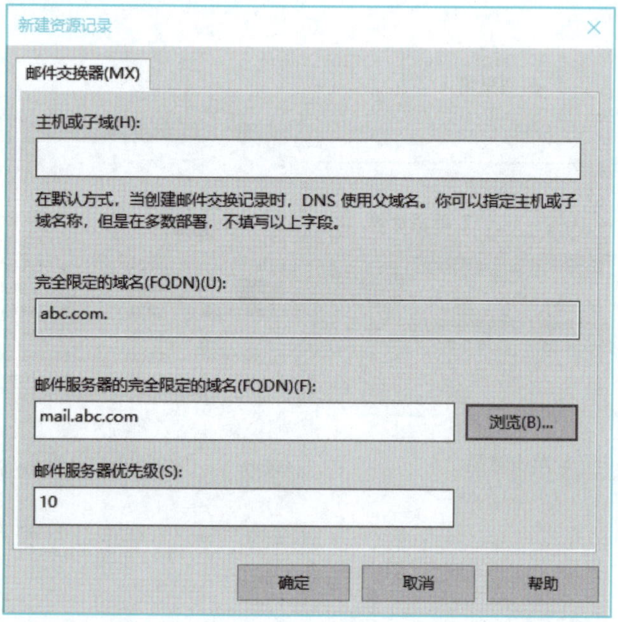

图 7-30　新建“邮件交换器”界面

微课：7-15
测试 DNS 服务器

PPT：7-3
测试 DNS 服务器

7.3　任务 3　测试 DNS 服务器

最常用的 DNS 测试工具是 nslookup 和 ping 命令。本任务将使用这两个命令对 DNS 服务器进行测试。

7.3.1　子任务 1　使用 nslookup 命令测试 DNS 服务器

微课：7-16
使用 nslookup 命令测试
DNS 服务器

nslookup 命令用于向 Internet 域名服务器发出查询信息。它有两种模式：交互式和非交互式。交互式允许使用者和 DNS 服务器以一问一答的方式查询不同类型的资源记录，非交互式仅查询一个主机的信息。nslookup 命令的格式如下。

```
C:\Users\Administrator>nslookup /?
```

用法：

```
nslookup [-opt ...]                # 使用默认服务器的交互模式
nslookup [-opt ...] - server       # 使用 server 的交互模式
nslookup [-opt ...] host           # 仅查找使用默认服务器的 host
nslookup [-opt ...] host server    # 仅查找使用 server 的 host
```

没有指定参数（此时使用默认的域名服务器）或第一个参数是“-”，第二个参数为域名服务器的主机名或 IP 地址时为交互式。第一个参数是待查询的主机的域名或 IP 地址时为非交互式，这时，第二个参数指定了一个域名服务器的主机名或 IP 地址。

在客户端（Windows 10）中，把网络属性中 TCP/IP 的 DNS 设置为 192.168.100.10（Win2019-1 服务器的 IP 地址）或者 192.168.100.11（Win2019-2 服务器的 IP 地址），下面使用交互式对 DNS 服务器进行测试。

1. 查找主机 IP

```
C:\Users\Administrator>nslookup
默认服务器：win2019-1.abc.com
Address：192.168.100.10

> www.abc.com
服务器：win2019-1.abc.com
Address：192.168.100.10
名称：www.abc.com
Address：192.168.100.11

> ftp.abc.com
服务器：win2019-1.abc.com
Address：192.168.100.10
名称：ftp.abc.com
Address：192.168.100.11

> mail.abc.com
服务器：win2019-1.abc.com
Address：192.168.100.10
名称：mail.abc.com
Address：192.168.100.11

> exit
//exit 为退出 nslookup 交互式
```

2. 查找域名服务器

```
C:\Users\Administrator>nslookup
默认服务器：win2019-1.abc.com
Address：192.168.100.10

> set type=ns
//设置查询类型为 ns
```

```
> abc.com
服务器：ca.abc.com
Address：192.168.100.10
abc.com nameserver = win2019-2.abc.com
abc.com nameserver = win2019-1.abc.com
win2019-2.abc.com          internet address = 192.168.100.11
win2019-1.abc.com          internet address = 192.168.100.10
\\以上看到有两台域名服务器

> exit
```

3. 反向 DNS 查询

```
C:\Users\Administrator>nslookup
默认服务器：win2019-1.abc.com
Address：192.168.100.10

> set type=ptr
> 192.168.100.10
服务器：win2019-1.abc.com
Address：192.168.100.10
10.100.168.192.in-addr.arpa        name = ca.abc.com
10.100.168.192.in-addr.arpa        name = win2019-1.abc.com

> 192.168.100.11
服务器：win2019-1.abc.com
Address：192.168.100.10
11.100.168.192.in-addr.arpa        name = win2019-2.abc.com
11.100.168.192.in-addr.arpa        name = www.abc.com
11.100.168.192.in-addr.arpa        name = ftp.abc.com
11.100.168.192.in-addr.arpa        name = mail.abc.com
> exit
```

4. 查找邮件交换器

```
C:\Users\Administrator>nslookup
默认服务器：win2019-1.abc.com
Address：192.168.100.10

> set type=mx
> abc.com
服务器：win2019-1.abc.com
Address：192.168.100.10
abc.com MX preference = 10, mail exchanger = mail.abc.com
mail.abc.com       internet address = 192.168.100.11

> exit
```

5. 查找别名的 IP 地址

```
C:\Users\Administrator>nslookup
默认服务器：win2019-1.abc.com
Address：192.168.100.10

> set type=cname
> imap.abc.com
服务器：ca.abc.com
Address：192.168.100.10
imap.abc.com      canonical name = mail.abc.com

> exit
```

7.3.2 子任务 2 使用 ping 命令测试 DNS 服务器

ping 命令常用于测试网络的连通性，但也可以用来简单测试 DNS 服务器能否正常工作。例如，测试 DNS 服务器能否解析 www.abc.com，在 cmd 命令行窗口直接输入：

微课：7-17
使用 ping 命令测试
DNS 服务器

```
C:\Users\Administrator>ping www.abc.com
正在 ping www.abc.com [192.168.100.11] 具有 32 字节的数据:
来自 192.168.100.11 的回复: 字节=32 时间<1ms TTL=128
来自 192.168.100.11 的回复: 字节=32 时间<1ms TTL=128
来自 192.168.100.11 的回复: 字节=32 时间<1ms TTL=128
来自 192.168.100.11 的回复: 字节=32 时间<1ms TTL=128

192.168.100.11 的 ping 统计信息:
    数据包: 已发送 = 4，已接收 = 4，丢失 = 0 (0% 丢失)，
往返行程的估计时间(以毫秒为单位):
    最短 = 0ms，最长 = 0ms，平均 = 0ms
```

从以上信息中，可以看到已经获得 www.abc.com 的 IP 地址（192.168.100.11）。

7.3.3 子任务 3 管理计算机上的 DNS 缓存

客户端（Windows 10 等）从 DNS 服务器获得主机的 IP 地址后，会缓存在内存中。可以使用命令查看缓存或者清除缓存。

微课：7-18
管理计算机上的
DNS 缓存

```
C:\Users\Administrator>ipconfig /displaydns
//以上是查看 DNS 缓存的命令
Windows IP 配置
    imap.abc.com
    ----------------------------------------
    记录名称. . . . . . .: imap.abc.com
    记录类型. . . . . . . : 5
    生存时间. . . . . . . : 1372
    数据长度. . . . . . . : 8
    部分. . . . . . . . .: 答案
    CNAME 记录  . . . . . : mail.abc.com
```

```
记录名称. . . . . . . : mail.abc.com
记录类型. . . . . . . : 1
生存时间. . . . . . . : 1372
数据长度. . . . . . . : 4
部分. . . . . . . . . :  答案
A (主机)记录    . . . . : 192.168.100.11
            ( 略 )
C:\Users\Administrator>ipconfig /flushdns
//以上是清除 DNS 缓存的命令
Windows IP 配置
已成功刷新 DNS 解析缓存。
```

7.4　任务 4　管理 DNS 服务器及区域

PPT：7-4
管理 DNS 服务器及区域

限于篇幅，本任务只介绍 DNS 服务器和 DNS 区域的常见管理工作。

7.4.1　子任务 1　管理 DNS 服务器

1. 设置 DNS 服务的工作接口

微课：7-19
管理 DNS 服务器

在“DNS 管理器”窗口中，右击服务器名称“Win2019-1”，选择“属性”菜单项，如图 7-31 所示，在“接口”选项卡上，可以选择 DNS 服务工作在哪些接口。选择“所有 IP 地址”单选按钮，则 DNS 工作在服务器的全部接口上；选择“只在下列 IP 地址” 单选按钮，则 DNS 工作在“IP 地址”列表中列出的接口上。

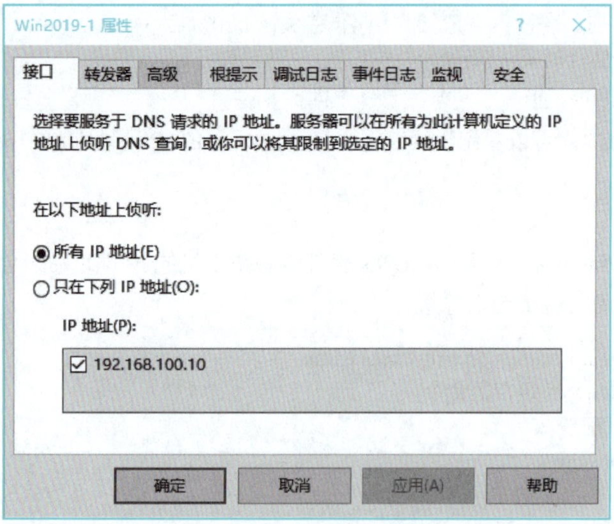

图 7-31　设置 DNS 服务器的属性

2. 设置 DNS 转发器

在图 7-6 中，客户端发起 DNS 请求，如果 DNS 服务器无法解析 IP 地址，会发生选代查询，对于普通企业的 DNS 服务器来说，因为和根域服务器、域顶层服务器的通信延迟可能较大，所以效率不是很高。可以在 DNS 服务器上设置转发器，如图 7-32 所示，把客户端的请求转发给当地 ISP 的 DNS 服务器，由 ISP 的 DNS 服务器负责 IP 地址解析。由于 ISP 的 DNS 服务器会有较大的高速缓存和通信带宽，这样效率较高。

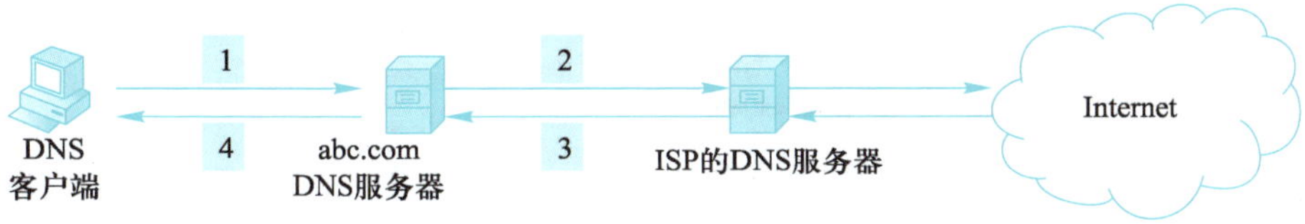

图 7-32 设置 DNS 转发器

如图 7-33 所示，在 DNS 服务器的属性对话框中，单击“转发器”选项卡，单击“编辑”按钮，添加 ISP 的 DNS 服务器地址，勾选“如果没有转发器可用，请使用根提示”复选框，则当转发器故障时可以继续按照图 7-6 中的迭代查询流程工作。

图 7-33 配置转发器

3. 监视 DNS 服务器

如图 7-34 所示，在 DNS 服务器的属性对话框中，单击“监视”选项卡。勾选“对此 DNS 服务器的简单查询”复选框，单击“立即测试”按钮，则模拟客户端对 DNS 服务器进行测试；勾选“对此 DNS 服务器的递归查询”复选框，单击“立即测试”按钮，则模拟客户端对 DNS 服务器发出递归查询，DNS 服务器会和根域服务器进行通信，这要求 DNS 服务器能够连接到 Internet，本例会测试失败，因为 Win2019-1 服务器需要通过 Win2019-3 服务器连接到 Internet，而目前 Win2019-3 服务器还未配置。结果会显示在“测试结果”列表中。

勾选“以下列间隔进行自动测试”复选框，并设置“测试间隔”，单击“应用”按钮，则系统按照设置的时间间隔自动进行测试。

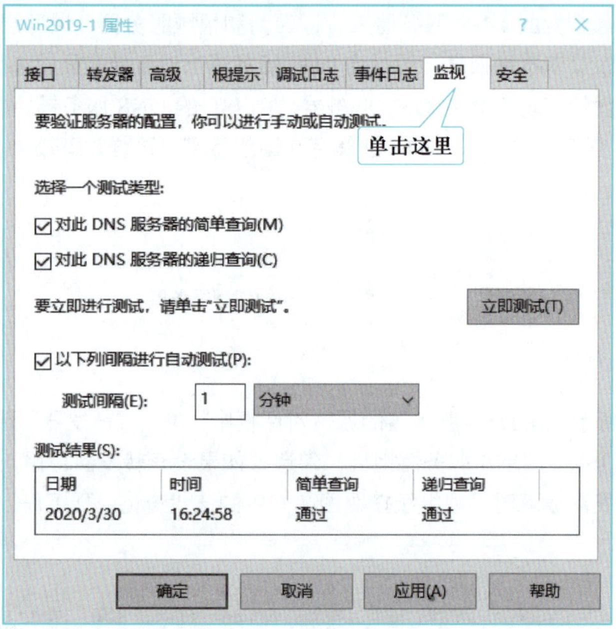

图 7-34　监视 DNS 服务器

4. 启动、停止 DNS 服务器

在“DNS 管理器”窗口中，右击服务器名称“Win2019-1”并选择“所有任务”菜单项。

（1）“停止”：将关闭 DNS 服务器。

（2）“启动”：将启动已经关闭的 DNS 服务器。

（3）“暂停”：将暂停 DNS 服务器。暂停的 DNS 服务器不接收新的域名解析请求，但已经连接的不受影响。

（4）“恢复”：恢复运行之前暂停的 DNS 服务器。

（5）“重新启动”：将关闭的 DNS 服务器重新启动。

5. 杂项

在“DNS 管理器”窗口中，右击服务器名称“Win2019-1”。

（1）“清除过时资源记录”：手动清除过期的资源记录，主要是客户端动态注册的记录。

（2）“清除缓存”：DNS 服务器会缓存客户端的查询结果，这样下次查询不进行迭代查询，可以清除缓存。

7.4.2　子任务 2　设置 DNS 区域属性

1. 设置 DNS 区域的常规属性

微课：7-20
设置 DNS 区域属性

在“DNS 管理器”窗口中，右击正向或者反向查找区域的名称，选择“属性”菜单项，如图 7-35 所示，单击“开始”/“暂停”按钮可以启、停该区域为客户服务。单击“更改”按钮，可以更改区域的类型，如图 7-14 所示。

在图 7-35 的“动态更新”下拉列表中可以选择“无”“非安全”“安全”选项。动态更新是指 DNS 客户端的计算机名或者 IP 地址更改，例如客户端通过 DHCP 获取的 IP 地址发生变化，客户端可以在 DNS 服务器上更新主机记录和 PTR 记录。

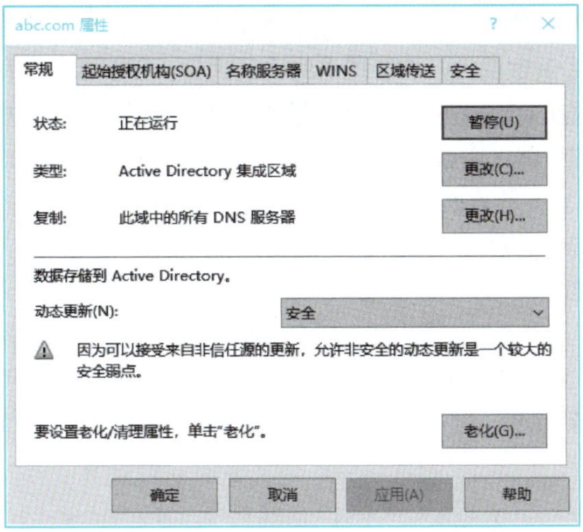

图 7-35　DNS 区域的属性对话框

- “无”：不允许客户端在 DNS 服务器上更新。
- “非安全”：不论客户端是否加入活动目录域，都允许更新，较不安全。
- “安全”：只有 DNS 区域集成到活动目录时才可选。客户端加入活动目录域才能更新。

客户端在 DNS 服务器上更新主机记录和 PTR 记录时，所使用的安全限定的域名（FQDN）和客户端的高级 TCP/IP 设置有关，如图 7-36 所示。默认勾选“在 DNS 中注册此连接的地址”复选框，则客户端在 DNS 服务器上更新记录时，使用的域名是计算机的系统属性中的“计算机全名”，即“Win10-jack.abc.com”。

如果勾选“在 DNS 注册中使用此连接的 DNS 后缀”复选框，则客户端还会在 DNS 服务器上注册另一记录，使用的域名是图 7-37 中的计算机名+“此连接的 DNS 后缀”，即“Win10-jack.xyz.com”，注意计算机名和计算机全名的区别，它们有可能一致，也可能不一致。

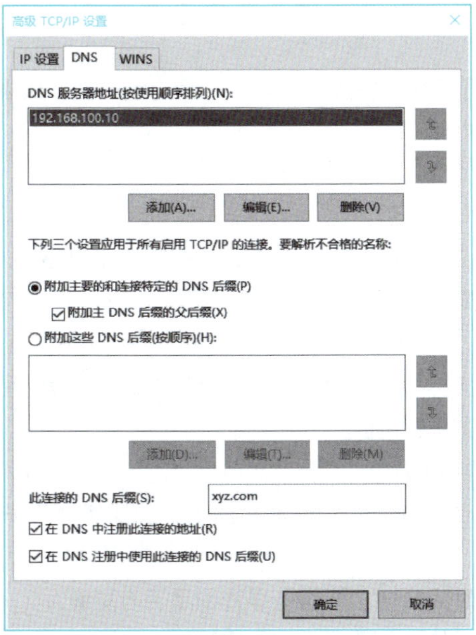

图 7-36　“高级 TCP/IP 设置”对话框

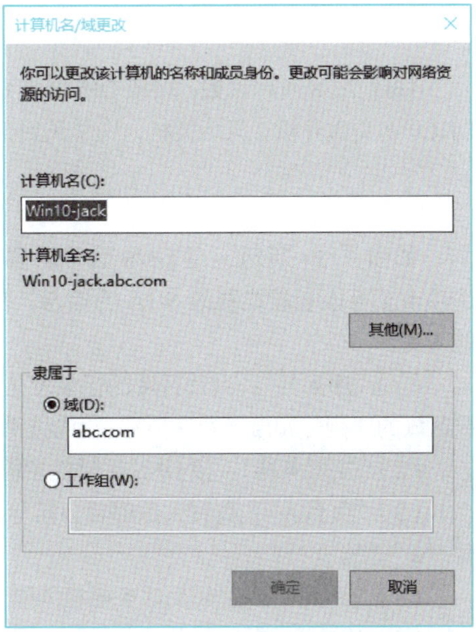

图 7-37　“计算机名/域更改”对话框

在图 7-35 中单击“老化”按钮，可以设置区域的老化/清理属性。也可以在 DNS 服务器属性上设置老化/清理属性，但区域上的设置优先，所以本书只介绍区域的老化/清理属性。DHCP 客户端在 DNS 服务器动态注册的记录是有时间戳的，默认 DHCP 客户端每 24 小时会在 DNS 服务器上刷新记录，这个刷新记录动作只是把 DNS 记录的时间戳更改了，主机名和 IP 地址并不更改。如果客户端关机了，则记录长时间得不到刷新，记录应该老化/清理。如图 7-38 所示，勾选“清除过时资源记录”复选框，系统会自动清除过时记录。资源记录的过时和“无刷新间隔”“刷新间隔”设置有关。“无刷新间隔”是指该时间内，不允许客户端只刷新时间戳（即主机名和 IP 地址不变），防止活动目录无谓地更新，但是如果客户端的主机名或者 IP 地址变化了（例如客户端重启并获得了新的 IP 地址）是可以刷新的。“无刷新间隔”过了之后，进入“刷新间隔”，如果客户端不刷新记录，则该记录成为过时记录。

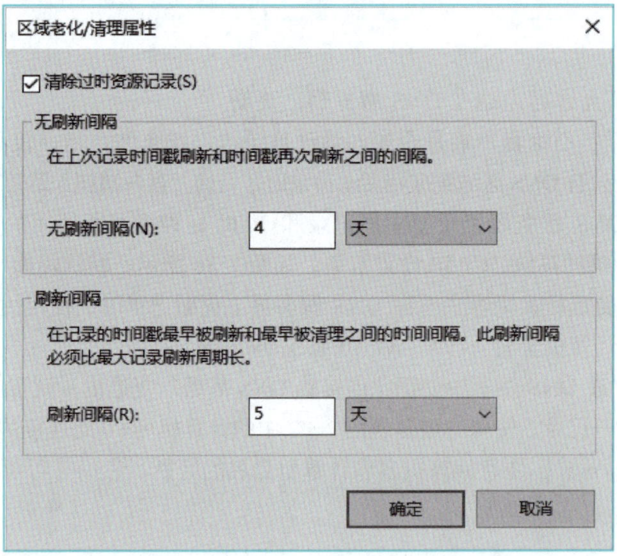

图 7-38　“区域老化/清理属性”对话框

按照 7-38 所示设置，如果 DHCP 客户端开机后很快关机，则 9 天后记录过期；如果 DHCP 客户端开机 2 天后关机，则 7 天后记录过期。

2. 设置 DNS 的起始授权机构（SOA）

如图 7-39 所示，在 DNS 区域的属性对话框中，单击“起始授权机构（SOA）”选项卡，可以查看或更改 SOA 的信息，在主要服务器上才能更改，在辅助服务器上只能查看。

（1）“序列号”：当该区域的记录发生变化时，序列号会增加，辅助区域通过对比主要区域的序列号和自己的序列号，可以判断是否需要复制。

（2）“主服务器”：该 DNS 区域的主服务器 FQDN。

（3）“负责人”：负责人的邮箱，实际上应该是 hostmaster@abc.com，此处用“.”代替“@”了。

（4）“刷新间隔”：辅助服务器每间隔这个时间会向主要服务器查询是否有更新。

（5）“重试间隔”：辅助服务器和主要服务器传送失败后重试的间隔时间。

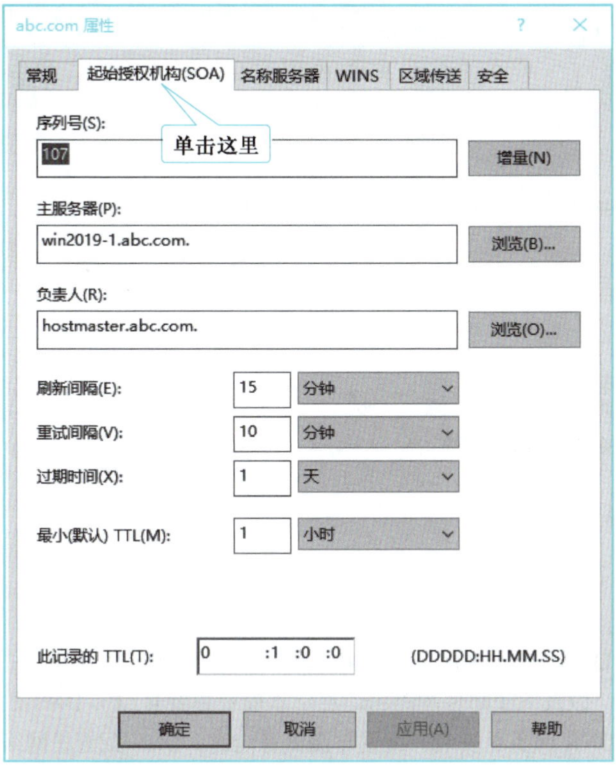

图 7-39 “起始授权机构（SOA）”选项卡

（6）“过期时间”：辅助服务器在这个时间之后无法和主要服务器取得联系，将不再为客户端提供域名解析服务。

（7）“最小（默认）TTL”：记录被别的 DNS 服务器缓存时，缓存的生存时间。

（8）“此记录的 TTL”：本 SOA 记录被缓存时的生存时间。

7.4.3 子任务 3 了解企业内、外的 DNS 服务器的部署

在前面的小节中，已经在企业内部部署了 DNS 服务器（Win2019-1、Win2019-2）。该 DNS 服务器放在企业内部，因此添加 www、ftp、pop3、smtp、imap 主机或者别名等记录时，记录的 IP 地址指向这些主机的私有 IP 地址，对于同样都在企业内部的计算机（客户端）来说，使用这两个 DNS 服务器来访问内部的 www、ftp 等主机是没有问题的，因为它们（客户端）将得到这些主机在内部局域网的 IP 地址（192.168.100.0/255.255.255.0 网段上）。然而互联网上的用户如果也让这两台 DNS 服务器来进行域名解析，将得到主机的私有 IP 地址，从而无法访问这些主机。

微课：7-21
了解企业内、外的
DNS 部署

如图 7-40 所示，常用的做法是：在申请注册域名时，同时让 ISP 提供域名解析服务。需要注意的是，主机记录或者其他资源记录的 IP 地址应该指向企业的公网 IP 地址（图中为 61.0.0.2），然后在局域网边界的接入服务器上做端口映射，把公网 IP 地址上的应用端口（例如 Web 的 80 端口）映射到内部主机的应用端口上。这样企业内的 DNS 服务器为企业内部的计算机提供域名解析，企业内的计算机通过私有 IP 地址访问企业内的服务器；互联网上的 DNS 服务器为互联网上的用户提供本企业域名的解析服务，互联网上的用户将获得企业的公网 IP 地址，通过公网 IP 地址访问企业的服务器。

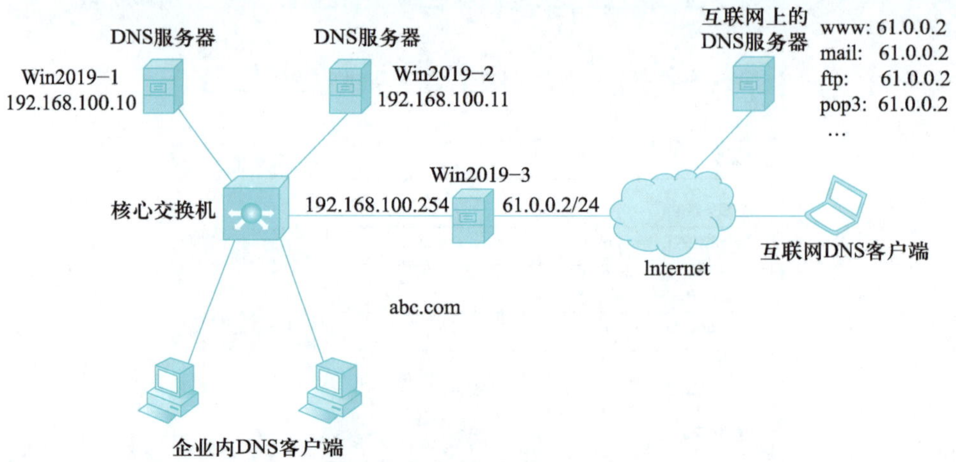

图 7-40　企业内、外 DNS 服务器

小结

域名系统（DNS）是一种用于 TCP/IP 应用程序的分布式数据库，它提供主机名和 IP 地址之间的转换，以及电子邮件的路由信息。本项目主要介绍了 DNS 的基本原理，DNS 域名解析过程，DNS 服务器安装、配置与测试等内容。DNS 配置是网络管理的重点和难点，应该好好理解和掌握。

习题

1. 填空题

（1）在 Windows 系统的计算机里有一个文件，名为________，可以把域名解析为 IP 地址。

（2）DNS 提供了一个________型命名方案。

（3）________命令可以查看 Windows 系统中的 DNS 缓存。

（4）顶级域名中，表示商业组织的是________。

（5）可以把整个域名空间分割成小的空间，这个小的空间称为________。

（6）目前，全球有________台逻辑 DNS 根服务器。

（7）________表示别名的资源记录。

（8）________是指根据域名解析 IP 地址，________是指根据 IP 地址解析域名。

（9）Windows 系统上，专用的 DNS 测试命令是________。

（10）为了能够对 DHCP 客户端的 IP 地址进行解析，建议启用________。

2. 简答题

（1）DNS 有什么作用?

（2）简述 DNS 的递归查询。

（3）简述 DNS 的迭代查询。

（4）DNS 转发器有什么作用?

3. 实践题

按照图 1-1 的规划，在 Win2009-1、Win2009-2 两台服务器上：

（1）安装 DNS 角色。

（2）在 Win2019-1 服务器上的 abc.com 域添加 www、ftp、mail 主机记录，指向 Win2019-2 服务器；添加别名记录 imap、pop3、smtp，指向 mail。

（3）Win2019-1 服务器上的 abc.com 域允许 DHCP 客户端进行安全的动态更新。

（4）在 Win2019-1 服务器上配置 DNS 转发器，指向深圳本地 ISP 的 DNS 服务器。

（5）在 Win2019-2 服务器上，创建辅助区域 abc.com，和主要服务器（Win2019-1）进行同步。

（6）在 Windows 10 客户端上用 nslookup 命令测试 DNS 服务器。

项目 8

构建 DHCP 服务器

项目背景

每台计算机都必须配置 IP 地址，手工设置每一台计算机的 IP 地址是管理员最不愿意做的一件事，于是自动配置 IP 地址的方法出现了，这就是动态主机配置协议（Dynamic Host Configuration Protocol，DHCP）。DHCP 服务器能够从预先设置的 IP 地址池里挑选空闲的地址，自动分配给计算机（也称客户端、主机）。它不仅能够保证计算机的 IP 地址不重复分配，也能及时回收 IP 地址以提高 IP 地址的利用率。

本项目将介绍 DHCP 的工作原理，并在企业部署 DHCP 服务器，为企业的用户自动分配 IP 地址。为了提高可靠性，可以部署互为冗余的 DHCP 服务器。

项目任务

（1）安装 DHCP 服务器。
（2）创建作用域，设置作用域选项、排除范围、保留地址。
（3）使用策略为特定的客户端分配特定的 IP 地址或者 DHCP 选项。
（4）在 DHCP 客户端进行测试。
（5）配置 DHCP 服务器故障转移，提高 DHCP 的可靠性。

8.1　任务 1　DHCP

微课：8-1
了解 DHCP 服务

DHCP 包含两个方面的含义：协议和服务。服务是指 DHCP 服务器为 DHCP 客户端提供 IP 地址及参数。协议是指 DHCP 服务器和 DHCP 客户端之间使用的协议。本任务将介绍 DHCP 的工作原理，为以后正确规划和构建 DHCP 服务器做准备。

PPT：8-1
了解 DHCP 服务

8.1.1　子任务 1　DHCP 简介

用 TCP/IP 进行通信时，每一台计算机（主机）都必须拥有一个 IP 地址。如果系统管理员在每一台计算机上手工设定一个固定的 IP 地址，这样的 IP 地址就称为静态 IP 地址。设定静态 IP 地址是常见的方法之一，但在许多场合并不适用。如果网络的规模较大，系统管理员给每一台计算机分配 IP 地址的工作量就会很大，而且常常因为用户私自更改 IP 地址而出现错误（如 IP 地址的冲突等）。当大批计算机从一个网络移动到另一网络或者改变部门计算机所属子网时，存在改变 IP 地址的工作量大的问题。随着移动办公的普及，当移动设备经常性从一个网络移动到另一网络时，每次移动也需要改变 IP 地址，采用 DHCP 的方法配置的计算机 IP 地址称为动态 IP 地址。

微课：8-2
了解 DHCP 协议

在动态 IP 地址的方案中，每台计算机并不设定固定的 IP 地址，而是计算机开机时才被分配一个 IP 地址，这台计算机称为 DHCP 客户端。负责给 DHCP 客户端分配 IP 地址的计算机称为 DHCP 服务器，DHCP 采用 Client/Server 模式工作。DHCP 服务器在给 DHCP 客户端分配 IP 地址（即 IP 地址租用）的时候，还会有租用时间期限的限制，超过租用期限时，DHCP 服务器就把这个 IP 地址收回。收回的 IP 地址可以重新分配给另一 DHCP 客户端，这样 IP 地址就被重复使用，大大提高了 IP 地址的利用率。移动设备在不同的网络上开机时，将会获得它所在网络上的 DHCP 服务器分配的有效 IP 地址，也就不必每次手工更改 IP 地址了。由于 DHCP 客户端是在开机的时候自动获得 IP 地址的，因此并不能保证每次获得的 IP 地址是相同的。

动态 IP 地址方案可以减少管理员的工作量是显而易见的，只要 DHCP 服务器正常，IP 地址的冲突是不会发生的。要大批量更改计算机的所在子网或其他 IP 参数，只要在 DHCP 服务器上设置即可，管理员不必亲自到每一台客户端上修改。

DHCP 允许三种类型的地址分配。

（1）DHCP 允许手工配置，管理员可为特定的计算机配置特定的 IP 地址。

（2）管理员可为第一次连接到网络的计算机分配一个固定的 IP 地址。

（3）DHCP 允许完全动态配置，服务器可使计算机在一段时间内“租用”一个 IP 地址。

可以看到 DHCP 可以提高 IP 地址的利用率，减少 IP 地址的管理工作量，便于移动用户的使用。但要注意的是，由于客户端每次获得的 IP 地址不是固定的，如果想利用某主机对外提供网络服务（例如 Web 服务、DNS 服务等），动态的 IP 地址是不可行的，这时通常要求采用静态 IP 地址配置方法。此外对于一个只有几台计算机的小网络，DHCP 服务器则显得有点多余。

8.1.2 子任务 2 了解 DHCP 的工作过程

DHCP 服务器端口号为 UDP 67，DHCP 客户端端口号为 UDP 68，其工作过程如图 8-1 所示。

微课：8-3
了解 DHCP 工作过程

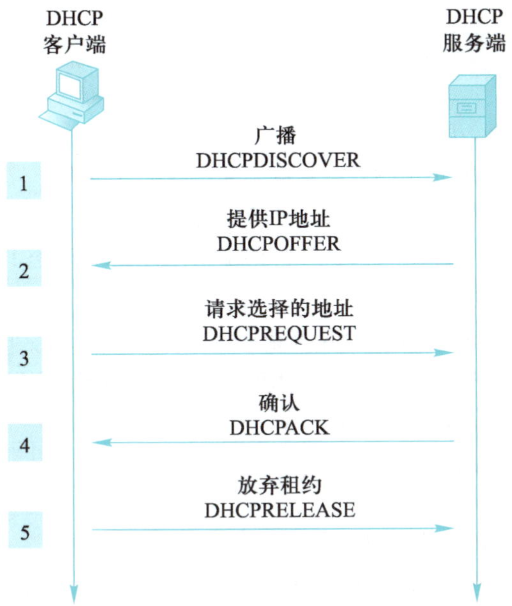

图 8-1 DHCP 工作过程

（1）DHCP 客户端启动时，客户端在当前的子网中广播 DHCPDISCOVER 报文向 DHCP 服务器申请一个 IP 地址。

（2）DHCP 服务器收到 DHCPDISCOVER 报文后，它将从地址池中为客户端挑选一个尚未被分配出去的 IP 地址，并把这个 IP 地址暂时标记为不可用。服务器将 DHCPOFFER 报文发送给客户端。如果网络里包含不止一个 DHCP 服务器，则客户端可能收到好几个 DHCPOFFER 报文，客户端通常只承认第一个收到的 DHCPOFFER。DHCPOFFER 报文可能是单播，也可能是广播，不同操作系统的做法不一样。

（3）客户端收到 DHCPOFFER 后，向服务器发送一个含有 DHCP 服务器提供的 IP 地址的 DHCPREQUEST 报文。如果客户端没有收到 DHCPOFFER 报文并且还记得以前的网络配置，此时使用以前的网络配置（如果该配置仍然在有效期限内）。

（4）DHCP 服务器向客户端发回一个含有原先被发出的 IP 地址及其分配方案的应答报文（DHCPACK）。

（5）客户端接收到包含了配置参数的 DHCPACK 报文，利用 ARP 检查网络上是否有相同的 IP 地址。如果检查通过，则客户端接受这个 IP 地址及其参数，如果发现有问题，客户端向原 DHCP 服务器发送 DHCPDECLINE 信息，并重新开始配置过程。服务器收到 DHCPDECLINE 信息，将该地址标为不可用。

（6）DHCP 服务器只能将 IP 地址分配给 DHCP 客户端一定时间，DHCP 客户端必须在该次租用过期前对它进行更新。客户端在 50%租借时间过去以后，向 DHCP 服务器发送 DHCPREQUEST 请求更新当前租借，如果 DHCP 服务器应答，则租用延期。如果 DHCP 服务器始终没有应答，在有效租借期的 87.5%，客户端会发送 DHCPREQUEST 与任何一台 DHCP 服务器联系，并请求更新它的当前租借。如果客户端不能和所有的 DHCP 服务器取得联系，租借时间到后，它必须放弃当前的 IP 地址并重新发送一个 DHCPDISCOVER 报文开始上述的 IP 地址获得过程。

（7）客户端可以主动向服务器发出 DHCPRELEASE 报文，将当前的 IP 地址释放。

8.2　任务 2　安装和配置 DHCP 服务器

微课：8-4
安装和配置 DHCP 服务

PPT：8-2
安装和配置 DHCP 服务

根据项目 1 的规划，IP 地址规划如下：

- 192.168.100.1～20 预留给各服务器，采用静态 IP 地址。
- 192.168.100.21～120 分配给使用台式机的员工，采用静态 IP 地址。
- 192.168.100.150～250 分配给移动办公的员工，采用动态 IP 地址。
- 其余 IP 地址作为备用。
- 网关为 192.168.100.254，DNS 服务器为 192.168.100.10、192.168.100.11。

本任务将在图 1-1 中的服务器 Win2019-1 上安装和配置 DHCP，为网络上的台式机以及移动办公的设备分配 IP 地址。

8.2.1　子任务 1　安装 DHCP 服务器

微课：8-5
安装 DHCP 服务

安装 DHCP 服务器的步骤如下。

（1）步骤 1：以用户 Administrator 登录到 Win2019-1 服务器，选择“开始”→“服务器管理器”菜单项，打开“服务器管理器”窗口，单击“添加角色和功能”链接。

（2）步骤 2：按照“添加角色和功能向导”的提示进行操作，在选择服务器角色时，如图 8-2 所示，勾选“DHCP 服务器”复选框。

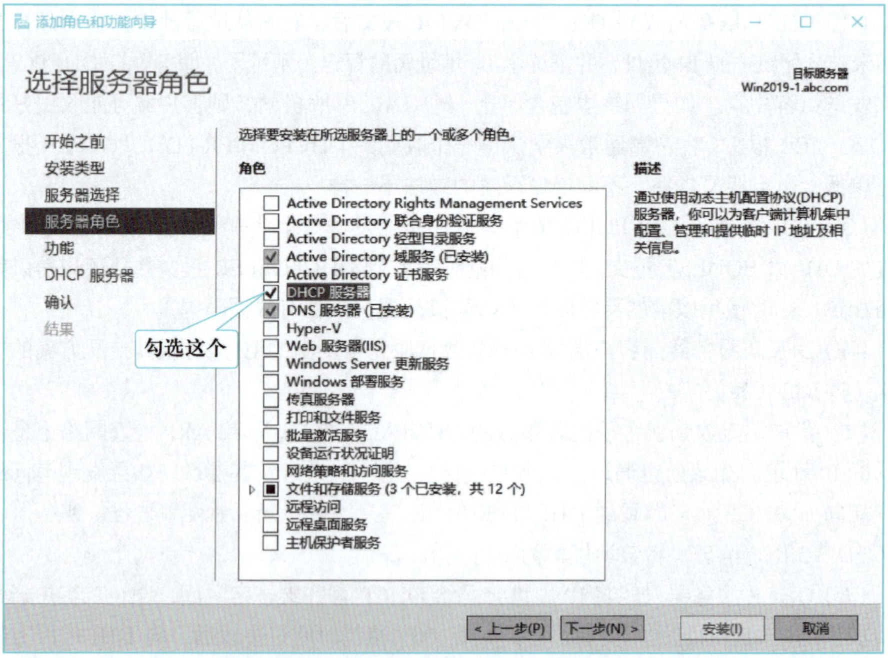

图 8-2　添加“DHCP 服务器”角色

（3）步骤 3：选择“开始”→“Windows 管理工具”→“DHCP”菜单项，打开“DHCP”

窗口，如图 8-3 所示，右击服务器名称“win2019-1.abc.com”，选择“授权”菜单项。授权是为了防止非法的 DHCP 服务器给客户端分配非法的 IP 地址。加入域的 DHCP 服务器均需要获得授权才能工作。对于没有加入域的 DHCP 服务器（称为独立服务器），如果同一个子网中没有已授权 DHCP 服务器在运行，则它不需要授权就能工作；如果同一个子网中存在已授权 DHCP 服务器，它无法正常工作。

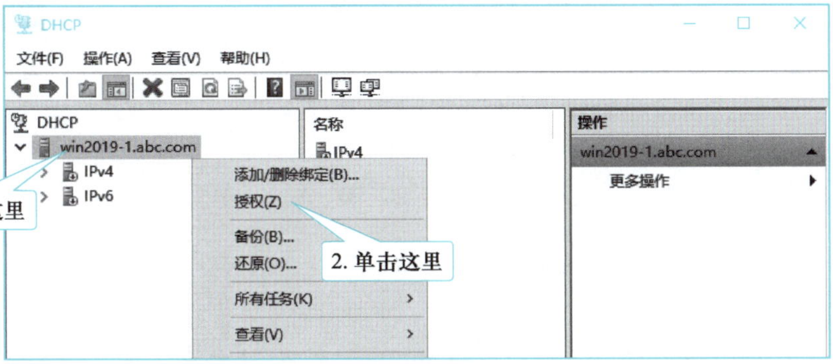

图 8-3 对 DHCP 服务器进行授权

（4）步骤 4：在图 8-3 中，选择“操作”→“刷新”菜单项，则可以看到“win2019-1.abc.com”下的“IPv4”“IPv6”图标上的红色向下箭头变为绿色的“√”，说明 DHCP 服务器已经获得了授权。

8.2.2 子任务 2 创建 IPv4 作用域

作用域是指分配给请求动态 IP 地址的计算机的 IP 地址范围。当 DHCP 客户端向 DHCP 服务器请求 IP 地址时，DHCP 服务器从作用域内挑选一个尚未出租的 IP 地址，分配给客户端。新建作用域的步骤如下。

微课：8-6
创建 IPv4 作用域

（1）步骤 1：在图 8-3 中，右击服务器名称“win2019-1.abc.com”下的“IPv4”项，选择“新建作用域”菜单项，打开“新建作用域向导”对话框，单击“下一步”按钮。一个 IP 子网只能创建一个作用域。

（2）步骤 2：如图 8-4 所示，输入作用域的“名称”和“描述”，单击“下一步”按钮。

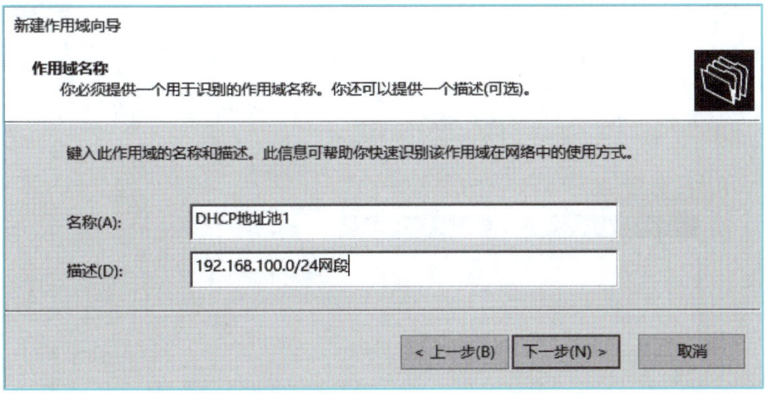

图 8-4 输入作用域名称和描述

（3）步骤 3：如图 8-5 所示，在“起始 IP 地址”文本框中输入作用域的起始 IP 地址，在“结束 IP 地址”文本框中输入作用域的结束 IP 地址。在“长度”输入框中设置子网掩码的位数（24 位代表子网掩码为 255.255.255.0），在“子网掩码”文本框中自动出现与该长度对应的子网掩码，单击“下一步”按钮。

图 8-5　设置 IP 地址范围

（4）步骤 4：如图 8-6 所示，可以添加排除地址，被排除的 IP 地址不会分配给客户端。在“起始 IP 地址”和“结束 IP 地址”文本框中输入要排除的 IP 地址范围，然后单击“添加”按钮。“子网延迟（毫秒）”输入框用于设置该作用域收到客户端的请求后延迟响应的时间，例如备用 DHCP 服务器可以迟于主服务器 10 ms 进行响应。单击“下一步”按钮。

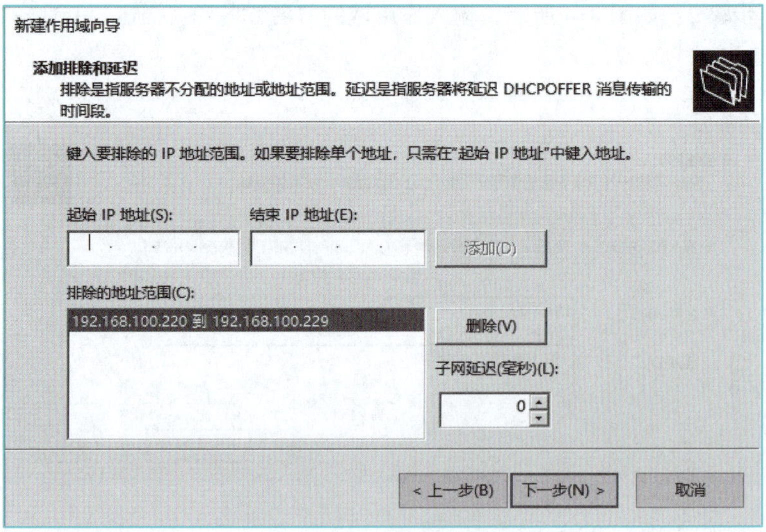

图 8-6　添加排除和延迟

（5）步骤 5：如图 8-7 所示，设置 IP 地址的租用期限。在“天”“小时”“分钟”输入框中设置租约的有效时间。一般而言，对于经常移动的设备，租约期限可以设置短一些，对于比较固定的设备，租约期限可以设置长一些。单击“下一步”按钮。

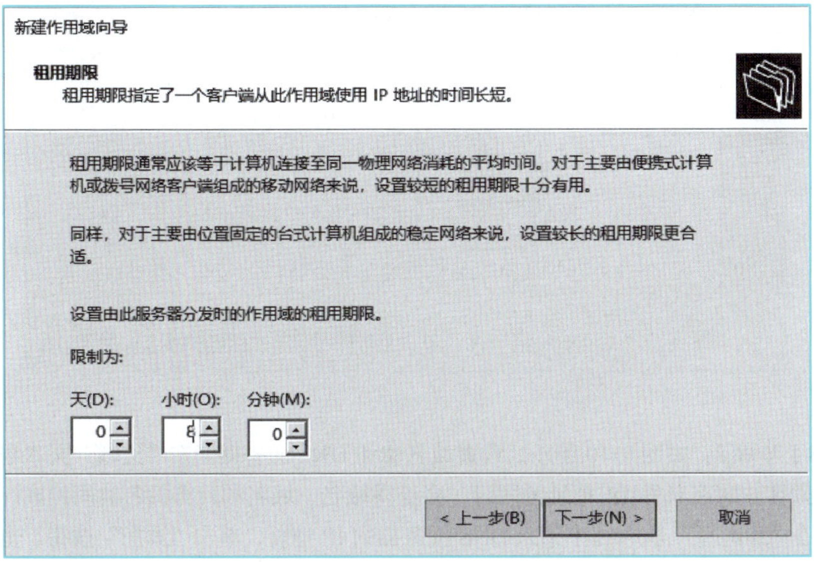

图 8-7 设置“租用期限”

（6）步骤 6：如图 8-8 所示，选择是否配置 DHCP 选项，DHCP 选项是指除了 IP 地址、子网掩码之外的一些参数，例如网关、DNS 服务器地址、WINS 服务器地址，甚至可以是路由表。选中“是，我想现在配置这些选项”单选按钮，单击“下一步”按钮。

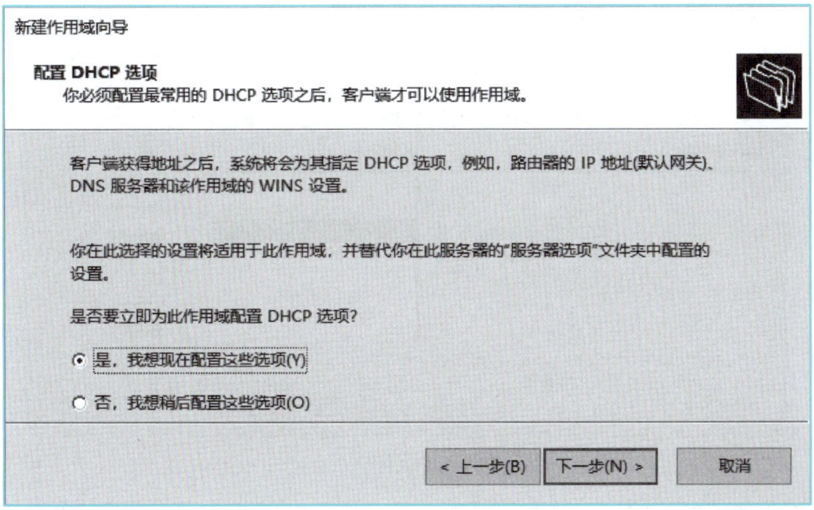

图 8-8 配置 DHCP 选项

（7）步骤 7：如图 8-9 所示，设置路由器（默认网关）。在“IP 地址”文本框中输入客户端使用的默认网关的 IP 地址，然后单击“添加”按钮。按图 1-1 中的规划，本例的网关应为“192.168.100.254”。单击“下一步”按钮。

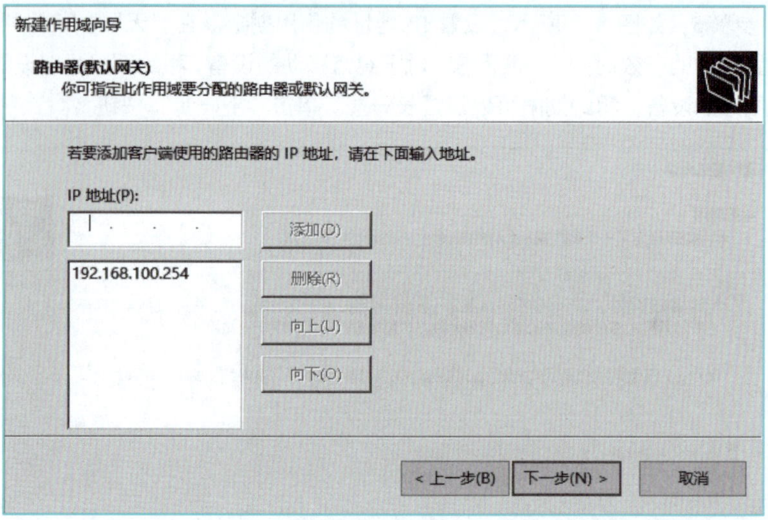

图 8-9　设置“路由器（默认网关）”

（8）步骤 8：如图 8-10 所示，设置域名称和 DNS 服务器。在“父域”文本框中输入域名，则客户端在获得 IP 地址的同时，会获得域名，域名和计算机名共同构成计算机的全名。在“IP 地址”文本框中输入 DNS 服务器的 IP 地址，单击“添加”按钮。也可以在“服务器名称”文本框中输入服务器的名称后单击“解析”按钮来自动查询 IP 地址。本例有主、备两个 DNS 服务器，参见项目 7。单击“下一步”按钮。

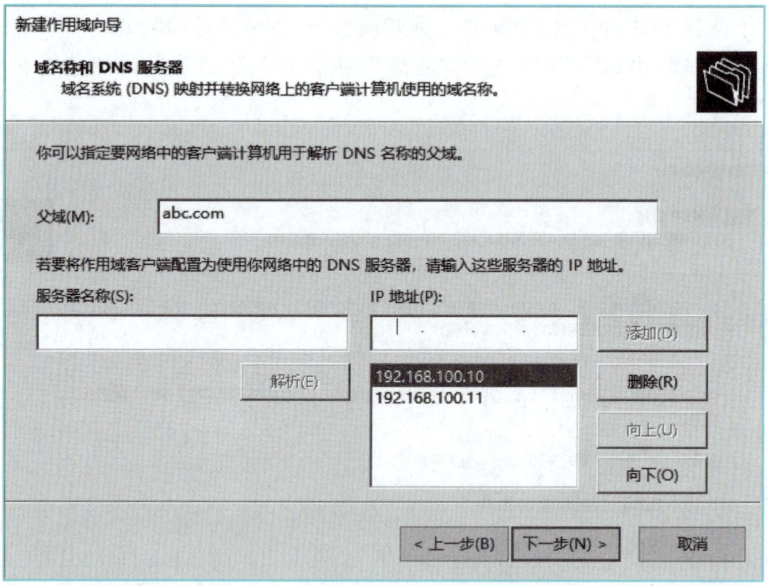

图 8-10　设置“域名称和 DNS 服务器”

（9）步骤 9：如图 8-11 所示，设置 WINS 服务器的 IP 地址，WINS 服务器可以把 NetBIOS 计算机名转换为 IP 地址。在“IP 地址”文本框中输入 WINS 服务器的 IP 地址，单击“添加”按钮。也可以在“服务器名称”文本框中输入服务器的名称后单击“解析”按钮来自动查询 IP 地址。本例不配置 WINS 服务器。单击“下一步”按钮。

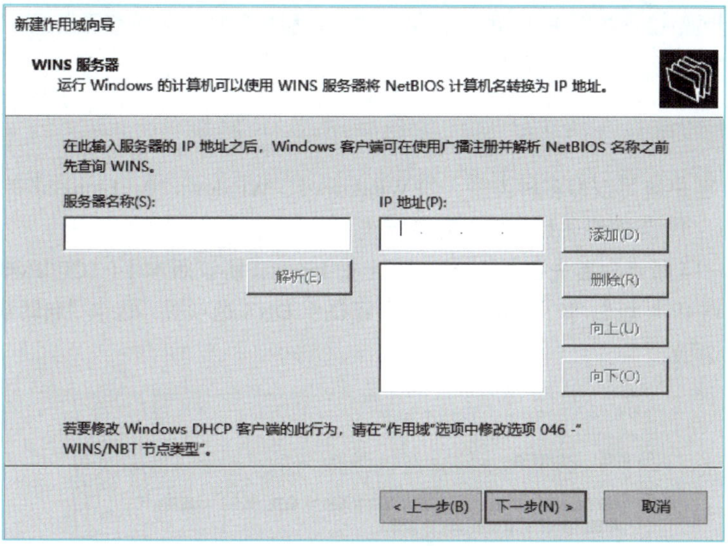

图 8-11 设置“WINS 服务器”

（10）步骤 10：如图 8-12 所示，选中“是，我想现在激活此作用域”单选按钮，单击“下一步”按钮。作用域必须激活才能为客户端分配 IP 地址。如果没有在此步骤激活作用域，可以在“DHCP”窗口中，右击作用域，选择“激活”菜单项来激活作用域。在下一对话框中，单击“完成”按钮。

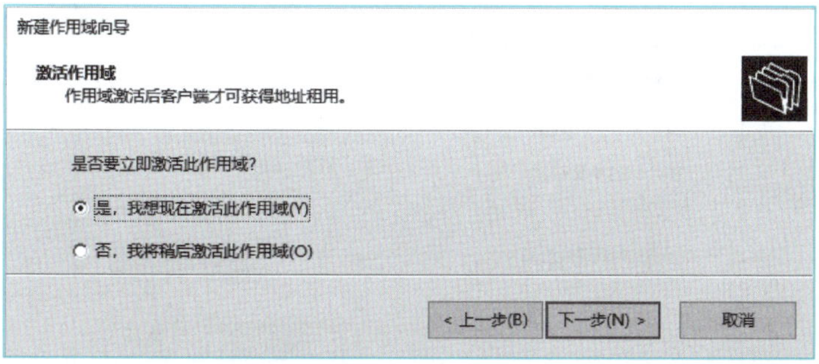

图 8-12 激活作用域

（11）步骤 11：新建的作用域如图 8-13 所示。

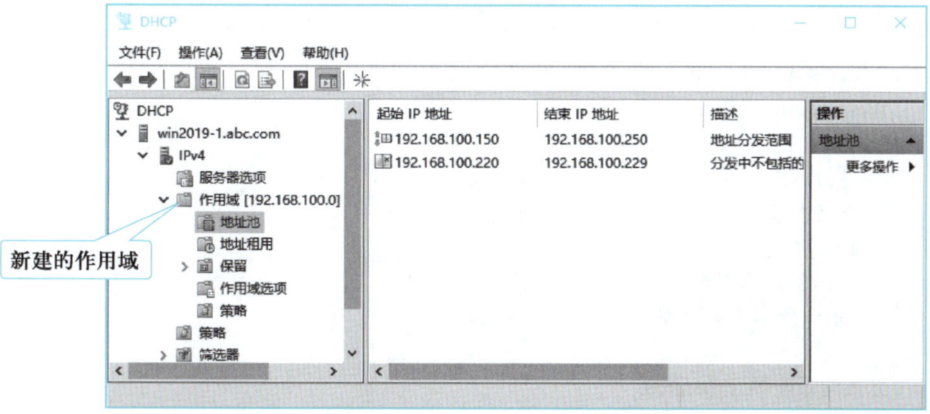

图 8-13 新建的作用域

（12）步骤 12：如图 8-13 所示，单击“地址租用”项，可以查看已经分配给客户端的 IP 地址。

8.2.3　子任务 3　DHCP 客户端获取动态 IP 地址

DHCP 客户端可以有多种类型，如 Windows 7、Windows 10、Linux 或者手机等，本节以 Windows 10 为例讲述如何配置客户端。

微课：8-7
DHCP 客户端获取动态 IP 地址

如图 8-14 所示，首先在 Windows 10 上把 Internet 协议版本 4（TCP/IPv4）属性设置为“自动获得 IP 地址”，如果 DHCP 服务器还提供 DNS 选项等，选中“自动获得 DNS 服务器地址”选项。

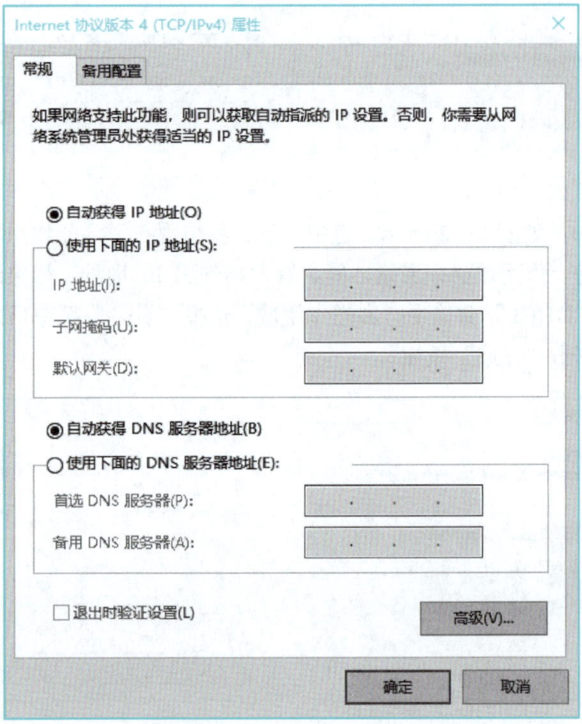

图 8-14　“Internet 协议版本 4（TCP/IPv4）属性”对话框

在命令提示符下，执行“ipconfig /all”可以看到 IP 地址、DNS、域名是否正确。释放地址可用“ipconfig /release”命令，更新地址使用“ipconfig /renew”命令。

```
C:\Users\Administrator>ipconfig /all
Windows IP 配置
    主机名 .................. : Win10-jack
    主 DNS 后缀 ............. : abc.com
    节点类型 ................ : 混合
    IP 路由已启用 ........... : 否
    WINS 代理已启用 ........ : 否
    DNS 后缀搜索列表 ........ : abc.com

以太网适配器 Ethernet0:
    连接特定的 DNS 后缀 ..... : abc.com
    描述..................... : Intel(R) 82574L Gigabit Network Connection
```

```
    物理地址. . . . . . . . . . . . . . . : 00-0C-29-AA-6D-D6
    DHCP 已启用 . . . . . . . . . . . : 是
    自动配置已启用. . . . . . . . . . : 是
    IPv4 地址 . . . . . . . . . . . . . : 192.168.100.150(首选)
    子网掩码 . . . . . . . . . . . . . : 255.255.255.0
    获得租约的时间 . . . . . . . . : 2020 年 4 月 5 日 18:13:30
    租约过期的时间 . . . . . . . . .: 2020 年 4 月 6 日 2:13:30
    默认网关. . . . . . . . . . . . . . . : 192.168.100.254
    DHCPv4 类 ID . . . . . . . . . . . :
    DHCP 服务器 . . . . . . . . . . . . : 192.168.100.10
    DNS 服务器 . . . . . . . . . . . . : 192.168.100.10
                                          192.168.100.11
    TCPIP 上的 NetBIOS . . . . . . : 已启用

C:\Users\Administrator>ipconfig /release
//以上命令是释放动态获取的 IP 地址
Windows IP 配置
以太网适配器 Ethernet0:
    连接特定的 DNS 后缀 . . . . :
    默认网关. . . . . . . . . . . . . :

C:\Users\Administrator>ipconfig /all
Windows IP 配置
    主机名 . . . . . . . . . . . . . . . . . . .: Win10-jack
    主 DNS 后缀 . . . . . . . . . . . . . .: abc.com
    节点类型 . . . . . . . . . . . . . . . . .: 混合
    IP 路由已启用 . . . . . . . . . . . . .: 否
    WINS 代理已启用 . . . . . . . . . : 否
    DNS 后缀搜索列表 . . . . . . . . . : abc.com

以太网适配器 Ethernet0:
    连接特定的 DNS 后缀. . . . . . . :
    描述. . . . . . . . . . . . . . . . . . . . . . .: Intel(R) 82574L Gigabit Network Connection
    物理地址. . . . . . . . . . . . . : 00-0C-29-AA-6D-D6
    DHCP 已启用 . . . . . . . . . . . . : 是
    自动配置已启用. . . . . . . . . . . . : 是
    自动配置 IPv4 地址 . . . . . . : 169.254.224.141(试验)
    子网掩码 . . . . . . . . . . . . . . . . .: 255.255.0.0
    默认网关. . . . . . . . . . . . . . . . . . .:
    DHCPv4 类 ID . . . . . . . . . . . . . .:
    TCPIP 上的 NetBIOS . . . . . : 已启用
//释放 IP 地址后，客户端将自行生成 169.254.0.0 网段的 IP 地址

C:\Users\Administrator>ipconfig /renew
//以上是更新地址或者重新获取地址
Windows IP 配置
以太网适配器 Ethernet0:
    连接特定的 DNS 后缀 . . . . . : abc.com
```

```
IPv4 地址 . . . . . . . . . . . . : 192.168.100.150
子网掩码  . . . . . . . . . . . . : 255.255.255.0
默认网关. . . . . . . . . . . . . : 192.168.100.254
```

如果 DHCP 客户端无法从 DHCP 服务器获取 IP 地址，则每隔 5 分钟会重试获取 IP 地址。在未获得 IP 地址之前，可以为客户端设置备用的 IP 地址。如图 8-15 所示，在"Internet 协议版本 4（TCP/IPv4）属性"对话框中，单击"备用配置"选项卡。

- "自动专用 IP 地址"：客户端将自行生成 169.254.0.0/255.255.0.0 网段的 IP 地址。
- "用户配置"：可以配置备用的 IP 地址及各个选项。

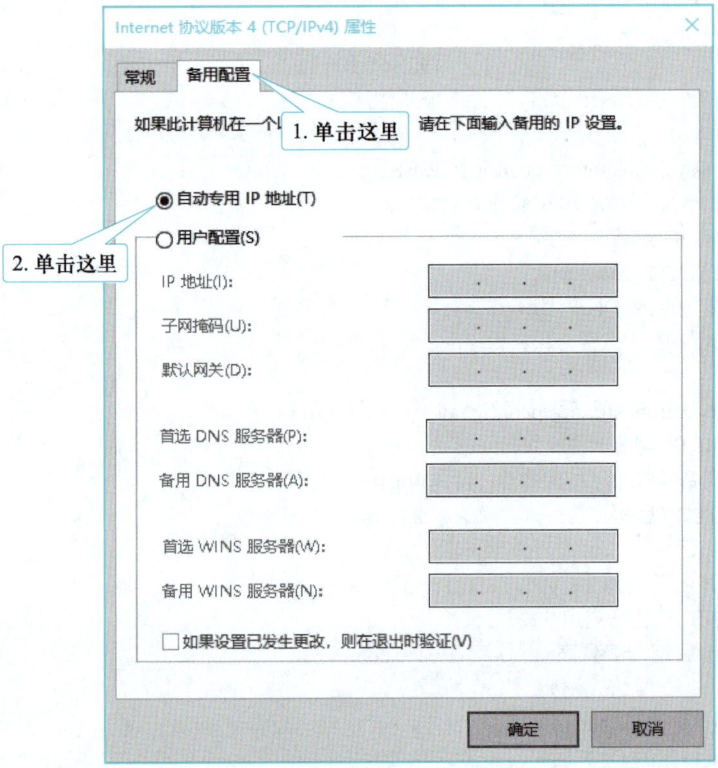

图 8-15 "备用配置"选项卡

微课：8-8
管理 DHCP 服务器

PPT：8-3
管理 DHCP 服务器

8.3 任务 3 管理 DHCP 服务器

本任务将在 DHCP 服务器上执行常见的管理工作，并部署第二台 DHCP 服务器实现故障转移，提高 DHCP 服务器的可靠性。

8.3.1 子任务 1 停止与启动 DHCP 服务器

1. 停止 DHCP 服务器

微课：8-9
停止与启动 DHCP 服务器

在"DHCP"窗口中，如图 8-16 所示，右击左边窗格的服务器名称"win2019-1.abc.com"，选择"所有任务"→"停止"选项，将关闭 DHCP 服务器。

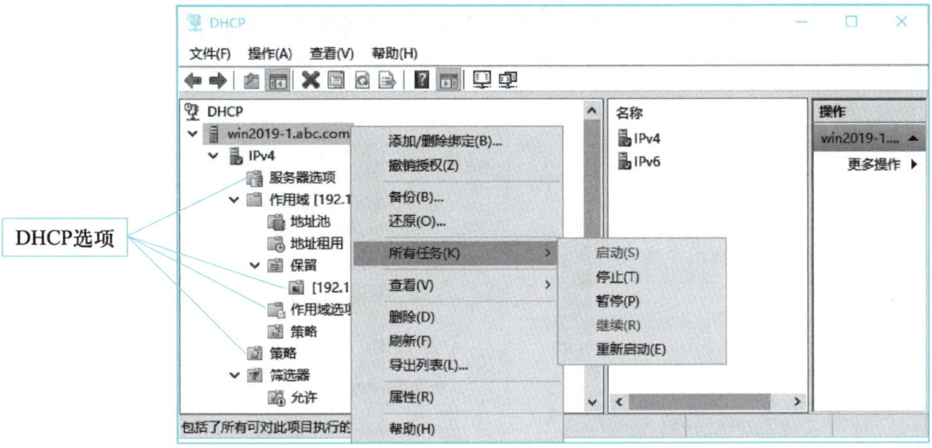

图 8-16 DHCP 服务器启动与停止菜单

2. 启动 DHCP 服务器

选择“所有任务”→“启动”菜单项，将启动已经关闭的 DHCP 服务器。

3. 暂停 DHCP 服务器

选择“所有任务”→“暂停”菜单项，将暂停 DHCP 服务器。

4. 继续运行 DHCP 服务器

选择“所有任务”→“继续”菜单项，将继续运行暂停的 DHCP 服务器。

5. 重启 DHCP 服务器

选择“所有任务”→“重新启动”菜单项，将关闭的 DHCP 服务器重新启动。

8.3.2 子任务 2 修改作用域的属性

对于已经建立好的作用域，可以修改其配置参数，具体的操作步骤如下。

（1）步骤 1：在“DHCP”窗口中，右击作用域，选择“属性”菜单项。

（2）步骤 2：在图 8-17 中，单击“常规”选项卡。

微课：8-10
修改作用域的属性

- “作用域名称”：可以修改作用域名称。
- “起始 IP 地址”和“结束 IP 地址”：可以分配的 IP 地址范围，但是“子网掩码”文本框是不可编辑的。
- “限制为”：可以设置租用期限。
- “无限制”：表示租用无期限限制，IP 地址分配给客户端后，将固定给客户端使用。
- “描述”：可以修改作用域的描述。

（3）步骤 3：如图 8-18 所示，单击“DNS”选项卡，可以设置 DHCP 客户端获得 IP 地址后，DHCP 服务器如何替代 DHCP 客户端在 DNS 服务器上更新资源记录。当 DHCP 客户端从 DHCP 服务器获取地址时，DHCP 服务器会通知客户端（通过 DHCP 报文的选项）：DHCP 服务器会替代客户端在 DNS 服务器上更新资源记录。客户端会把它的 FQDN

发送给 DHCP 服务器，以便 DHCP 服务器在 DNS 服务器上更新记录。以上需要在 DNS 服务器上允许更新，参见 7.4.2 节。

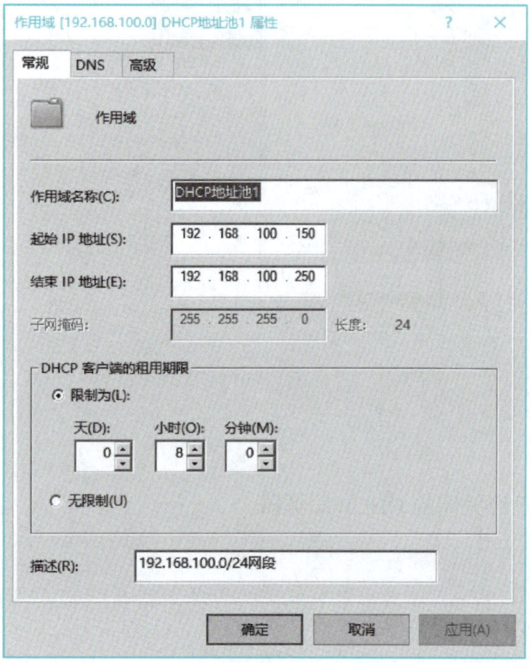

图 8-17　“常规”选项卡

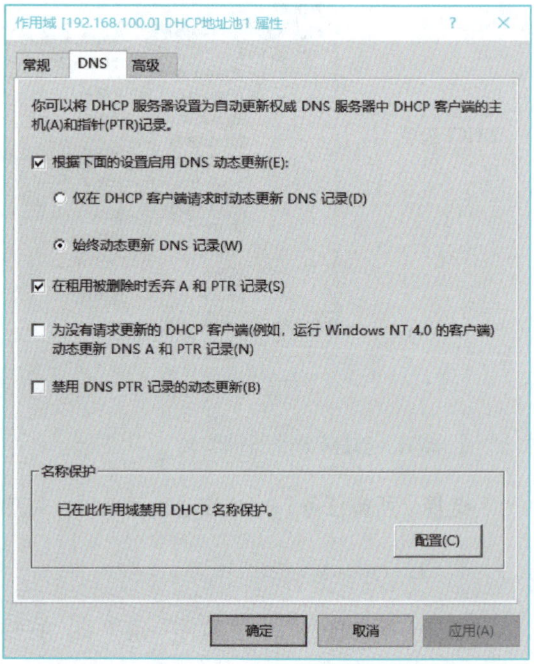

图 8-18　“DNS”选项卡

- “根据下面的设置启用 DNS 动态更新”：DHCP 服务器会替代 DHCP 客户端在 DNS 服务器上动态更新资源记录。选中“仅在 DHCP 客户端请求时动态更新 DNS 记录”单选按钮，表示 DHCP 客户端请求时，DHCP 服务器才会替代客户端在 DNS 服务器上更新资源记录，早期的 Windows 系统可能不会发送请求。选中“始终动态更新 DNS 记录”单选按钮，表示 DHCP 服务器始终会替代客户端在 DNS 服务器上更新资源记录，并会通知客户端，客户端无须自行在 DNS 服务器上更新记录。
- “在租用被删除时丢弃 A 和 PTR 记录”：表示 DHCP 客户端的 IP 地址租用到期后，DHCP 服务器会要求 DNS 服务器删除客户端的 A 记录和 PTR 记录。
- “为没有请求更新的 DHCP 客户端（例如，运行 Windows NT 4.0 的客户端）动态更新 DNS A 和 PTR 记录”：表示 Windows NT 4.0、Windows 98 等不支持动态更新的 DHCP 客户端，其 A 记录和 PTR 记录由 DHCP 服务器代为更新。

（4）步骤 4：如图 8-19 所示，单击“高级”选项卡。

在“为下列客户端动态分配 IP 地址”选项区有 3 个选项。

- “DHCP”：只为 DHCP 客户端分配 IP 地址。
- “BOOTP”：只为 BOOTP 客户端分配 IP 地址，早期的客户端才会使用 BOOTP。
- “两者”：同时为 DHCP、BOOTP 客户端分配 IP 地址。

在“BOOTP 客户端的租用期限”选项区设置 BOOTP 客户端的租用期限。

- “子网延迟”：DHCP 服务器分配 IP 地址的延时，通常在备用 DHCP 服务器上设置，迟于主服务器响应客户端的请求。

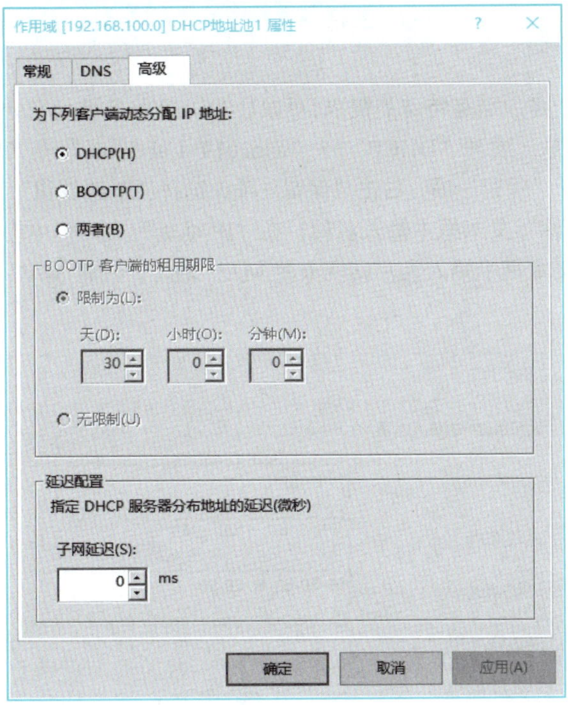

图 8-19 “高级”选项卡

8.3.3 子任务 3 在地址池中排除和保留 IP 地址

1. 建立 IP 地址排除范围

微课：8-11 在地址池中排除和保留 IP 地址

作用域地址池排除范围可以把子网的某些 IP 地址排除在分配给 DHCP 客户端的地址外。由于一个子网只能创建一个作用域，因此如果子网有多个范围，可以通过排除范围实现。例如：某子网有 192.168.1.1～192.168.1.100、192.168.1.201～192.168.1.250 地址池，可以先创建 192.168.1.1～192.168.1.250 的作用域，再创建排除范围 192.168.1.101～192.168.1.200。创建排除范围的步骤如下。

在“DHCP”窗口中，展开“DHCP”→“win2019-1.abc.com”→“IPv4”→“作用域[192.168.100.0]”→“地址池”项，右击“地址池”项，选择“新建排除范围”菜单项，如图 8-20 所示，输入排除的“起始 IP 地址”和“结束 IP 地址”，单击“添加” 按钮。

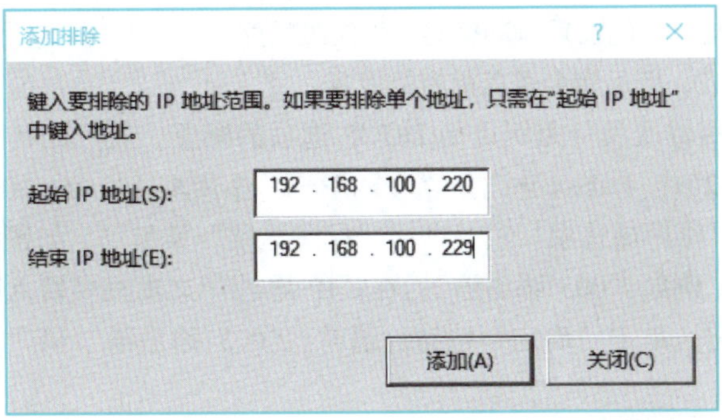

图 8-20 “添加排除”对话框

2. 保留 IP 地址

如果某 DHCP 客户端有特殊的需求，可以让 DHCP 服务器为它分配固定的 IP 地址。在“DHCP”窗口中，展开“DHCP”→“win2019-1.abc.com”→“IPv4”→“作用域[192.168.100.0]”→“保留”项，右击“保留”项，选择“新建保留”菜单项。如图 8-21 所示，在“保留名称”文本框中输入名称，在“IP 地址”文本框中输入保留的 IP 地址，在“MAC 地址”文本框中输入客户端网卡的 MAC 地址，注意 MAC 地址的格式。单击“添加”按钮。

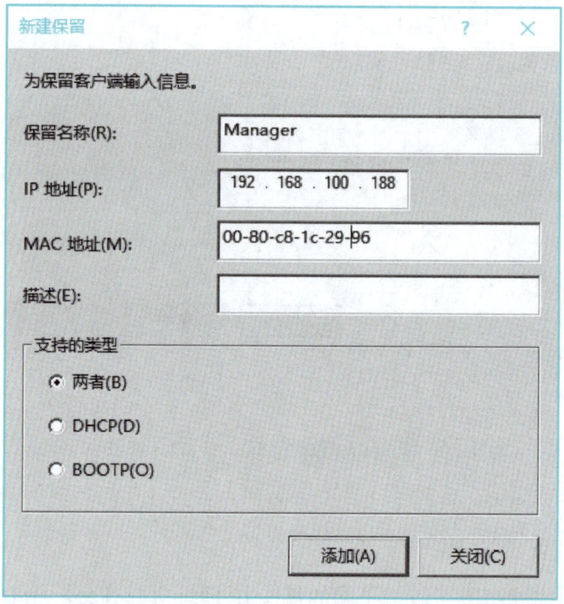

图 8-21 “新建保留”对话框

8.3.4 子任务 4 配置 DHCP 选项

微课：8-12 作用域选项

DHCP 选项是分配给 DHCP 客户端的（除了 IP 地址和子网掩码）额外配置参数，例如默认网关、DNS 服务器地址。如图 8-16 所示，DHCP 选项可以在“服务器选项”“作用域选项”“保留”和“策略”上设置。“服务器选项”会应用到服务器内的所用作用域，即会被作用域继承。“作用域选项”仅应用到该作用域，但作用域下的“保留”会继承“作用域选项”。当这些选项的设置有冲突时，优先级顺序为：“服务器选项”<“作用域选项”<“保留”<“策略”，即后者会覆盖前者的设置。

以配置“作用域选项”为例说明 DHCP 选项的配置，在“DHCP”窗口中，展开“DHCP”→“win2019-1.abc.com”→“IPv4”→“作用域[192.168.100.0]”→“作用域选项”项，右击“作用域选项”项，选择“配置选项”菜单项。如图 8-22 所示，勾选要配置的复选框，例如“003 路由器”，在“IP 地址”文本框中输入网关的 IP 地址，单击“添加”按钮，单击“确定”按钮。通常，“003 路由器”和“006 DNS 服务器”是必须配置的。

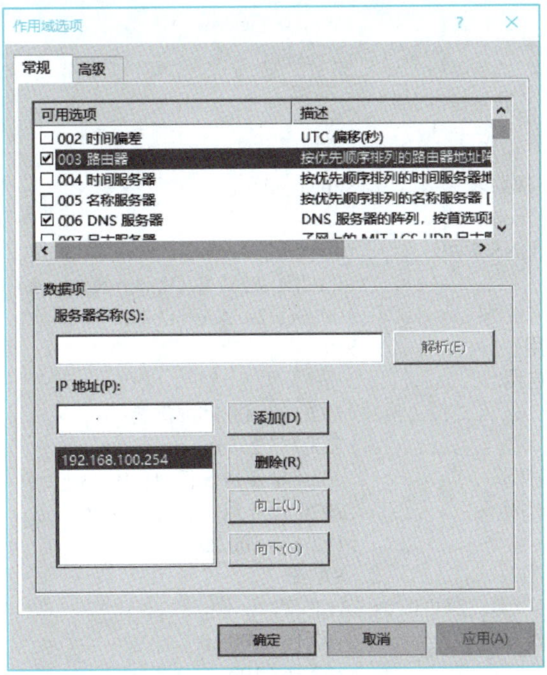

图 8-22 配置 DHCP 选项

8.3.5 子任务 5 配置 DHCP 策略

可以使用策略为特定的客户端分配特定的 IP 地址或者 DHCP 选项，以满足个性化的需求。例如，如果一个子网内有两个网关，为了实现网关的负载均衡，可以把不同部门的客户端指向不同网关，或者让手机获取特定地址段的 IP 地址。策略通过 DHCP 客户端发送的 DHCP 报文中的选项信息来识别客户端，这些信息如下。

微课：8-13
DHCP 策略

- 供应商类别：操作系统的厂商，例如 Windows 系统发送的为“MSFT”，华为手机发送的是“HUAWEI”。
- 用户类：在 Windows 中可以使用“ipconfig /setclassid”命令进行设置。
- MAC 地址：客户端的 MAC 地址。
- 客户端标识符：为“硬件类型”+MAC 地址，以太网的“硬件类型”为 01，因此客户端标识符为 010080c81c2997。
- 完全限定的域名：计算机的全名（FQDN）。
- 中继代理信息：客户端通过 DHCP 代理获取 IP 地址，信息指中继代理信息。

1. 定义用户类

在客户端（例如 Windows 10），可以设置用户类如下。

```
C:\Users\Administrator>ipconfig /setclassid   Ethernet0 SALE
//以上给网卡 Ethernet0 设置了用户类，为 SALE
Windows IP 配置
成功地设置了适配器 Ethernet0 的 DHCPv4 类 ID。

C:\Users\Administrator>ipconfig /all
Windows IP 配置
```

```
   主机名  . . . . . . . . . . . . . . . . . . . : Win10-jack
   主 DNS 后缀 . . . . . . . . . . . . . . : abc.com
   节点类型  . . . . . . . . . . . . . . . . : 混合
   IP 路由已启用 . . . . . . . . . . . . : 否
   WINS 代理已启用 . . . . . . . . . : 否
   DNS 后缀搜索列表  . . . . . . . : abc.com
以太网适配器 Ethernet0:
   连接特定的 DNS 后缀 . . . . . : abc.com
   描述. . . . . . . . . . . . . . . . . . . . . . . : Intel(R) 82574L Gigabit Network Connection
   物理地址. . . . . . . . . . . . . . . . . . . : 00-0C-29-AA-6D-D6
   DHCP 已启用 . . . . . . . . . . . . . : 是
   自动配置已启用. . . . . . . . . . . . : 是
   IPv4 地址 . . . . . . . . . . . . . . . . . : 192.168.100.150(首选)
   子网掩码  . . . . . . . . . . . . . . . . . : 255.255.255.0
   获得租约的时间  . . . . . . . . . . . : 2020 年 4 月 5 日 18:19:23
   租约过期的时间  . . . . . . . . . . . : 2020 年 4 月 6 日 20:07:20
   默认网关. . . . . . . . . . . . . . . . . . . : 192.168.100.254
   DHCPv4 类 ID . . . . . . . . . . . . . : SALE
   //以上显示用户类已经更改为 SALE 了
   DHCP 服务器 . . . . . . . . . . . . . : 192.168.100.10
   DNS 服务器  . . . . . . . . . . . . . . : 192.168.100.10
                                            192.168.100.11
   TCPIP 上的 NetBIOS  . . . . . : 已启用
```

可以在 DHCP 服务器中根据客户端发送的 DHCP 报文的“077”选项来定义用户类，供策略使用。在“DHCP”窗口中，展开“DHCP”→“win2019-1.abc.com”→“IPv4”项，右击“IPv4”项，选择“定义用户类”菜单项。如图 8-23 所示，默认已经有两个用户类。单击“添加”按钮，在“新建类”对话框中输入类的“显示名称”，在“ASCII”栏输入客户端的类。单击“确定”和“关闭”按钮。

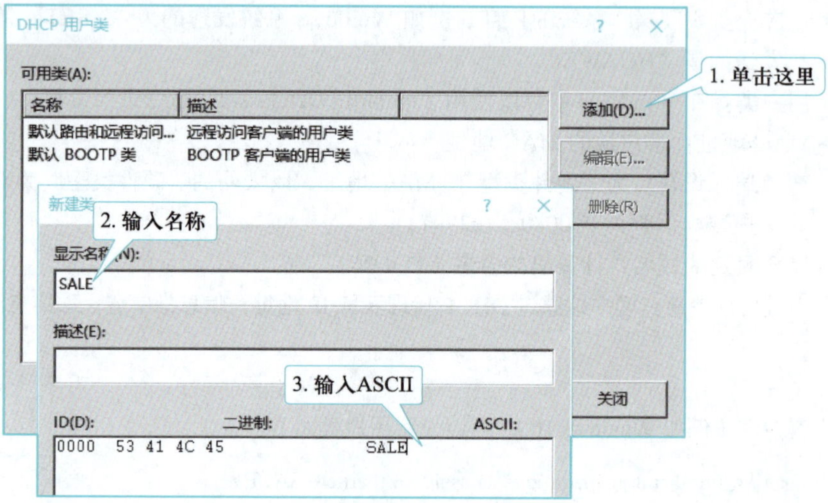

图 8-23 定义用户类

2. 定义供应商类

可以在 DHCP 服务器中根据客户端发送的 DHCP 报文的“060”选项来定义供应商类，供策略使用。客户端发送的“060”选项的信息表明了客户端的操作系统的类型，需要和操作系统厂商确认。

在“DHCP”窗口中，展开“DHCP”→“win2019-1.abc.com”→“IPv4”项，右击“IPv4”项，选择“定义供应商类”菜单项。如图 8-24 所示，默认有三个供应商类。单击“添加”按钮，在“新建类”对话框中输入类的“显示名称”，在“ASCII”栏输入客户端的类。单击“确定”和“关闭”按钮。

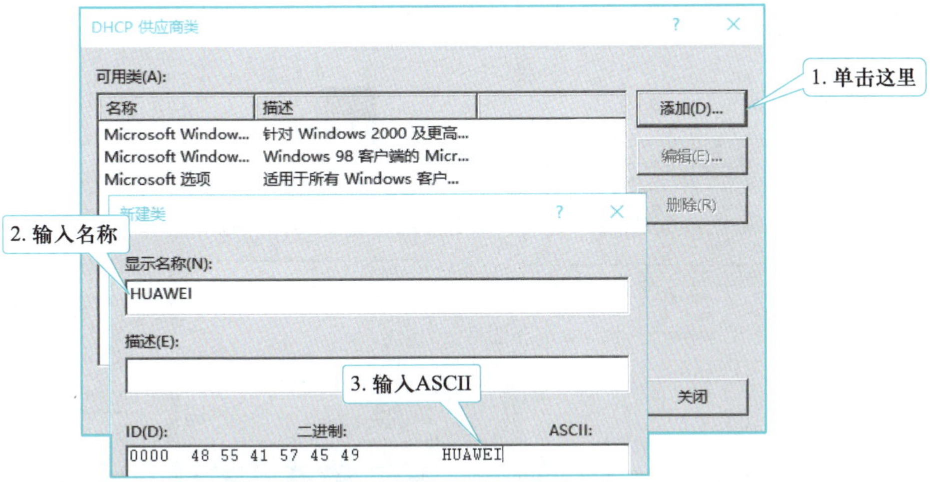

图 8-24 定义供应商类

3. 新建策略

策略可以在服务器上建立，也可以在作用域上建立。服务器上建立的策略会被所有作用域继承并生效，但是只能配置 DHCP 选项，不能配置 IP 地址范围。作用域上建立的策略只在该作用域上生效，可以指定 IP 地址范围和 DHCP 选项。以下是在作用域上创建策略的步骤。

（1）步骤 1：在“DHCP”窗口中，展开“DHCP”→“win2019-1.abc.com”→“IPv4”→“作用域[192.168.100.0]”→“策略”项，右击“策略”项，选择“新建策略”菜单项，打开“DHCP 策略配置向导”对话框。

（2）步骤 2：如图 8-25 所示，输入策略名称，单击“下一步”按钮。

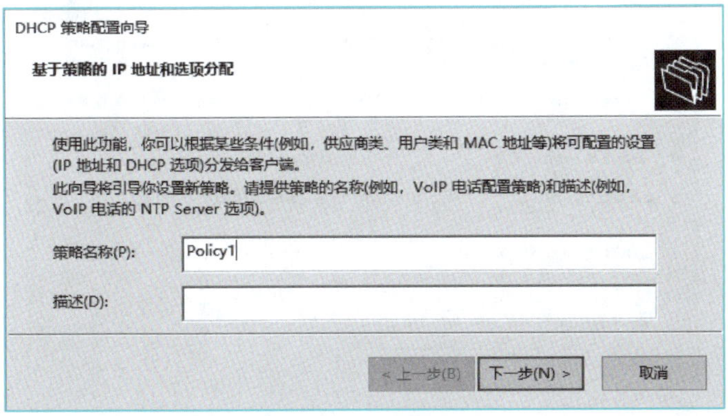

图 8-25 输入策略名称

（3）步骤 3：如图 8-26 所示，可以设置多个策略条件。选择“和”选项，则全部条件同时满足时策略生效；选择“或”选项，则满足全部条件中的任何一个时策略生效。单击“添加”按钮，打开“添加/编辑条件”对话框，在“条件”下拉列表中选择“供应商类别”，在“运算符”下拉列表中选择“等于”，在“值”下拉列表中选择之前定义的供应商类别“HUAWEI”。可以勾选“前缀通配符（*）”或者“附加通配符（*）”复选框，只要供应商类别为“*HUAWEI”或者“HUAWEI*”即可满足条件。单击“确定”按钮返回，可以继续添加条件。本例添加的条件为：供应商类别等于 HUAWEI 或用户类等于 SALE 或 MAC 地址等于 24DA33*。单击“下一步”按钮。

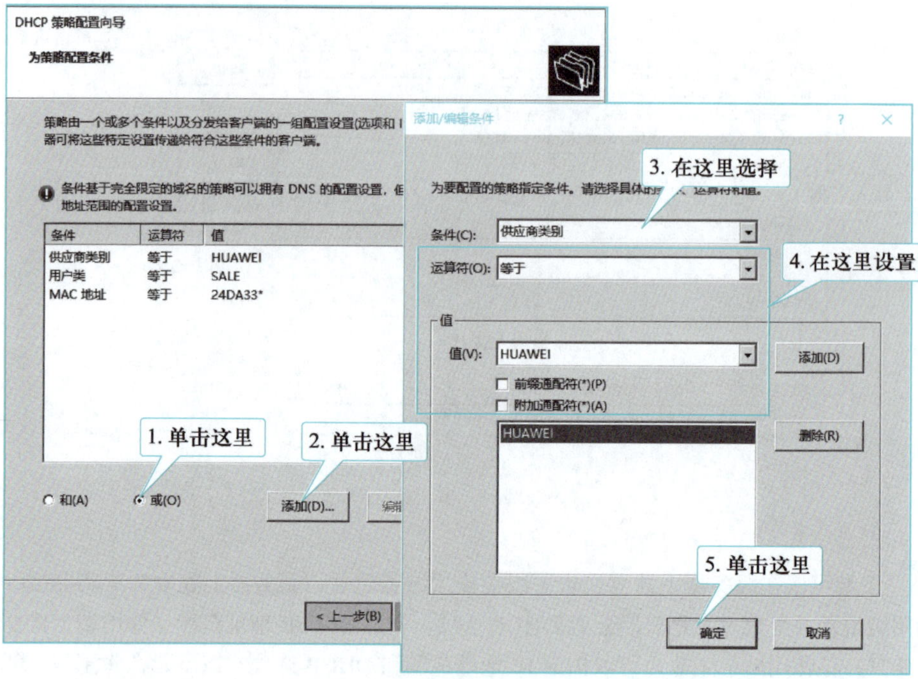

图 8-26 “为策略配置条件”对话框

（4）步骤 4：如图 8-27 所示，在“是否要为策略配置 IP 地址范围”选项区中选择“是”单选按钮，并输入起始 IP 地址和结束 IP 地址，单击“下一步”按钮。

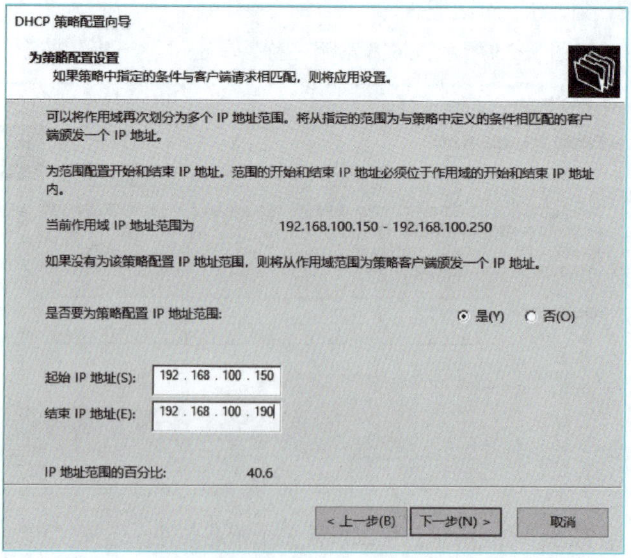

图 8-27 设置 IP 地址范围

（5）步骤 5：如图 8-28 所示，配置 DHCP 选项，单击“下一步”按钮。在“摘要”对话框中，确认条件、IP 地址范围、DHCP 选项无误后，单击“完成”按钮。

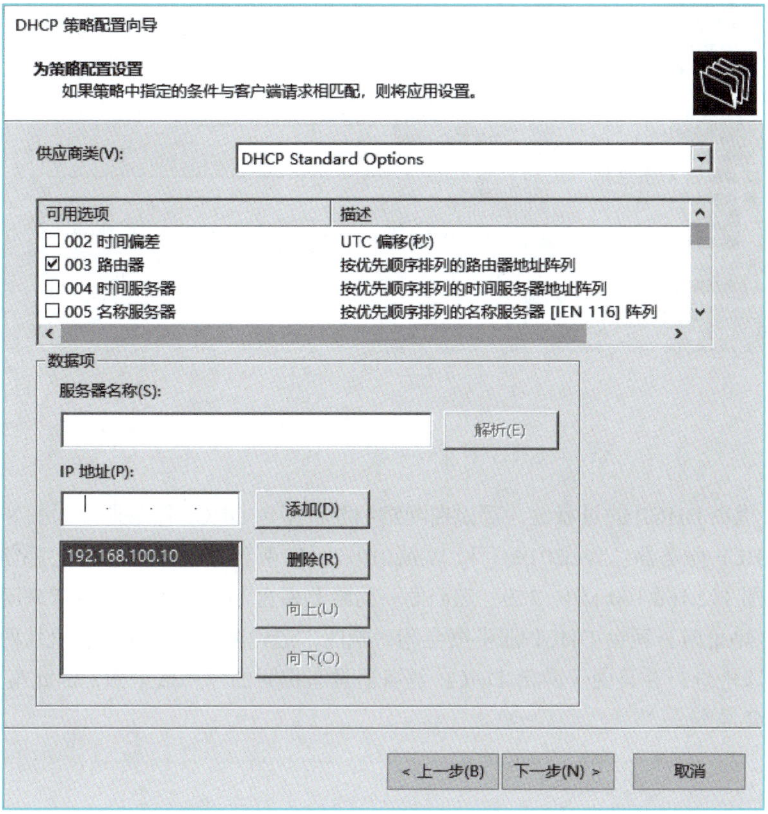

图 8-28　配置 DHCP 选项

（6）步骤 6：如需要对策略进行更改，可以右击策略，选择“属性”菜单项。

8.3.6　子任务 6　配置 DHCP 筛选器

筛选器可以允许或者拒绝 DHCP 服务器为特定的客户端分配地址，分为“允许”和“拒绝”筛选器。默认情况下“允许”和“拒绝”筛选器均没有启动。如果仅启动“允许”筛选器，则只允许向该筛选器下的客户端分配 IP 地址。如果仅启动“拒绝”筛选器，则只拒绝向该筛选器下的客户端分配 IP 地址。如果同时启动“允许”和“拒绝”筛选器，则允许向“允许”筛选器下的客户端分配 IP 地址，但出现在“拒绝”筛选器下的客户端除外。

微课：8-14
DHCP 筛选器

要启动或禁止筛选器，如图 8-29 所示，右击“允许”或“拒绝”项，选择“启动”或者“禁止”菜单项。

新建筛选器，如图 8-29 所示，右击“允许”或“拒绝”项，选择“新建筛选器”菜单项，输入 MAC 地址，单击“添加”按钮，单击“关闭”按钮结束添加。

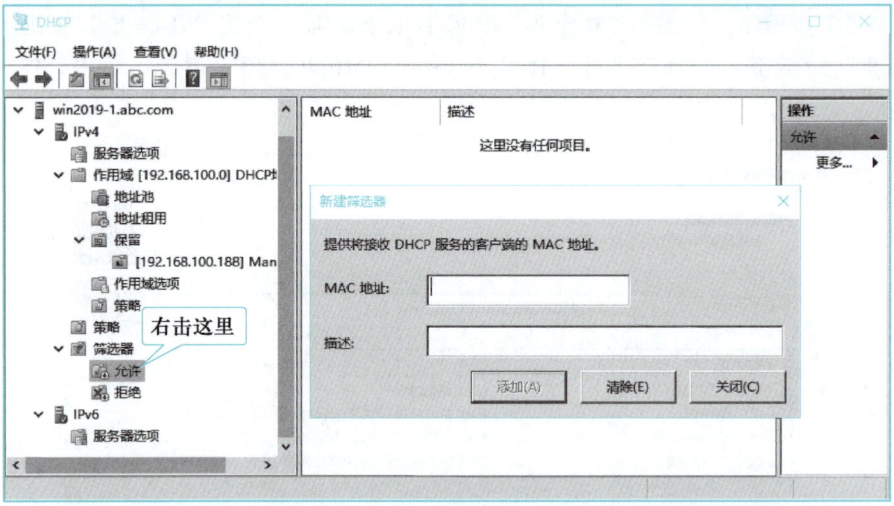

图 8-29　添加筛选器

8.3.7　子任务 7　拆分 DHCP 作用域

微课：8-15
拆分 DHCP 作用域

为了提高 DHCP 的可靠性，可以在网络中部署多台 DHCP 服务器。如图 8-30 所示，有两台 DHCP 服务器：Win2019-1 和 Win2019-2。在两台 DHCP 服务器上都创建相同的作用域范围 192.168.100.150～250。然而同一网络有多台 DHCP 服务器会带来问题，客户端请求 IP 地址时，两台 DHCP 服务器会同时响应，最终客户端可能会随机从两台 DHCP 服务器获取地址，并且由于两台 DHCP 服务器具有相同的作用域范围，因此客户端的 IP 地址可能会冲突。

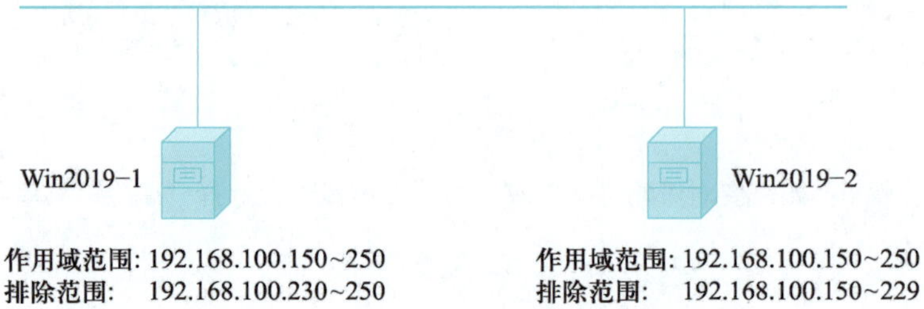

图 8-30　主、备 DHCP 服务器

可以这么解决：两台 DHCP 服务器上排除一定的 IP 地址，保证两台 DHCP 服务器上的作用域 IP 地址不重叠，并且区分主、备 DHCP 服务器，备 DHCP 服务器设置响应延迟。图 8-30 中，如果按照 80/20 原则，Win2019-1 为主 DHCP 服务器，IP 地址数量占 80%，把 192.168.100.230～250 排除了，有效的 IP 范围为 192.168.100.150～229；Win2019-2 为备 DHCP 服务器，IP 地址数量占 20%，把 192.168.100.150～229 排除了，有效的 IP 地址范围为 192.168.100.230～250。Win2019-2 服务器上的作用域子网延迟设置为 200 ms。

DHCP 管理工具中提供了“拆分作用域”功能来快速实现以上的想法，步骤如下。

（1）步骤 1：在 Win2019-1 服务器上创建作用域，IP 地址范围为 192.168.100.150～250，并配置好 DHCP 选项，无须手工配置排除范围。

（2）步骤 2：在 Win2019-2 服务器上安装 DHCP 角色并授权，无须配置作用域范围。

（3）步骤 3：以域管理员 Administrator 在 Win2019-1 服务器上登录，在“DHCP”窗

口中，展开“DHCP”→“win2019-1.abc.com”→“IPv4”→“作用域[192.168.100.0]”项，右击该项，选择“高级”→“拆分作用域”菜单项，打开“DHCP 拆分作用域配置向导”对话框，仔细阅读后，单击“下一步”按钮。

（4）步骤 4：如图 8-31 所示，输入其他 DHCP 服务器的名称，或者单击“添加服务器”按钮，查找其他 DHCP 服务器。单击“下一步”按钮。

图 8-31 “其他 DHCP 服务器”对话框

（5）步骤 5：如图 8-32 所示，拖动滑块设置 IP 地址范围的拆分百分比，系统自动计算排除范围的起始 IP 地址和结束 IP 地址。单击“下一步”按钮。

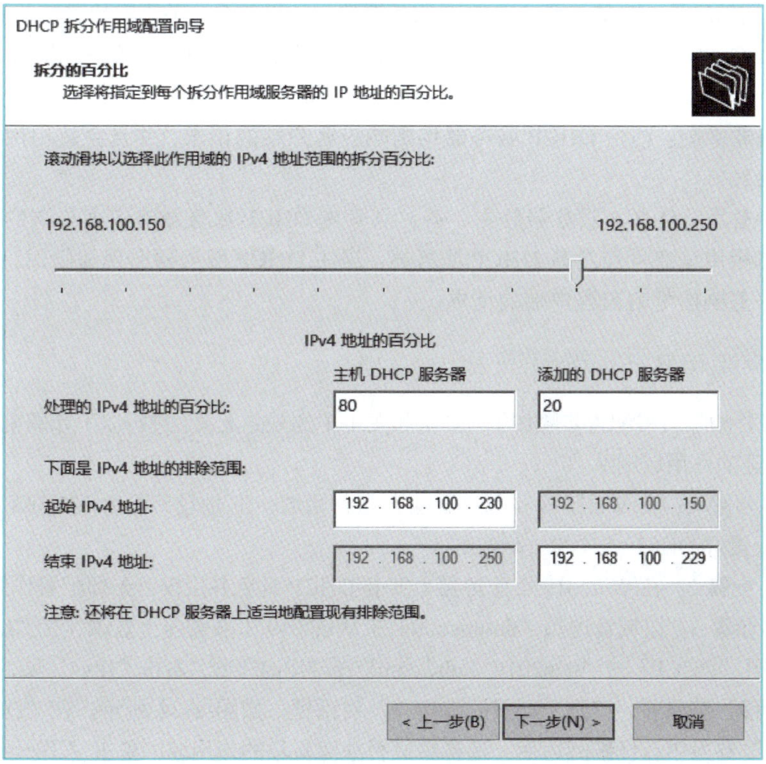

图 8-32 设置拆分百分比

（6）步骤 6：如图 8-33 所示，设置主、备 DHCP 服务器的响应延迟时间，主 DHCP 服务器的延迟时间应该比备 DHCP 服务器短。单击“下一步”按钮。在“拆分作用域配置摘要”对话框中，确认设置无误后，单击“完成”按钮，再单击“Close”按钮。

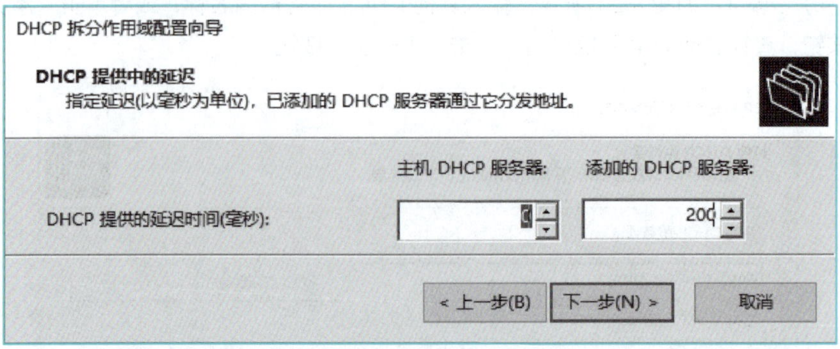

图 8-33　设置响应延迟时间

（7）步骤 7：在 Win2019-2 服务器的“DHCP”窗口中，检查系统是否自动创建作用域和排除范围，把该作用域激活。

8.3.8　子任务 8　配置 DHCP 故障转移

微课：8-16
配置 DHCP 故障转移

通过拆分作用域可以实现 DHCP 服务器的高可靠性，但是会造成 IP 地址一定程度上的浪费。Windows Server 2019 提供了 DHCP 故障转移功能（仅 IPv4 支持）来实现高可靠性。DHCP 故障转移功能仅支持两台 DHCP 服务器，这两台 DHCP 服务器的作用域设置和地址租用信息是一样的。两台 DHCP 服务器建立伙伴关系，并不断检测彼此是否正常。当一台 DHCP 服务器出现故障时，另一台 DHCP 服务器可以继续为客户端提供 IP 地址，并且使用原来的地址租用信息。DHCP 故障转移有如下两种模式。

- 负载平衡：两台 DHCP 服务器均衡响应客户端的请求，并且会将租用信息同步给对方。
- 热备用：DHCP 服务器分主、备，只有主 DHCP 服务器响应客户端的请求，并将租用信息同步给备 DHCP 服务器。当主 DHCP 服务器出现故障时，备 DHCP 服务器接替响应客户端的请求。

1. 创建 DHCP 故障转移关系

DHCP 故障转移配置步骤如下。本例和图 1-1 的规划无关，进行以下步骤前需要把本小节前创建的作用域删除。

（1）步骤 1：在 Win2019-1 服务器上创建作用域，IP 地址范围为 192.168.100.150～250，并配置好 DHCP 选项和排除范围。

（2）步骤 2：在 Win2019-2 服务器上安装 DHCP 角色并授权，无须配置作用域。

（3）步骤 3：以域管理员 Administrator 在 Win2019-1 服务器上登录，在“DHCP”窗口中，展开“DHCP”→“win2019-1.abc.com”→“IPv4”项，右击“IPv4”项，选择“配置故障转移”菜单项，打开“配置故障转移”对话框。如图 8-34 所示，在“DHCP 故障转移简介”界面中，仔细阅读后，选择要进行故障转移的作用域，单击“下一步”按钮。

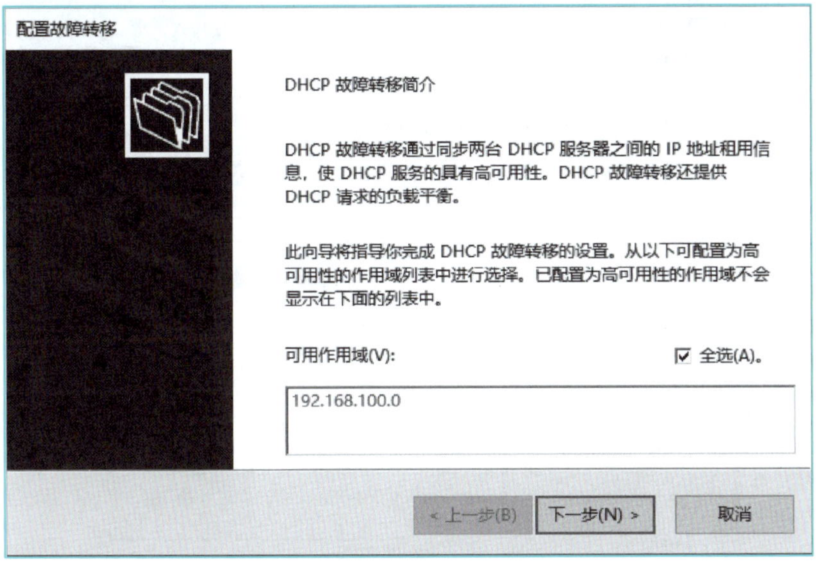

图 8-34 选择要进行故障转移的作用域

（4）步骤 4：如图 8-35 所示，输入伙伴服务器的名称，或者单击“添加服务器”按钮查找伙伴服务器。单击“下一步”按钮。

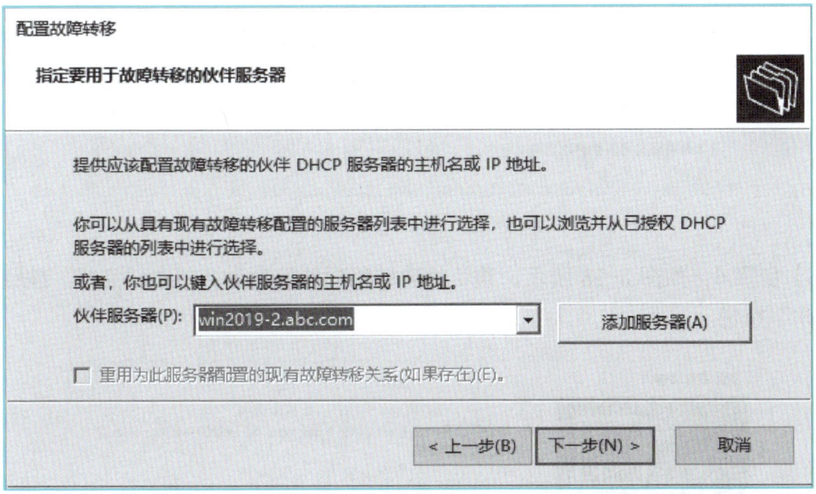

图 8-35 指明伙伴服务器

（5）步骤 5：如图 8-36 所示，输入关系名称。“最长客户端提前期”是指伙伴状态转为伙伴关闭后，需要等待此时间服务器才接管伙伴服务器尚未出租的 IP 地址，也用来设置接管伙伴服务器尚未出租的 IP 地址前新客户端 IP 地址的暂时有效期。“模式”可以选择“负载平衡”或者“热备用服务器”。如果选择“负载平衡”，可以配置本地服务器和伙伴服务器的负载平衡比；如果选择“热备用服务器”，如图 8-37 所示，需要配置伙伴服务器的角色，以及备用服务器的 IP 地址比例。“状态切换间隔”是指服务器与伙伴服务器失去联系后，伙伴服务器状态从通信中断切换到伙伴关闭的时间，如果要自动切换需要勾选该复选框，如果没有勾选该复选框，则需要手工切换。勾选“启用消息验证”复选框，则需要同时配置“共享机密”，两个服务器之间会验证密码，以提高安全性。单击“下一步”按钮。

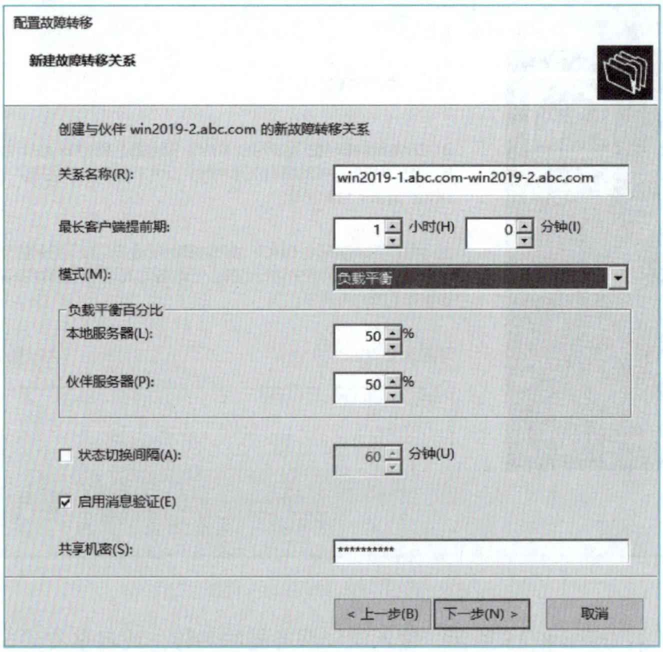

图 8-36　新建故障转移关系

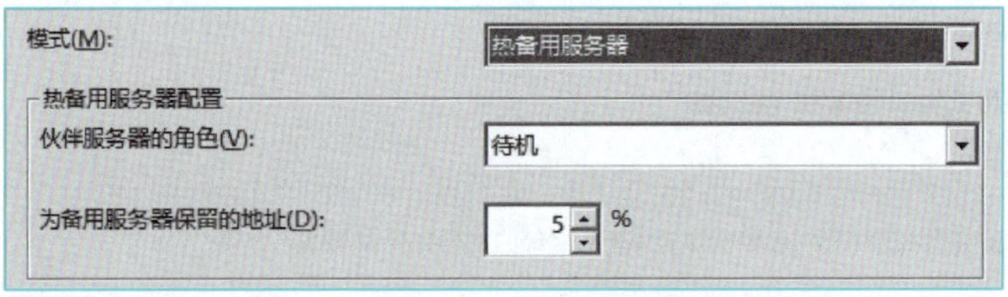

图 8-37　热备用模式的设置

（6）步骤 6：如图 8-38 所示，确认故障转移配置信息后，单击“完成”按钮，再单击“关闭”按钮。

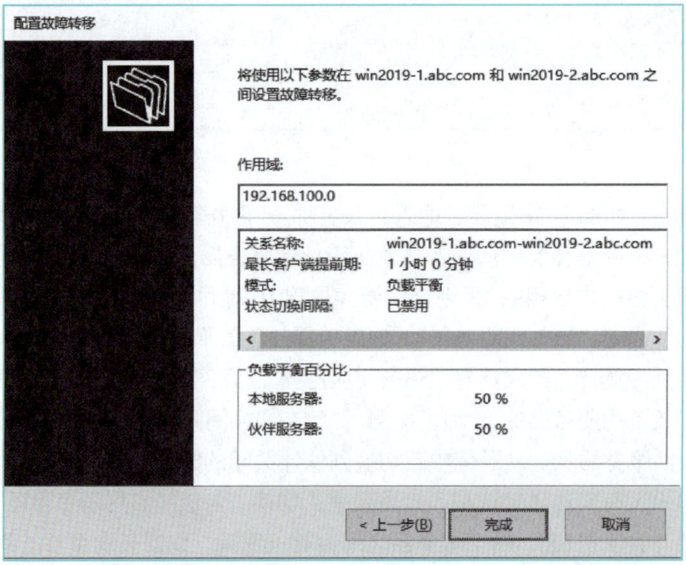

图 8-38　确认故障转移配置信息

（7）步骤 7：在 Win2019-2 服务器上，打开“DHCP”窗口，如图 8-39 所示，可以看到系统自动从 Win2019-1 服务器上复制了作用域。展开“DHCP”→“win2019-2.abc.com”→“IPv4”项，右击“IPv4”项，选择“属性”菜单项，打开“IPv4 属性”对话框，单击“故障转移”选项卡，可以编辑和查看此服务器上的故障转移关系的状态。

图 8-39 在伙伴服务器上确认故障转移的配置

2. 测试 DHCP 故障转移

在客户端（Windows 10）上先动态获取 IP 地址如下：

```
C:\Users\Administrator>ipconfig /release
C:\Users\Administrator>ipconfig /renew
C:\Users\Administrator>ipconfig /all
              (略)
以太网适配器 Ethernet0:
   连接特定的 DNS 后缀 .......... : abc.com
   描述............................: Intel(R) 82574L Gigabit Network Connection
   物理地址........................: 00-0C-29-AA-6D-D6
   DHCP 已启用 ...................: 是
   自动配置已启用 ................ : 是
   IPv4 地址 .......................: 192.168.100.150(首选)
   子网掩码 .......................: 255.255.255.0
   获得租约的时间 .................: 2020 年 4 月 7 日 16:35:01
   租约过期的时间 .................: 2020 年 4 月 7 日 17:35:00
   默认网关........................: 192.168.100.254
   DHCPv4 类 ID ...................: SALE
   DHCP 服务器 .................. : 192.168.100.10
   //以上可以看到客户端从 192.168.100.10 获得 IP 地址
   DNS 服务器 ....................: 192.168.100.10
   TCPIP 上的 NetBIOS ...........: 已启用
```

以域管理员 Administrator 在 Win2019-1 服务器（192.168.100.10）上登录，在“DHCP”

窗口中，展开“DHCP”→“win2019-1.abc.com”项，右击“win2019-1.abc.com”项，选择“所有任务”→“停止”菜单项，把 DHCP 服务停止。

以本地管理员 Administrator 在 Win2019-2 服务器（192.168.100.11）上登录，在“DHCP”窗口中，展开“DHCP”→“win2019-2.abc.com”→“IPv4”项，可以看到“IPv4”图标上有故障转移的箭头。右击“IPv4”项，选择“属性”菜单项，如图 8-40 所示，单击“故障转移”选项卡，在“故障转移状态”选项区中可以看到服务器的状态是“与伙伴失去联系”。选中伙伴关系，单击“编辑”按钮，可以查看之前配置的故障转移关系，单击“更改为伙伴服务器关闭”，可以把伙伴关系的状态从通信中断变为伙伴关闭。

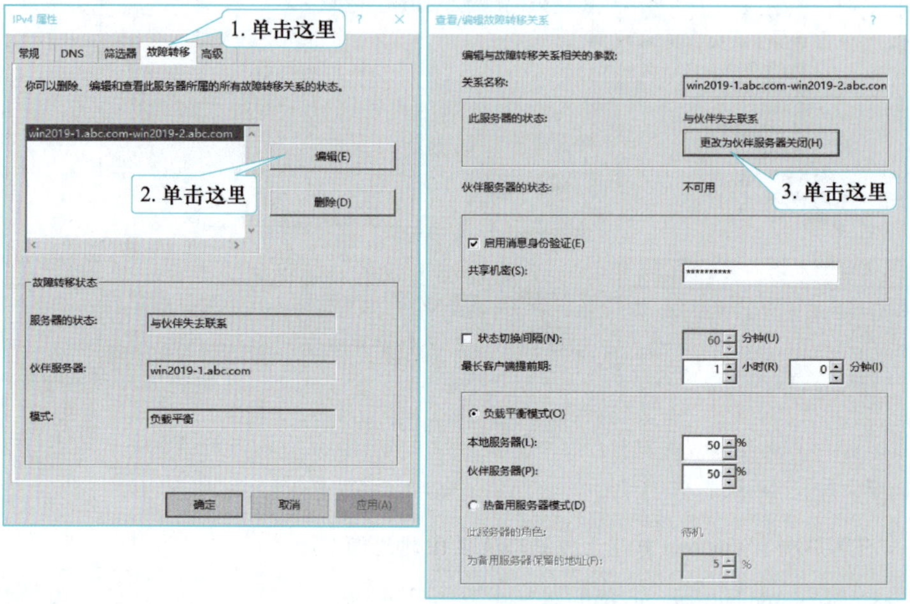

图 8-40　测试故障转移关系

在客户端（Windows 10）上重新动态获取地址如下：

```
C:\Users\Administrator>ipconfig /release
C:\Users\Administrator>ipconfig /renew
C:\Users\Administrator>ipconfig /all
            (略)
以太网适配器 Ethernet0:
   连接特定的 DNS 后缀 . . . . . . . . . . : abc.com
   描述. . . . . . . . . . . . . . . . . . . . . . . . . . . . .: Intel(R) 82574L Gigabit Network Connection
   物理地址. . . . . . . . . . . . . . . . . . . . . . . .: 00-0C-29-AA-6D-D6
   DHCP 已启用 . . . . . . . . . . . . . . . . . . : 是
   自动配置已启用. . . . . . . . . . . . . . . . . : 是
   IPv4 地址 . . . . . . . . . . . . . . . . . . . . . . : 192.168.100.150(首选)
   子网掩码  . . . . . . . . . . . . . . . . . . . . . .: 255.255.255.0
   获得租约的时间  . . . . . . . . . . . . . . . .: 2020 年 4 月 7 日 16:53:38
   租约过期的时间  . . . . . . . . . . . . . . . .: 2020 年 4 月 8 日 0:53:37
   默认网关. . . . . . . . . . . . . . . . . . . . . . . .: 192.168.100.254
   DHCPv4 类 ID . . . . . . . . . . . . . . . . . .: SALE
   DHCP 服务器 . . . . . . . . . . . . . . . . . . : 192.168.100.11
```

```
//以上可以看到客户端已经从另一台 DHCP 服务器获取 IP 地址了
DNS 服务器 . . . . . . . . . . . . . : 192.168.100.10
TCPIP 上的 NetBIOS  . . . . . . : 已启用
```

在 Win2019-1、Win2019-2 服务器上重新启动（可能需要多次重启）DHCP 服务器，恢复 DHCP 故障转移的关系。

3. 管理作用域配置的复制

这里的复制是指将一台 DHCP 服务器上作用域的属性、IP 地址范围、选项和配置同步到另一台伙伴服务器上。在一个 DHCP 服务器上对作用域所做的更改也需要复制到伙伴服务器上。也可以在服务器层面、作用域层面、故障转移关系层面上手工进行复制。

1）在服务器层面上复制

在服务器层面上复制会把服务器上所有的作用域都复制到伙伴服务器上。在“DHCP”窗口中，展开“DHCP”→“win2019-1.abc.com”→“IPv4”项，右击“IPv4”项，选择“复制故障转移作用域”菜单项。复制结果如图 8-41 所示。

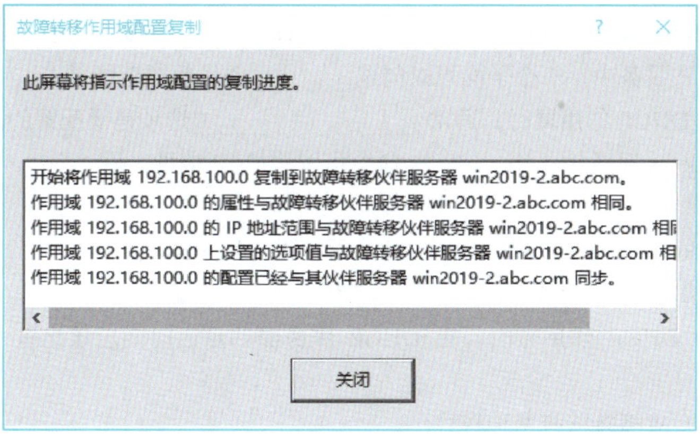

图 8-41　复制结果

2）在作用域层面上复制

在作用域层面上复制只会把特定作用域复制到伙伴服务器上。在“DHCP”窗口中，展开“DHCP”→“win2019-1.abc.com”→“IPv4”→“作用域[192.168.100.0]”项，右击该项，选择“复制作用域”菜单项。

3）在故障转移关系层面上复制

多个作用域可以共用一个故障转移关系。在故障转移关系层面上复制会把使用该故障转移关系的全部作用域复制到伙伴服务器上。在“DHCP”窗口中，展开“DHCP”→“win2019-1.abc.com”→“IPv4”→“作用域[192.168.100.0]”项，右击该项，选择“复制关系”菜单项，则将和这个作用域使用同一故障转移关系的全部作用域进行复制。

小结

手工为计算机配置 IP 地址和掩码的工作量很大，DHCP 服务可以自动为计算机分配 IP 地址、掩码以及相关参数，例如网关、DNS 地址。DHCP 的工作过程主要有四个步骤。

在服务器上安装 DHCP 角色后，需要创建作用域，作用域中指明地址池的 IP 地址范围和排除范围，还须设置 IP 地址租用时间和 DHCP 选项。DHCP 客户端可以是 Windows、Linux 以及手机等。DHCP 服务器上可以根据 MAC 地址为客户保留特定的 IP 地址。通过 DHCP 客户端发送的 DHCP 报文中的选项信息可以识别客户端，从而使用策略为特定的客户端分配特定的 IP 地址或者 DHCP 选项，以满足个性化的需求。筛选器可以允许或者拒绝 DHCP 服务器为特定的客户端分配地址。为了提高 DHCP 可靠性，可以在网络中部署多台 DHCP 服务器，拆分作用域功能，帮助管理员快速配置这些服务器。Windows Server 2019 还提供了 DHCP 故障转移功能（仅 IPv4 支持）来实现 DHCP 的高可靠性。

习题

1. 填空题

（1）DHCP 客户端在获取 IP 地址的过程中，主要使用四种报文：________、________、________、________。

（2）DHCP 服务器端口号为 UDP________，DHCP 客户端端口号为 UDP________。

（3）DHCP 服务中，一个子网可以创建________个作用域范围。

（4）创建 DHCP 作用域时，通常________、________选项是要配置的。

（5）Windows 系统中，用________命令可以释放 IP 地址，用________命令可以更新 IP 地址。

（6）Windows 系统中，用________命令可以设置用户类。

（7）默认 DHCP“允许”和“拒绝”筛选器________启动。

（8）拆分 DHCP 作用域时，主 DHCP 服务器的延迟时间应该比备 DHCP 服务器________。

（9）DHCP 故障转移有两种模式：________、________。

2. 简答题

（1）静态 IP 地址和动态 IP 地址各有什么优、缺点?

（2）DHCP 选项在多个层面上可以配置，作用的顺序是怎样的?

（3）DHCP 策略有什么用处?

（4）什么是 DHCP 故障转移?

3. 实践题

按照图 1-1 中的规划配置 DHCP 服务器，要求如下。

（1）在 Win2019-1 服务器上安装 DHCP 服务器角色。

（2）新建作用域 abc.com，IP 地址范围是 192.168.100.150～250，掩码长度为 24 位，租用期限为 24 小时。排除地址范围为 192.168.100.220～230，配置合适的路由器和 DNS 服务器，域名为 abc.com。

（3）创建策略：为销售部的计算机分配的 DNS 服务器为 192.168.100.10，为研发部的计算机分配的 DNS 服务器为 192.168.100.11。

（4）在 Windows 10 客户端上测试 DHCP 服务器。

项目 9
构建 IIS 服务器

项目背景

对于企业来说，对外宣传的网站和内部使用的网站几乎是必备的。互联网信息服务（Internet Information Services，IIS）是 Windows Server 2019 中很重要的服务组件，主要包括 Web 服务器、FTP 服务器，分别用于网页浏览、文件传输，它使得在网络上发布信息成了一件很容易的事。Windows Server 2019 集成的是 IIS 10.0。本项目将在企业内的 Win2019-2 服务器上构建 IIS 服务器，发布企业的网页，以及为企业员工提供文件上传和下载服务。为实现在一台 IIS 服务器上部署多个 Web 网站以及 FTP 站点，将使用虚拟主机技术。

项目任务

（1）安装 IIS 10.0。

（2）创建并配置 Web 网站。

（3）使用虚拟主机技术在一台服务器上部署多个 Web 网站。

（4）创建并配置 FTP 站点。

9.1　任务 1　构建 Web 服务器

微课：9-1
构建 IIS 服务器（上）

微课：9-2
构建 IIS 服务器（下）

Web 服务器也称 WWW（World Wide Web）服务器，其主要功能是提供网页浏览服务，而网页浏览是互联网最常见的应用。Web 服务器（Server）接收客户端浏览器（Browser，例如 IE、火狐等）的请求，并响应客户端所请求的网页，这种架构通常被称为 B/S（Browser/Server）架构。服务器和客户端之间使用的是超文本传输协议（Hyper Text Transfer Protocol，HTTP）或者超文本传输安全协议（Hyper Text Transfer Protocol Secure，HTTPS），而网页通常是用超文本语言（Hyper Text Markup Language，HTML）编写的。本任务将介绍 Web 服务器和客户端的交互过程，在 Win2019-2 服务器上安装 IIS，并部署和配置 Web 网站。

9.1.1　子任务 1　Web 服务器和客户端的交互过程

PPT：9-1
构建 IIS 服务器

Web 服务器和客户端的交互过程如图 9-1 所示。

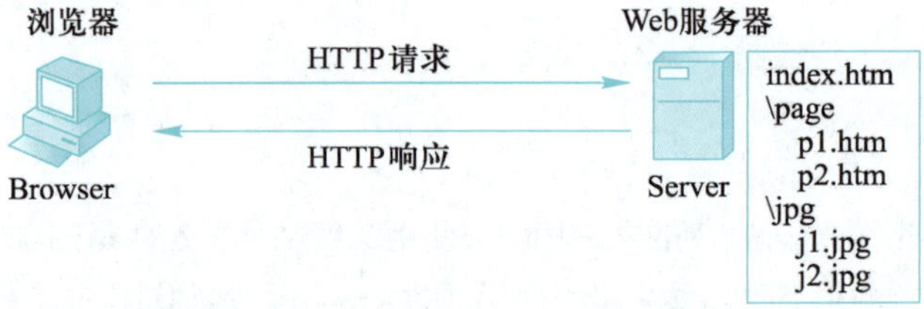

图 9-1　Web 服务器和客户端的交互过程

微课：9-3
WEB 服务器和客户端的通信

（1）用户在客户端浏览器中输入网址，或者单击网页上的链接，浏览器获取了该事件。

（2）浏览器与 Web 服务程序建立 TCP 连接。

（3）浏览器将用户的请求（即请求哪个网页等）按照 HTTP 格式封装成数据包，并将该数据包发送到 Web 服务器。

（4）Web 服务器收到该数据包后，以 HTTP 格式解包，然后解析出客户端的请求。

（5）得知客户端的意图后，进行分类处理，如找到某种文件（页面、图片等）、处理数据等。

（6）将文件或者处理结果按照 HTTP 格式打包成数据包，并将该数据包发送到客户端的浏览器。

（7）浏览器将数据包按照 HTTP 格式解包，得到文件（页面、图片等）或处理结果，把内容显示在页面中。

9.1.2　子任务 2　安装 IIS 10.0

1. 添加 DNS 记录

微课：9-4
安装 IIS 服务

通常用户是通过域名来访问网站的，因此需要在 DNS 服务器上添加 DNS 资源记录，根据图 1-1 的规划，Win2019-1 是 DNS 服务器，Win2019-2 是 Web 服务器和 FTP 服务器。为了本项目的需要，如图 9-2 所示，添加 DNS 记录。Win2019-1 服务器、Win2019-2 服务器、客户端（Windows 10）计算机上的 TCP/IP 属性里，DNS 应当指向 192.168.100.10

（Win2019-1 服务器），以确保能使用域名访问网站。

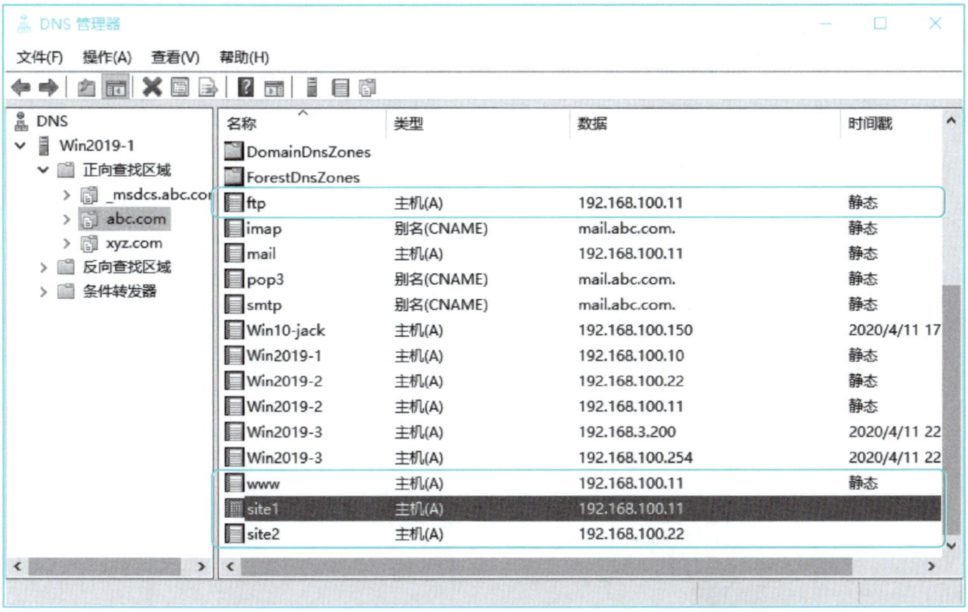

图 9-2 添加 DNS 记录

2. 添加角色

按照图 1-1 规划，在 Win2019-2 服务器上安装 IIS 10.0。以用户 Administrator 登录到 Win2019-2 服务器，选择"开始"→"服务器管理器"菜单项，打开"服务器管理器"窗口，单击"添加角色和功能"链接，按照"添加角色和功能向导"的提示进行操作，在选择服务器角色时，如图 9-3 所示，勾选"Web 服务器（IIS）"复选框。在选择角色服务时，如图 9-4 所示进行设置，本书仅介绍主要的 Web 服务器功能，因此只安装部分角色服务。此处也同时安装了 FTP 服务器，供 9.2 节使用。

图 9-3 选择"Web 服务器（IIS）"角色

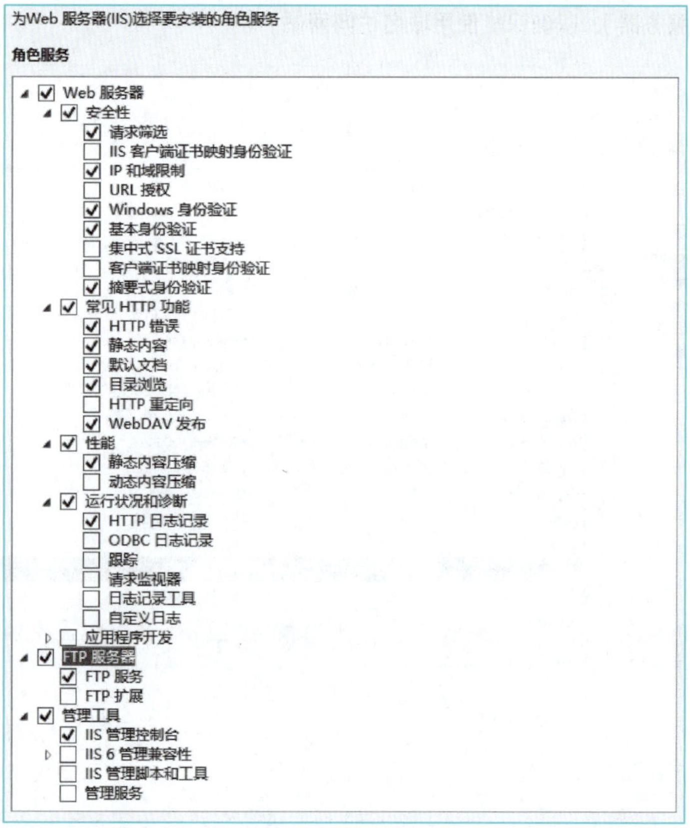

图 9-4 选择角色服务

安装完毕后，选择“开始”→“Windows 管理工具”→“Internet Information Services(IIS)管理器”菜单项，打开“Internet Information Services (IIS) 管理器”窗口，如图 9-5 所示，后续的管理工作均在这个窗口中进行。

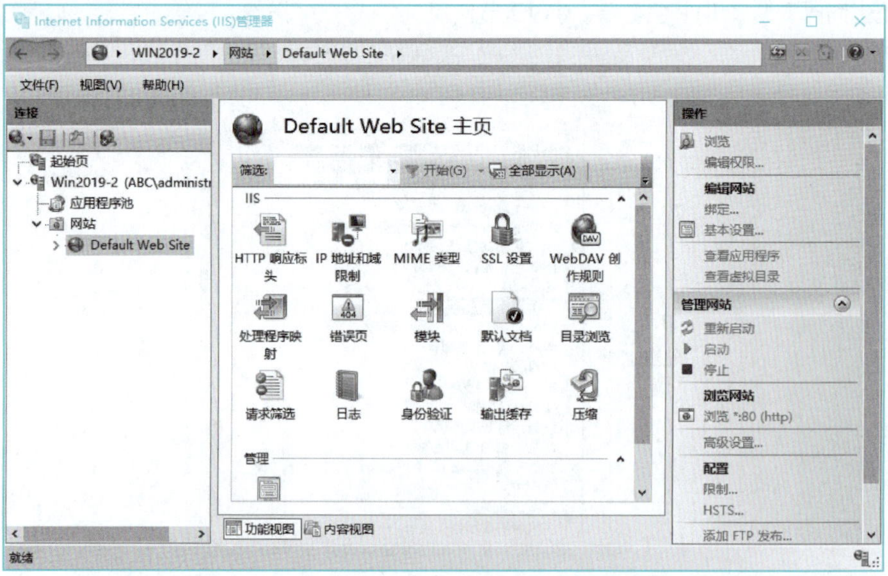

图 9-5 “Internet Information Services (IIS) 管理器”窗口

在客户端（Windows 10）上的浏览器中输入“http://www.abc.com”或者“http://192.168.100.11”，如果出现 IIS 的默认页面，就证明 IIS 安装成功了。

9.1.3　子任务 3　添加 Web 网站

1. 创建网站

微课：9-5
添加 Web 网站

安装 IIS 时，默认已经创建了“Default Web Site”网站，如图 9-5 所示，在窗口的左侧窗格右击该网站，选择“删除”菜单项，本小节将添加新的网站，步骤如下。

（1）步骤 1：在 NTFS 分区上创建一个文件夹，例如“C:\Web”，该文件夹用来存放网站的各种文件。在该文件夹下，用文本编辑器（例如“记事本”“写字板”）创建一个文件“default.htm”，注意文件的扩展名。这是一个简单的测试网页，文件内容如下：

```
<html>
<title>
My Web Page.
</title>
<body>
<center>
<h1>
Hello World!
</h1>
</center>
</body>
</html>
```

（2）步骤 2：在图 9-5 所示窗口的左侧窗格中右击“网站”，选择“添加网站”菜单项，打开“添加网站”对话框，如图 9-6 所示。输入网站名称，默认会创建和网站名称一样的应用程序池。新建的网站使用新建的应用程序池，可以单击“选择”按钮在列表中选择已有的应用程序池。应用程序池是一套独立的环境，不同应用程序池之间互不影响。在“物理路径”文本框中输入网页存放的文件夹。文件夹可以是本地磁盘上的文件夹，也可以是共享文件夹，如果是共享文件夹，可以单击“连接为”按钮设置以什么用户来连接共享。在“绑定”选项区的“类型”下拉列表中可以选择使用 HTTP 或者 HTTPS。HTTPS 加密传输数据，但要求使用证书，将在项目 11 介绍。在“IP 地址”下拉列表中可以选择该网站绑定在服务器的哪个 IP 地址上。“端口”默认为 80，可以更改为其他端口号，如果更改了端口号，则客户端在访问网站时要指明使用该端口。“主机名”是网站绑定的域名，客户端只能用该域名访问网站，可以为空，单击“确定”按钮。新添加的网站如图 9-7 所示。

2. 网站基本设置

可以对已创建网站的设置进行更改。

（1）更改绑定。如图 9-7 所示，在左边的窗格中单击网站“Web Site”，在右边的窗格中单击“绑定”链接。如图 9-8 所示，可以更改该网站所绑定的 IP 地址、端口和主机名。通过这些绑定，可以实现虚拟主机，参见 9.1.4 节。

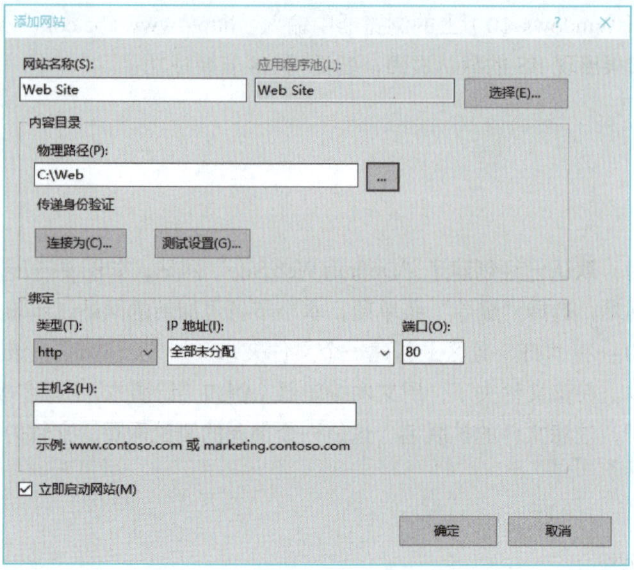

图 9-6 “添加网站”对话框

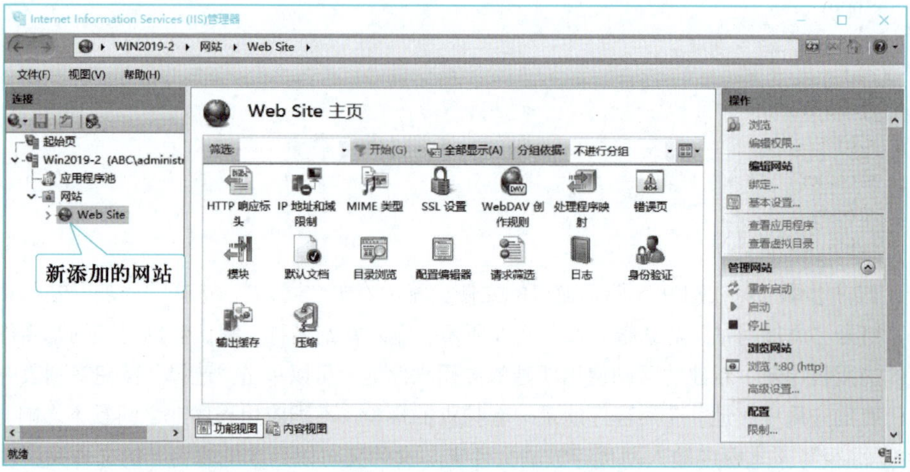

图 9-7 新添加的网站

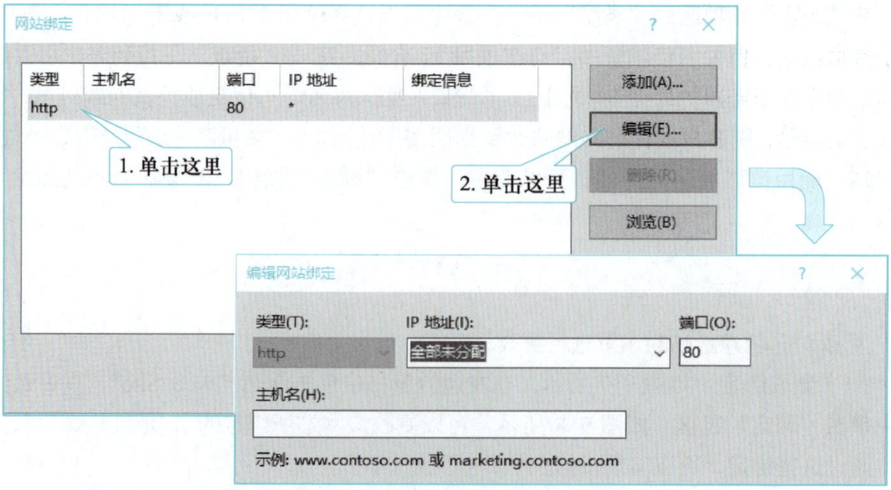

图 9-8 网站绑定

（2）基本设置。如图 9-7 所示，在左边的窗格中单击网站“Web Site”，在右边的窗格中单击“基本设置”链接。如图 9-9 所示，在“编辑网站”对话框可以更改网站名称、应用程序池、物理路径等。

图 9-9 编辑网站

（3）网站限制。如图 9-7 所示，在左边的窗格中单击网站“Web Site”，在右边的窗格中单击“限制”链接。如图 9-10 所示，在“编辑网站限制”对话框中勾选“限制带宽使用（字节）”复选框，可以限制该网站使用的带宽。在“连接限制”选项区，可以设定 TCP 连接的超时时间，以及 TCP 连接数。TCP 连接数和网页的复杂度有关，一个客户端浏览一个网页时有可能会有多个 TCP 连接，所以连接数不代表客户数量。

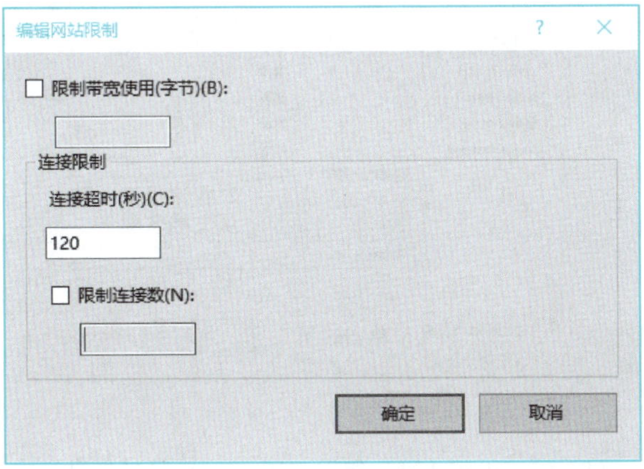

图 9-10 编辑网站限制

微课：9-6
配置网站（1）

（4）启动、停止网站。如图 9-7 所示，在左边的窗格中单击网站“Web Site”，在右边的窗格中单击相应的链接，可以启动、停止、重新启动网站。

9.1.4 子任务 4 配置网站

微课：9-7
配置网站（2）

1. 设置网站的默认文档

如果用户访问网站时，在浏览器输入的 URL 中没有指定文件名（如 http://www.abc.com/page，而不是 http://www.abc.com/page/1.htm），则 IIS 会自动提供一个默认文档。例如，默认文档为 default.htm，IIS 则响应 http://www.abc.com/page/default.htm。

微课：9-8
配置网站（3）

可以在 IIS 服务器层面、网站层面和目录层面设置默认文档。在服务器层面上设置的默认文档影响服务器上全部网站，网站会自动继承服务器层面上的默认文档设置，如图 9-7 所示，在左边的窗格中单击“Win2019-2”，在中间的窗格中双击“默认文档”图标，可以配置服务器层面上的默认文档。也可以在网站层面上另行设置默认文档，如图 9-7 所示，在左边的窗格中单击网站“Web Site”，在中间的窗格中双击“默认文档”图标。如图 9-11 所示，可以看到网站从服务器上继承了默认文档设置。默认文档可以有多个，形成一个列表，IIS 会按照从上往下的优先顺序在 URL 指定的文件夹下搜索默认文档。

- “添加”：可以添加新的默认文档。
- “删除”：可以删除选中的默认文档。
- “上移”“下移”：可以改变选中的默认文档的优先顺序。
- “禁用”：禁用默认文档，如果客户端在 URL 中没有指名文件名，IIS 服务器将给客户返回 403 错误。
- “启用”：启用默认文档。
- “恢复为父项”：用服务器层面上的默认文档设置覆盖该网站的默认文档设置。

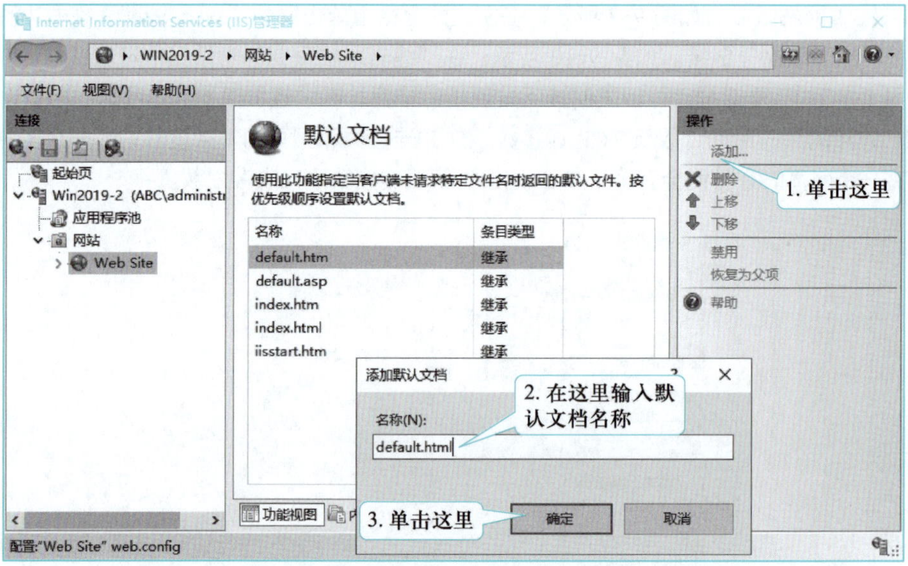

图 9-11　设置网站的默认文档

在图 9-11 中，只保留 default.htm，删除 default.asp 等其他默认文档，在客户端访问 http://www.abc.com。在目录层面设置默认文档和在网站层面上设置默认文档的操作类似，不再赘述。

2. 创建虚拟目录

网站的文件可以存储在物理目录或者虚拟目录下，物理目录是实体文件夹，虚拟目录是指向另一个文件夹的指针。如果网站包含的文件并非位于主目录，可以创建虚拟目录来引用这些文件。例如，本例网站的主目录为“C:\Web”，但是网站要用的图片在“C:\Photo”文件夹下，可以创建一个虚拟目录“jpg”指向“C:\Photo”，这样可以使用“http://www.abc.com/jpg/j1.jpg”来浏览图片“C:\Photo\j1.jpg”。

在图 9-11 中，在左边的窗格中右击网站“Web Site”，选择“添加虚拟目录”菜单项，打开如图 9-12 所示的“添加虚拟目录”对话框，在“别名”文本框中输入虚拟目录的名称，在“物理路径”文本框中输入虚拟目录所指向的文件夹路径，单击“确定”按钮。

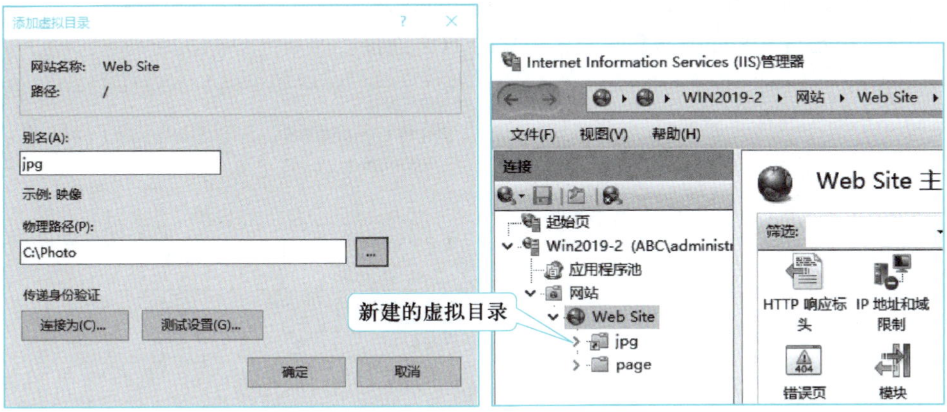

图 9-12　添加虚拟目录

3. 设置网站的 IP 地址和域限制

使用 IP 地址和域限制可以允许或者拒绝特定 IP 地址或计算机访问网站。IP 地址和域限制可以在服务器层面、网站层面和目录层面上配置，以“Web Site”网站为例，步骤如下。

（1）步骤 1：如图 9-7 所示，在左边的窗格中单击网站“Web Site”，在中间的窗格中双击“IP 地址和域限制”图标，如图 9-13 所示。

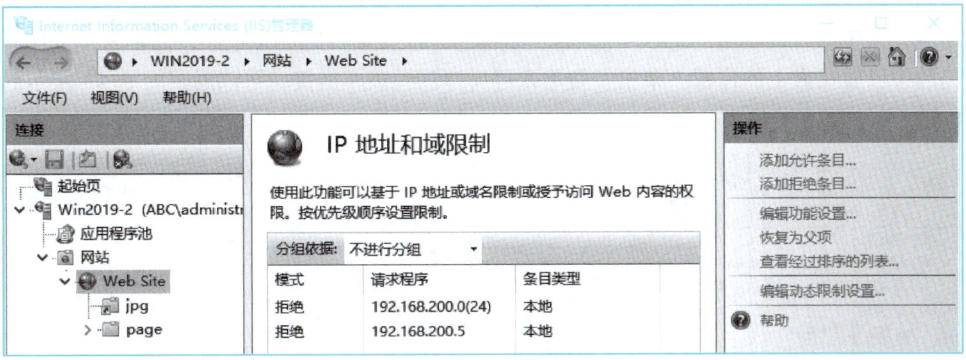

图 9-13　IP 地址和域限制

（2）步骤 2：在图 9-13 右边窗格中单击“编辑功能设置”链接，如图 9-14 所示。在“未指定的客户端的访问权”下拉列表中可以设置默认允许或拒绝访问网站。当选择“允许”时，图 9-13 中间窗格中被拒绝的客户端不能访问网站，其他客户端可以访问网站；当选择“拒绝”时，图 9-13 中间窗格中被允许的客户端可以访问网站，其他客户端不能访问网站。勾选“启用域名限制”复选框，则在图 9-15 中，可以根据客户端的域名进行限制，这时 IIS 服务器会把客户端的 IP 地址发给 DNS 服务器，反向查询出客户端的域名以决定是否放行，DNS 服务器上要有相应的 PTR 记录才行，由于这会导致 IIS 服务器频繁向 DNS 服务器发送反向查询，建议慎用。在“拒绝操作类型”下拉列表中可以选择客户端被拒绝访问时服务器的处理方式。

- “未经授权”：IIS 服务器给客户端发送 401 消息。

- “已禁止”：IIS 服务器给客户端发送 403 消息。
- “未找到”：IIS 服务器给客户端发送 404 消息。
- “中止”：IIS 服务器会断开客户端的 TCP 连接。

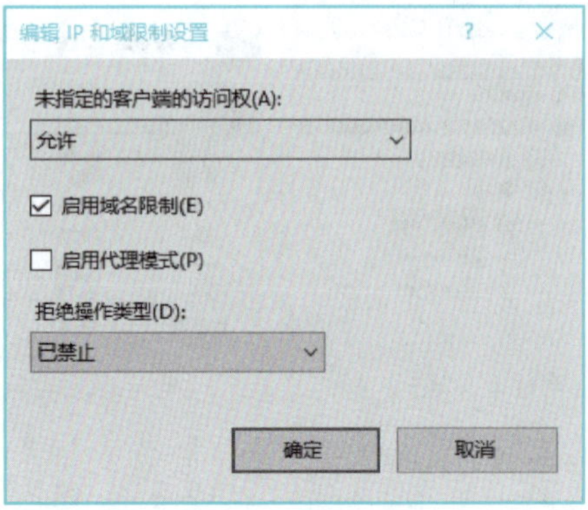

图 9-14　“编辑 IP 和域限制设置”对话框

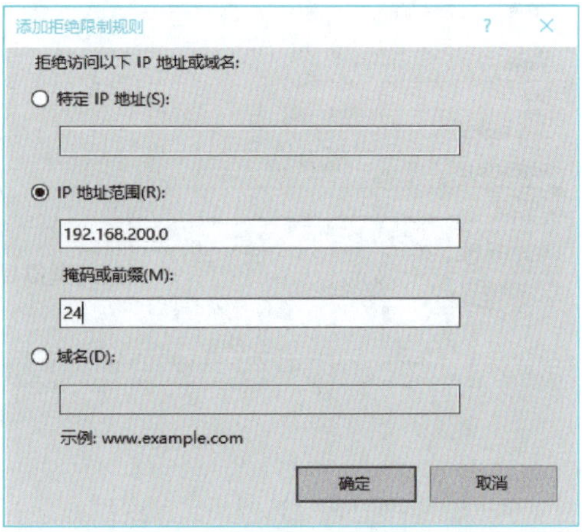

图 9-15　“添加拒绝限制规则”对话框

（3）步骤 3：在图 9-13 右边窗格中单击“添加拒绝条目”链接，如图 9-15 所示。选择“特定 IP 地址”选项，可以限制单个客户端的 IP 地址。选择“IP 地址范围”单选按钮，可以限制某个 IP 范围的客户端。选择“域名”选项，可以限制指定域名的客户端。单击“确定”按钮，新添加的记录会出现在图 9-13 中间窗格的列表中。列表中的条目是有优先级顺序的，要调整条目的顺序，可单击图 9-13 的“查看经过排序的列表”链接，如图 9-16 所示，选中条目，单击“上移”“下移”链接可以改变条目的优先顺序，通常要把条件严格的条目放在靠上的位置。单击“查看未经排序的列表”链接，可以返回图 9-13 所示对话框。

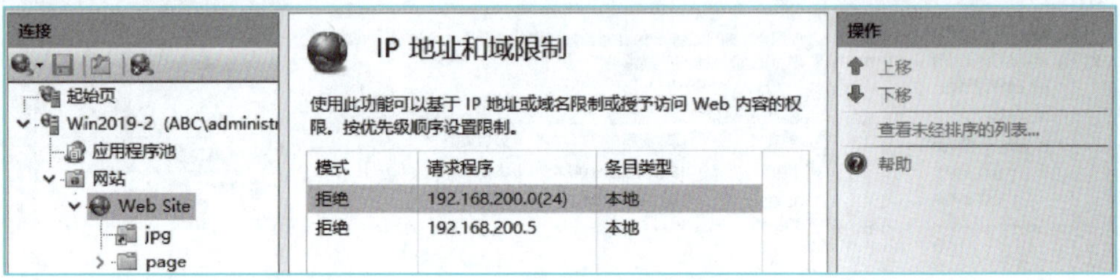

图 9-16　查看经过排序的列表

（4）步骤 4：在图 9-13 中单击“编辑动态限制设置”链接，如图 9-17 所示。选中“基于并发请求数量拒绝 IP 地址”复选框，一个 IP 地址并发连接数达到一定数量时，IIS 将拒绝该 IP 地址的访问。选中“基于一段时间内的请求数量拒绝 IP 地址”复选框，在设定的时间内某个 IP 地址并发连接数达到一定数量时，IIS 将拒绝该 IP 地址的访问。选中“启用仅日志记录模式”复选框，即使连接数到达设定值，IIS 还是会允许客户端访问，但是会在日志中记录。

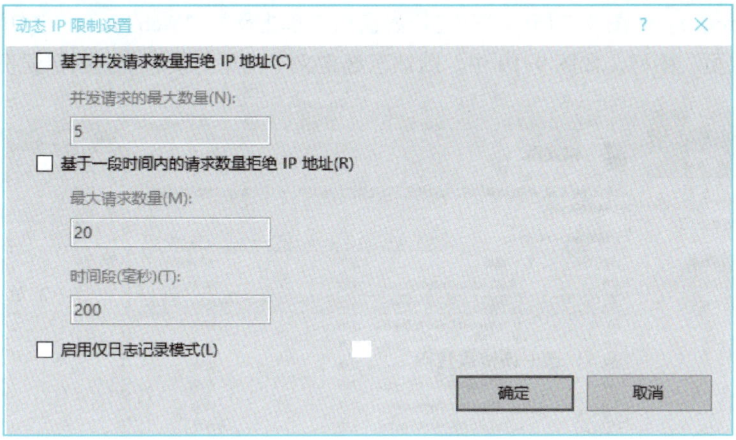

图 9-17 “动态 IP 限制设置”对话框

4. 设置网站的错误页

错误页是指 IIS 处理客户端的请求发生错误时，返回给客户端的页面。例如客户端请求一个不存在的页面，错误代码为 404，IIS 会响应 404 错误页，如图 9-18 所示。常见的 HTTP 错误响应如下。

- 400（错误请求）：服务器不理解请求的语法。
- 401（未授权）：请求要求身份验证。对于需要登录的网页，服务器可能返回此响应。
- 403（禁止）：服务器拒绝请求。
- 404（未找到）：服务器找不到请求的网页。
- 405（方法禁用）：禁用请求中指定的方法。
- 406（不接收）：无法使用请求的内容特性响应请求的网页。
- 412（未满足前提条件）：服务器未满足请求者在请求中设置的某个前提条件。
- 500（服务器内部错误）：服务器遇到错误，无法完成请求。
- 501（尚未实施）：服务器不具备完成请求的功能。
- 502（错误网关）：服务器作为网关或代理，从上游服务器收到无效响应。

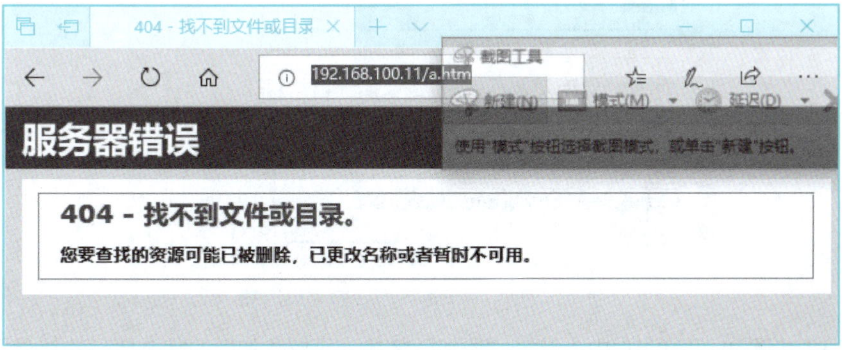

图 9-18 404 错误页

可以在服务器层面、网站层面和目录层面上添加或者更改错误页。下面以在网站上设置错误页为例，在服务器或者目录上设置错误页的步骤是一样的，步骤如下。

（1）步骤 1：如图 9-7 所示，在左边的窗格中单击网站“Web Site”，在中间的窗格中双击“错误页”图标，如图 9-19 中。默认已经定义了常见的状态代码的错误页。

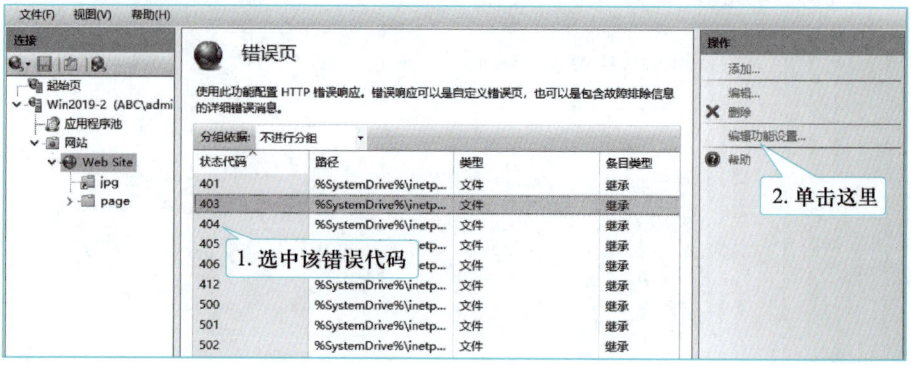

图 9-19　错误页设置

（2）步骤 2：如图 9-19 所示，在中间窗格中选中代码（以 404 为例），单击右侧窗格中“编辑功能设置”链接，如图 9-20 所示。选择“自定义错误页”选项，当 IIS 发生错误时，IIS 将根据状态代码给客户端响应图 9-19 中间窗格列表中的错误页。选择“详细错误”选项，IIS 将给客户端响应错误信息。选择“本地请求的详细错误和远程请求的自定义错误页”选项，IIS 将给客户端同时响应错误信息和自定义错误页。只有在服务器层面上才能在“默认页”选项区中进行设置，这里设置 IIS 找不到自定义错误页（管理员没有定义）时，IIS 给客户端响应的默认页，“路径类型”的含义参见步骤 3，单击“确认”按钮。

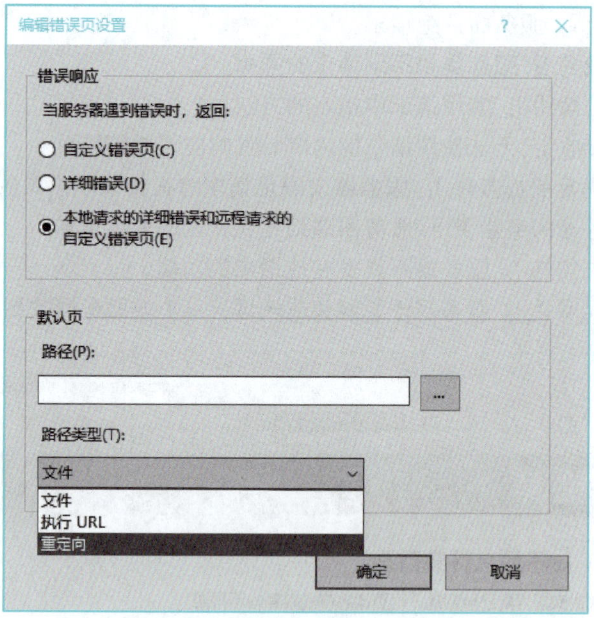

图 9-20　“编辑错误页设置”对话框

（3）步骤 3：图 9-19 中，单击“添加”链接，可以添加新的状态代码的错误页。选中已有的条目，单击“编辑”链接，可以更改已有条目。如图 9-21 所示，选择“将静态文件中的内容插入错误响应中”选项，则须指明静态文件的路径；选择“在此网站上执行 URL”选项，则发生错误时，IIS 会执行设定的相对根目录上的 URL；选择“以 302 重定向响应”选项，则发生错误时，客户端会被重定向到设定的绝对 URL。

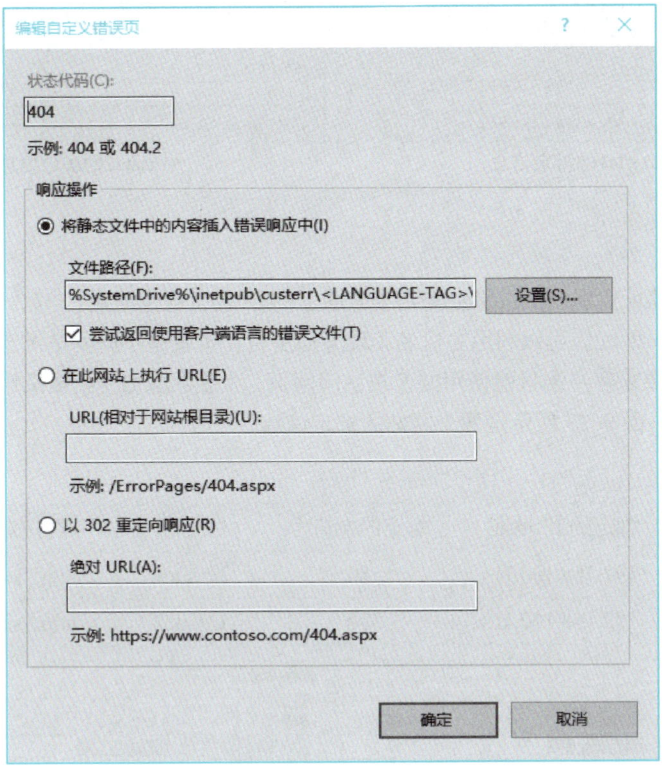

图 9-21 “编辑自定义错误页”对话框

5. 利用虚拟主机实现多网站的部署

虚拟主机是在一台服务器上创建多个网站，各个网站之间相互独立，这样可以提高服务器的效率。一台服务器上有多个网站，当客户端的请求到达服务器时，服务器如何区分出客户端要访问哪个网站？可以通过如图 9-8 所示网站绑定的信息来进行区分：IP 地址、端口和主机名。本小节的前提是已经有相应的 DNS 资源记录，如图 9-2 所示。

1）利用 IP 地址实现虚拟主机

如果服务器上有多个 IP 地址（在 Win2019-2 服务器上再添加一个 IP 地址 192.168.100.22），可以为不同的网站绑定不同的 IP 地址，见表 9-1。图 9-22 所示是两个网站的绑定信息。

表 9-1 利用 IP 地址实现虚拟主机

网站名称	绑定的主机名	绑定的 IP 地址	绑定的端口号	主目录	客户端访问方式
Site1	空	192.168.100.11	80	C:\site1	http://192.168.100.11 或 http://site1.abc.com
Site2	空	192.168.100.22	80	C:\site2	http://192.168.100.22 或 http://site2.abc.com

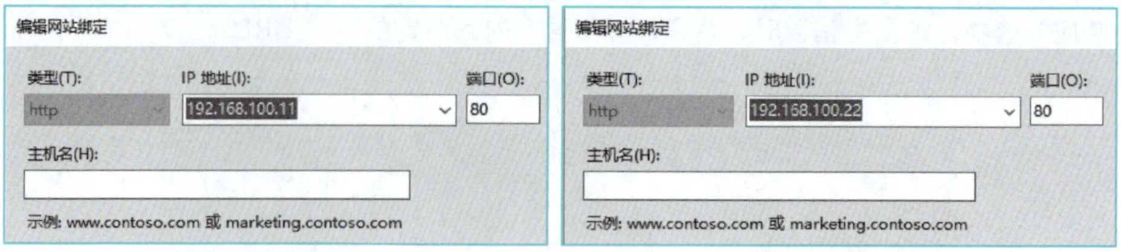

(a) site1 的绑定信息　　(b) site2 的绑定信息

图 9-22　两个网站的绑定信息

2）利用主机名实现虚拟主机

利用 IP 地址实现虚拟主机会受到服务器上的 IP 地址数量限制，毕竟一台服务器不能配置太多的 IP 地址。可以利用主机名实现虚拟主机，也就是不同网站绑定不同的主机名（域名），这会要求客户端只能使用域名来访问网页，大多数虚拟主机是采用这种方式实现的，见表 9-2。图 9-23 所示是两个网站的绑定信息。

表 9-2　利用主机名实现虚拟主机

网站名称	绑定的主机名	绑定的 IP 地址	绑定的端口号	主目录	客户端访问方式
Site1	site1.abc.com	192.168.100.11	80	C:\site1	http://site1.abc.com
Site2	site2.abc.com	192.168.100.11	80	C:\site2	http://site2.abc.com

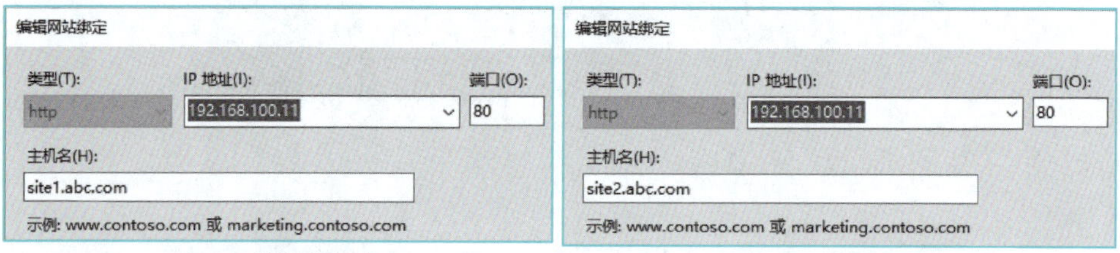

(a) site1 的绑定信息　　(b) site2 的绑定信息

图 9-23　两个网站的绑定信息

3）利用端口号实现虚拟主机

也可以利用端口号实现虚拟主机，也就是不同网站绑定不同的端口号，这种方式的最大问题在于需要提前告知用户网站所绑定的端口号，不太适合于有推广用途的网站，见表 9-3。图 9-24 所示是两个网站的绑定信息。

表 9-3　利用端口号实现虚拟主机

网站名称	绑定的主机名	绑定的 IP 地址	绑定的端口号	主目录	客户端访问方式
Site1	空	192.168.100.11	8001	C:\site1	http://192.168.100.11:8001 http://www.abc.com:8001
Site2	空	192.168.100.11	8002	C:\site2	http://192.168.100.11:8002 http://www.abc.com:8002

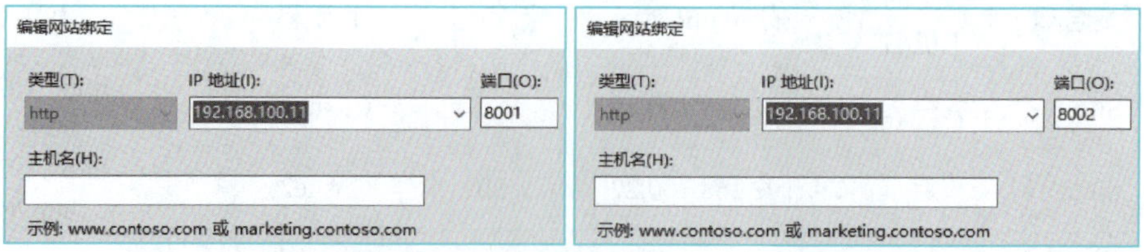

(a) site1 的绑定信息　　(b) site2 的绑定信息

图 9-24　两个网站的绑定信息

由于安装 IIS 时安装程序默认会在防火墙上进行配置，开放 80 端口（Web 服务的默认端口），因此其他网站绑定的端口不会开放。但是利用端口号实现虚拟主机，需要使用额外的 TCP 端口，因此需要手工在 Win2019-2 服务器的防火墙上开放 TCP 的 8001、8002 端口，步骤如下。

（1）步骤 1：选择“开始”→“控制面板”菜单项，单击“网络和 Internet”→“网络和共享中心”→“Windows Defender 防火墙”→“高级设置”，打开“高级安全 Windows Defender 防火墙”窗口。

（2）步骤 2：右击“入站规则”，选择“新建规则”菜单项。如图 9-25 所示，规则类型选择“端口”，单击“下一步”按钮。选择“TCP”选项，选择“特定本地端口”选项并输入“8001，8002”，单击“下一步”按钮。

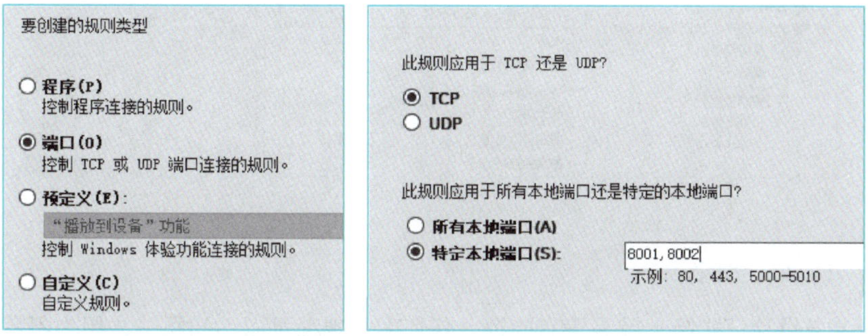

图 9-25 添加新的入站规则步骤（1）

（3）步骤 3：如图 9-26 所示，选择“允许连接”选项，单击“下一步”按钮。选择“域”“专用”“公用”复选框，单击“下一步”按钮。给规则命名，单击“完成”按钮。

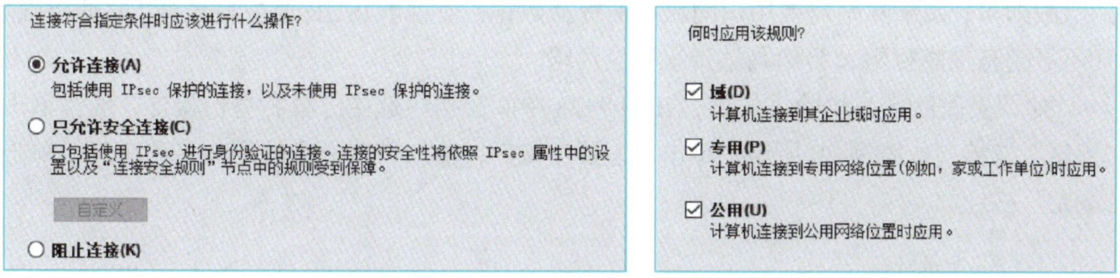

图 9-26 添加新的入站规则步骤（2）

如图 9-27 所示是在客户端使用不同端口号访问两个网站的效果，注意 URL 中要指明端口号。

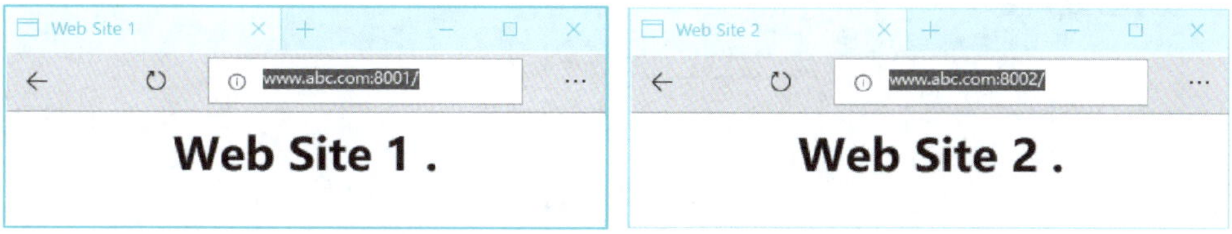

图 9-27 客户端使用不同端口号访问两个网站

6. 设置网站的身份验证

对外公开的网站是可以允许任意用户访问的，但内部使用的网站通常需要验证用户的身份后才允许访问。IIS 支持几种身份验证：匿名身份验证、基本身份验证、摘要式身份验证、Windows 身份验证。身份验证可以在服务器层面、网站层面、目录层面上配置，本小节以网站层面的配置为例。如果网站上同时启用多种身份验证，则按照：匿名身份验证>Windows 身份验证>摘要式身份验证>基本身份验证的优先顺序生效。

如图 9-7 所示，在左边的窗格中单击网站“Web Site”，在中间的窗格中双击“身份验证”图标，如图 9-28 所示。默认匿名身份验证已经启用，选中身份验证方式，单击右边窗格中的“启用”链接。可以启用选中的身份验证方式。

图 9-28　网站的身份验证方式

1）使用匿名身份验证

匿名身份验证实际上就是没有验证，任何客户端都可以访问网站，用户不需要输入用户名和密码。当用户匿名访问网站时，IIS 服务器会以匿名身份验证凭据（默认是内置的组账户身份 IUSR）来使用网站的主目录（例如 C:\Web），因此需要把网站的主目录（C:\Web）的安全权限授予 IUSR。如果网站只是简单供用户浏览，赋予 ISUR 对主目录读的权限即可；如果网站需要用户向服务器提交数据，须赋予 ISUR 对主目录读、写的权限。切不可随意提高权限，会给网站带来安全风险。

如要更改匿名身份验证凭证，在图 9-28 中间窗格中选中“匿名身份验证”项，单击“编辑”链接，如图 9-29 所示，单击“设置”按钮，输入特定用户的用户名和密码，单击“确定”按钮。

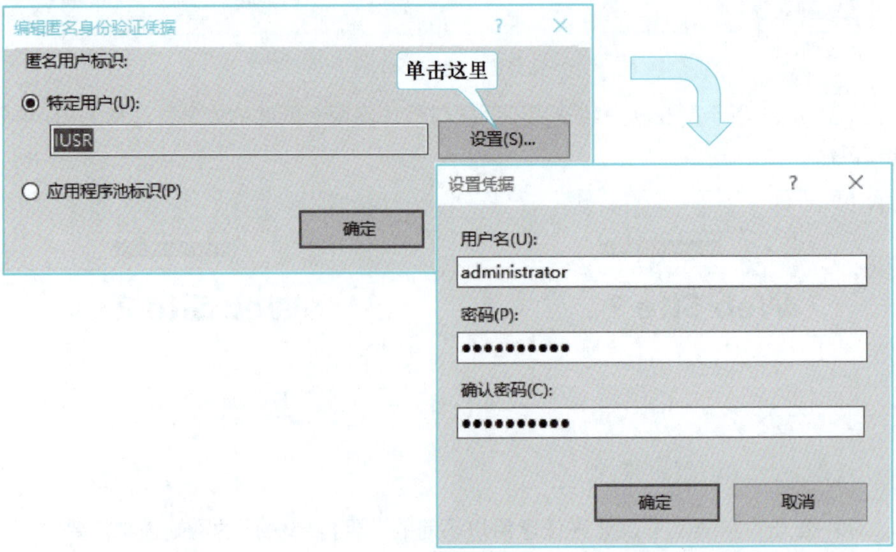

图 9-29　编辑匿名身份验证凭据

2）使用基本身份验证

启用基本身份验证后，客户端需要输入用户名和密码才能访问网站，用户名和密码以明码方式发送到服务器，因此安全性不高。如图 9–30 所示，在客户端输入用户名和密码访问网站。用户通过验证后，IIS 服务器会以客户端发送过来的用户凭据来使用网站的主目录（例如 C:\Web），因此需要把网站的主目录（C:\Web）的安全权限授予这些用户，否则用户访问网站可能会失败。后面两种身份验证（摘要式身份验证、Windows 身份验证）的情形也是如此。

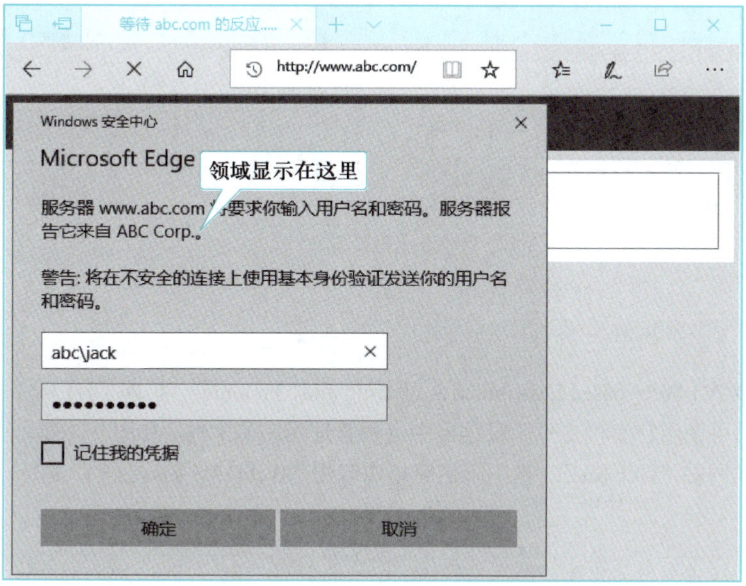

图 9–30 在客户端输入用户名和密码访问网站

可以编辑基本身份验证设置，在图 9–28 中，选中“基本身份验证”项，单击“编辑”链接，如图 9–31 所示，“默认域”是指在客户端上输入用户名时，如果没有指明域名，将使用默认域作为域名。如果客户端登录时输入的用户名中没有指明域名，并且图 9–31 中也没有配置默认域，IIS 将先使用本地安全数据库验证用户，后使用活动目录验证用户。“领域”文本框中输入的文字将出现在用户的登录界面上，如图 9–30 所示。

3）使用摘要式身份验证

启用摘要式身份验证后，客户端需要输入用户名和密码才能访问网站，用户名和密码经过 MD5（一种 HASH 算法）加密处理后发送到服务器，因此安全性比基本身份验证高。IIS 服务器必须加入域才能使用这种身份验证方式，并且客户端输入的用户名和密码必须是域中的用户名和密码。

4）使用 Windows 身份验证

启用 Windows 身份验证后，客户端需要输入用户名和密码才能访问网站，用户名和密码经过加密处理后发送到服务器，安全性高。用户可以是域中的用户（例如 abc\jack），也可以是 IIS 服务器上的本地用户（例如 win2019-2\Administrator）。它支持两种协议。

- Negotiate：如果 IIS 服务器和客户端都加入域，使用这种验证方式。客户端需要先登录到域。
- NTLM：如果 IIS 服务器或者客户端至少有一方未加入域，使用这种验证方式。

在图 9–28 中，选中“Windows 身份验证”项，单击“高级设置”链接，如图 9–32

所示，可以删除或者修改“Negotiate”和“NTLM”的优先顺序。

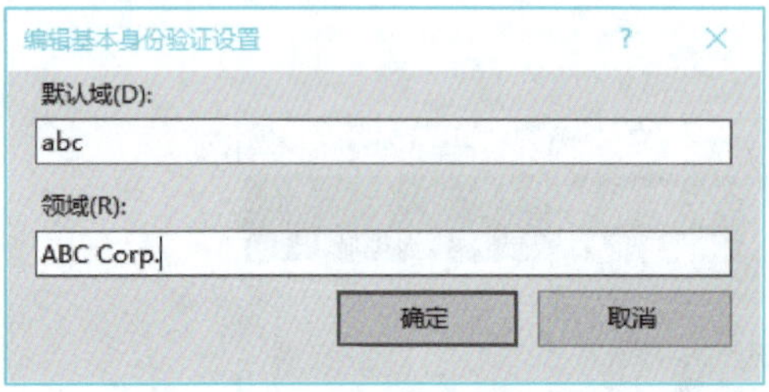

图 9-31　编辑基本身份验证设置

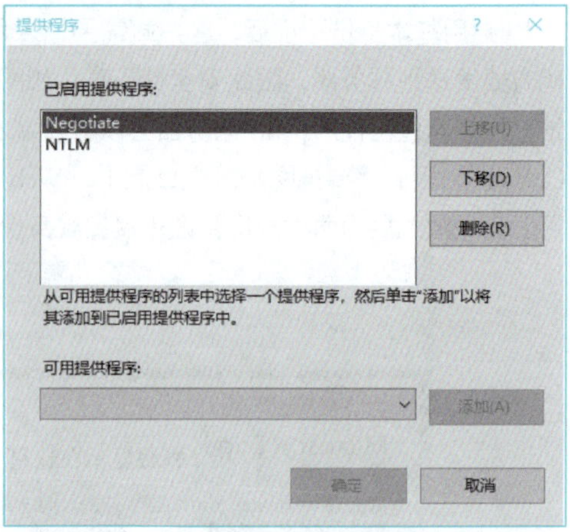

图 9-32　Windows 身份验证的提供程序

7. 利用 WebDAV 实现网站的远程管理

WebDAV（Web-based Distributed Authoring and Versioning）扩展了HTTP 1.1 的通信协议，管理员可使用它直接在资源管理器中远程管理网站的文件。如图 9-7 所示，在左边的窗格中单击网站“Web Site”，在中间的窗格中双击“WebDAV 创作规则”图标，如图 9-33 所示。

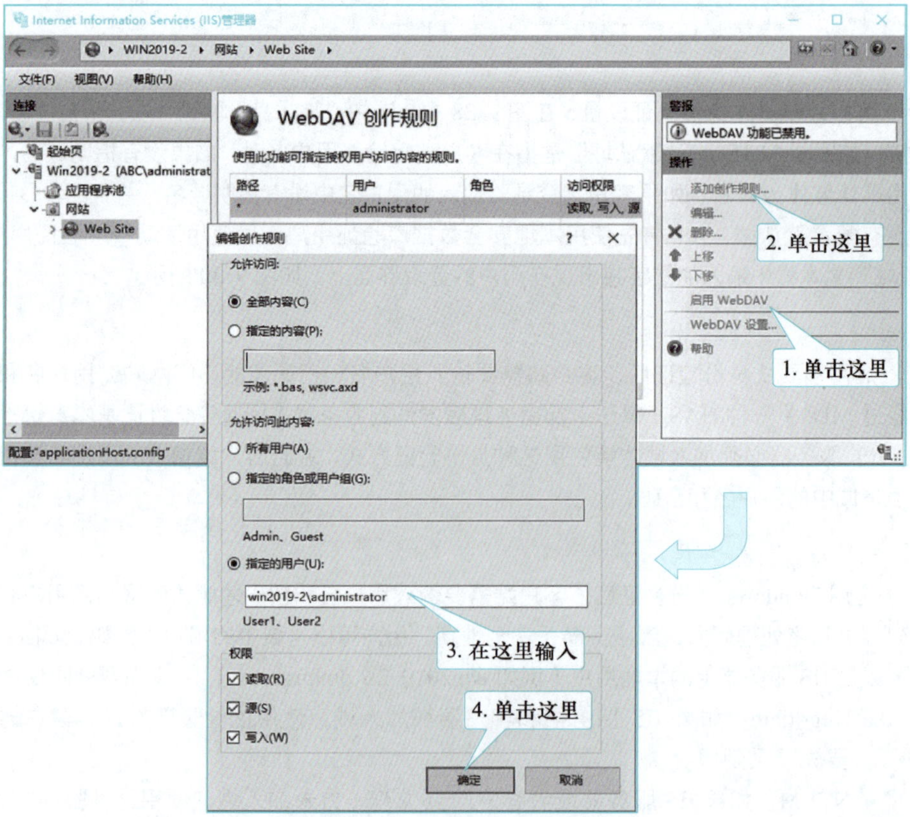

图 9-33　WebDAV 创作规则

在图 9-33 右边窗格中单击“启用 WebDAV”链接，再单击“添加创作规则”链接，在“编辑创作规则”对话框的“允许访问”选项区中可以设置允许客户端访问的文件，在“允许访问此内容”选项区中可以设置哪些用户可以使用 WebDAV，在“权限”选项区中可以设置用户有什么权限。单击“确定”按钮完成规则添加。

启用 WebDAV 的网站身份验证应该是“Windows 身份验证”或者“基本身份验证”，如果是“基本身份验证”，还需要使用 HTTPS 访问 WebDAV 网站。

Windows 10 客户端已经内置了 WebDAV Redirector 系统，但需要打开 WebClient 服务才能使用。选择“开始”→“Windows 管理工具”→“服务”→“WebClient”菜单项，可以启动它。在 Windows 10 客户端上，使用“映射网络驱动器”把 WebDAV 网站映射为一个驱动器（参见 6.1.4 节），如图 9-34 所示，在“文件夹”文本框中输入网站地址，单击“完成”按钮，在弹出的对话框中输入设定的用户名和密码，单击“确定”按钮。图 9-35 为映射到 WebDAV 站点的网络驱动器，此后在资源管理器中可以远程对网站的目录进行操作。提醒：WebDAV 常常成为网络安全的隐患点，请慎用。

图 9-34 映射网络驱动器

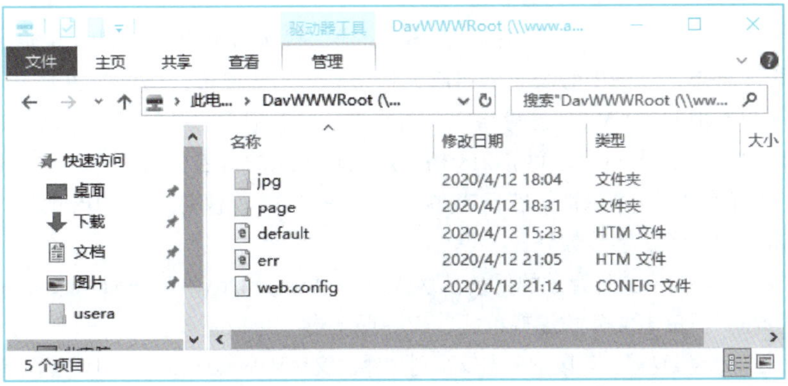

图 9-35 映射到 WebDAV 站点的网络驱动器

8. 设置网站的日志

在网络安全问题日益严重的今天，记录哪些访问者在什么时间访问了什么网页，是至关重要的。IIS 提供日志功能，记录网站被访问的情况，可供管理员查看或者第三方的软件进行分析。如图 9-7 所示，在左边的窗格中单击网站“Web Site”，在中间的窗格中双击“日志”图标，如图 9-36 所示。

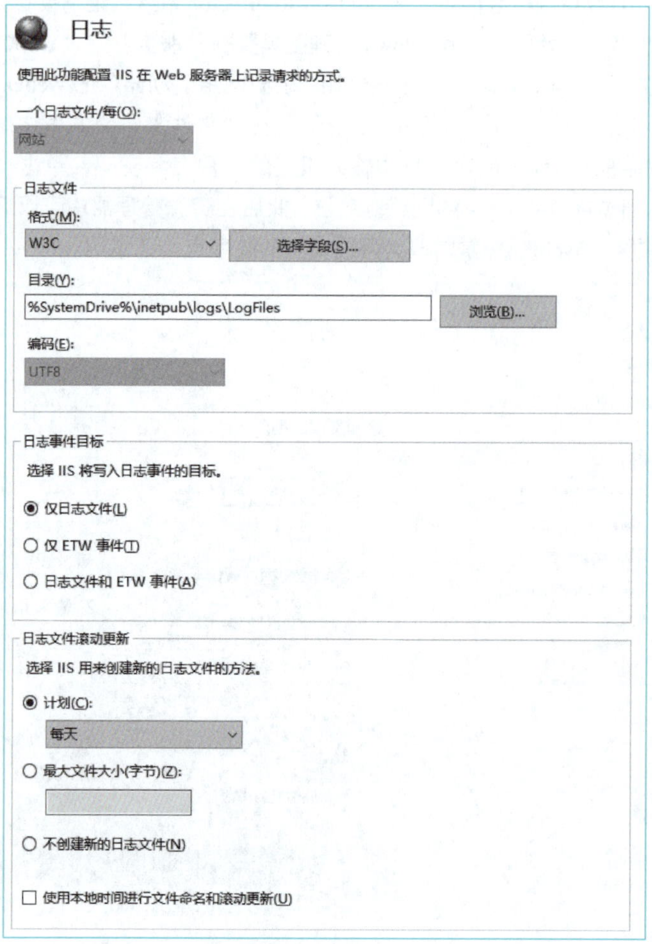

图 9-36　日志设置

- 格式：可以选择 IIS、NCSA、W3C 格式，默认为 W3C。NCSA 是美国国家超级计算技术应用中心公布的日志文件格式，无法自定义记录的字段，记录的时间为本地时间。W3C 是可自定义的格式，可以指定记录的字段，记录的时间采用 UTC（世界协调时间）。IIS 格式是微软定义的日志格式。
- “选择字段”：可以选择在日志中记录哪些内容，例如客户端 IP 地址、时间、访问的资源、字节数等。
- “目录”：日志文件存放的目录，默认为“%SystemDrive%\inetpub\logs\LogFiles”。
- “编码”：日志文件的编码格式，仅在服务器上可以更改。
- “日志事件目标”：可以把日志仅写到文件、仅写到 Windows 事件，或者两者同时写。
- “计划”：可以每小时、每天、每周、每月创建新的日志文件。

- “最大文件大小（字节）”：日志文件的最大字节数，文件满了后覆盖旧的记录。
- “不创建新的日志文件”：不创建新的日志文件。
- “使用本地时间进行文件命名和滚动更新”：日志文件名采用本地的日期和时间命名。

以下是 W3C 格式日志文件的样例，注意，时间是 UTC（我国时间是 UTC+8 小时）。

```
#Software: Microsoft Internet Information Services 10.0
#Version: 1.0
#Date: 2020-04-13 09:09:52
#Fields: date time s-ip cs-method cs-uri-stem cs-uri-query s-port cs-username c-ip cs(User-Agent) cs(Referer) sc-status sc-substatus sc-win32-status time-taken
2020-04-13 09:09:52 192.168.100.11 GET / - 80 - 192.168.100.150 Mozilla/5.0+(Windows+NT+10.0;+Win64;+x64)+AppleWebKit/537.36+(KHTML,+like+Gecko)+Chrome/64.0.3282.140+Safari/537.36+Edge/17.17134-401 2 5 85
2020- 04-13 09:09:59 192.168.100.11 GET/-80 abc\administrator 192.168.100.150 Mozilla/5.0+(Windows+NT+10.0;+Win64;+x64)+AppleWebKit/537.36+(KHTML,+like+Gecko)+Chrome/64.0.3282.140+Safari/537.36+Edge/17.17134-200 0 0 9
```

9.2 任务 2 构建 FTP 服务器

文件传输协议（File Transfer Protocol，FTP）可用于 FTP 客户端向 FTP 服务器上传文件或者从 FTP 服务器下载文件。FTP 从 Internet 普及起就成为了 Internet 常见的协议。不过随着 HTTP 的发展，人们经常使用 HTTP 上传和下载文件了，人们更习惯在浏览器中上传和下载文件。即使如此，如果经常有文件需要上传、下载，FTP 服务器仍然是很好的选择。微软的 IIS 也集成了 FTP 服务器，在 9.1.2 节中已经安装了 FTP 服务器角色。FTP 站点的管理和 Web 站点的管理有很多地方是类似的。

微课：9-9
构建 FTP 服务器

PPT：9-2
构建 FTP 服务器

本任务将在企业中部署 FTP 服务器，方便企业里的用户上传和下载个人或者公共文件。

9.2.1 子任务 1 添加 FTP 站点

添加 FTP 站点的步骤如下。

（1）步骤 1：在 IIS 管理器中，右击“网站”，选择“添加 FTP 站点”菜单项。

（2）步骤 2：如图 9-37 所示，输入 FTP 站点名称；设定物理路径，该路径用于存放客户端上传或下载的文件，向物理路径中复制几个文件，便于测试，单击“下一步”按钮。

微课：9-10
创建 FTP 站点

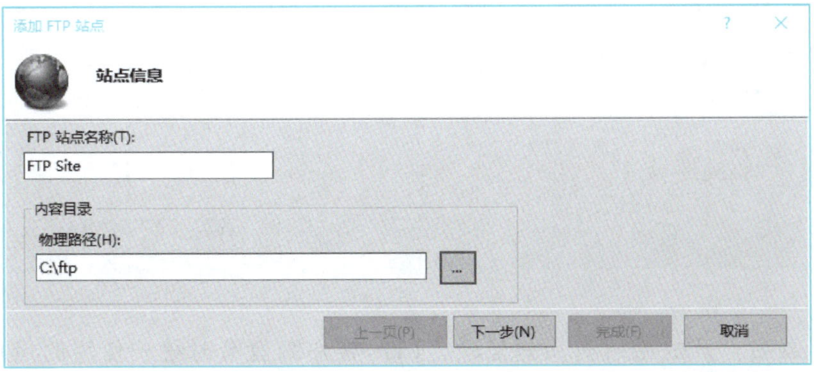

图 9-37 “站点信息”对话框

（3）步骤 3：如图 9-38 所示，设置 FTP 站点绑定的 IP 地址、端口以及主机名，默认情况下 FTP 使用 TCP 的 21 端口。勾选“自动启动 FTP 站点”复选框，创建完 FTP 站点后自动启动该站点。FTP 是以明文传输数据的，可以使用 SSL 协议保护数据，即使用 FTPS。但是 FTPS 要求服务器有电子证书，本项目不采用，单击“下一步”按钮。

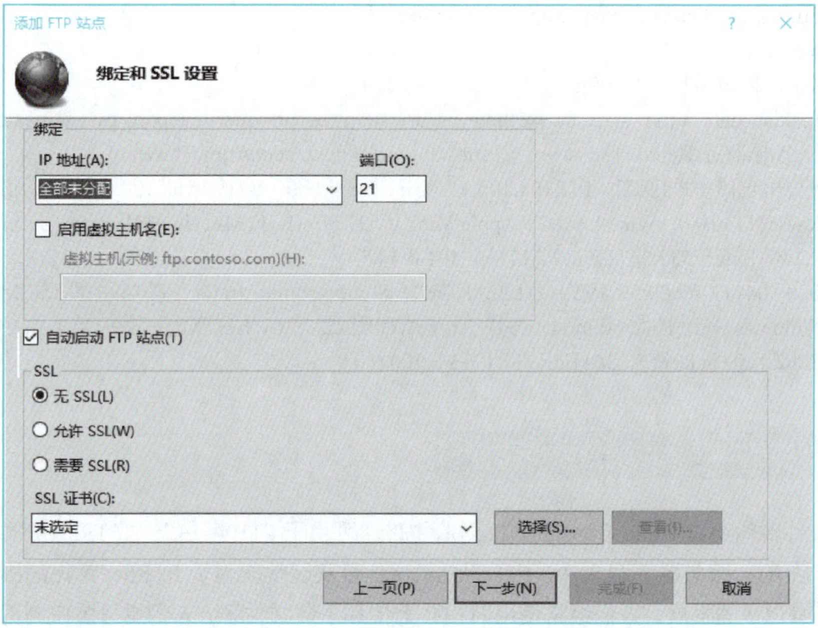

图 9-38 “绑定和 SSL 设置”对话框

（4）步骤 4：如图 9-39 所示，设置 FTP 的身份验证和授权信息。FTP 客户端要连接到 FTP 服务器，需要先登录。只有匿名和基本两种身份验证方式。

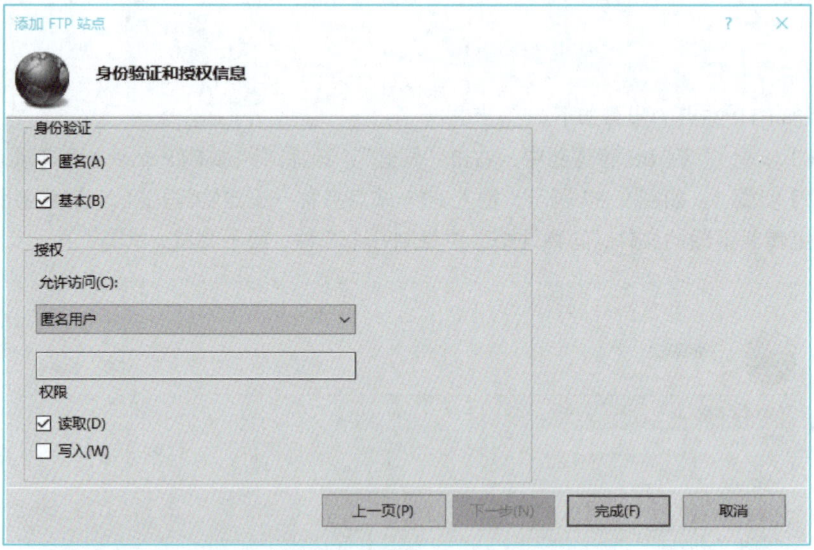

图 9-39 “身份验证和授权信息”对话框

- 匿名：开放给所有用户登录，FTP 客户端登录时统一使用的用户名为“anonymous”，该用户通常不需要密码或者输入电子邮件地址作为密码。

- 基本：使用 FTP 系统中的用户名和密码登录，例如 IIS 中使用的是服务器的本地用户或者活动目录中的用户，用户名和密码也是以明文传输的。

FTP 用户的权限有读取和写入两种权限，在图 9-39 中的“授权”选项区的“允许访问”下拉列表中可以选择“未指定”“所有用户”“匿名用户”“指定角色或者用户组”“指定用户”，为这些用户或者组分配权限，身份验证和授权会在 9.2.5 节详细介绍。单击“完成”按钮。如图 9-40 所示是添加好的 FTP 站点。

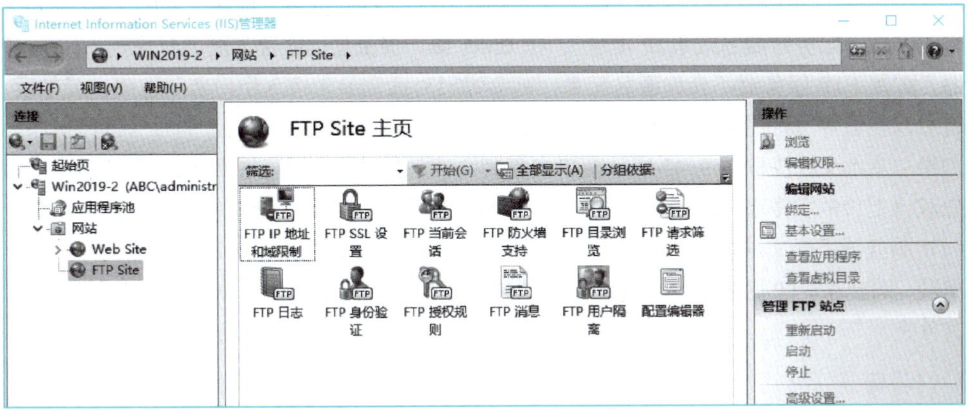

图 9-40 添加好的 FTP 站点

（5）步骤 5：暂时关闭防火墙，方便测试。FTP 较为特殊，可能会因为防火墙导致 FTP 客户端的连接失败，暂时关闭防火墙用于测试。选择“开始”→“控制面板”菜单项，单击“网络和 Internet”→“网络和共享中心”→“Windows Defender 防火墙”→“启用和关闭 Windows Defender 防火墙”，如图 9-41 所示，关闭防火墙。

图 9-41 暂时关闭 IIS 服务器上的防火墙

9.2.2　子任务 2　使用 FTP 客户端访问服务器

FTP 客户端有很多种，包括资源管理器、浏览器、FTP 命令行工具、专业 FTP 软件等。

微课：9-11
使用 FTP 站点访问服务器

1. 使用资源管理器访问 FTP 服务器

这是最简单的方式，在客户端（Windows 10）上打开资源管理器，如图 9-42 所示，输入“ftp://服务器域名或者 IP 地址”，按 Enter 键。资源管理器会先匿名登录到 FTP 服务器，如果 FTP 服务器不允许匿名登录，则会弹出对话框要求输入用户名和密码。登录后，就可以在资源管理器中像使用本地文件夹一样，远程对 FTP 服务器上的目录进行操作。如果从本地文件夹向图 9-42 所示窗口中复制文件，文件会自动上传到 FTP 服务器（要事先获得上传的权限）；如果从图 9-42 所示窗口中复制文件到本地文件夹，文件会自动从 FTP 服务器下载文件到本地文件夹；在图 9-42 窗口空白处右击，选择“新建文件夹”菜单项，则会在 FTP 服务器上创建新的文件夹（要事先授权）；也可以删除或者重命名文件、文件夹。

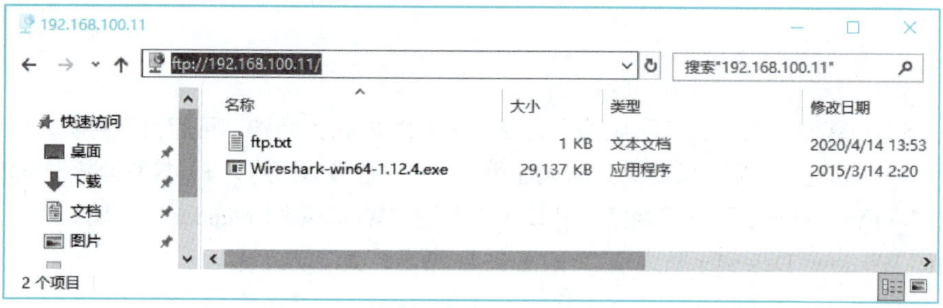

图 9-42　在资源管理器中连接 FTP 服务器

可以匿名登录或者输入用户名和密码登录。在图 9-42 所示窗口空白处右击，选择“登录”菜单项，如图 9-43 所示。勾选“匿名登录”复选框，输入电子邮箱地址（实际上可以输入任意字符），单击“登录”按钮，以“anonymous”用户登录 FTP 服务器。如果不想以匿名身份登录，如图 9-44 所示，清除“匿名登录”复选框，输入用户名和密码，单击“登录”按钮，需要 FTP 服务器配置了合适的授权才能登录成功（稍后介绍）。

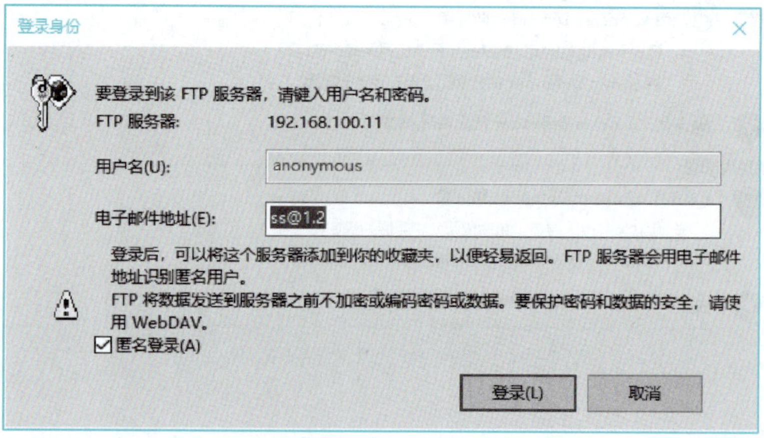

图 9-43　匿名登录 FTP 服务器

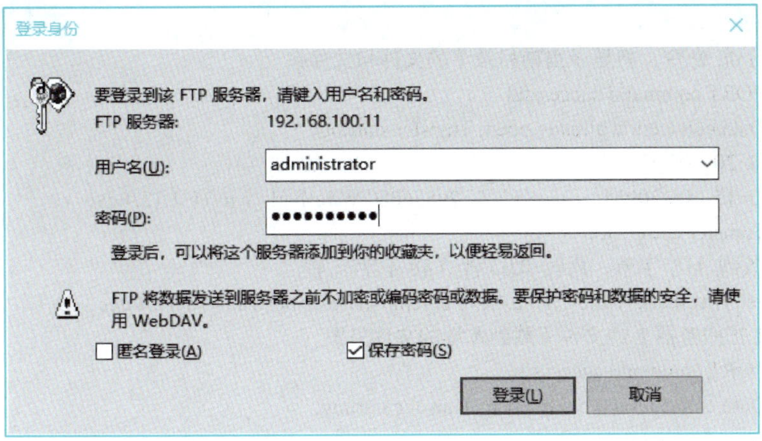

图 9-44 非匿名用户登录 FTP 服务器

2. 使用浏览器访问 FTP 服务器

由于 FTP 以明文传输数据，有的浏览器（Chrome、Edge）出于安全考虑已经不支持 FTP 了，有的浏览器还继续支持。如图 9-45 所示，在 IE 中输入“ftp://服务器域名或者 IP 地址”，按 Enter 键。可以在浏览器中打开或下载文件、切换到各级目录，但是无法上传文件、删除、重命名文件，功能比资源管理器少。

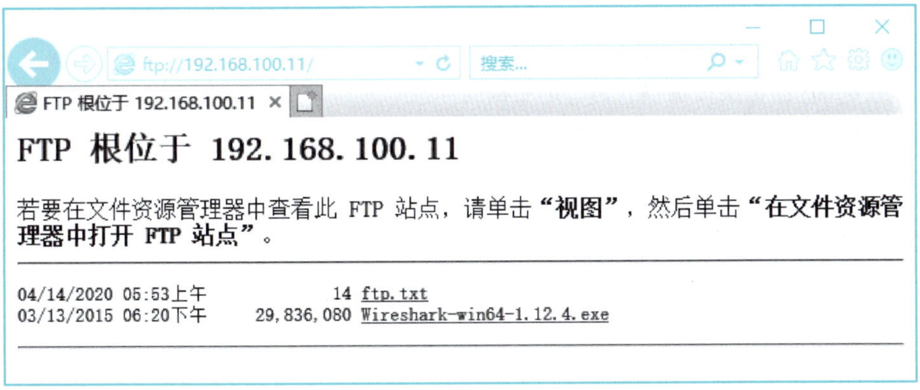

图 9-45 在浏览器中连接 FTP 服务器

3. 使用 FTP 命令行工具访问 FTP 服务器

Windows 系统自带一个 FTP 命令行工具，使用方法如下。

```
C:\>ftp 192.168.100.11
连接到 192.168.100.11。
220 Microsoft FTP Service
200 OPTS UTF8 command successful - UTF8 encoding now ON.
用户(192.168.100.11:(none)): anonymous
//使用匿名用户登录
331 Anonymous access allowed, send identity (e-mail name) as password.
密码:
230 User logged in.
```

```
ftp> dir
//执行 dir 命令，将显示当前目录下的文件和文件夹
200 PORT command successful.
125 Data connection already open; Transfer starting.
04-14-20    05:53AM                          14 ftp.txt
03-13-15    06:20PM                    29836080 Wireshark-win64-1.12.4.exe
226 Transfer complete.
ftp: 收到 118 字节，用时 0.02 秒 7.38 千字节/秒。
ftp>get Wireshark-win64-1.12.4.exe c:\temp\Wireshark-win64-1.12.4.exe
//以上把服务器上的文件下载到本地的文件夹里
200 PORT command successful.
125 Data connection already open; Transfer starting.
226 Transfer complete.
ftp: 收到 29836080 字节，用时 0.11 秒 273725.50 千字节/秒。
```

连接到 FTP 站点后，就可以使用 FTP 工具内置的命令进行文件下载或者上传等操作了，其中一些重要的命令如下。

1）help、?

- help：显示命令的说明，例如“help”或者“help cd”。
- ?：相当于 help。

2）ascii、binary、type

- ascii：切换传输模式为文字模式。
- binary：切换传输模式为二进制模式。
- type：用于更改或显示目前传输模式，例如 type ascii。

3）bye、quit

- bye：退出 FTP 服务器。
- quit：相当于 bye。

4）cd、lcd、pwd、!

- cd：改变当前工作目录。
- lcd：用于更改或显示 LOCAL 端的工作目录。
- pwd：显示目前的工作目录（服务器端）。
- !：用于执行外壳命令，例如“!dir”。

5）delete、mdelete、rename

- delete：删除文件。
- mdelete：批量删除文件。
- rename：更改文件名。

6）get、mget、put、mput、recv、send

- get：下载文件。
- mget：批量下载文件。
- put：上传文件。

- mput：批量上传文件。
- recv：相当于 get。
- send：相当于 put。

7）hash、verbose、status、bell

- hash：当有数据传送时，显示#号。
- verbose：切换所有文件传输过程的显示。
- status：显示目前的一些参数。
- bell：当指令做完时会发出声音。

8）ls、dir、mls、mdir、mkdir、rmdir

- ls：有点像 UNIX 的 ls（list）命令。
- dir：相当于“ls -l”。
- mls：只是将远端某文件夹下的文件存于 LOCAL 端的某文件夹中。
- mdir：相当于 mls。
- mkdir：作用与 DOS 下的 MD（创建子目录）一样。
- rmdir：作用与 DOS 下的 RD（删除子目录）一样。

9）open、close、disconnect、user

- open：连接某个远端 FTP 服务器。
- close：关闭目前的连接。
- disconnect：相当于 close。
- user：再输入一次用户名和口令（有点像 Linux 的 su）。

10）literal、quote

- literal：发出任意 FTP 命令。
- quote：相当于 literal。

4. 使用专业 FTP 软件访问 FTP 服务器

还有很多第三方的专业 FTP 软件，有免费的，也有收费的，这些软件界面美观、操作更加方便，例如 FileZilla、WinSCP、CuteFTP 等，具体使用方法参见各软件的介绍。

9.2.3 子任务 3 配置 FTP 服务器

FTP 站点的管理和 Web 站点的管理有很多地方是类似的，图 9-40 中“绑定”“基本设置”“启动”“停止”“虚拟目录”“FTP IP 地址和域限制”“FTP 日志”等的使用方法可参见 9.1.4 节中 Web 站点的配置方法。

微课：9-12
配置 FTP 服务器

1. 管理 FTP 当前会话

图 9-40 中，单击“FTP Site”项，双击中间窗格中的“FTP 当前会话”图标，如图 9-46 所示，可以查看当前连接到 FTP 站点的会话信息，如客户端 IP 地址、会话开始时间、当前命令等。选择某个会话，单击右边窗格的“断开会话”链接，可以断开会话。

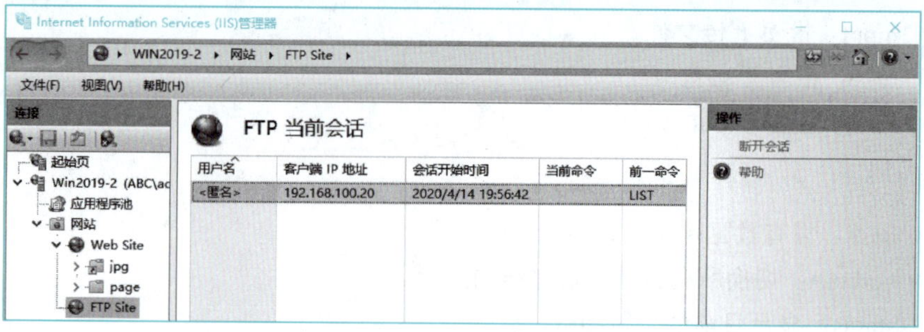

图 9-46　FTP 当前会话

2. 设置 FTP 目录浏览

图 9-40 中，单击“FTP Site”项，双击中间窗格中的“FTP 目录浏览”图标，如图 9-47 所示。

- “MS-DOS”：客户端浏览目录时，以 MS-DOS 格式显示文件和文件夹。
- “UNIX”：客户端浏览目录时，以 UNIX 格式显示文件和文件夹。
- “虚拟目录”：客户端浏览目录时，是否显示虚拟目录。
- “可用字节”：客户端浏览目录时，是否显示剩余的可用字节。
- “四位数年份”：客户端浏览目录时，文件的修改日期为四位数年份。
- “应用”：应用设置。

图 9-47　FTP 目录浏览

```
C:\Users\Administrator>ftp 192.168.100.11
连接到 192.168.100.11。
220 Microsoft FTP Service
200 OPTS UTF8 command successful - UTF8 encoding now ON.
用户(192.168.100.11:(none)): anonymous
331 Anonymous access allowed, send identity (e-mail name) as password.
密码:
230 User logged in.
ftp> dir
200 PORT command successful.
125 Data connection already open; Transfer starting.
04-14-20  05:53AM                    14 ftp.txt
```

```
03-13-15  06:20PM            29836080 Wireshark-win64-1.12.4.exe
//以上是 MD-DOS 样式，两位数年份
226 Transfer complete.
ftp: 收到 118 字节，用时 0.00 秒 118000.00 千字节/秒。
ftp> quit
221 Goodbye.

C:\Users\Administrator>ftp 192.168.100.11
连接到 192.168.100.11。
220 Microsoft FTP Service
200 OPTS UTF8 command successful - UTF8 encoding now ON.
用户(192.168.100.11:(none)): anonymous
331 Anonymous access allowed, send identity (e-mail name) as password.
密码:
230-Directory has 522,660,532,224 bytes of disk space available.
230 User logged in.
ftp> dir
200 PORT command successful.
125 Data connection already open; Transfer starting.
-rwxrwxrwx   1 owner   group          14 Apr 14  5:53 ftp.txt
-rwxrwxrwx   1 owner   group    29836080 Mar 13  2015 Wireshark-win64-1.12.4.exe
//以上是 UNIX 样式
226-Directory has 522,660,532,224 bytes of disk space available.
//以上显示可用字节
226 Transfer complete.
ftp: 收到 158 字节，用时 0.00 秒 158000.00 千字节/秒。
ftp> quit
221 Goodbye.
```

3. 设置 FTP 消息

图 9-40 中，单击“FTP Site”项，双击中间窗格中的“FTP 消息”图标，如图 9-48 所示，可以设置 FTP 客户端连接到 FTP 服务器时显示的消息，单击“应用”链接才生效。

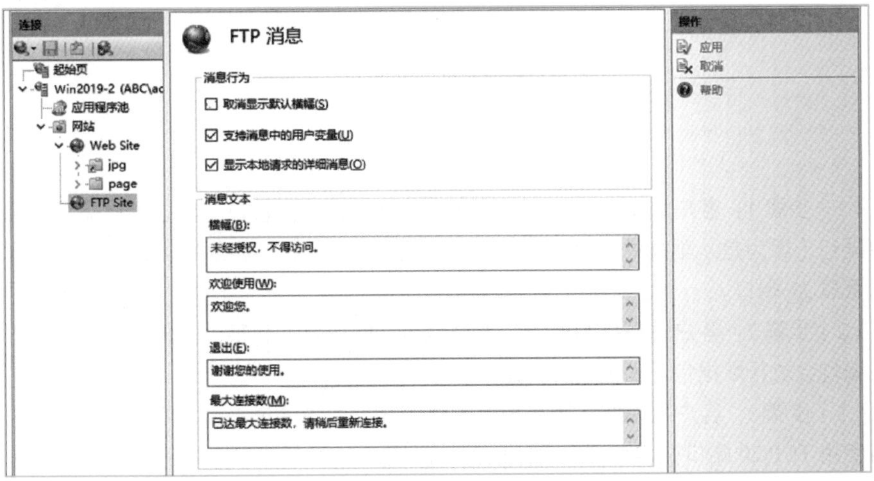

图 9-48 FTP 消息

```
C:\Users\Administrator>ftp 192.168.100.11
连接到 192.168.100.11。
220-Microsoft FTP Service              //这是“默认横幅”消息
220 未经授权，不得访问。                //这是“横幅”消息
200 OPTS UTF8 command successful - UTF8 encoding now ON.
用户(192.168.100.11:(none)): anonymous
331 Anonymous access allowed, send identity (e-mail name) as password.
密码:
230-欢迎您。                            //这是“欢迎使用”消息
    Directory has 522,658,385,920 bytes of disk space available.
230 User logged in.
ftp> quit
221 谢谢您的使用。                      //这是“退出”消息
```

9.2.4　子任务 4　配置防火墙允许客户端访问 FTP 服务

微课：9-13
配置 FTP 服务器与防火墙策略

Windows 系统的防火墙是一个半状态化的防火墙，会放行计算机由里往外发的数据包；也会放行从外往里发的回包；除非进行配置，否则除回包外不放行从外往里发的数据包。

介绍如何配置防火墙允许客户端访问 FTP 服务之前，需要介绍 FTP 的两个模式。FTP 使用两个 TCP 连接，一个是控制通道的 TCP 连接，用于在客户端和服务器之间传输 FTP 信令，例如要下载哪个文件、列出某目录下的文件；另一个是数据通道的 TCP 连接，用于传输数据，例如下载的文件、某个目录下的文件列表。根据数据通道的 TCP 连接的发起方是服务端还是客户端，把 FTP 的模式分为主动和被动两种模式。

1. FTP 的主动模式

该模式中，数据通道的 TCP 连接的发起方是服务器，如图 9-49 所示。

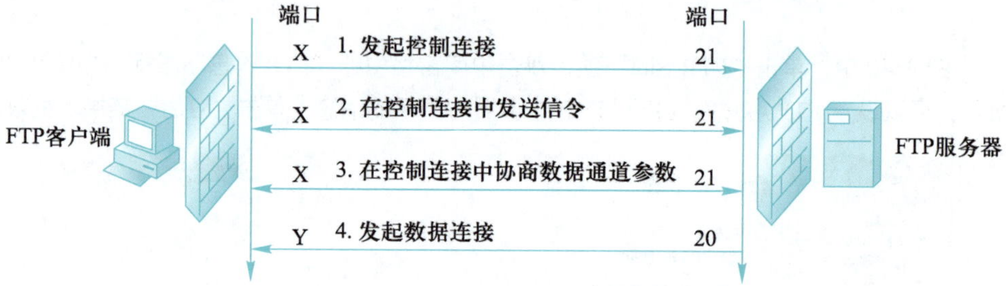

图 9-49　FTP 的主动模式

（1）步骤 1：客户端发起控制连接，客户端使用动态的端口号 X，客户端防火墙会放行数据包（因为是从里往外）；服务器的端口号为 21，数据包由外往里，所以必须配置服务器开放 21 端口。

（2）步骤 2：客户端在控制连接中发送信令，例如要下载某个文件。客户端和服务器防火墙均会放行数据包，因为使用的是已经建立的连接。

（3）步骤 3：客户端和服务器在控制连接中协商数据通道参数。双方达成协议，由服务器使用 TCP 20 端口往客户端的另外一个动态端口 Y 发起连接。

（4）步骤 4：服务器使用 TCP 20 端口向客户端的动态端口 Y 发起连接。需要配置客

户端的防火墙开放 Y 端口，服务器的防火墙会放行数据包（因为是从里往外）。

安装 FTP 服务器时，安装程序会自行在服务器的防火墙上允许 FTP 服务对外开放，如图 9-50 所示，但是经测试这个配置不起作用，因此需要手工配置服务器开放 21 端口，步骤如下。

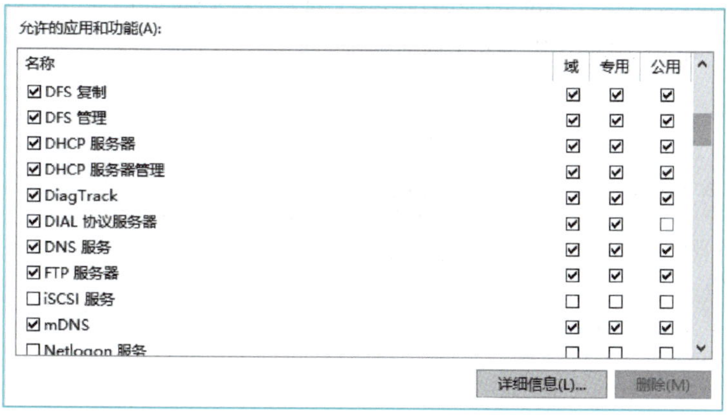

图 9-50 安装程序自动允许 FTP 服务对外开放

（1）步骤 1：在 Win2019-2 服务器上启用防火墙。选择“开始”→“控制面板”菜单项，单击“网络和 Internet”→“网络和共享中心”→“Windows Defender 防火墙”→“启用和关闭 Windows Defender 防火墙”，启用防火墙。

（2）步骤 2：参见 9.1.4 节中利用端口号实现虚拟主机配置防火墙的步骤，在 Win2019-2 服务器上把 TCP 的 21 端口打开。

客户端（以 Windows 10 为例）防火墙如何配置？首先要配置客户端使用 FTP 主动模式，选择“开始”→“控制面板”菜单项，单击“网络和 Internet”→“Internet 选项”，如图 9-51 所示，单击“高级”选项卡，取消勾选“使用被动 FTP（用于防火墙和 DSL 调制解调器的兼容）”复选框，这样客户端的资源管理器和 IE 会使用 FTP 主动模式。

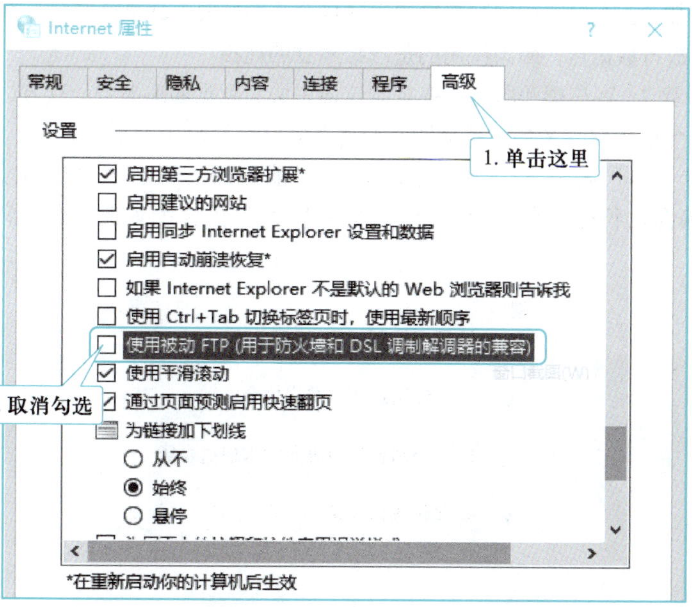

图 9-51 使用 FTP 主动模式

在图 9-49 中，客户端的端口 Y 是动态的，因此无法配置防火墙开放固定端口，但是可以配置客户端开放某个程序对外服务（即这个程序的全部端口）。如图 9-52 所示，在防火墙中添加规则，允许资源管理器（%SystemRoot%\explorer.exe）对外服务。类似地，可以添加防火墙规则允许 FTP 命令行工具（%SystemRoot%\System32\ftp.exe 和 IE（%ProgramFiles%\internet explorer\iexplore.exe）对外开放全部端口。那么就可以使用资源管理器、FTP 命令行工具、IE 连接 FTP 服务器。

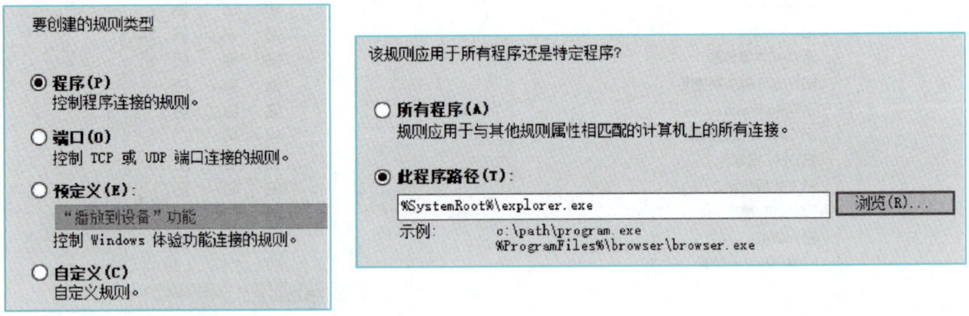

图 9-52　添加防火墙规则允许资源管理器对外开放全部端口

以上客户端的配置步骤相当复杂，一般用户无法胜任，可以在客户端关闭 Windows 系统自带的防火墙，改为使用更高级的、状态化的网络防火墙软件（例如《瑞星》《360 网络防火墙》)，这些防火墙会自动开放动态端口。

2. FTP 的被动模式

该模式中，数据通道的 TCP 连接的发起方是客户端，如图 9-53 所示。

（1）步骤 1：客户端发起控制连接，客户端使用动态的端口 X，客户端防火墙会放行数据包（因为是从里往外）；服务器的端口号为 21，数据包由外往里，所以必须配置服务端开放 TCP 21 端口。

（2）步骤 2：客户端在控制连接中发送信令，例如要下载某个文件。客户端和服务器防火墙均会放行数据包，因为使用的是已经建立的连接。

（3）步骤 3：客户端和服务器在控制连接中协商数据通道参数。双方达成协议，由客户端使用一个动态端口 Y 向服务器的一个动态端口 Z 发起 TCP 连接。

（4）步骤 4：客户端使用动态端口 Y 向服务器的动态端口 Z 发起连接。客户端的防火墙会放行数据包（因为是从里往外），但需要配置服务器的防火墙开放 Z 端口。

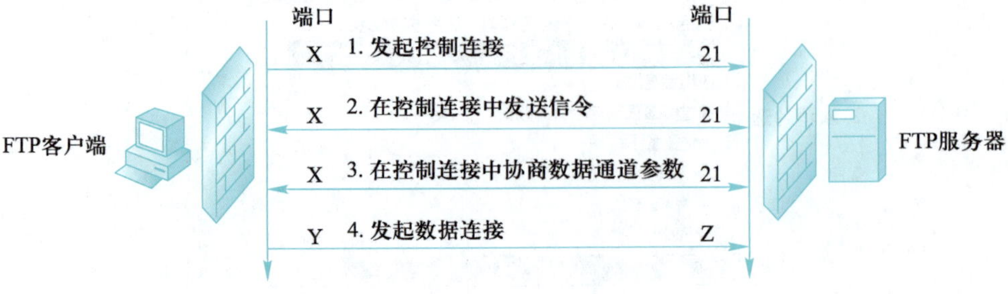

图 9-53　FTP 的被动模式

这种模式下，客户端的防火墙无须特殊配置。由于服务端的端口 Z 是动态的，防火墙上需要添加规则，允许 FTP 服务程序（C:\Windows\system32\svchost.exe）开放全部端口，但是因为“C:\Windows\system32\svchost.exe”不仅提供 FTP 服务，还提供 Web 等服务，开放 svchost.exe 的全部端口会带来网络安全隐患，不建议使用。

9.2.5 子任务 5 设置 FTP 身份验证和授权

微课：9-14
FTP 的认证与授权

1. FTP 身份验证

FTP 有两种身份验证：匿名身份验证和基本身份验证。图 9-40 中，单击“FTP Site”项，双击中间窗格中的“FTP 身份验证”图标，如图 9-54 所示。

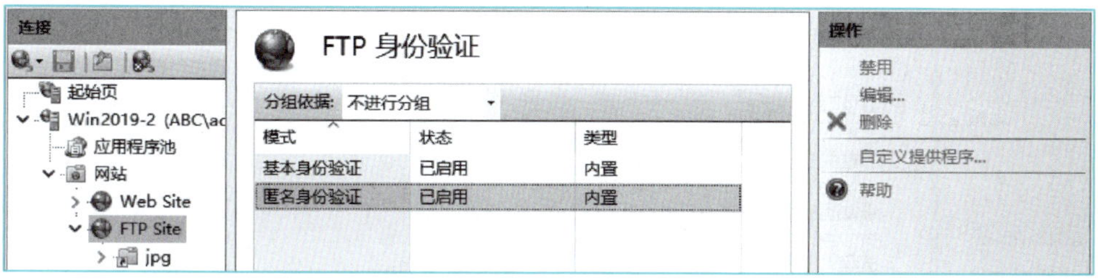

图 9-54 FTP 身份验证

1）匿名身份验证

FTP 服务器启用匿名身份验证后，客户端可以匿名登录（还需要有 FTP 授权），用户名为 anonymous，密码为任意字符。客户端匿名登录时，FTP 服务器以内置的用户组 IUSR 来访问 FTP 站点的文件或者文件夹（本例为 C:\FTP）。需要把 C:\FTP 的安全权限赋予 IUSR 用户组（参见 5.2 节）。匿名用户的权限将由授权规则和 IUSR 用户组对 C:\FTP 的安全权限两者的最小值决定。要改变匿名身份验证凭据（不用 IUSR），在图 9-54 中，选择“匿名身份验证”，单击右边窗格中的“编辑”链接，输入用户名和密码。

2）基本身份验证

FTP 服务器启用基本身份验证后，客户端可以以服务器上的本地用户或者域用户登录（还需要有 FTP 授权）。客户端登录后，FTP 服务器以客户端发送的用户（例如 abc\jack）来访问 FTP 站点的文件或者文件夹（本例为 C:\FTP）。需要把 C:\FTP 的安全权限赋予客户端输入的用户（abc\jack），步骤参见 5.2 小节。用户的权限将由授权规则和用户对 C:\FTP 的安全权限两者的最小值决定。客户端上没有输入域名时，服务器先使用本地用户验证，再使用域用户验证。可以设置默认域，客户端上没有输入域名时，系统使用默认域用户来验证。在图 9-54 中，选择“基本身份验证”，单击右边窗格中的“编辑”链接，可以设置默认域。

2. FTP 授权规则

FTP 授权规则用来控制用户在 FTP 目录上的权限，类似于文件夹的共享权限。图 9-40 中，单击“FTP Site”项，双击中间窗格中的“FTP 授权规则”图标，如图 9-55 所示。可以添加允许规则或者拒绝规则。在图 9-55 中，单击右边窗格中的“添加允许规则”链接。

如图 9-56 所示，选择“指定的用户”选项，选中“读取”和“写入”复选框，单击“确定”按钮。在图 9-55 中选中已添加的规则，单击“编辑”链接可以修改已有的规则。当允许规则或者拒绝规则有冲突时，拒绝规则优先级高。

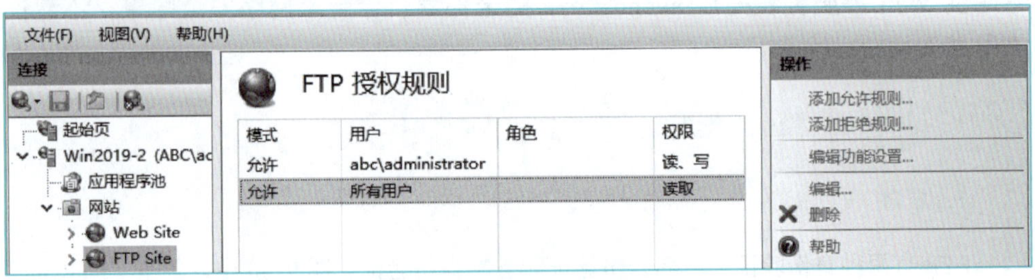

图 9-55　FTP 授权规则

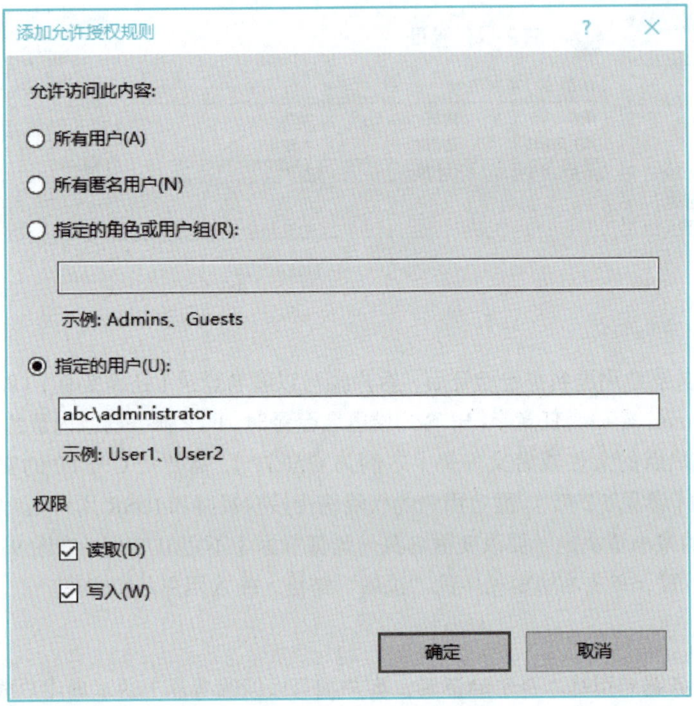

图 9-56　添加允许授权规则

和文件夹共享的权限很类似，FTP 用户最终的权限是由 FTP 服务器上 FTP 目录的安全权限和 FTP 授权规则的最小权限决定的。例如：在 FTP 服务器上设置了“abc\jack”用户对 C:\FTP 的安全权限为读取，同时 FTP 授权规则中“abc\jack”用户的权限为“写入”，则最终“abc\jack”登录后 FTP 服务器后取得的权限为“读取”。

9.2.6　子任务 6　配置 FTP 用户隔离

微课：9-15
FTP 用户隔离

FTP 用户隔离是指不同的用户登录后，用户可以被限定在自己的主目录中，不能访问另一用户的目录，用户之间互相隔离，以实现数据隐秘性及安全性。图 9-40 中，单击“FTP Site”项，双击中间窗格中的“FTP 用户隔离”图标，如图 9-57 所示，选择合适的选项，单击“应用”链接。

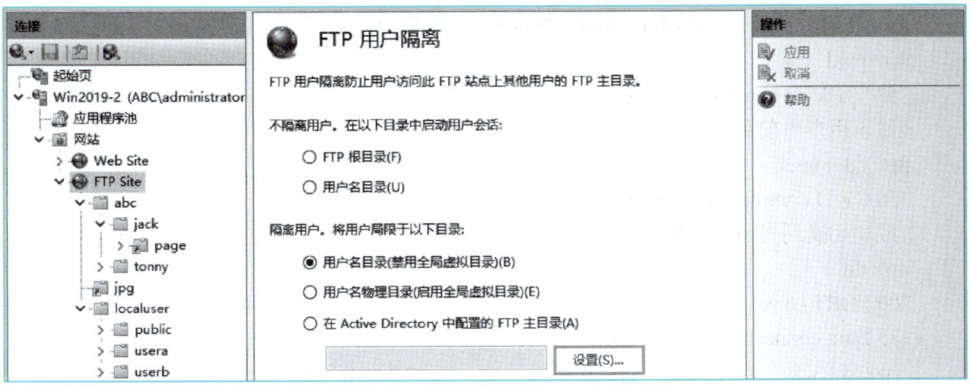

图 9-57 FTP 用户隔离

1. 不隔离用户模式

使用不隔离用户模式时，可以选择在以下目录中启动用户会话。

（1）FTP 根目录：默认值，所有用户登录后，被定向到 FTP 主目录，只要有权限，所有用户会看到一样的内容。

（2）用户名目录：每个用户有自己的主目录，用户登录后被定向到自己的主目录，但是用户可以访问其他用户的目录（要有权限）。FTP 服务器上的 FTP 主目录下要有和用户名一致的目录（物理目录或者虚拟目录都可以）。目录结构如下，C:\FTP 下 default 目录供匿名用户使用，jack、tonny 目录供域用户“abc\jack”“abc\tonny”使用，usera、userb 目录供本地用户“win2019-2\usera”“win2019-2\userb”使用。不论是供域用户还是本地用户使用，目录名不需要包含域名或者计算机名。

```
C:\ftp>tree
C:.
 ├──default              //匿名用户的主目录
 ├──jack                 //abc\jack 用户的主目录
 ├──tonny                //abc\tonny 用户的主目录
 ├──usera                //本地用户 win2019-2\usera 的主目录
 └──userb                //本地用户 win2019-2\userb 的主目录
C:\>ftp 192.168.100.11
连接到 192.168.100.11。
用户(192.168.100.11:(none)): abc\jack
331 Password required
密码:
    Directory has 522,639,863,808 bytes of disk space available.
230 User logged in.
//以域用户“abc\jack”登录
ftp> dir
200 PORT command successful.
125 Data connection already open; Transfer starting.
-rwxrwxrwx    1 owner    group              3 Apr 15   8:30 jack.txt
//用户登录后，被定位在自己的主目录，看到的是自己主目录下的文件
226-Directory has 522,639,863,808 bytes of disk space available.
226 Transfer complete.
```

```
ftp: 收到 72 字节，用时 0.00 秒 72000.00 千字节/秒。
ftp> pwd
257 "/jack" is current directory.
//显示用户当前目录
ftp> cd /tonny
250 CWD command successful.
//成功切换到另一用户的主目录
ftp> dir
200 PORT command successful.
125 Data connection already open; Transfer starting.
-rwxrwxrwx    1 owner      group                    3 Apr 15    8:31 tonny.txt
//看到了另一用户主目录下的文件
226-Directory has 522,639,863,808 bytes of disk space available.
226 Transfer complete.
ftp: 收到 73 字节，用时 0.02 秒 4.56 千字节/秒。
ftp> quit
221 谢谢您的使用。
```

2．隔离用户模式

使用隔离用户模式时，可以将用户局限于以下目录。

（1）用户名目录（禁用全局虚拟目录）：隔离用户时，每个用户也有自己的主目录，用户登录后被限定在自己的主目录，并且无法访问其他用户的目录。FTP 服务器上的 FTP 主目录下要有"域名\用户名"或者"localuser\用户名"命名的目录（物理目录或者虚拟目录都可以）。目录结构如下（参见图 9-57 左边窗格），C:\FTP 下的"abc\jack""abc\tonny"目录供域用户"abc\jack""abc\tonny"使用，"localuser\usera""localuser\userb""localuser\public"目录供本地用户"win2019-2\usera""win2019-2\userb"和匿名用户使用。域用户和本地用户的主目录在不同目录下。

```
C:\ftp>tree
C:.
├─abc
│  ├─jack                              //abc\jack 用户的主目录
│  └─tonny                             //abc\tonny 用户的主目录
└─localuser
    ├─public                           //匿名用户的主目录
    ├─usera                            //本地用户 win2019-2\usera 的主目录
    └─userb                            //本地用户 win2019-2\userb 的主目录
```

"禁用全局虚拟目录"是指用户（例如 abc\jack）登录后，无法看到全局的虚拟目录（图 9-57 中的"jpg"），但是可以看到自己目录下的虚拟目录（图 9-57 中的"jack\page"），注意：需要在图 9-47 中勾选"虚拟目录"复选框才能看到虚拟目录。

```
C:\ftp>ftp 192.168.100.11
连接到 192.168.100.11。
用户(192.168.100.11:(none)): abc\jack
331 Password required
密码:
```

```
    Directory has 522,643,636,224 bytes of disk space available.
230 User logged in.
ftp> dir
200 PORT command successful.
125 Data connection already open; Transfer starting.
drwxrwxrwx    1 owner    group          0 Apr 12 21:05 page
-rwxrwxrwx    1 owner    group          3 Apr 15  8:30 jack.txt
//用户登录后，被定位在自己的主目录，看到的是自己主目录下的文件，其中 page 是虚拟目录。在此没有看到全局虚拟目录 jpg。
226-Directory has 522,643,636,224 bytes of disk space available.
226 Transfer complete.
ftp: 收到 72 字节，用时 0.02 秒 4.50 千字节/秒。
ftp> pwd
257 "/" is current directory.
//以上显示用户当前的目录位置，已经是根路径了，无法切换到其他用户的主目录
ftp> quit
221 谢谢您的使用。
```

（2）用户名物理目录（启用全局虚拟目录）：和“用户名目录（禁用全局虚拟目录）”的区别在于，“启用全局虚拟目录”是指用户（例如 abc\jack）登录后，可以看到全局的虚拟目录（图 9-57 中的“jpg”），但是无法看到自己目录下的虚拟目录（图 9-57 中的 jack\page）。

```
C:\>ftp 192.168.100.11
连接到 192.168.100.11。
用户(192.168.100.11:(none)): abc\jack
331 Password required
密码:
    Directory has 522,643,406,848 bytes of disk space available.
230 User logged in.
ftp> dir
200 PORT command successful.
125 Data connection already open; Transfer starting.
drwxrwxrwx    1 owner    group          0 Apr 12 18:04 jpg
-rwxrwxrwx    1 owner    group          3 Apr 15  8:30 jack.txt
//用户登录后，被定位在自己的主目录，看到的是自己主目录下的文件，也看到了全局虚拟目录 jpg。但在此没有看到自己主目录下的虚拟目录 page。
226-Directory has 522,643,406,848 bytes of disk space available.
226 Transfer complete.
ftp: 收到 136 字节，用时 0.01 秒 9.07 千字节/秒。
ftp> quit
221 谢谢您的使用。
```

小结

IIS 是 Windows Server 2019 中很重要的服务组件，集成了 Web 服务器、FTP 服务器，分别用于网页浏览、文件传输。在 IIS 中可以创建 Web 网站，网站可以绑定 IP 地址、主机名和端口，可以设置默认文档，创建虚拟目录。使用 IP 地址或者域限制可控制客户端

的访问，利用虚拟主机可实现一台服务器托管多个网站。网站可进行身份验证，可对客户端的访问记录日志。FTP 服务器的管理和 Web 服务器的管理有很多类似之处，例如虚拟目录的创建、绑定的配置。FTP 可以采用匿名登录或者用户登录。由于 FTP 的特殊性，服务器及客户端的防火墙需要特殊配置。可以利用 FTP 用户隔离，把用户限制在自己的主目录里。

习题

1. 填空题

（1）Web 客户端和 Web 服务器之间使用________或________协议。

（2）IIS 软件可以用来提供________和________服务。

（3）IIS 中，站点的限制规则可以根据________、________、________来限制客户端访问站点。

（4）Web 服务器找不到请求的网页，会给客户端响应________代码。

（5）在 IIS 中，可以利用________、________、________实现虚拟主机。

（6）IIS 中，Web 身份验证有________、________、________、________。

（7）使用 WebDAV，可以________。

（8）IIS 中日志格式有________、________、________格式，可以记录________、________、________（填三个）。

（9）IIS 中，FTP 身份验证有________、________这两种方式。

（10）使用 FTP 时，匿名用户的用户名为________。

（11）Windows 的 FTP 命令行工具中，________命令用于下载单个文件。

2. 简答题

（1）什么是默认文档?

（2）什么是虚拟目录?

（3）什么是虚拟主机?

（4）FTP 主动模式和被动模式有什么区别?

（5）FTP 用户访问 FTP 服务器，用户的权限由哪些设置决定?

（6）什么是隔离用户 FTP 站点?

3. 实践题

按照图 1-1 的规划，在 Win2019-2 服务器上为企业构建 Web 和 FTP 服务器，要求如下。

（1）安装 IIS 10.0，在 DNS 服务器（Win2019-1）上添加记录，Web、FTP 服务器域名分别为 www.abc.com 和 ftp.abc.com。

（2）新建网站 www.abc.com，采用 Windows 身份验证。

（3）创建隔离用户 FTP 站点，匿名用户可以读取，abc 域用户可读写，限制只允许内网 IP 地址使用 FTP。

项目 10
构建 E-mail 服务器

项目背景

电子邮件（E-mail）是现代办公必不可少的手段，虽然许多门户网站提供了大容量的免费或者收费邮箱，但是为了保证邮件安全，也为了改善企业的形象，企业员工需要拥有以企业域名结尾的邮箱，有必要在企业里部署自己的邮件服务器。Windows Server 2019 并不包含邮件服务器功能，可以使用第三方软件来构建 E-mail 服务器。本项目将在企业内的 Win2019-2 服务器上安装 Winmail 软件，为用户提供电子邮件服务，用户可以使用网页或者 Foxmail 客户端收发邮件。

项目任务

（1）安装 Winmail 邮件服务器。
（2）配置 Winmail 邮件服务器。
（3）为用户创建邮箱、设置邮箱容量。
（4）配置客户端使用邮件服务器收发邮件。

10.1　任务 1　了解电子邮件

微课：10-1
了解 E-mail

电子邮件是一种用电子手段提供信息交换的通信方式，是 Internet 应用最早、最广的服务。通过电子邮件系统，用户可以快速地与世界上任何一个角落的网络用户联系，这些电子邮件可以是文字、图像、声音等。电子邮件综合了计算机通信和邮政信件的特点，它传送信息的速度很快，又能像信件一样使收信者收到图文甚至视频信息。本任务将介绍电子邮件的相关知识以及转发过程，为后续构建 E-mail 服务器奠定基础。

PPT：10-1
构建 E-mail 服务器

10.1.1　子任务 1　电子邮件及其结构

如图 10-1 所示，和普通的邮件类似，电子邮件由两部分构成：信头（Header）和信体（Body）。电子邮件地址的格式为 user@mail.server.name，其中 user 是收件人的用户名，mail.server.name 是收件人的电子邮件服务器名称。一般来说，信头包含下列内容（具体情况可能随邮件程序不同而有所不同）：发件人（From），即发信人的 E-mail 地址；收件人（To），即收信人的 E-mail 地址；主题（Subject），邮件的主题。一般来说，只需要在“收件人”栏填写收件人完整的 E-mail 地址即可，“主题”栏可选填，不过一个有礼貌的用户总是会填这栏的，有主题，收件人便会一目了然地知道这封信的主要内容。

微课：10-2
了解电子邮件及其结构

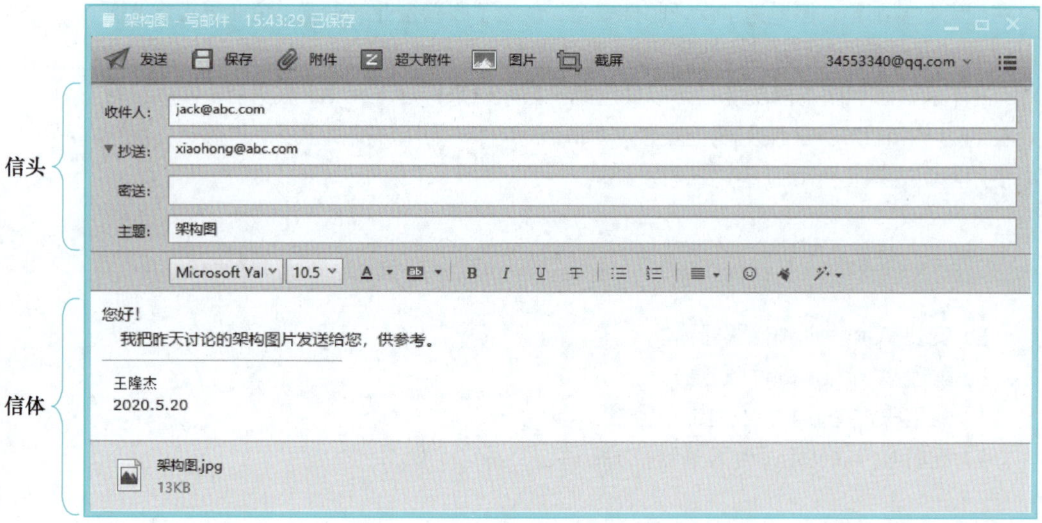

图 10-1　典型的电子邮件

E-mail 的正文就是一些文字。根据要求，应尽量使用普遍的非装饰性字符，以保证无论收件人使用何种计算机和软件都可以正常地阅读电子邮件的内容。E-mail 签名的位置在信的末尾。它与普通信件中的签名一样简单。尽管签名是一个可选项，但是在使用它时是要担负一定责任的。

另外，程序、图形及其他一些计算机的二进制文件，也可以作为电子邮件的附带内容一起发送。早些时候 E-mail 系统只支持文本方式，因此在发送电子邮件时，其中附属的二进制文件需要先转换为文本文件的形式，收件人在收到并使用它们时，要再转换成二进制形式。目前一种称为 MIME（Multipurpose Internet Mail Extensions）的功能已在 E-mail 软件中获得了广泛的应用。MIME 使电子邮件可以加入附件，真正实现了在电子邮件中附带图形、音频、视频等文件。若收件人使用 MIME 兼容的 E-mail 软件，那么这些附带的图形文件、音频和视频文件会自动解码、格式化和演播。

10.1.2 子任务 2 使用电子邮件的两种形式

使用电子邮箱收发邮件的方式一般分为 Web 方式和客户端方式。Web 方式是指用户使用浏览器访问电子邮件系统网页（使用的是 HTTP 或者 HTTPS），在浏览器上输入用户名和密码，进入电子邮箱，处理电子邮件，如图 10-2 所示。通过浏览器，用户无须安装其他软件即可使用电子邮件功能。使用这种方式，用户的邮件保存在服务器上，用户在任何计算机上登录均可以看到自己的邮件。然而随着时间推移，邮件增多，需要删除邮件。

微课：10-3
了解使用电子邮件的两种形式

图 10-2 以 Web 方式使用电子邮箱

客户端方式是指用户在计算机上安装电子邮件客户端软件，例如 Foxmail、Outlook Express 等，在客户端软件设置好用户邮箱的信息（例如用户名、密码），客户端软件通过电子邮件协议与邮件服务器通信，从而完成收发邮件的功能，如图 10-3 所示。采用这种方式，客户端软件把邮件从服务器上接收下来后保存在本地计算机上，用户也可以选择是否同时从邮件服务器上删除邮件；同样，发送的邮件通常也在本地计算机上保存一个副本。这样用户不用担心邮箱的容量，可以随时查询过时的邮件，而且客户端软件的功能通常较为强大，例如支持全文检索、通讯录等。

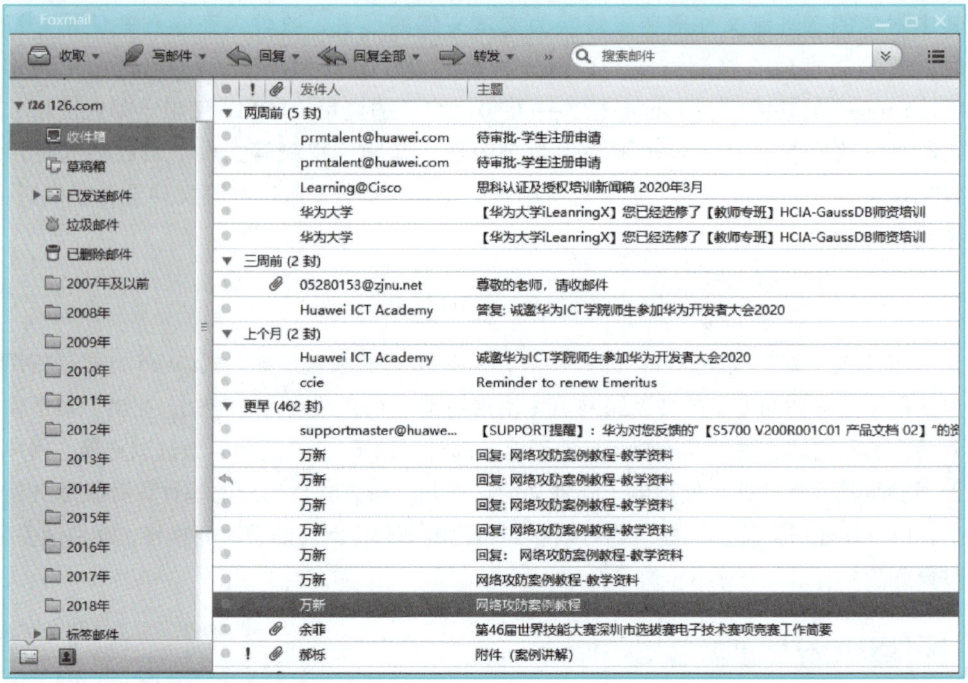

图 10-3　以客户端方式使用电子邮箱

10.1.3　子任务 3　电子邮件相关协议与标准

1. SMTP

微课：10-4
了解电子邮件相关协议与标准

简单邮件传输协议（Simple Mail Transfer Protocol，SMTP）用于接收用户的邮件请求，并与远端邮件服务器建立 SMTP 连接，从而实现发送邮件的功能。SMTP 的一个重要特点是它能够在传送中接力传送邮件，即邮件可以通过网络上不同的主机接力传送。它工作在两种情况下：一种是电子邮件从客户端传输到服务器，另一种是从某一个服务器传输到另一个服务器。SMTP 是请求/响应协议，它使用 TCP 的 25 端口。

2. POP3

邮局协议（Post Office Protocol，POP）用于接收电子邮件，它使用 TCP 的 110 端口。现在常用的是第 3 版，所以简称 POP3。POP3 采用 Client/Server 工作模式，当客户端接收邮件时，客户端的软件（例如 Outlook Express 或 Foxmail）将与 POP3 服务器建立 TCP 连接，此后要经过 POP3 的 3 个工作过程。首先是认证过程，服务器验证客户端提供的用户名和密码；然后用户收取自己的邮件或删除邮件，完成操作后客户端发出退出命令；最后会话进入更新状态，将做删除标记的邮件从服务器端删除。

3. Web Mail 插件

Web Mail 并不是一种协议，而是服务器上专门针对邮件程序安装的 Web 支持插件，让客户端通过浏览器即可查收、阅读和发送邮件。由于客户端是通过浏览器来执行上述操作的，所以使用起来更方便。大多数的邮箱不仅可以以客户端的方式使用，还可以以 Web 方式使用。

4. IMAP4

交互式邮件存取协议（Internet Message Access Protocol，IMAP）是与 POP3 类似的邮件访问标准协议之一，目前常用的版本是 IMAP4，IMAP4 使用 TCP 的 143 端口。

POP3 允许电子邮件客户端下载服务器上的邮件，但是客户端的操作（如移动邮件、标记已读等）不会反馈到服务器上，比如通过客户端收取了邮箱中的 3 封邮件并移动到其他文件夹，服务器上的这些邮件没有同时被移动。IMAP4 提供邮件服务器与电子邮件客户端之间的双向通信，客户端的操作都会反馈到服务器上，对邮件进行了操作，服务器上的邮件也会相应改变。同时，IMAP4 像 POP3 那样提供了方便的邮件下载服务，让用户能离线阅读。IMAP4 提供的摘要浏览功能可以让用户在阅读完邮件到达时间、主题、发件人、大小等信息后才做出是否下载的决定。此外，IMAP 更好地支持从多个不同设备随时访问新邮件。表 10-1 是 IMAP4 和 POP3 的比较。

表 10-1　IMAP4 和 POP3 的比较

操作位置	操作内容	IMAP4	POP3
收件箱	阅读、标记、移动、删除邮件等	客户端与邮箱同步更新	仅客户端内
发件箱	保存到已发送	客户端与邮箱同步更新	仅客户端内
创建文件夹	新建自定义的文件夹	客户端与邮箱同步更新	仅客户端内
草稿	保存草稿	客户端与邮箱同步更新	仅客户端内

总之，IMAP4 整体上为用户带来了更便捷和可靠的体验。POP3 更易丢失邮件或多次下载相同的邮件，但 IMAP4 通过邮件客户端与邮件服务器之间的双向同步功能很好地避免了这些问题。

5. MIME（多用途网际邮件扩展）协议

现在人们常常通过邮件发送各种各样的信息：照片、小说、技术文档、应用程序等。早期面向文本消息传送的邮件已经远远不能应付这些复杂的格式了，所以新的邮件格式标准协议——多用途网际邮件扩展（Multipurpose Internet Mail Extensions，MIME）应运而生。MIME 的格式灵活，允许邮件中包含任意类型的文件，比如文本、图像、声音、视频及其他应用程序的特定数据。Internet 上的 SMTP 传输机制是以 7 位二进制编码的 ASCII 码为基础的，适合传送文本邮件。而声音、图像、中文等使用 8 位二进制编码的电子邮件需要进行 ASCII 转换（编码）才能够在 Internet 上正确传输。MIME 增强了 RFC 822 中定义的电子邮件报文的能力，允许传输二进制数据。MIME 编码技术将数据从 8 位格式转换成 7 位 ASCII 码格式。

10.1.4 子任务 4 电子邮件的传递过程

以腾讯邮箱 34553340@qq.com 向网易邮箱 zhanghen@126.com 发送邮件为例讲解电子邮件的传输过程和相关术语，如图 10-4 所示。需要强调的是，本例使用邮件客户端软件（Foxmail）收发邮件。

微课：10-5
了解电子邮件传递过程

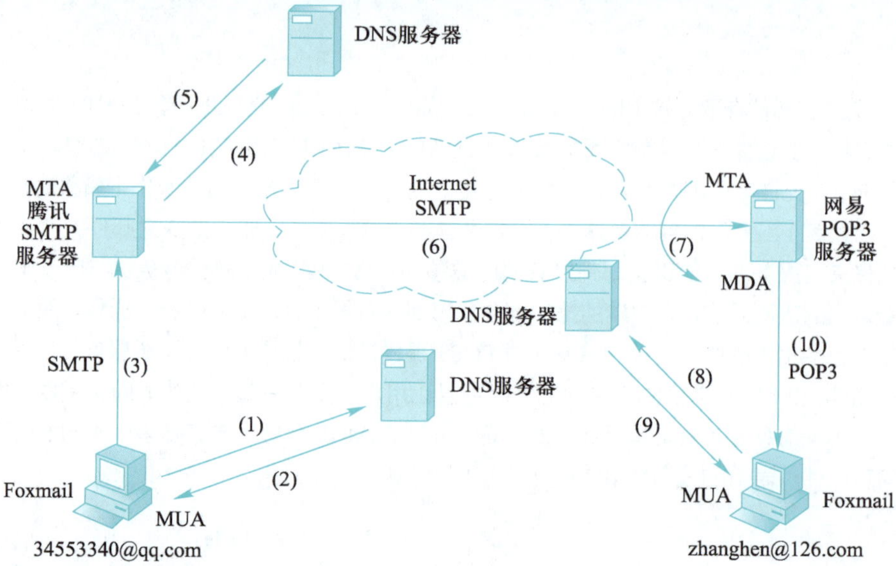

图 10-4 电子邮件的传递过程

（1）34553340@qq.com 所在的计算机根据 Foxmail 上的设置得知 34553340@qq.com 邮箱使用的 SMTP 服务器为 smtp.qq.com，用户邮箱的 SMTP、POP3、IMAP 服务器地址需要从提供邮箱的服务商（腾讯、网易等）处获取。计算机向 DNS 服务器请求 smtp.qq.com 的主机记录，以获得 SMTP 服务器的 IP 地址。

（2）DNS 服务器返回 smtp.qq.com 的 IP 地址给 34553340@qq.com 所在的计算机。

（3）34553340@qq.com 的邮件客户端程序（Foxmail）与腾讯的 SMTP 服务器建立网络连接，并以 34553340@qq.com 的用户名（注：用户名中带不带@，取决于邮件服务器上创建的用户名）和密码进行登录后，使用 SMTP 把邮件发送给腾讯的 SMTP 服务器。Foxmail 称为邮件用户代理（Mail User Agent，MUA）。

（4）腾讯的 SMTP 服务器收到 34553340@qq.com 提交的电子邮件后，首先根据收件人的地址后缀（126.com）判断接收者的邮件地址是否属于该 SMTP 服务器的管辖范围，如果是的话就直接把邮件存储到收件人的邮箱中，否则腾讯的 SMTP 服务器向 DNS 服务器查询收件人的邮件地址后缀（126.com）所表示的域的 MX 记录（邮件交换器记录）。腾讯的服务器称为邮件传送代理（Mail Transfer Agent，MTA），它负责邮件在 Internet 上的传输。

（5）DNS 服务器返回网易 126.com 的 MX 记录，腾讯的 SMTP 服务器得到网易的 SMTP 服务器的 IP 地址。

（6）腾讯的 SMTP 服务器与网易的 SMTP 服务器建立连接，并采用 SMTP 把邮件发送给网易的 SMTP 服务器。网易的 SMTP 服务器也是 MTA。

（7）网易的 SMTP 服务器收到腾讯的 SMTP 服务器发来的电子邮件后，根据收件人的地址判断该邮件是否属于该 SMTP 服务器的管辖范围，如果是的话就直接把邮件存储到收件人的邮箱中。这时网易的 SMTP 服务器是邮件投递代理（Mail Delivery Agent，MDA），MDA 主要的功能就是将 MTA 接收的信件依照信件的流向放置到本机用户的邮件文件夹中（收件箱），或者再经由 MTA 将信件送到下个 MTA。MDA 很像单位的收发室，负责把邮递员送的信分发到各信箱中。

（8）zhanghen@126.com 所在的计算机根据 Foxmail 上的设置得知 zhanghen@126.com 邮箱使用的 POP3 服务器为 pop3.126.com，计算机向 DNS 服务器请求 pop3.126.com 的主机记录，期望获得主机的 IP 地址。

（9）DNS 服务器返回 pop3.126.com 的 IP 地址给 zhanghen@126.com 所在的计算机。

（10）拥有 zhanghen@126.com 邮箱的用户通过邮件客户端程序（例如 Foxmail）与网易的 POP3 服务器建立连接，并以 zhanghen 的用户名和密码进行登录后，就可以通过 POP3 把邮件收到他的计算机上。Foxmail 称为邮件用户代理（Mail User Agent，MUA）。这样电子邮件就发送到接收者的计算机上了。Zhanghen 也可以使用 IMAP4 接收邮件，过程和 POP3 类似。

zhanghen@126.com 用户向 34553340@qq.com 用户回邮件的过程与上述过程类似。

10.2 任务 2 安装、配置 Winmail

本任务将在 Win2019-2 服务器上安装和配置 Winmail，让用户可以使用企业自己构建的邮件服务器收发邮件。

微课：10-6 安装配置 Winmail

10.2.1 子任务 1 了解 Winmail

PPT：10-2 安装配置 Winmail

1. Winmail 的特点

随着网络的发展和普及，电子邮件已经是人们日常工作中不可缺少的部分，现在许多企业采用 Exchange、Lotus Domino 作为公司内部的邮件服务器。一些 ISP 采用 Sendmail（一个著名的 UNIX/Linux 系统上的邮件服务器软件）或者其他基于 Linux 系统的邮件服务器软件（比如 Qmail 和 Postfix）提供邮件服务。

微课：10-7 了解 Winmail

Exchange 和 Lotus Domino 是非常强大的商业软件，但这些系统包含的协作功能和客户端的许可证费用使它们的整体成本急剧上升，而事实上很多使用这些系统的公司仅仅需要其中的邮件服务器功能。另外，Sendmail、Qmail 等 Linux 上的邮件服务器软件也是可用的邮件系统。但想要使用这些邮件服务器软件为企业和 ISP 等提供良好的邮件服务，必须要有专业的 Linux 系统维护人员进行系统维护。这样势必增加系统的维护费用。针对以上问题，华美科技（苏州）有限公司开发了 Winmail Server，一个低成本的运行于 32/64 位中英文 Windows 系统上的邮件服务器软件，具有运行和维护成本低廉、稳定、高性能等特点，具有非常友好的管理界面。

- 服务器系统平台：Windows XP、Windows 7 以上 32/64 位中英文 Windows 系统，推荐使用 Windows Server 2012 64 位。
- 邮件客户端：Outlook、Foxmail、Live Mail 等，Winmail 手机邮件客户端 App。
- 浏览器：IE 9～11、Firefox、Opera、Chrome、Safari、Microsoft Edge 等。
- 客户端系统：Windows、Linux、MacOS、iOS、Android 等。

2. Winmail 的应用领域

Winmail 可作为互联网 E-mail 服务器、Intranet 局域网邮件服务器，也可以作为拨号 ADSL 宽带、FTTB 光纤、LAN、主机托管、VPS、云主机等接入方式的邮件服务器和邮件网关。Winmail 是企业、大专院校、中小学校、政府部门理想的邮件系统架设软件。

3. Winmail 的系统需求

域名：架设互联网邮件服务器需要正式注册的域名；内网使用时，可以自定义一个虚拟域名。

IP 地址：架设互联网邮件服务器建议使用公网固定 IP 地址，内网使用内网固定 IP 地址，网络要对外开通 TCP 25、110 端口。注意，部分云主机屏蔽 25 端口，导致无法架设邮件系统。

推荐配置：表 10-2 列出了用户数 250 以下的推荐配置。

表 10-2 Winmail 服务器推荐配置

物理服务器（用户数 250 以下）
• CPU：四核 Intel I5 • 内存：4 GB • 硬盘：RAID1/5，容量根据要分配的邮箱空间而定 • *使用网页和 IMAP 较多时建议内存加到 8 GB
虚拟机、云主机（用户数 250 以下）
• CPU：双核 • 内存：4 GB • 网络：2～5 Mbit/s • SSD 云盘，容量根据要分配的邮箱空间而定

4. Winmail 的主要功能

1）SMTP 服务

SMTP 服务支持多域名、域别名、ESMTP 发信验证等功能，可以将外发邮件通过 MX 记录直接发送给目的域名的邮件服务器，也可以将其发送给某台外发邮件服务器（如 ISP 的 SMTP 服务器），并支持 SSL 加密通信。

2）POP3 服务

用户可以通过邮件客户端软件（Outlook、Foxmail、Windows Live Mail 等）来收取服务器上的邮件，并支持 SSL 加密通信。

3）IMAP 服务

用户可以通过邮件客户端软件（Outlook、Foxmail、Windows Live Mail 等）来直接操作服务器上的邮件，支持中文文件夹和子文件夹，并支持 SSL 加密通信。

4）Webmail 服务

提供多语言、全功能的 Webmail，可以在网页上在线注册新邮箱、收发邮件、修改密码、设置外部 POP3 邮箱、自动转发、自动回复等，并支持 HTTPS 加密端口，目前支持简体中文、繁体中文、英文、法文、德文、日文等多种语言，提供多种风格的界面。

5）网络磁盘

提供网络磁盘功能，并且可以设置有密码保护的共享。可以通过 Webmail 或 FTP 客户端软件来上传与下载网络磁盘中的文件。可以将网络磁盘上的文件以附件方式或者链接方式发送。

10.2.2 子任务 2 安装 Winmail

1. 准备安装 Winmail

微课：10-8
安装 Winmail

Winmail 安装程序可以从“https://www.magicwinmail.com”上免费下载，试用版可以使用 30 天，支持 20 个邮箱、5 个域名，有其他功能限制，但不妨碍使用本项目介绍的功能。

本项目的网络拓扑如图 1-1 所示，在 Win2019-2 服务器上安装 Winmail，Win2019-2 是 abc.com 域的成员服务器；Win2019-1 为域 abc.com 的域控制器，域控制器保存有域用户名和密码；Win2019-1 也是 abc.com 的 DNS 服务器。网络环境如下。

1）域控制器 Win2019-1

域名：abc.com
计算机名：Win2019-1.abc.com
IP：192.168.100.10
子网掩码：255.255.255.0
DNS：192.168.100.10

2）Winmail 服务器 Win2019-2

域名：abc.com
计算机名：Win2019-2.abc.com
IP：192.168.100.11
子网掩码：255.255.255.0
DNS：192.168.100.10

3）客户端环境

安装有 Windows 10、Foxmail。
IP 地址：192.168.100.20
子网掩码：255.255.255.0
DNS：192.168.100.10

如图 10-5 所示，在 DNS 服务器（Win2019-1）的 abc.com 域中添加主机记录、别名以及邮件交换记录，建议同时创建反向域名解析（PTR）。

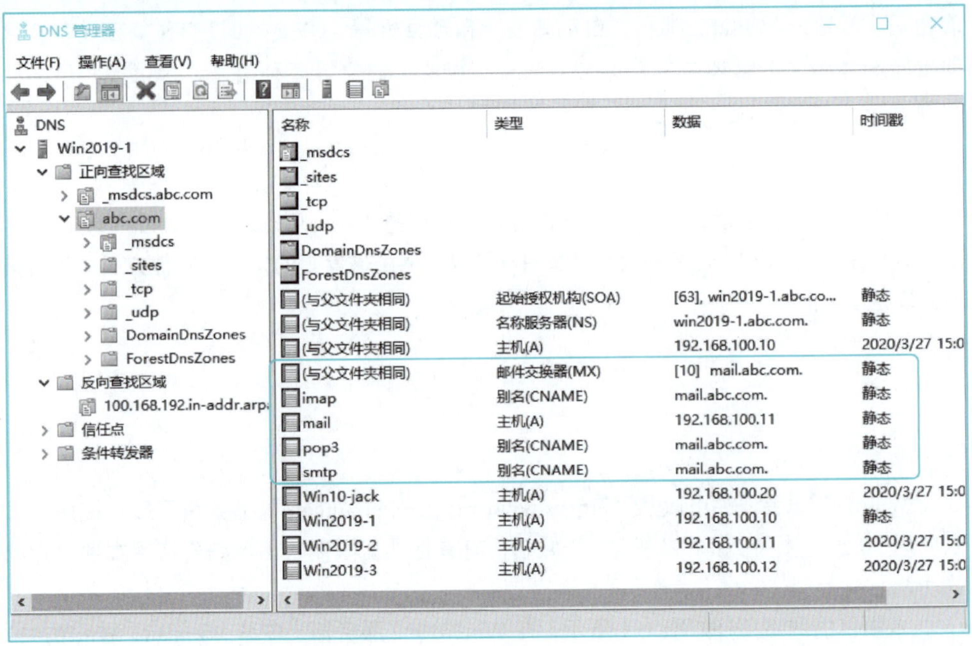

图 10-5　添加记录

2. 开始安装 Winmail

Winmail 的安装过程和一般的软件类似，下面只介绍一些需要注意的步骤，如安装组件、安装目录、运行方式以及设置管理员的登录密码等。

（1）步骤 1：在 Win2019-2 服务器上以本地管理员 Administrator 登录，运行安装程序“Winmail_65.exe”。根据安装向导提示，单击“下一步”按钮。

（2）步骤 2：如图 10-6 所示，选择安装文件夹，单击“下一步”按钮。注意：不要用中文文件夹，因为中文文件夹在注册控件的时候会找不到正确的路径，可能导致系统不能正常运行。如果磁盘有两个分区，建议不要安装到系统分区。

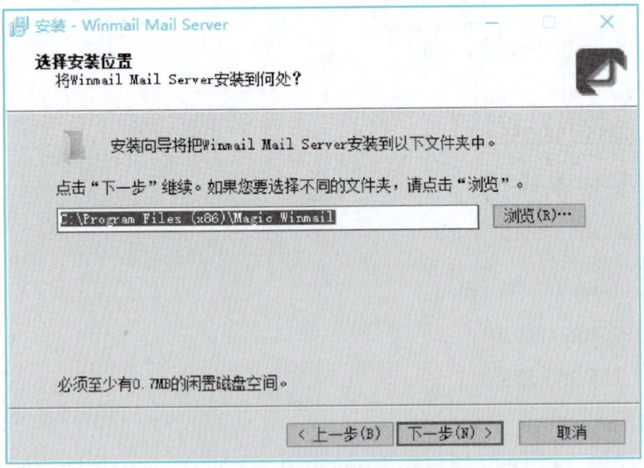

图 10-6　选择安装位置

（3）步骤 3：如图 10-7 所示，选择组件，单击“下一步”按钮。Winmail 有两个组件：服务器程序和管理端工具，服务器程序提供后台服务功能组件，管理端工具提供设置功能组件。邮件服务器上这两个组件都要安装，如果要在其他计算机上远程管理 Winmail，可以选择只安装管理端工具。

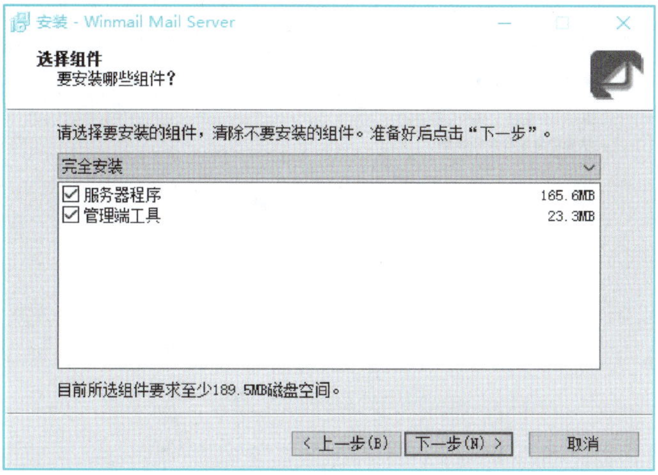

图 10-7　选择组件

（4）步骤 4：如图 10-8 所示，选择附加任务，单击“下一步”按钮。服务器运行方式有两种，这里选择“注册为服务”。在安装过程中，如果检测到数据文件已经存在，安装程序会让用户选择是否覆盖已有的数据文件，升级时要选择“保留原有数据（升级安装）”。

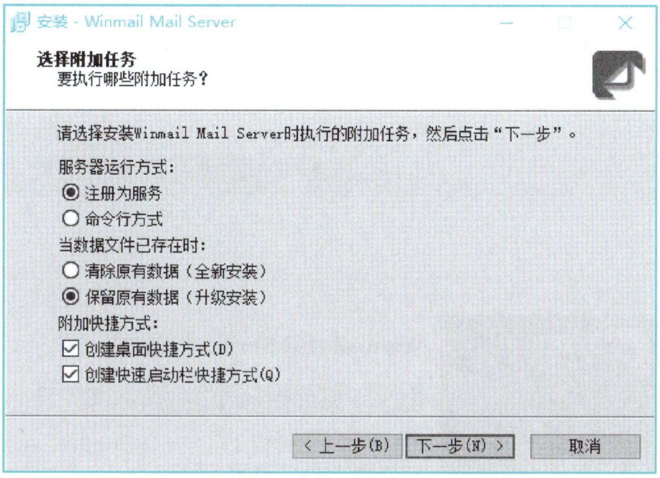

图 10-8　选择附加任务

（5）步骤 5：如图 10-9 所示，设置密码，单击“下一步”按钮。如果是全新安装，安装程序会让用户输入管理工具的登录密码，登录名是 admin，为安全起见请设置一个复杂的密码，以后是可以修改密码的。

（6）步骤 6：如图 10-10 所示，确认各项配置正确。如果配置有误，可以单击“上一步”按钮返回修改；如果配置无误，可以单击“安装”按钮，开始安装。

（7）步骤 7：如图 10-11 所示，安装完成。勾选“现在就运行 Winmail Mail Server”复选框，单击“完成”按钮。如果程序运行成功，将会在系统托盘区显示图标；如果程序启动失败，可在系统托盘区看到图标。

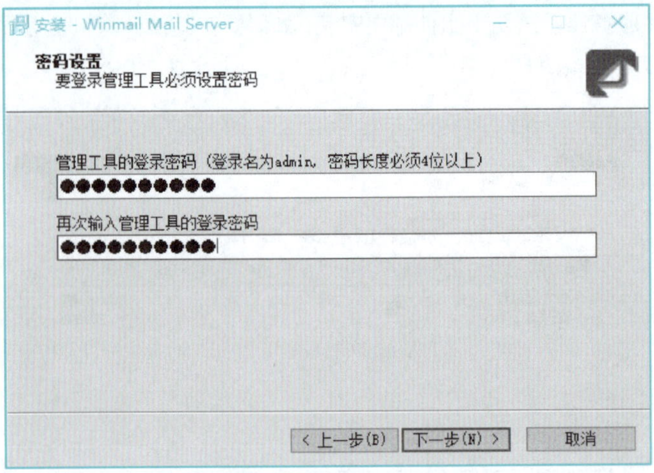

图 10-9　密码设置

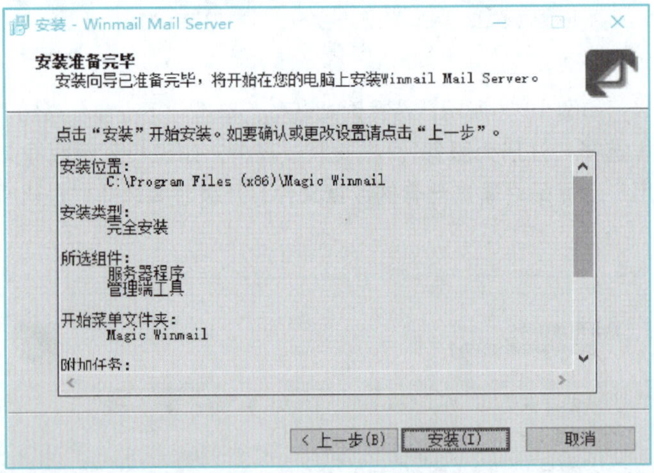

图 10-10　安装准备完毕

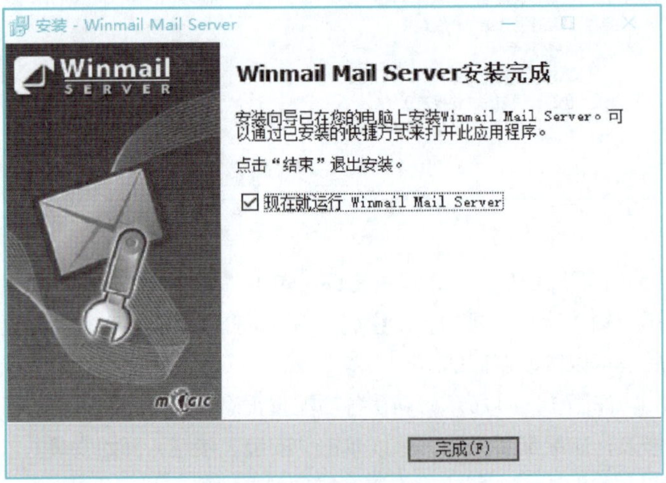

图 10-11　安装完成

3. 使用快速向导设置 Winmail

安装完成后，管理员必须进行一些初始化设置，Winmail 才能正常运行，步骤如下。

（1）步骤 1：Winmail 启动时如果发现还没有设置域名，会自动运行快速设置向导，如图 10-12 所示，用户可以用它来简单、快速地设置邮件服务器。

（2）步骤 2：如图 10-12 所示，输入一个要新建的邮箱地址（例如 admin@abc.com）及密码，单击“设置”按钮，会自动查找数据库是否存在要新建的邮箱以及域名，如果发现不存在，会在数据库中增加新的域名和新的邮箱，同时也会测试 SMTP、POP3、ADMIN、HTTP 服务器是否启动成功。设置结束后，在“设置结果”栏中会报告设置信息及服务器测试信息，也会给出有关邮件客户端软件的设置信息，单击“关闭”按钮。

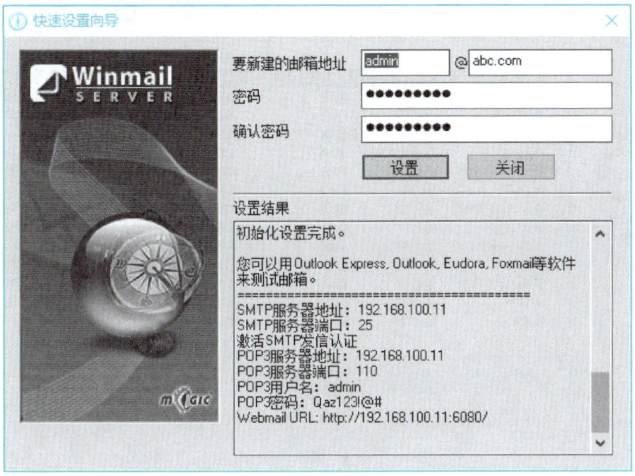

图 10-12 快速设置向导

（3）步骤 3：选择“开始”→“Magic Winmail”→“Magic Winmail 管理端工具”菜单项，打开“Winmail Mail Server -- 管理工具”窗口，如图 10-13 所示，用户名为 admin，输入安装时设定的密码，勾选“保存密码”复选框，单击“确定”按钮。

图 10-13 “Winmail Mail Server -- 管理工具”窗口

（4）步骤 4：如图 10-14 所示，成功登录管理工具后，展开“系统设置”→“系统服务”项，查看系统的 SMTP、POP3、ADMIN、HTTP、IMAP、LDAP 等服务是否正常运行。绿色的图标表示服务成功运行，红色的图标表示服务停止。如果发现 SMTP、POP3、ADMIN、HTTP、IMAP 或 LDAP 等服务没有启动成功，可使用“系统日志”→“SYSTEM”项查看系统的启动信息。启动不成功的一般原因都是端口被占用，无法启动，可关闭占用程序或者更换端口，重新启动相关的服务。例如，在安装操作系统时可能会安装 IIS 的 SMTP 服务，从而导致邮件系统 SMTP 服务启动不了。

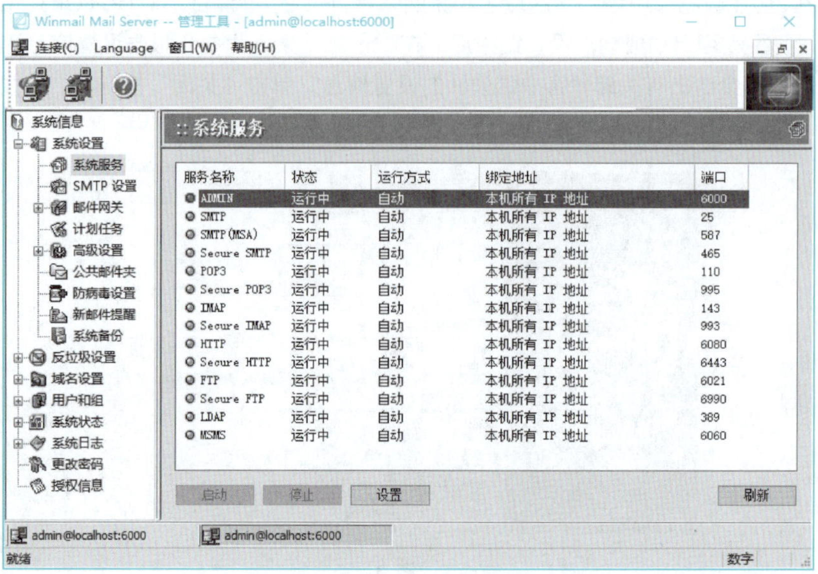

图 10-14　Winmail 系统服务状态

（5）步骤 5：在 Windows 10 客户端上打开浏览器，输入“http://mail.abc.com:6080”或者“http://192.168.100.11:6080”，如图 10-15 所示，输入邮箱用户名 admin 和密码，应该能够正常登录。

图 10-15　测试能否登录邮箱

10.2.3 子任务 3 配置 Winmail

重点介绍常用的配置，完整配置可参见 Winmail 帮助文档。

1. 配置系统服务

微课：10-9
配置 Winmail

如图 10-14 所示，成功登录管理工具后，单击“系统设置”→“系统服务”项。在系统服务中列出了所有提供的服务的状态、绑定地址以及端口。各服务功能如下。

- ADMIN：本邮件系统所用的管理服务，管理工具可以通过此服务对邮件系统服务器进行管理，此服务不能停止。如果此服务启动失败，则邮件系统不能正常运行。
- SMTP：用于发送邮件和接收其他邮件服务器发送的邮件。
- SMTP（MSA）：功能与 SMTP 类似，主要用于客户端与服务器之间发送邮件，必须进行发送邮件认证。
- Secure SMTP：通过 SSL 加密的 SMTP 服务，防止网络监听。
- POP3：用户通过客户端软件连接到该服务，将存放在其邮箱中的邮件接收到本地。
- Secure POP3：通过 SSL 加密的 POP3 服务，防止网络监听。
- IMAP：用户通过 Internet 直接在服务器上获取邮箱中的邮件。
- Secure IMAP：通过 SSL 加密的 IMAP 服务，防止网络监听。
- HTTP：Webmail 软件操作所用的协议。
- Secure HTTP：通过 SSL 加密的 HTTP 服务，防止网络监听。
- FTP：网络磁盘所用的协议。
- Secure FTP：通过 SSL 加密的 FTP 服务，防止网络监听。
- LDAP：Lightweight Directory Access Protocol，轻目录访问协议，分布式目录型数据库服务器主要存放公用地址簿，方便用户查询公共联系人。
- MSMS：新邮件通知发送服务。

管理员可以选择某个服务进行设置或启动、停止。

1）启动

如图 10-14 所示，在右侧窗格的服务列表中选择某一项已经停止的服务，单击“启动”按钮。如果服务一直启动不成功，应该到“系统日志”→“SYSTEM”中去查看启动失败的原因。一般的失败原因都是端口被占用。

2）停止

如图 10-14 所示，在右侧窗格的服务列表中选择某一项已经启动的服务，单击“停止”按钮。注意：ADMIN 服务是不允许停止的。

3）设置

如图 10-14 所示，在右侧窗格的服务列表中选择某一项已经启动的服务，单击“设置”按钮，对服务进行设置。如图 10-16 所示，可以设置服务的基本参数。

- “绑定 IP 地址”：表示服务程序只接收来自此 IP 地址的数据。
- “服务端口”：表示服务程序监听的端口。
- “并发连接数”：同时允许的最多并发连接数。
- “超时时间”：网络连接的超时时间，单位为秒。

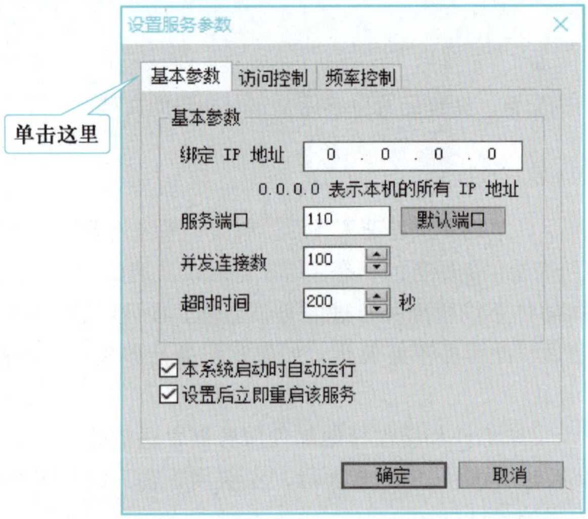

图 10-16　“设置服务参数”对话框

- “本系统启动时自动运行”：系统启动时启动该服务，如果不希望启动某个服务，清除此复选框。
- “设置后立即重启该服务”：选择此复选框后，单击“确定”按钮，即可重启该服务。

如图 10-17 所示，单击“访问控制”选项卡，对服务的访问控制进行设置。

- “不限制访问服务的 IP 地址”：任意 IP 地址都能访问该服务。
- “禁止以下 IP 地址访问服务”：列表框中的 IP 地址不允许访问该服务。限制 IP 地址段，如 192.168.0. 这个网段的所有 IP 地址，输入 192.168.0.即可。
- “只允许以下 IP 地址访问服务”：只有列表框中的 IP 地址才有权访问该服务。允许 IP 地址段，如 192.168.0. 这个网段的所有 IP 地址，输入 192.168.0.即可。

如图 10-18 所示，单击“频率控制”选项卡，对服务的频率控制进行设置。

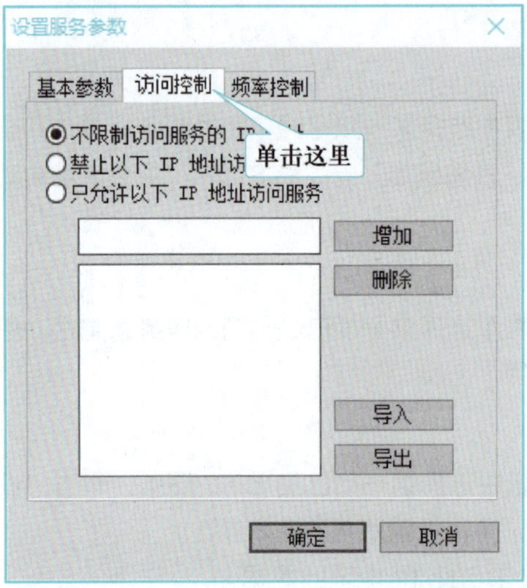

图 10-17　“访问控制”选项卡

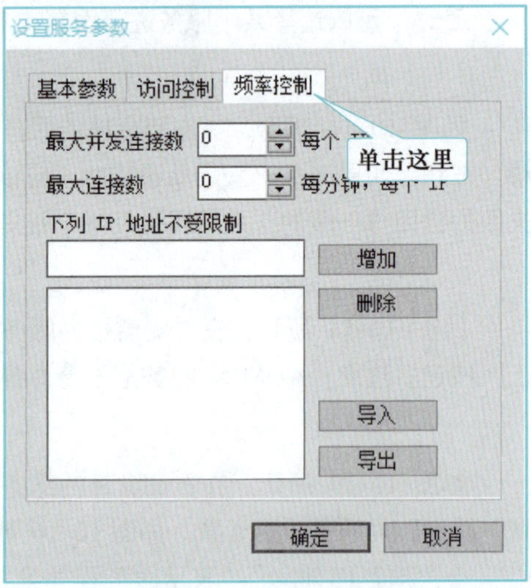

图 10-18　“频率控制”选项卡

- “最大并发连接数”：每个 IP 地址的最大连接数。

- “最大连接数”：每分钟、每个 IP 地址允许的最大连接数。
- “下列 IP 地址不受限制”：不受上述两种情况限制。

注意事项如下。

- SMTP 服务一般不能更改端口，要用 25 端口，如果 SMTP 服务更改了端口，其他邮件系统无法向其发送邮件。
- 默认 HTTP 服务不采用 80 端口，而采用 6080 端口，所以用户在使用 Webmail 时，必须指定端口。如在本机访问时，IE 的地址栏中必须输入 http://yourserverip:6080/，如果服务器上没有其他 HTTP 服务使用 80 端口，可以将 Winmail 的 HTTP 服务的端口改为 80 端口，这样就可以直接使用 http://yourserverip/来访问。
- 如果服务器的一块网卡有两个地址（内部地址和外部地址），要让两个地址都能访问，则 SMTP、POP3、IMAP 属性的“绑定地址”不设置为固定地址（内部地址和外部地址），而设为 0.0.0.0（服务器上的所有 IP 地址）。

2. 管理用户

管理系统中的邮箱用户是最重要的管理工作，如图 10-19 所示，单击“用户和组”→“用户管理”项，可以新增、编辑、删除、批量更新、导入、导出、迁移用户。

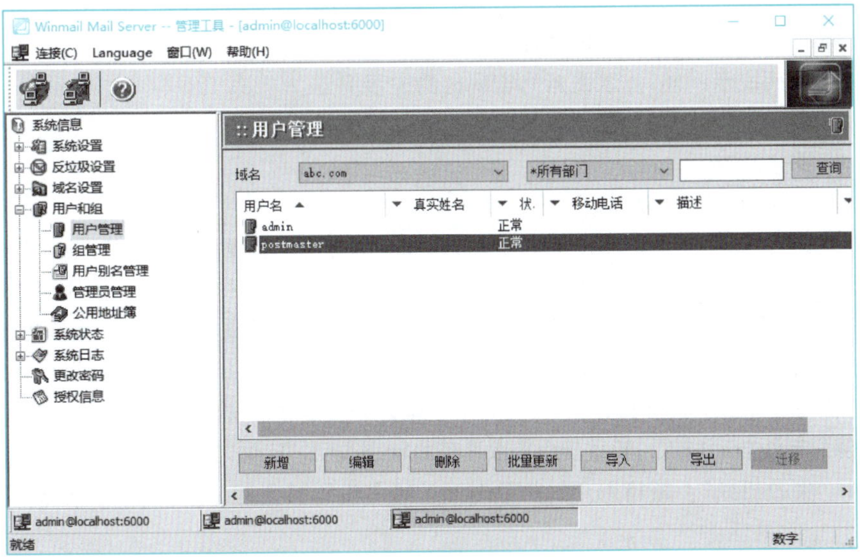

图 10-19 用户管理

1）新增用户

如图 10-19 所示，单击“新增”按钮，可以添加用户，具体设置如下（仅介绍主要的设置）。

（1）步骤 1：图 10-20 为用户的基本设置。

- “用户名”：用户登录邮箱的账号。用户名和密码不能为空。
- “认证类型”：支持以下三种认证方法。

“内部数据认证”：用存放在 Winmail 系统内的密码进行认证。

“NT 域认证”：用设置 NT 域名相关用户的密码进行认证，稍后详细介绍。

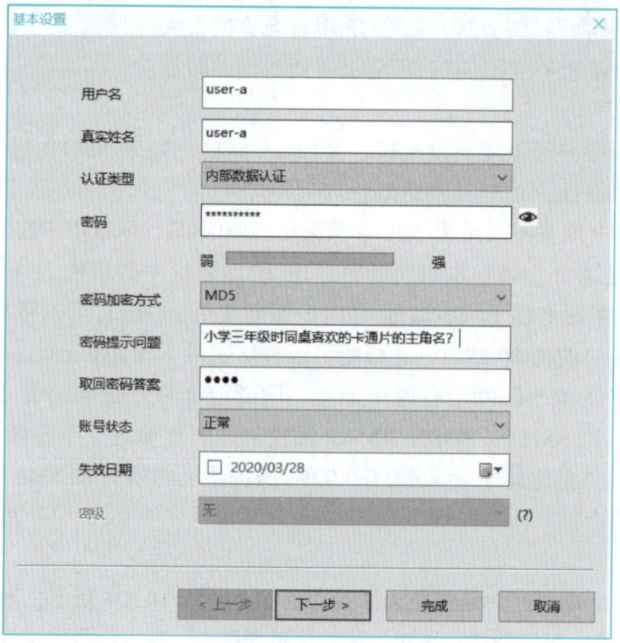

图 10-20　用户的基本设置

"第三方认证"：设置认证服务器进行认证。

- "密码提示问题"：取回账号密码时的提示问题。
- "取回密码答案"：取回账号密码时的问题答案。
- "账号状态"。

"正常"：可用的正常邮箱。

"禁止"：此用户无效，无法登录、接收和发送邮件，管理员将状态修改成"禁止"不会影响该邮箱里原有的邮件。

"待审核"：用户为 Webmail 申请的新用户，等待管理员审核，管理员将状态修改成"正常"后，该用户就可以正常使用了。

"暂停"：用户被临时冻结，无法登录邮箱，一般是登录密码多次输入错误导致的，10 分钟后系统自动解冻，管理员也可以手工将状态改回"正常"。

- "失效日期"：邮箱用户的失效时间。域名设置禁止后，域管理员无权启用、禁止此功能。
- "密级"：白金版才支持，设置邮箱用户的密级，密级从低到高分为"无""秘密""机密"和"绝密"。相对应的邮件也分为"无""秘密""机密"和"绝密"四个密级。邮箱用户不可以发送和阅读高于自己密级的邮件。

（2）步骤 2：图 10-21 所示为用户的容量设置。

- "邮箱容量"：分配给用户邮箱的最大容量，值为 0 则不限制邮箱容量。
- "最多邮件数"：此邮箱能容纳的最多邮件数，值为 0 则不限制邮件数目。
- "容量警告限制"：当用户邮箱容量使用比例达到所设的值，系统会给此用户发警告信；值为 0 则不予警告。
- "邮件存储目录"：此用户的邮箱存储目录路径。为空时，使用域属性中定义的邮箱存储目录。
- "网络磁盘容量"：默认分配给用户邮箱网络磁盘的最大容量。

- “最多文件数”：默认此邮箱网络磁盘的最多文件数。
- “网络磁盘目录”：此用户的网络磁盘的存储目录路径。为空时，使用域属性中定义的网络磁盘存储目录。

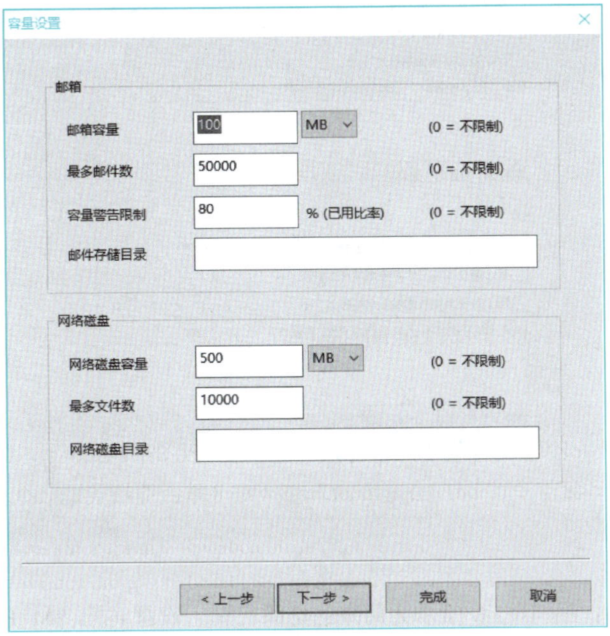

图 10-21 用户的容量设置

（3）步骤3：图10-22所示为用户的权限设置。默认用户具有全部权限，可以根据需要禁止相应的权限。

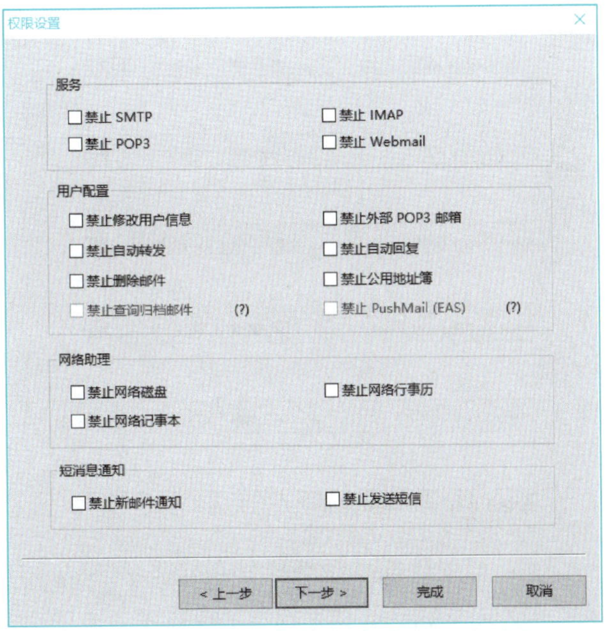

图 10-22 用户的权限设置

（4）步骤4：图10-23所示为用户的发送/接收设置，可以控制用户不能给谁发送或不能接收谁的邮件。本域是指abc.com域内；系统是指Winmail，一个系统可能有多个域，例如 abc.com、xyz.com；系统外是指该 Winmail 系统之外。

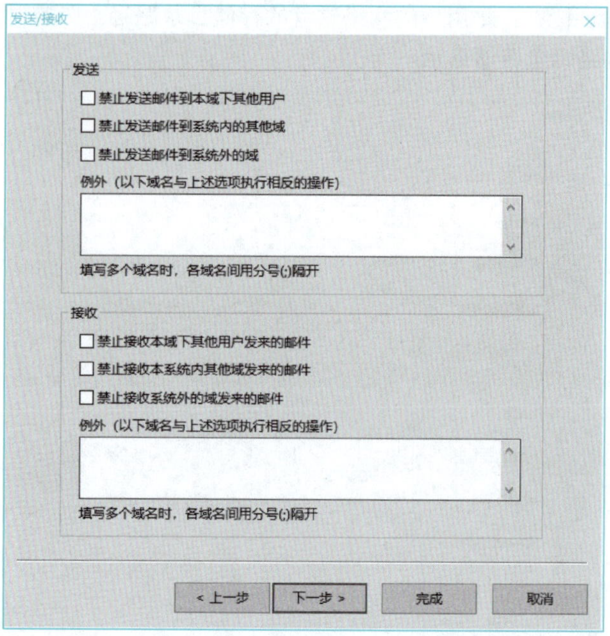

图 10-23　用户的发送/接收设置

（5）步骤 5：图 10-24 所示为用户的访问控制。设置访问 SMTP/Secure SMTP、POP3/Secure POP3、IMAP/Secure IMAP、Webmail/Secure Webmail、FTP/Secure FTP 服务的允许和禁止的 IP 地址。注意：这里指的是用户的 IP 地址，用户能否访问各服务还受到如图 10-17 所示的“访问控制”的限制。

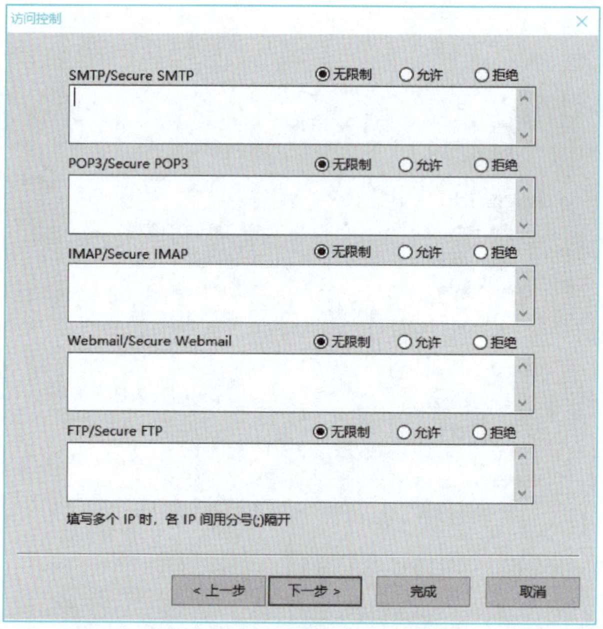

图 10-24　用户的访问控制

2）编辑、删除、批量更新用户

如图 10-19 所示，选定用户，单击“编辑”按钮，可以对用户的参数进行修改。选定一个或者多个用户，单击“删除”按钮，可以删除选定的用户。注意：删除用户时，邮箱目录中的所有邮件和网络磁盘中的所有文件也会被删除，不能恢复。

3）导出、导入用户

如图 10-19 所示，单击“导出”按钮，可以把系统用户导出到 CSV 文件中。单击“导入”按钮，可以从 CSV 文件导入用户；也可以从 Windows 导入，稍后介绍。

3. 整合 AD 域认证及账户同步

如图 10-20 所示，用户的认证类型有“内部数据认证”“NT 域认证”“第三方认证”。如果认证为“内部数据认证”，则用户的密码信息等存储在 Winmail 中，也就是说用户的邮箱密码和域用户的密码是两个独立的密码，没有实现单一用户和密码。

Winmail 中的邮箱用户可以与 Windows AD 域用户进行整合，用户在 Winmail 登录时由 AD 进行认证，提高系统的安全性，降低系统维护的复杂性。白金版 Winmail 还支持自动同步 AD 中的用户到 Winmail 中，管理员在 AD 中创建、删除用户时，用户会定期（30 分钟）同步到 Winmail，管理员无须在 Winmail 中管理用户。对于和 AD 整合认证的用户，Winmail 将不能再设置密码，如果要修改密码，需要修改 AD 中用户的密码。整合 AD 用户到 Winmail 中有以下两种方法。

1）Winmail 使用 LDAP 方式整合（不要求加入 AD 域）

使用 LDAP 方式连接，Winmail 服务器加入 AD 域或者不加入 AD 域都可以直接导入用户。通过此方式可以让 Winmail 和 AD 更灵活地结合使用，而不用关心 AD 域环境和 Winmail 服务器之间的关系和权限，使用 LDAP 也可以实现 AD 和 Winmail 在不同物理网络时的整合。此方式可以同步 AD 中更多的用户信息，比如单位、办公室、描述等。建议使用此方式，本项目仅介绍此方式。

2）Winmail 加入 AD 域配置认证及账号同步

把 Winmail 服务器加入 AD 域，可以方便 AD 对服务器的管理，对于已经全面使用 AD 来管理的企业，这样的整合可以让 Winmail 融合到现有的 AD 中，而不用担心管理问题。采用此方式同步时，同步到的 AD 用户信息少，如果 AD 不要求信息完整，只要求同步用户名和密码，可以考虑采用此方式。

4. 使用 LDAP 方式整合 AD 配置

增加用户到 Winmail 中有三种方式，分别是单个新增、批量导入、自动同步。本示例中：

AD 域名为 abc.com，NetBIOS 名为 abc。

AD 控制器（Win2019-1）IP 地址为 192.168.100.10。

AD 域名下有示例用户：登录名是 jack。

Winmail 服务器（Win2019-2）IP 地址为 192.168.100.11。

Winmail 服务器中域名为 abc.com。

1）配置 Winmail 中的域调用对应的 AD 域做认证

如图 10-25 所示，在“Winmail Mail Server -- 管理工具”窗口中，单击左侧窗格中的“域名设置”→“域名管理”项，右击右侧窗格中的“abc.com”，在“高级属性”选项卡的“NT 认证域”文本框中输入“LDAP://192.168.100.10/DC=abc，DC=com”，注意，LDAP 和 DC 都为大写，单击“确定”按钮。

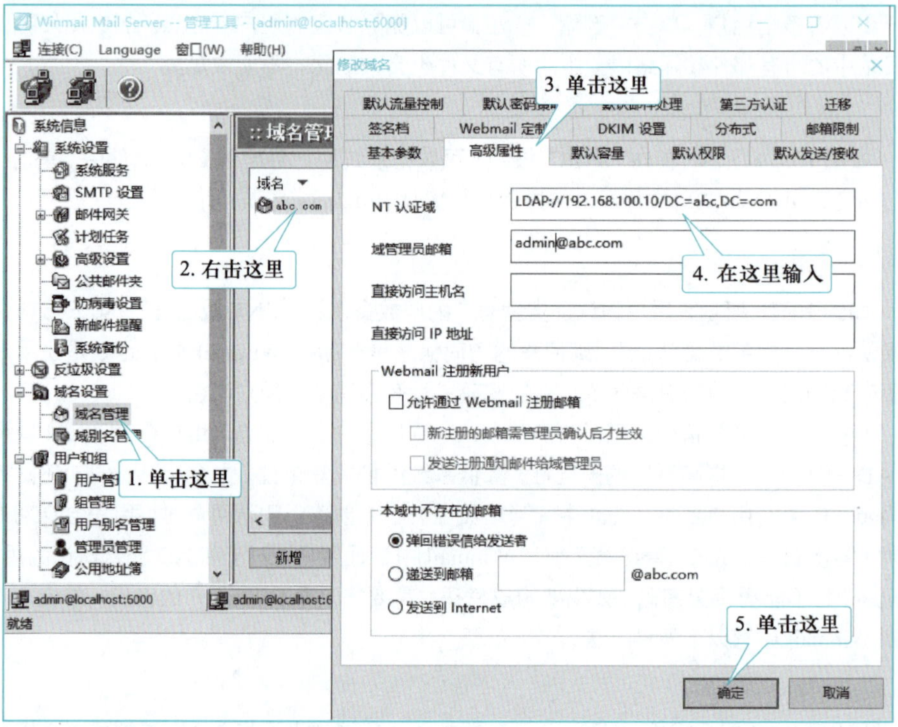

图 10-25　“高级属性”选项卡

2）单个新增用户

在“Winmail Mail Server -- 管理工具”窗口中，单击“新增”按钮，如图 10-26 所示，新增用户的用户名必须和 AD 中的登录名（jack）一致，“认证类型”选择“NT 域认证”。

图 10-26　创建使用 NT 域认证的用户

3）从 AD 批量导入用户

如图 10-19 所示，在“Winmail Mail Server -- 管理工具”窗口中，单击“导入”按钮，选择“从 Windows 导入”选项，如图 10-27 所示，在“AD 域名/路径”文本框中输入“LDAP://192.168.100.10/DC=abc，DC=com”，在“AD 认证用户”文本框中输入“abc\administrator”，在“AD 认证密码”文本框中输入管理员的密码，单击“列出用户”按钮。在“系统用户账号”列表中会列出 AD 中的用户，选择一个或者多个用户，单击“->”按钮，单击“下一步”按钮完成导入。查看导入的用户的基本设置，这些用户的认证类型应该都自动设置为“NT 域认证”。

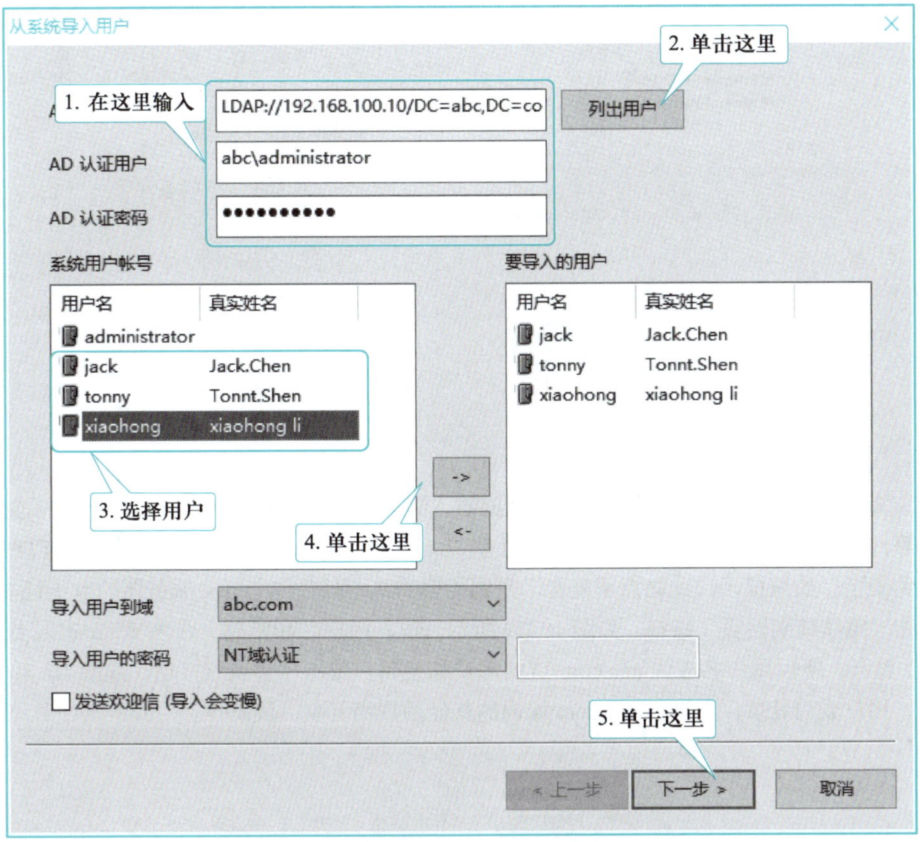

图 10-27 从 AD 批量导入用户

5. 设置防火墙

Winmail 在 Win2019-2 服务器上运行，Win2019-2 服务器的防火墙需要运行客户端来访问和 Winmail 相关的各种服务。须确认 Win2019-2 服务器上的防火墙允许的应用，如图 10-28 所示，具体步骤参见 1.3.4 节。

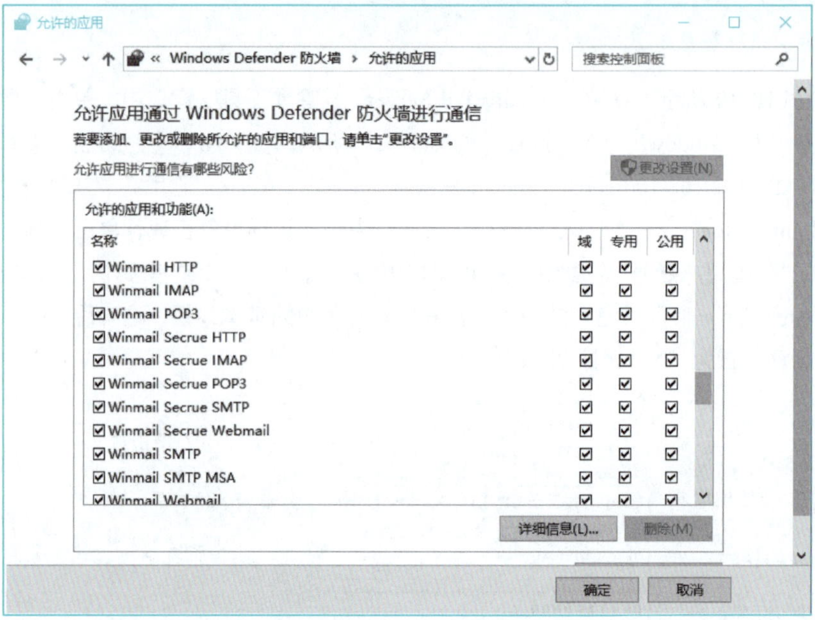

图 10-28　确认防火墙允许的应用

10.3　任务 3　使用 Winmail

PPT：10-3
使用 Winmail

10.3.1　子任务 1　使用浏览器访问邮箱

微课：10-10
使用浏览器访问邮箱

在客户端（Windows 10）上打开浏览器，浏览器可以是 IE、谷歌浏览器、火狐浏览器等，输入“https://mail.abc.com:6443/”或者“http://mail.abc.com:6080/”。推荐使用 HTTPS，较为安全，如果提示“此站点不安全”是因为客户端不信任 Winmail 服务器的电子证书，单击“继续转到网页”按钮。如图 10-29 所示，输入用户名和密码，因为 Winmail 已经和 AD 整合，所以用户名应为 abc.com 域的用户和密码。单击“登录”按钮，如图 10-30 所示，用户成功登录，可以和 abc.com 域内的其他用户相互收、发邮件。

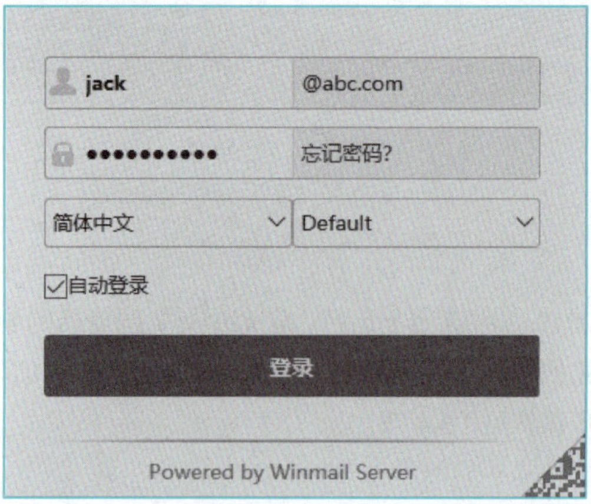

图 10-29　用户登录

图 10-30 用户登录成功

那么用户现在能否和 Internet 上的用户（例如 QQ 邮箱、网易邮箱）相互收、发邮件？答案是不能，原因有两个：首先按照图 1-1 的拓扑，Win2019-1、Win2019-2 服务器需要通过 Win2019-3 服务器访问 Internet，目前 Win2019-3 服务器还未配置；其次，DNS 域名和邮件域名（使用的是虚构的 abc.com）需要通过代理商向国际互联网络信息中心（Internet Network Information Center，InterNIC）申请成为合法域名，否则 Internet 上的其他邮件服务器会拒绝接收非法的邮件（导致邮件无法发到 Internet），并且也无法把其他用户的邮件正确地发到该邮件域（导致收不到其他人发来的邮件）。

10.3.2 子任务 2 使用 Foxmail 访问邮箱

Foxmail 是免费电子邮件客户端软件，最早是由张小龙开发的，于 2005 年被腾讯收购。新的 Foxmail 具备强大的反垃圾邮件功能，它使用多种技术对邮件进行判别，能够准确识别垃圾邮件与非垃圾邮件。可以在 http://www.foxmail.com.cn 下载 Foxmail 软件，目前最新版是 7.2.25。

微课：10-11
使用 Foxmail 访问邮箱

（1）步骤 1：安装 Foxmail 后，双击“Foxmail”图标启动程序，会启动电子邮件账户设置向导，单击“其他邮箱”按钮。如图 10-31 所示，输入 E-mail 地址和密码，单击“手动设置”按钮。选择“接收服务器类型”为“POP3”，输入 POP 服务器和 SMTP 服务器的地址，和图 10-5 中的 DNS 记录应该一致。可以勾选“SSL”复选框来启用 Secure POP、Secure SMTP，这样 POP3 和 SMTP 的传输就是加密的，安全性高。注意端口号，应和图 10-14 中各种服务所使用的端口号保持一致。单击“创建”按钮。

（2）步骤 2：如图 10-32 所示是登录后的界面，用户可以很方便地使用 Foxmail 发送和接收邮件，Foxmail 的详细使用请参考帮助文档。试试给自己发一封邮件并收取。

图 10-31　建立新的用户帐户

图 10-32　登录后的界面

（3）步骤 3：再添加一个账号 tonny。如图 10-32 所示，单击右上角的☰按钮，选择“账号管理”菜单项。如图 10-33 所示，单击“新建”按钮，单击“其他邮箱”按钮，输入 E-mail 地址和密码，单击“手动设置”按钮。选择“接收服务器类型”为“IMAP”，输入 IMAP 服务器和 SMTP 服务器的地址，勾选“SSL”复选框。单击“创建”按钮。则在图 10-34 的左侧可以看到两个账号。

（4）步骤 4：体验 POP3 和 IMAP 收邮件的区别。jack 给 tonny（使用 IMAP 收邮件）发送测试邮件，在 tonny 的收件箱会自动出现新的邮件，如图 10-34 所示，这是因为只要 IMAP 客户在线，邮件会从服务器推送至 IMAP 客户端。反向发送邮件，tonny 给 jack（使用 POP3 收邮件）发送测试邮件，jack 的收件箱中并不会自动出现新的邮件，单击左上角的“收取”按钮后，才能看到新的邮件，这是因为 POP3 采用“拉”的机制，需要 POP3 客户端主动去服务器获取邮件。

图 10-33　添加另一个账号测试 IMAP

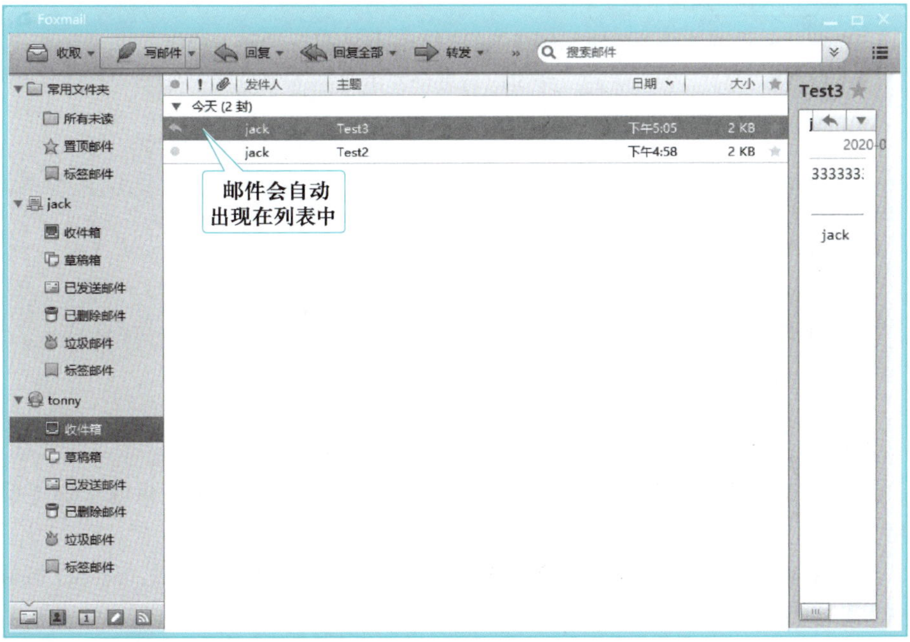

图 10-34　使用 POP3 和 IMAP 的区别

小结

本项目介绍了如何在企业内构建 E-mail 服务器。电子邮件通过不同的协议在 Internet

上实现传输，SMTP 用于把邮件从客户端发送到邮件服务器，以及把邮件从源服务器发送到目的服务器，POP3/IMAP4 则用于客户端把邮件从邮件服务器接收到本地计算机上，用户也可以使用 HTTP 通过 Web 方式收发邮件。Winmail 是一个低成本的运行于 Windows XP、Windows 7 以上 32/64 位中英文 Windows 系统上的邮件服务器软件，具有运行和维护成本低廉、稳定、高性能的特点，有非常友好的管理界面。本项目详细介绍了 Winmail 的安装和配置过程，最后介绍了在客户端使用浏览器和邮件客户端两种方式收发邮件的步骤。

习题

1. 填空题

（1）电子邮件通常由________和________两部分组成。

（2）电子邮件地址 user@mail.server.name 中，user 是收件人的________，mail.server.name 是________。

（3）电子邮件的信头包含________、________、________。

（4）电子邮件客户端软件使用________来发送邮件，该协议工作在 TCP 的________端口。

（5）电子邮件服务器使用________把邮件传输到目的邮件服务器上。

（6）电子邮件客户端软件使用________和________来接收邮件，分别工作在 TCP 的________和________端口。

（7）用户使用浏览器访问电子邮件系统时，使用的是________或者________。

（8）自从有了________标准，才可以容易地在电子邮件里发送附件。

（9）Winmail 的用户认证有三种类型：________、________、________。

2. 简答题

（1）IMAP 和 POP3 相比较有什么优点？

（2）Winmail 是什么软件？

（3）为何要把 Winmail 和 AD 整合，通过域认证用户？

3. 实践题

按照图 1-1 的拓扑，构建电子邮件系统，方便用户收发邮件。

（1）在 Win2019-1 服务器上的 DNS 服务器里添加合适的记录，供电子邮件系统使用。

（2）在 Win2019-2 服务器上安装 Winmail 软件，并创建 abc.com 域。从 AD 域导入用户，通过 AD 进行用户认证。

（3）使用浏览器以及 Foxmail 测试电子邮件系统是否正常。

项目 11 使用组策略

项目背景

企业常常会使用技术手段对用户的计算机进行统一的强制性设置，例如：要求用户必须定期修改密码、不能使用 U 盘等，组策略可以实现这个功能。组策略是域的重要应用，Windows Server 2019 中的组策略较为复杂，原因在于组策略在许多层面上可以存在，最终生效的用户或者计算机策略不容易确定。本项目将介绍不同层面的多个组策略共同作用时的优先顺序，以及利用组策略为企业用户或者计算机建立统一的使用环境。

项目任务

（1）了解组策略的概念，以及不同层面的组策略的优先顺序。

（2）根据企业需要，创建或修改不同层面的组策略。

（3）使用组策略为企业用户或者计算机制定统一的安全标准。

11.1　任务 1　了解组策略

本任务将了解组策略的概念、Windows 系统中的不同层面的组策略，以及组策略的优先顺序。

微课：11-1
了解组策略

11.1.1　子任务 1　不同层面的策略

PPT：11-1
了解组策略

“组策略”中的“组”和之前介绍的用户组并没有什么直接关系，不要把组策略理解为针对用户组所配置的策略。Windows 组策略是一种在用户或计算机集合上强制使用一些配置的方法，组策略定义了用户的桌面环境等多种设置。安装了活动目录后，使用组策略可以给同组的计算机或者用户强加一套统一的标准，包括菜单启动项、软件设置等，这样计算机或者用户可以有相同的菜单、相同的快捷方式等。组策略仍然允许用户在保持标准的系统配置的同时，也能定制自己的配置，例如：可以配置策略只让某些计算机的桌面上有某一快捷方式。简单理解：组策略就是一套 Windows 的配置方案，例如图标、菜单的设置，这套方案可以应用到一批计算机或用户上。

微课：11-2
了解不同层面的组策略

一台计算机是否加入域对策略的影响是很大的。没有加入域的计算机只有本地组策略在起作用；如果计算机加入域或者提升为域控制器，牵涉的组策略就复杂多了，包括本地组策略、默认域策略、默认域控制器策略、组织单位策略等。

1. 本地安全策略与本地组策略的区别

不论计算机是否加入域，每一台 Windows 计算机上都有“本地组策略”，也称“本地计算机策略”。如果计算机（Windows 7/10/Server 2016/Server 2019）没有加入域，那么本地组策略将是唯一起作用的策略。本地组策略存储在本地计算机的注册表中，这应该是理解本地组策略的关键。如果计算机加入域，那么本地组策略将被其他策略覆盖而成为优先级最低的组策略。要查看本地组策略，在命令行窗口中执行“gpedit.msc”命令，如图 11-1 所示。

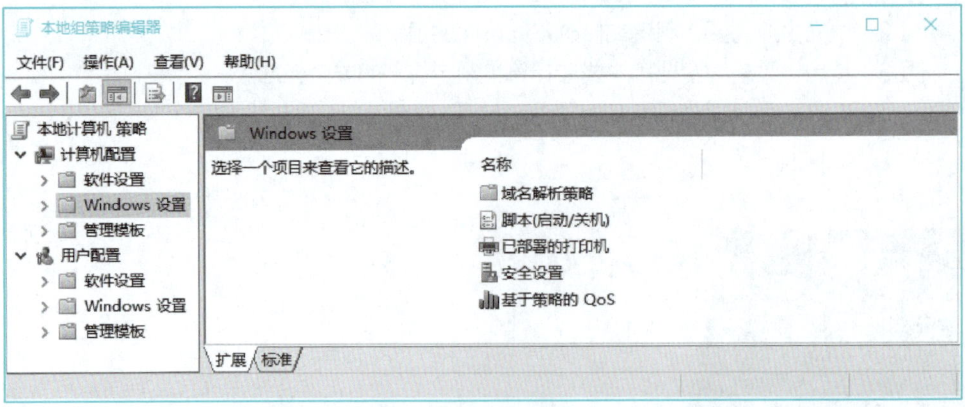

图 11-1　本地组策略

在计算机（以 Windows 10 为例）上，选择“开始”→“Windows 管理工具”→“本地安全策略”菜单项可以管理本地安全策略，如图 11-2 所示，需要注意的是，本地安全策略只是本地组策略的一部分，即图 11-1 中的“本地计算机策略”→“计算机配置”→

“Windows 设置”→“安全设置”。

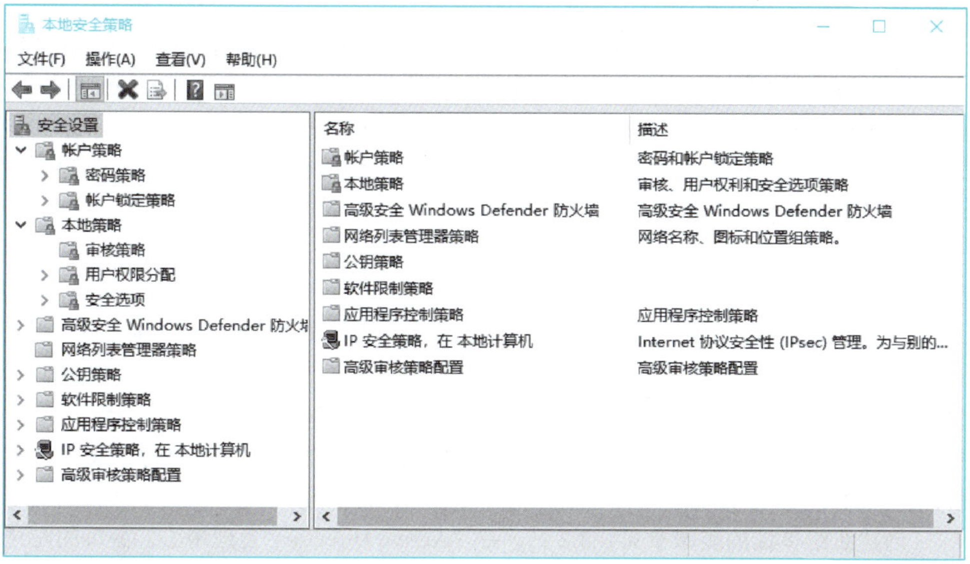

图 11-2 本地安全策略

2. 默认域策略

域策略会应用到整个域，域策略存储在域控制器的 Active Directory 里。在域控制器上，选择“开始”→“Windows 管理工具”→“组策略管理”菜单项可以打开“组策略管理”窗口，如图 11-3 所示。在左边窗格中选中域，窗口右边会有“Default Domain Policy”，这个组策略就是默认域策略，是安装 Windows Server 2019 时自动创建的，作用在域中的全部计算机和用户上。除了默认域策略，还可以创建新的域策略。

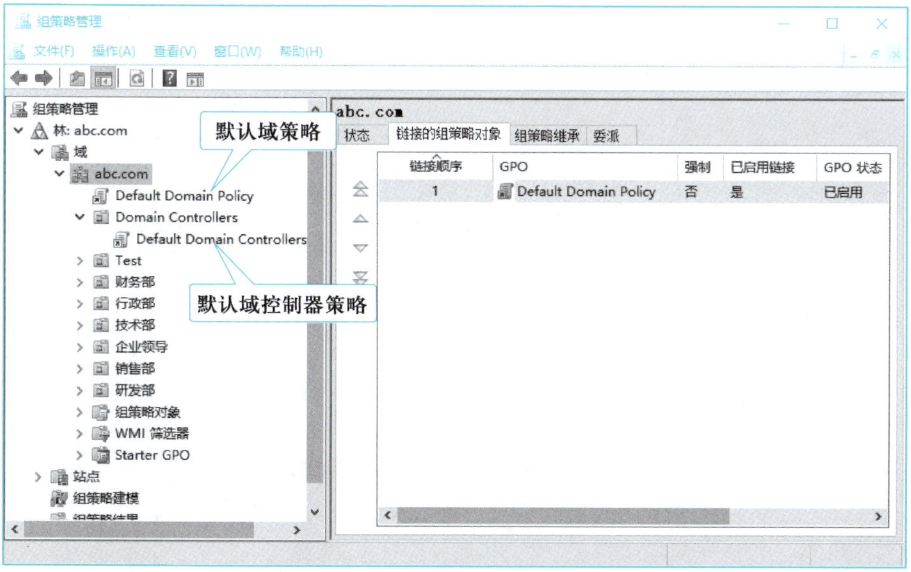

图 11-3 “组策略管理”窗口

3. 默认域控制器策略

默认域控制器策略是应用到域中的域控制器上的策略。如图 11-3 所示，在“组策略管理”窗口左边窗格选中“Default Domain Controllers”，右边会有“Default Domain Controllers Policy”，这个组策略就是默认域控制器策略，是安装 Windows Server 2019 时自动创建的，仅应用于域控制器。同样，除了默认域控制器策略，还可以创建新的域控制器策略。

4. 组织单位策略

组织单位在项目 4 中已经介绍过，组织单位用来在域中逻辑地组织对象，从而模拟公司的组织结构。例如可以创建一个组织单位“行政部”，把所有属于这个部门的用户和计算机移动到这个组织单位中，以反映公司的组织结构。组策略也常常在组织单位上实施，如果在这个组织单位上实施组策略，那么这个策略将对这个组织单位中的计算机和用户起作用。

创建组织单位的步骤参见 4.3.2 节，在“Active Directory 管理中心”窗口的左边窗格，右击域名或者一个已经存在的组织单位，选择“新建”→“组织单位”菜单项，输入组织单位的名称即可。组织单位是可以嵌套的，即在组织单位下可以创建组织单位。

在组织单位上可以设置组策略，如图 11-3 所示，右击组织单位“行政部”，选择“在这个域中创建 GPO 并在此处链接”菜单项，便可以创建组策略并链接到组织单位上。

图 11-4 是 Active Directory 环境中的组策略。

- 默认或自建的域策略：作用于整个域中的计算机和用户。
- 默认或自建的域控制器策略：作用于域中的域控制器。
- 自建的组织单位上的策略：作用于组织单位的计算机和用户。
- 本地组策略：作用于一台计算机及登录用户。

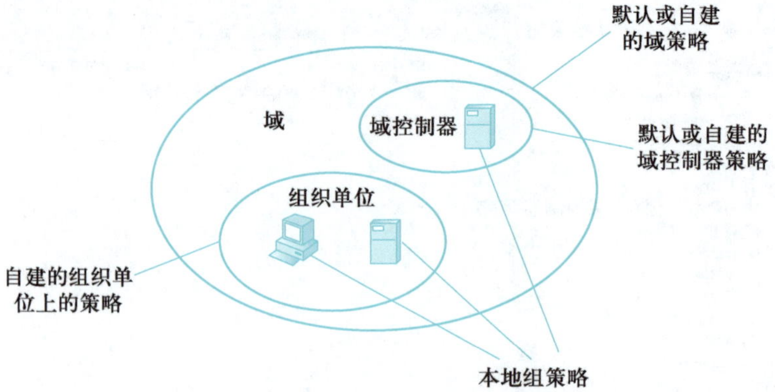

图 11-4　Active Directory 环境中的组策略

微课：11-3
了解不同策略的优先顺序

11.1.2　子任务 2　不同组策略的优先顺序

如果不同的组策略里的策略项是相互矛盾的（例如，设置密码长度的位数不一样），究竟是哪个策略项在起作用？应该说这么多组策略是共同作用的，但是组策略的应用有一个优先顺序：首先应用本地组策略，然后是域策略，最后是组织单位或者域控制器上的策略，如果组织单位下嵌套了组织单位，则从上级到下级顺序应用各个组织单位上的策略，后应用的组策略优先级更高。这是因为组策略是可以继承的，组织单位或域控制器会继承域的组策略，下一级组织单位会继承上一级组织单位上的策略。

之所以强调顺序是因为如果发生不同组策略对同一策略项设置了不同的值，后者将替代前者，也就是说本地组策略的优先级是最低的。如果在同一级别上有多个组策略，它们也是有优先级的，优先级低的将被优先级高的覆盖。如果有需要，可以改变这种替代关系（继承可以被打断）。图 11-5 是组策略的优先顺序，请读者务必理解清楚，否则将无法根据需要设置组策略。

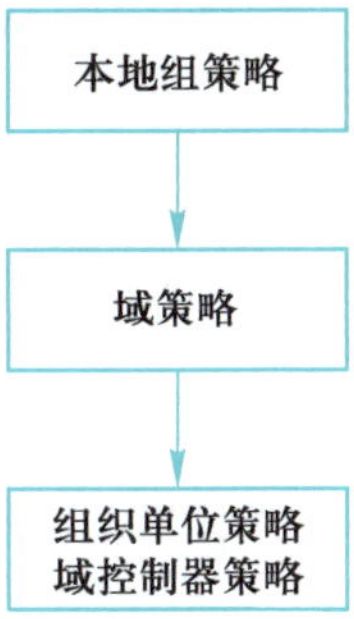

图 11-5 组策略的优先顺序

11.1.3 规划组策略

从 11.1.2 节可知，如果是针对所有计算机或者用户的组策略，应该在域层面上设置。如果是针对各部门的组策略，应该在组织单位层面上设置。

微课：11-4
组策略规划

11.2 任务 2 配置组策略

不同层级、不同优先级的组策略会相互影响，可以阻断组策略的继承，可以强制继承，也可以更改同一组织单位上的组策略的优先级。本任务将创建组策略，设置策略项，管理组策略，介绍组策略的使用方法。

微课：11-5
配置组策略

11.2.1 子任务 1 创建新的组策略

PPT：11-2
配置组策略

每一台计算机上的本地组策略只能有一个，因此只能编辑本地组策略，而不能创建本地组策略；域或组织单位层面上可以有多个组策略，可以在一个域或组织单位上同时应用多个组策略。创建组策略的步骤如下（以在“行政部”组织单位上创建组策略为例）：

（1）步骤 1：如图 11-3 所示，在“组策略管理”窗口的左边窗格右击域或者组织单位，选择“在这个域中创建 GPO 并在此处链接”菜单项，打开“新建 GPO”对话框，如图 11-6 所示，输入组策略的名称，单击“确定”按钮。

微课：11-6
创建新的组策略

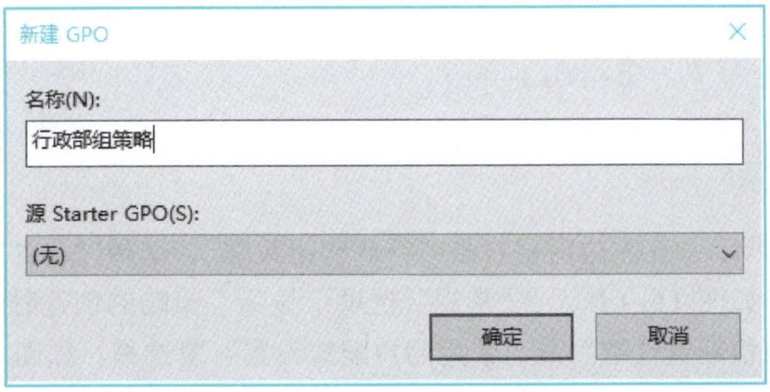

图 11-6 “新建 GPO”对话框

（2）步骤 2：如图 11-7 所示，在窗口左边窗格单击“行政部”，然后在窗口右边选择“组策略继承”选项卡，可以看到作用在该组织单位上的组策略，其中一个是创建的组策略，该策略优先级为 1，优先级最高（优先级的值越小，优先级越高）；另一个组策略是从域中继承的域策略，优先级为 2（优先级较低）。

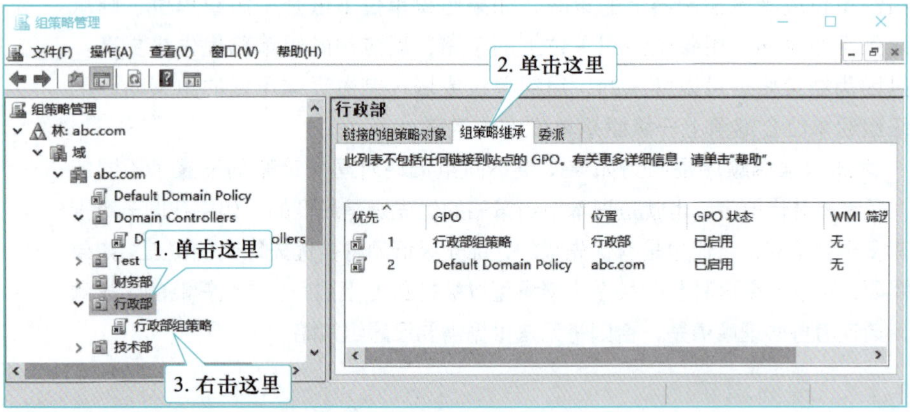

图 11-7 创建的组策略

（3）步骤 3：在图 11-7 的左边窗格右击"行政部"组织单位下新建的组策略"行政部组策略"，选择"编辑"菜单项，打开"组策略管理编辑器"窗口对组策略进行编辑，如图 11-8 所示。可以看到组策略由两部分组成：计算机配置和用户配置。"计算机配置"是针对计算机的配置，任何用户在该计算机上登录该配置都会生效；"用户配置"是针对用户的配置，用户在哪台计算机上登录该配置都会生效。

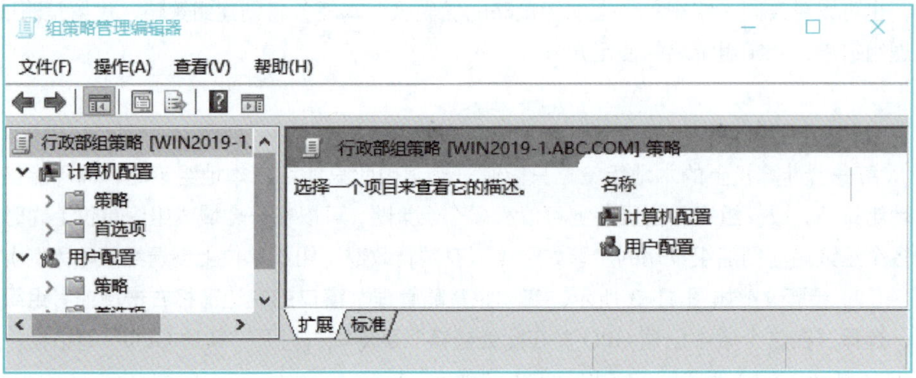

图 11-8 "组策略管理编辑器"窗口

11.2.2 子任务 2 编辑组策略

1. 设置组策略的属性

微课：11-7
编辑组策略

如图 11-8 所示，在左边窗格右击"行政部组策略"，选择"属性"菜单项，打开其属性对话框，如图 11-9 所示，"常规"选项卡显示了策略的创建时间等信息。可以选中"禁用计算机配置设置"或"禁用用户配置设置"复选框，如图 11-10 所示，单击"是"按钮。

图 11-9 “常规”选项卡

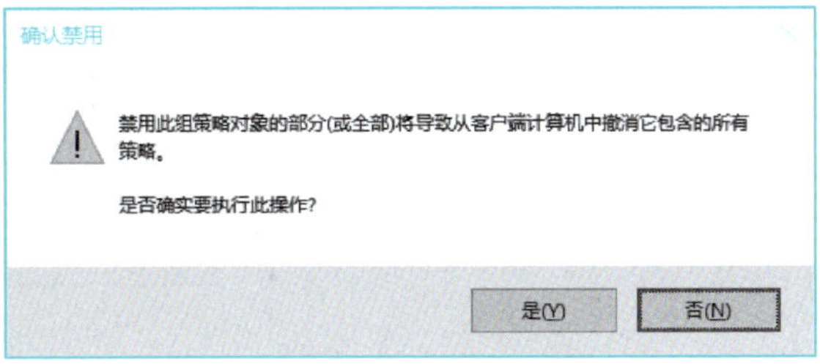

图 11-10 确认禁用计算机配置设置或者用户配置设置

如图 11-11 所示，在“链接”选项卡中单击“开始查找”按钮可以查找该组策略应用在域中何处，这对于维护组策略来说是非常重要的。

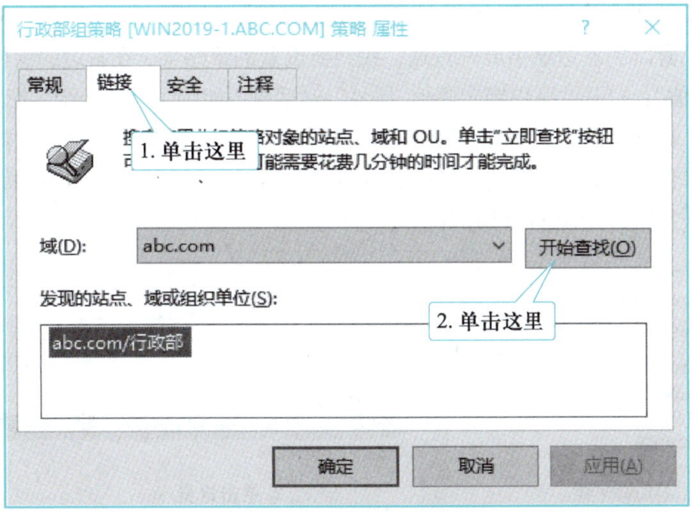

图 11-11 “链接”选项卡

如图 11-12 所示，在“安全”选项卡中，可以控制用户对该组策略的权限，例如读取、写入、创建所有子对象等，单击“高级”按钮可以设置用户的特殊权限。

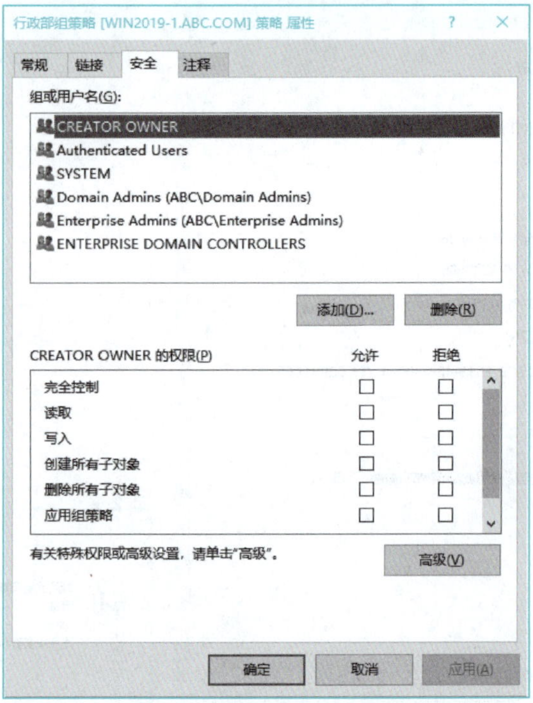

图 11-12　“安全”选项卡

2. 设置策略项

以在行政部上实施“账户锁定策略”为例介绍组策略的策略项的设置，该组策略是防止账户的密码被暴力破解的很好的措施。如果用户在指定时间内（例如 2 分钟）连续 5 次输错密码，该账户将被锁定 15 分钟。要设置策略项，如图 11-13 所示，先在“组策略管理编辑器”窗口的左边窗格展开策略，找到要设置的策略项，在右边的窗格双击策略项“账户锁定阈值”，打开“账户锁定阈值 属性”对话框，如图 11-14 所示，把阈值设置为 5 次无效登录。以同样方法，把账户锁定时间设为 15 分钟，重置账户锁定计数器设为 2 分钟。在组织单位“行政部”下的任意一台计算机，用任意账户登录，故意输错 5 次密码看看账户是否被锁定，如图 11-15 所示。

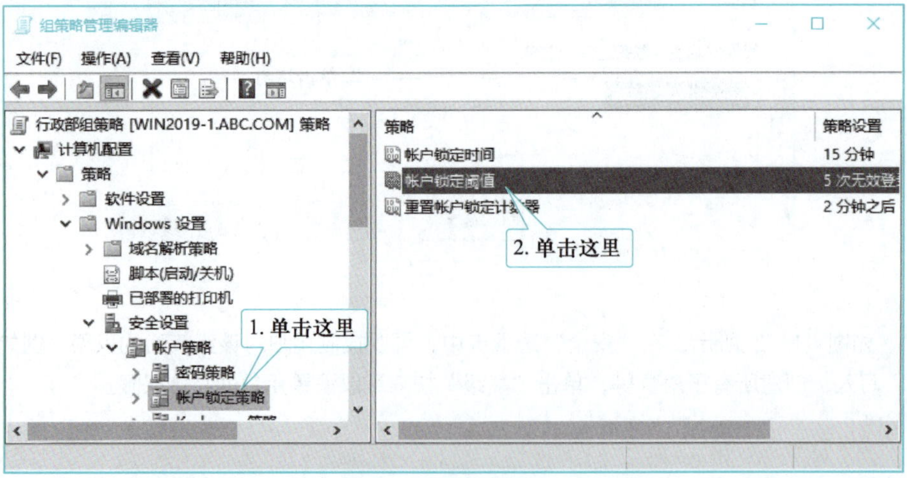

图 11-13　找到要设置的策略项

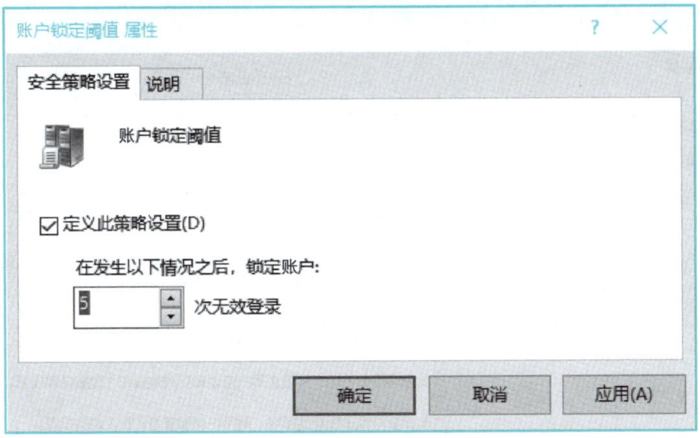

图 11-14 “账户锁定阈值 属性”对话框

图 11-15 账户被锁定

策略项的典型设置有“未配置”“已启用”和“已禁用”三种。例如，在图 11-13 中依次展开“计算机配置”→“策略”→“管理模板”→“Windows 组件”→“Internet Explorer”→“Internet 控制面板”项，双击右边窗格的“禁用连接页”，策略项的三种选择如图 11-16 所示。

3. 刷新策略

在域上配置了组策略后，普通的计算机每 90～120 分钟刷新组策略，新的组策略才生效；对于域控制器，每 5 分钟刷新。如果为了使组策略能够迅速应用到计算机和用户上，可以手工进行刷新，命令为：

```
gpupdate [/Target:{Computer | User}] [/Force]
```

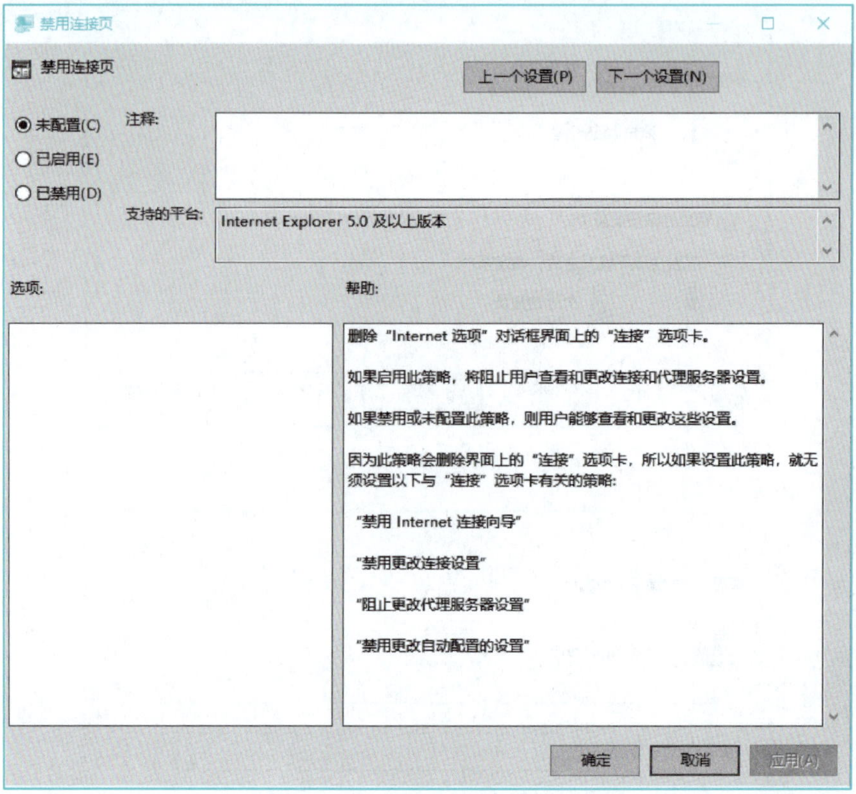

图 11-16　策略项的三种选择

- /Target:{Computer | User}：指定只有用户或计算机的组策略设置被刷新。按默认方式，用户和计算机的组策略设置被刷新。
- /Force：重新应用所有组策略设置。按默认方式，只有已经改变了的组策略设置被应用。

```
C:\Users\Administrator>gpupdate /force
正在更新组策略...
计算机组策略更新成功完成。
用户组策略更新成功完成。
```

4. 生成组策略的结果集

组策略如此复杂，以至于管理员在设置组策略时可能无法准确知道最后的结果会怎样，Windows Server 系统提供了查看组策略结果集的工具。

（1）步骤 1：在命令行窗口输入“mmc”命令，打开控制台窗口，如图 11-17 所示。选择“文件”→“添加/删除管理单元”菜单项，打开“添加或删除管理单元”对话框，如图 11-18 所示。在“可用的管理单元”列表中，选中“策略的结果集”，单击“添加”按钮，单击“确定”按钮。

（2）步骤 2：如图 11-19 所示，右击“策略的结果集”，选择“生成 RSoP 数据”菜单项。在“策略的结果集向导”对话框中单击“下一步”按钮。

图 11-17 在控制台中添加管理单元

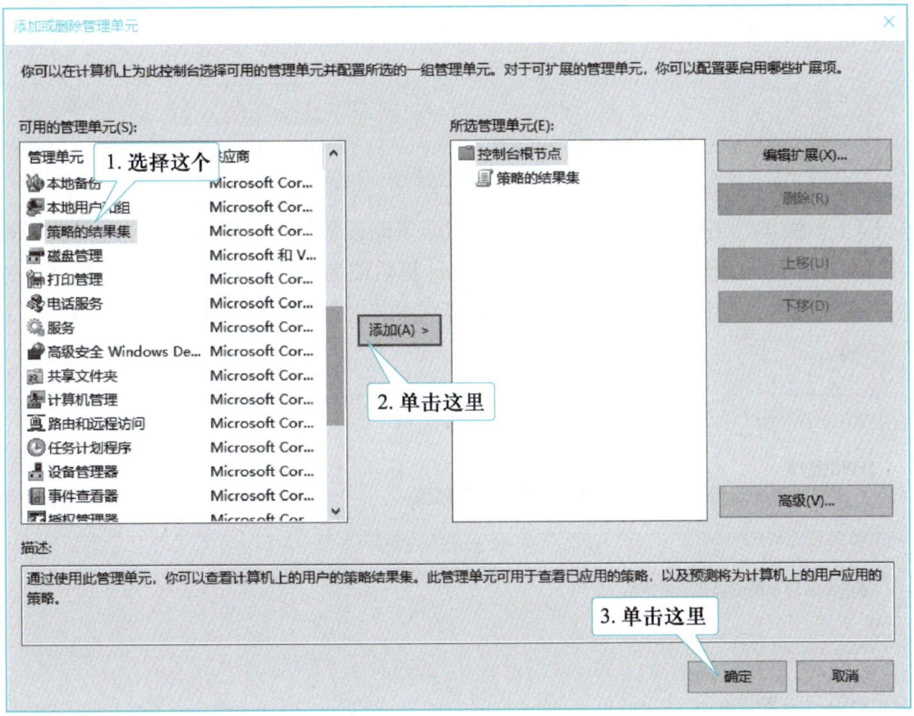

图 11-18 添加管理单元

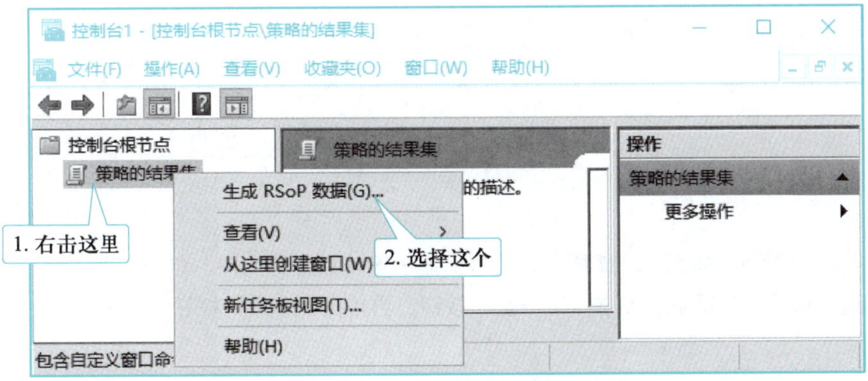

图 11-19 生成 RSoP 数据

（3）步骤 3：如图 11-20 所示，选择“记录模式”选项，单击“下一步”按钮。

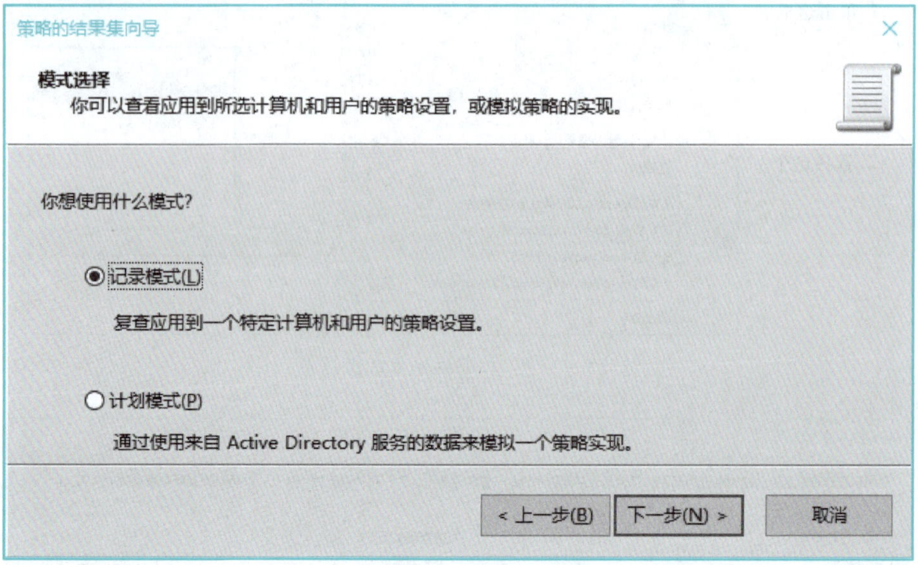

图 11-20　“模式选择”对话框

（4）步骤 4：如图 11-21 所示，选择要显示策略设置的计算机（也就是选择要计算哪一台计算机上的组策略结果集），可以是本地计算机或者域中的计算机。如果是域中的计算机，建议临时关闭计算机上的防火墙，计算结果集时需要和该计算机通信。单击“下一步”按钮。

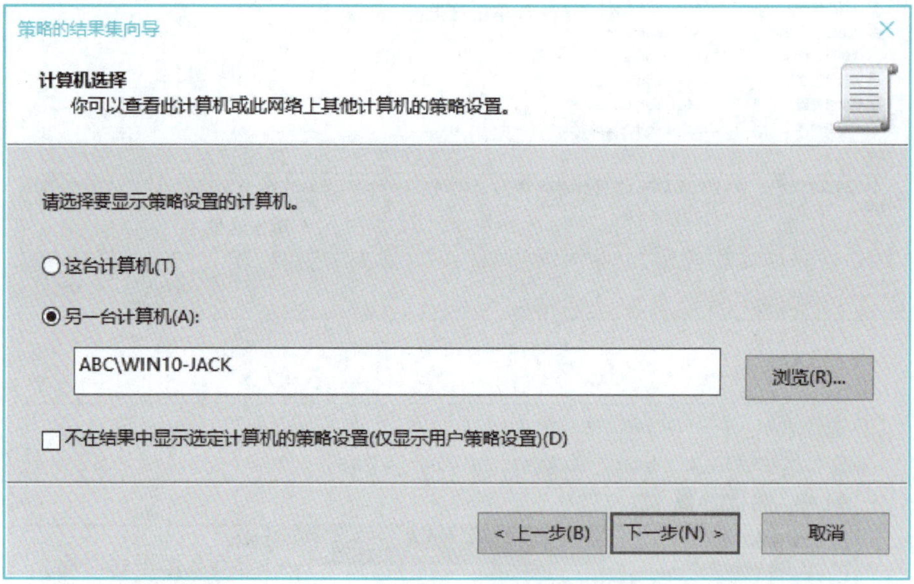

图 11-21　“计算机选择”对话框

（5）步骤 5：如图 11-22 所示，选择要显示策略设置的用户，单击“下一步”按钮。在“选择摘要”对话框中单击“下一步”按钮，再单击“完成”按钮。

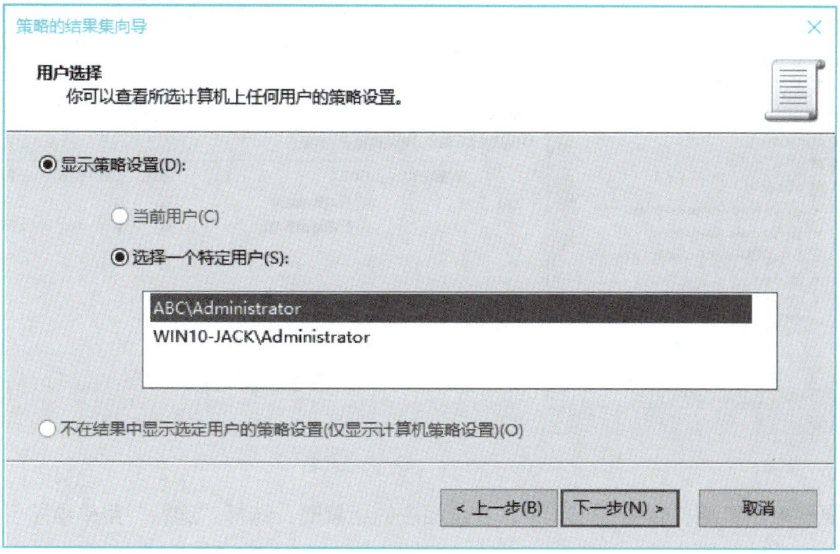

图 11-22　“用户选择”对话框

（6）步骤 6：如图 11-23 所示，显示出当前指定用户在指定计算机上登录后生效的组策略结果集。这样可以帮助管理员预测组策略的效果。

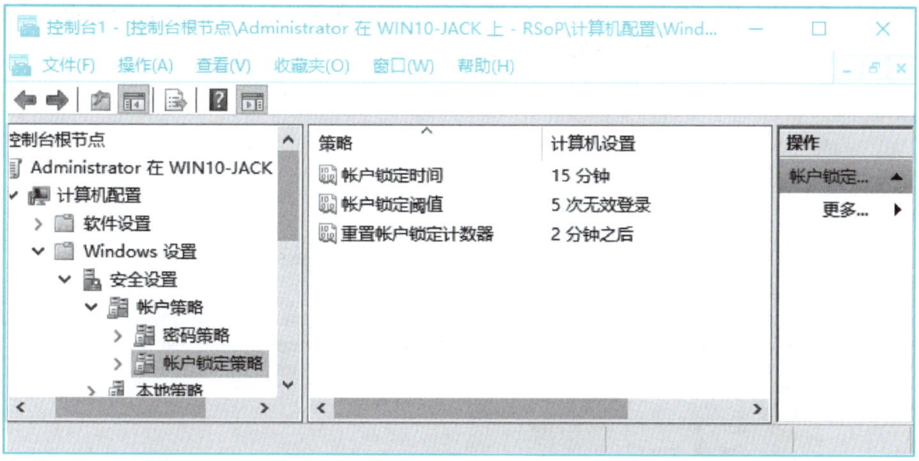

图 11-23　组策略的结果集

11.2.3　子任务 3　管理组策略

在域环境中，组策略的应用顺序是：本地组策略、域策略、组织单位策略、子组织单位策略。在同一级的组织单位上也可以有多个组策略存在，可以管理这些组策略的优先顺序。

微课：11-8
管理组策略

1. 改变组策略的排列顺序

仍然以前面使用的“行政部”组织单位为例，在该组织单位上创建一个新的组策略“行政部组策略 2”，现在共有两个组策略，如图 11-24 所示。排在列表上面的组策略具有较高的优先级，也就是说列表上面的组策略会覆盖下面的组策略。选中相应的策略，单击“▲”和“▼”按钮可以改变组策略的排列顺序，从而改变组策略的优先级。

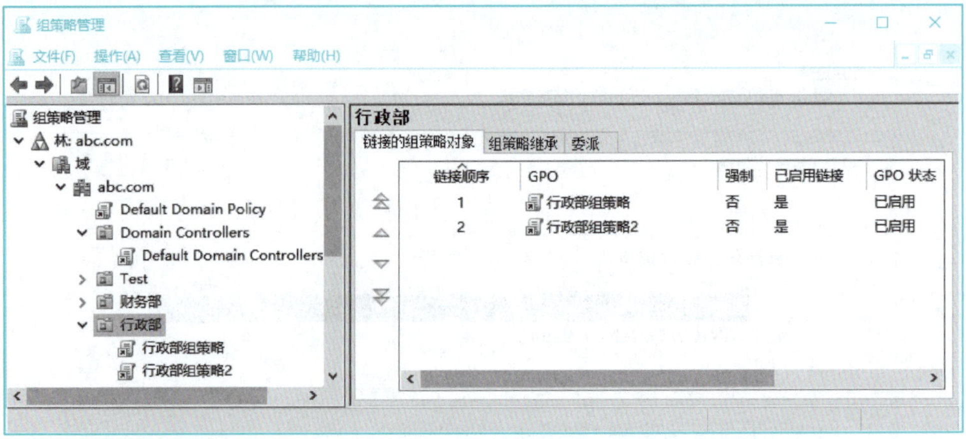

图 11-24　两个组策略

要删除组策略，在图 11-24 中，右击相应的组策略，选择“删除”菜单项即可。

2. 改变组策略的继承关系

默认情况下，组织单位会继承域的组策略，子组织单位会继承父组织单位的组策略，然而这是可以改变的。在图 11-25 所示窗口左边窗格右击组织单位“行政部”，选中“阻止继承”菜单项，则该组织单位就不会继承域上的组策略（Default Domain Policy）了，图 11-25 右边窗格中看不到“Default Domain Policy”了。

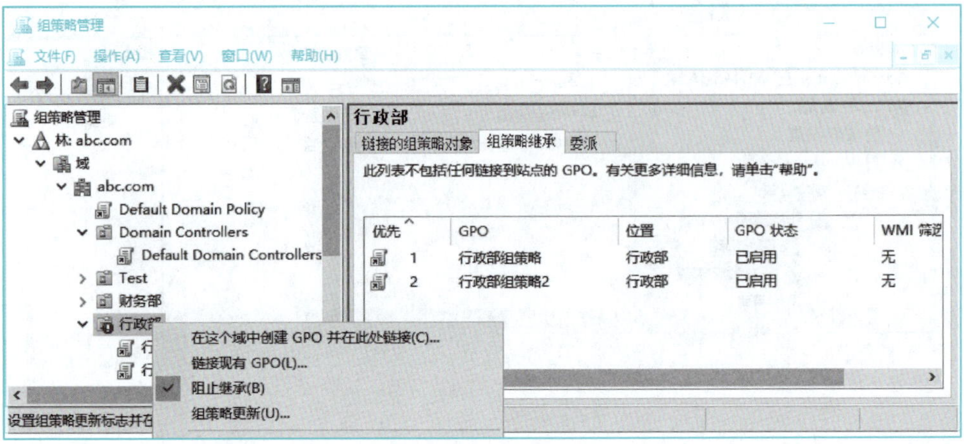

图 11-25　阻止组策略的继承

3. 强制组策略的继承关系

组织单位会继承域上的组策略，或者子组织单位会继承父组织单位的组策略。但是子组织单位的组策略优先级更高，就是说子组织单位的组策略的策略项设置和父组织单位的策略项设置冲突时，子组织单位的策略项会替代父组织单位的策略项。有时，这样不见得合理，如果子组织单位的管理员更改了组策略，域管理员可能无法控制域中的组策略了。Windows Server 2019 提供了另外一个选项，可以强制组策略的继承。如图 11-26 所示，右击“Default Domain Policy”，选择“强制”菜单项，则即使“行政部”组织单位上采取阻止措施，也不能阻止“Default Domain Policy”组策略的继承。

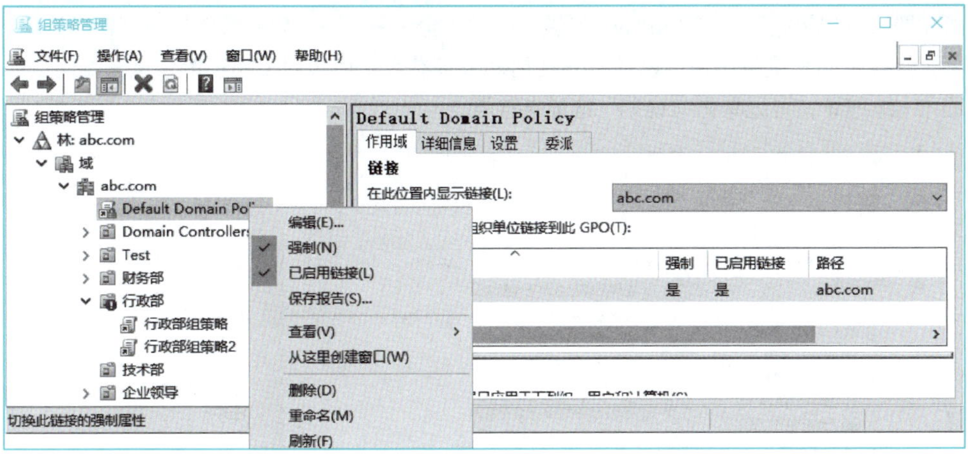

图 11-26　强制继承组策略

确定组策略的最终应用结果比较复杂，再用一个实例来把以上介绍的内容做个说明。假设组策略定义了 IE 的“Internet 控制面板”，具体的策略项设置见表 11-1。

- 禁用“高级页”、禁用“连接页”：由于在域中默认组策略有“强制”选项，所以不论“行政部组策略”和“行政部组策略 2”如何设置，禁用“高级页”和禁用“连接页”始终有效，结果为启用。
- 禁用“内容页”：“行政部组策略”的优先级比“行政部组策略 2”的优先级高，而在域策略中未对禁用“内容页”进行设置，所以结果由“行政部组策略”决定，结果为禁用。
- 禁用“常规页”：只决定于“行政部组策略 2”，因为其他组策略对此没有进行设置，结果为启用。

表 11-1　组策略的设置举例

组策略名称	强制	优先级	禁用“高级页”	禁用“连接页”	禁用“内容页”	禁用“常规页”
Default Domain Policy	√		启用	启用	未设置	未设置
行政部组策略		1	禁用	未设置	禁用	未设置
行政部组策略 2		2	未设置	禁用	启用	启用
结果			启用	启用	禁用	启用

11.3　任务 3　使用组策略定制用户环境、安全设置

PPT：11-3
组策略定制用户环境、安全设置

组策略可以实现很多桌面环境定制功能。本任务将使用组策略定制用户环境、安全设置，例如：密码策略、账户锁定策略、禁止安装可移动设备策略和禁止远程桌面策略等。

11.3.1　子任务 1　设置密码策略

密码是保护计算机安全的最基本、最有效的手段，因此强制要求企业所有用户遵守密码设置的规则。安装 Windows Server 2019 时，已经在“Default Domain Policy”设置了默认的密码策略，管理员可以在考虑安全性和用户使用习惯的基础上，对密码策略进行修改。编辑域上的默认组策略“Default Domain Policy”，如图 11-27 所示，依次展开“计算

微课：11-9
设置密码策略

机配置"→"策略"→"Windows 设置"→"安全设置"→"账户策略"→"密码策略"项，修改密码长度最小值、密码最长使用期限等参数。如果对策略项的含义有疑问，如图 11-28 所示，可以单击"说明"选项卡查看。

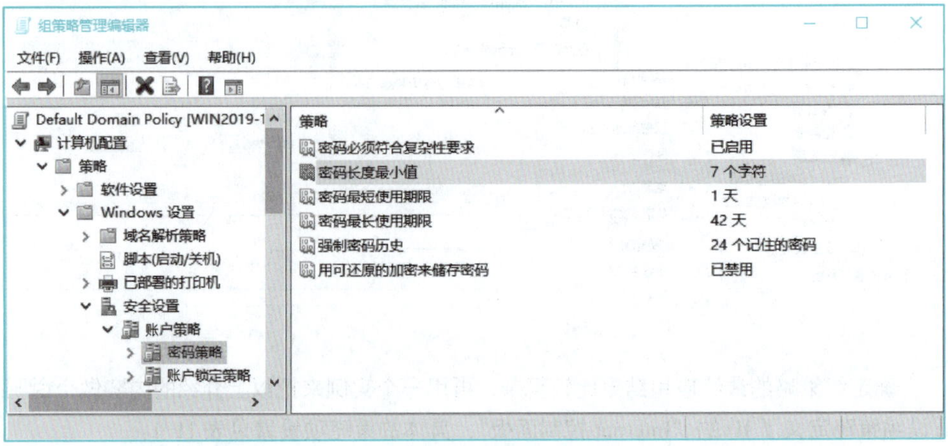

图 11-27　密码策略

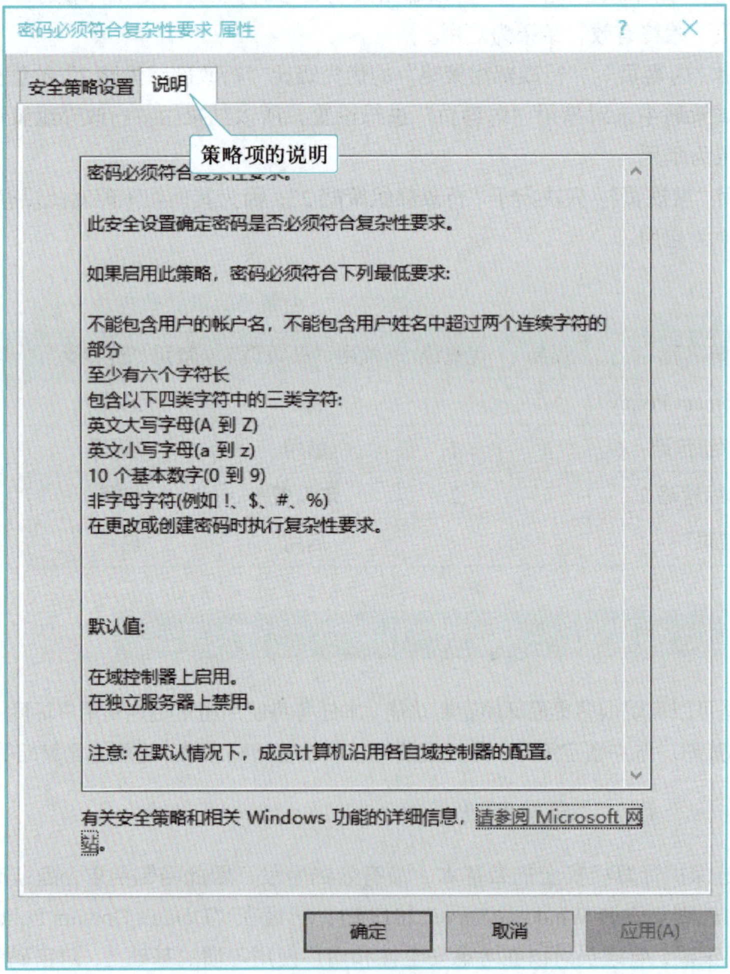

图 11-28　策略项的说明

11.3.2 子任务 2 设置账户锁定策略

在 11.2.2 节中已经介绍了账户锁定策略的设置，是在“行政部”组织单位的组策略中进行设置的。建议在全企业内实施账户锁定策略，因此需要在域上的默认组策略“Default Domain Policy”中设置账户锁定策略，并且“强制”应用“Default Domain Policy”，防止下一级管理员修改账户锁定策略。

微课：11-10
设置账户锁定策略

11.3.3 子任务 3 设置 Windows 防火墙策略

Windows 防火墙是保护计算机免受网络攻击的重要手段，不少用户为了方便常常关闭它，从而导致安全隐患。为了安全，可以在企业范围内强制用户打开防火墙，但是允许用户设置例外。编辑域上的默认组策略“Default Domain Policy”，如图 11-29 所示，展开“计算机配置”→“策略”→“管理模板”→“网络”→“网络连接”→“Windows Defender 防火墙”→“域配置文件”项，启用右边窗格中的“Windows Defender 防火墙 保护所有网络连接”项。

微课：11-11
设置防火墙策略

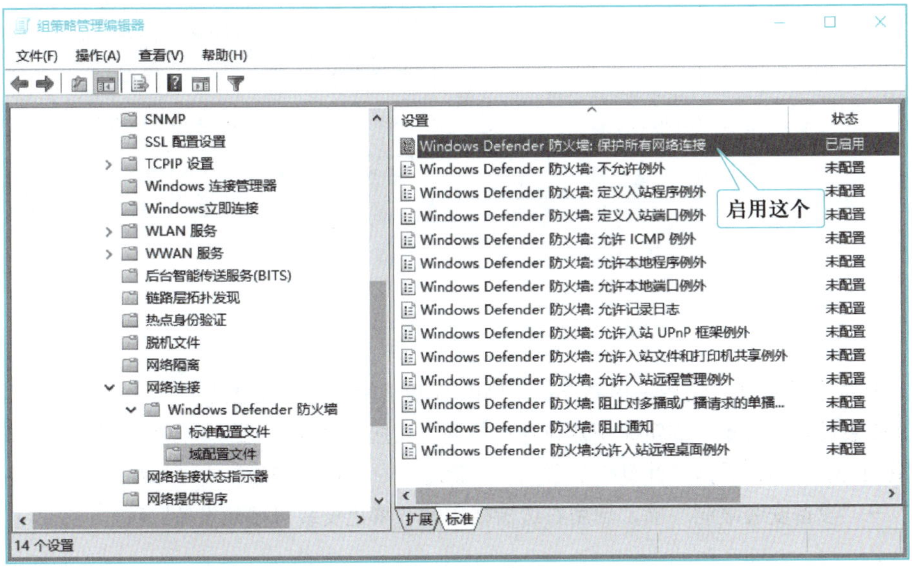

图 11-29 设置 Windows 防火墙策略

11.3.4 子任务 4 设置时间提供程序策略

计算机时间的准确性是至关重要的，但很多用户会忽略这个问题，从而导致邮件、文件时间不准确。可以设置计算机和 Internet 上或者企业内的时间服务器定期进行同步，如图 11-30 所示。编辑域上的默认组策略“Default Domain Policy”，展开“计算机配置”→“策略”→“管理模板”→“系统”→“Windows 时间服务”→“时间提供程序”项，启用右边窗格中的“启用 Windows NTP 客户端”项，并双击“配置 Windows NTP 客户端”项，可以在“NtpServer”文本框中输入时间服务器的名称。Internet 上有许多时间服务器，默认使用微软的时间服务器，也可以在企业内架设时间服务器。

微课：11-12
设置时间提供程序

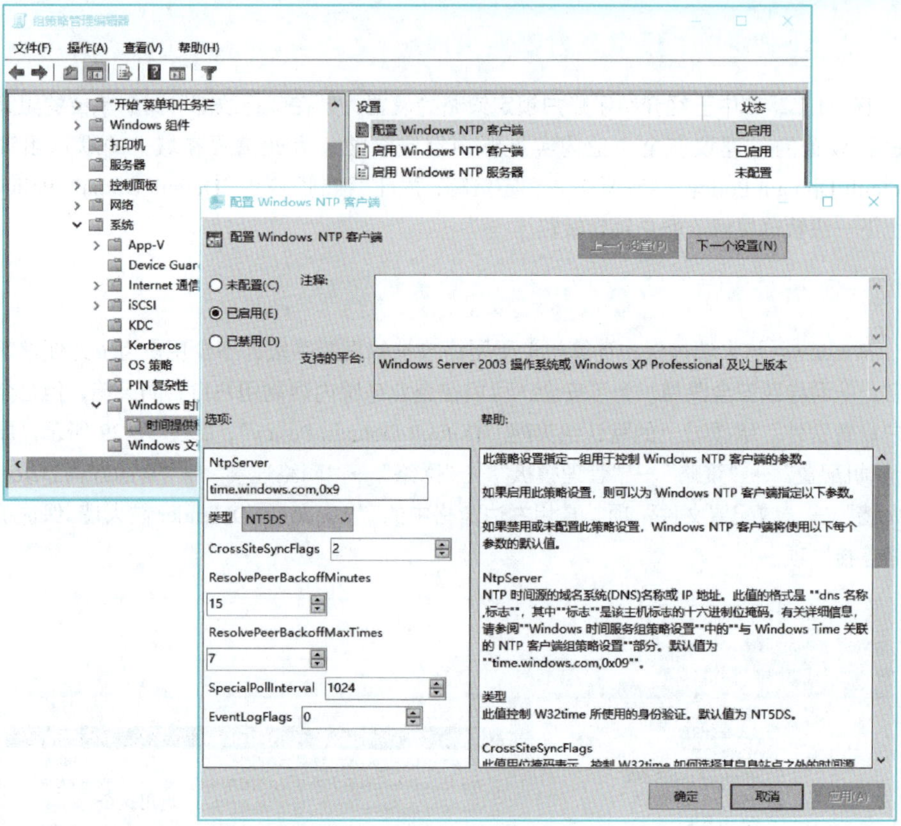

图 11-30　设置时间提供程序策略

11.3.5　子任务 5　设置禁止安装可移动设备策略

如果要防止员工使用可移动设备（例如 U 盘）复制数据或防止 U 盘带入病毒，可以禁止安装可移动设备。该策略不建议在域层面上实施，建议在组织单位的组策略中实施。如图 11-31 所示，展开“计算机配置”→“策略”→“管理模板”→“系统”→“设备安装”→“设备安装限制”项，启用右边窗格中的“禁止安装可移动设备”项。

微课：11-13
禁止安装可移动设备

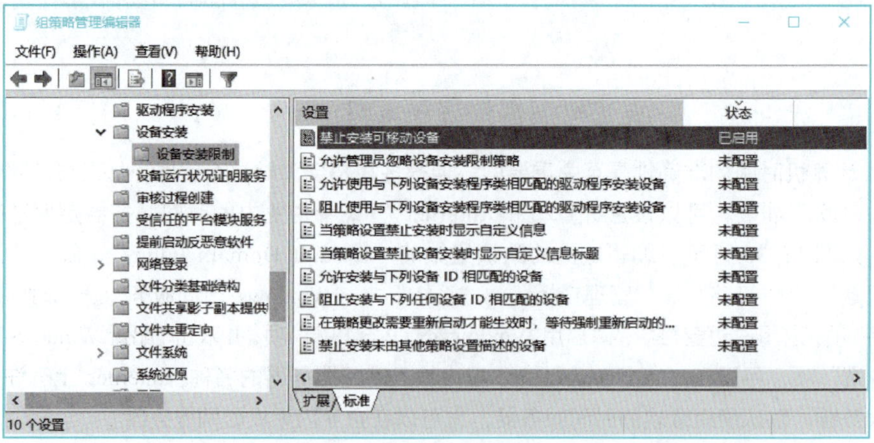

图 11-31　设置禁止安装可移动设备策略

11.3.6 子任务 6 设置禁止远程桌面策略

远程桌面连接虽然带来一定的便利，但同时也会带来安全风险。可以禁止远程桌面。建议在组织单位上实施，因为服务器通常需要远程连接。如图 11-32 所示，展开“计算机配置”→“策略”→“管理模板”→“Windows 组件”→“远程桌面服务”→“远程桌面会话主机”→“连接”，禁用右边窗格中的“允许用户通过使用远程桌面服务进行远程连接”项。

微课：11-14
禁止远程桌面

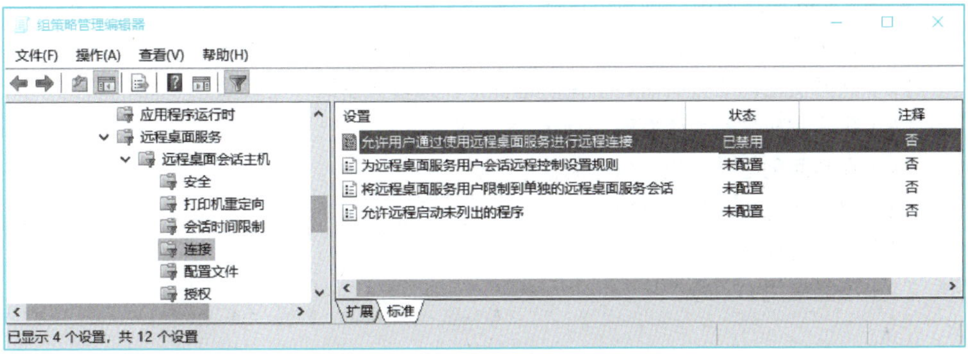

图 11-32 设置禁止远程桌面策略

小结

组策略可保证计算机或用户有统一的安全设置或环境。组策略有本地组策略、域策略、组织单位策略、域控制器策略。掌握组策略的应用顺序是至关重要的：本地组策略→域策略→组织单位策略，后应用的组策略会覆盖先应用的组策略，组策略还会被继承。然而组策略的继承是可以被改变的，可以阻止继承上一级的组策略，也可以禁止下一级的组策略覆盖上一级的组策略。

习题

1. 填空题

(1) 组策略包括________配置和________配置两部分。

(2) 如果计算机没有加入域，那么________将是唯一起作用的组策略。

(3) 默认情况下，域链接了一个组策略对象，名为________。

(4) 默认情况下，“Default Domain Controllers Policy”组策略链接到________。

(5) 用________方法可以使得组织单位不从上级继承组策略。

(6) 用________方法可以防止组织单位不从上级继承组策略。

(7) 同一组织单位上的多个组策略，________的组策略优先级高。

(8) 策略项的典型设置有________、________和________三种。

(9) 更新组策略的命令为________。

2. 简答题

（1）本地安全策略和本地组策略有什么关系?

（2）组策略的应用顺序是怎样的?

（3）控制台中的“策略的结果集”管理单元有何作用?

3. 实践题

在 abc.com 域环境中，创建组策略，使得企业全部用户：

（1）每半年修改密码，密码不得少于 8 位，须满足复杂性要求。

（2）计算机空闲 5 分钟时，启用屏幕保护，须输入密码才能解除。

（3）账号密码被暴力破解时，锁定 15 分钟。

（4）在桌面创建某一应用程序的快捷方式。

对于财务部的用户和计算机：

（1）不能使用移动设备。

（2）不能使用 DVD。

项目 12

构建远程访问、NAT 服务器

项目背景

虽然在企业内部建立局域网可以实现企业内的通信，然而如果企业内的局域网没有连接到 Internet 上，可以说局域网存在的意义就会大打折扣。因此需要在局域网和 Internet 的边界上架设接入 Internet 的设备。这个设备通常是路由器，也可以用 Windows Server 2019 来实现。路由器或者服务器要执行网络地址转换（Network Address Translation，NAT）功能。还有另外一种需求，员工在出差期间或者在家时经常需要处理公司的业务，他们需要能够连接到企业内部的网络，这时远程访问就是一个很好的解决方案。为了保证远程访问的安全，采用 VPN 技术是常见的方法。本项目将在企业网络和 Internet 的边界服务器（Win2019-3）上部署 NAT 服务器，使内网可以访问 Internet；同时部署 VPN 服务器，让移动用户可以远程使用 VPN 连接到内网并访问资源。

项目任务

（1）根据企业需要选择合适的 VPN 类型，并架设 VPN 服务器。

（2）VPN 客户端连接到 VPN 服务器，访问内网资源。

（3）根据企业需要选择合适的 NAT 类型，并架设 NAT 服务器，使得使用私有 IP 地址的用户可以访问 Internet，Internet 上的用户可以使用内网的特定网络服务。

12.1　任务 1　架设 VPN 服务器

微课：12-1
架设 VPN 服务器

PPT：12-1
架设 VPN 服务器

虚拟专用网络（Virtual Private Network，VPN）常用于实现出差员工通过 Internet 安全地访问企业内部的网络。VPN 也可以用来通过 Internet 把两个分布在不同地理位置的局域网进行连接。本任务将在图 12-1 中的 Win2019-3 服务器上部署 VPN 服务器，让移动用户可以远程使用 VPN 连接到内网并访问资源。

12.1.1　子任务 1　了解网络拓扑及需求

网络拓扑如图 12-1 所示。前面已经在企业内部架设了 DNS、Web、FTP 等服务器为企业内的员工提供网络服务，然而员工可能需要在出差期间或者在家时访问企业内部的共享文件、各应用系统、内部网站等，这就需要用到远程访问技术。

微课：12-2
了解拓扑结构

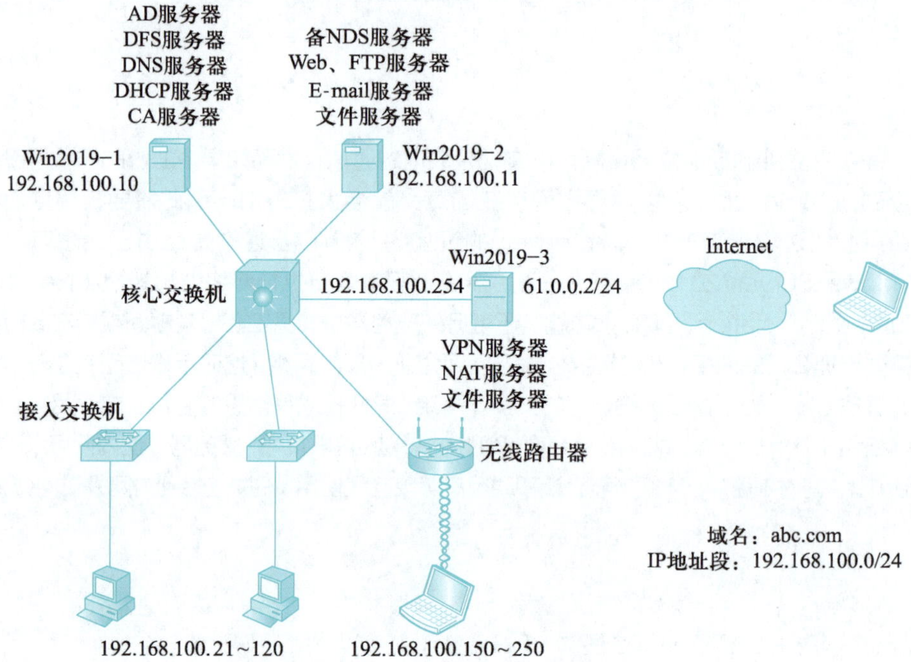

图 12-1　网络拓扑

12.1.2　子任务 2　了解 VPN

微课：12-3
了解虚拟专用网

1. VPN 技术

远程访问技术可以将远程工作人员或流动工作人员连接到企业内部的网络上，远程用户可以使用局域网内的所有服务（包括文件共享和打印机共享、Web 服务器访问和消息传递）。Windows Server 2019 可以提供远程访问。VPN 是最常用的远程访问技术之一。

VPN 可以跨公用网络（例如 Internet）创建安全的点对点连接。VPN 客户端使用基于 TCP/IP 的特殊协议（称为隧道协议）对 VPN 服务器上的虚拟端口进行虚拟呼叫。VPN 服务器应答虚拟呼叫，对呼叫者进行身份验证，并在 VPN 客户端与公司网络之间传输数据。VPN 是通过公用网络（例如 Internet）在 VPN 客户端与 VPN 服务器之间建立的逻辑间接连接。为了确保隐私安全，VPN 对通过该连接发送的数据进行加密。VPN 使用时无附加费用，安全性好，传输速率较大（取决于 Internet 的传输速率）。

为了模拟点对点链路，VPN 使用隧道协议来封装数据。其基本思路是把一个数据包封装在另一个数据包中，就像把写有地址的一封信装在另一封信中一样。外部数据包的包头提供路由信息，使数据可以通过公用网络到达终点。为了保证数据在公网上的传输安全，对所发送的数据进行加密。封装并加密专用数据的虚拟链路称为 VPN 连接。图 12-2 是 VPN 原理图，从用户的角度来看，VPN 是 VPN 客户端与 VPN 服务器之间的点对点连接，公用网络（Internet）的结构和 VPN 是不相关的，因为 VPN 以逻辑形式出现，数据仿佛通过专用链路发送。

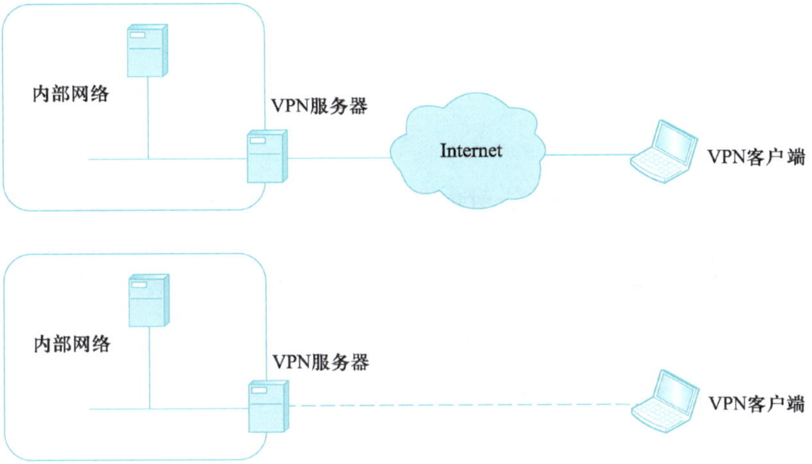

图 12-2 VPN 原理图

2. VPN 的两种常用隧道协议

Windows Server 2019 支持这几种 VPN 隧道协议：点对点隧道协议（Point to Point Tunneling Protocol）、第二层隧道协议（Layer 2 Tunneling Protocol）、SSTP 和 IKEv2，本书介绍 PPTP、L2TP/IPsec。VPN 隧道协议是指将来自一种协议类型的数据包封装在其他协议的数据包内。例如，VPN 可以使用 PPTP 或者 L2TP/IPsec 封装在公用网络（Internet）传输的 IP 数据包。PPTP、L2TP 十分依赖点对点协议（Point to Point Protocol，PPP）的功能，PPP 是用于拨号连接或在专用的点对点连接上发送数据的。对于 IP 数据包，PPP 将 IP 数据包封装在 PPP 帧内，然后通过点对点链路传输封装的 PPP 数据包。

PPTP 封装：PPTP 将 PPP 帧封装在 IP 数据包中，以便通过公用网络传输。PPTP 使用 TCP 连接进行隧道管理，使用修订版的通用路由封装（Generic Routing Encapsulation，GRE）封装隧道数据的 PPP 帧。封装的 PPP 帧的有效负载可以加密、压缩或加密并压缩。图 12-3 所示是 PPTP 数据包的结构。

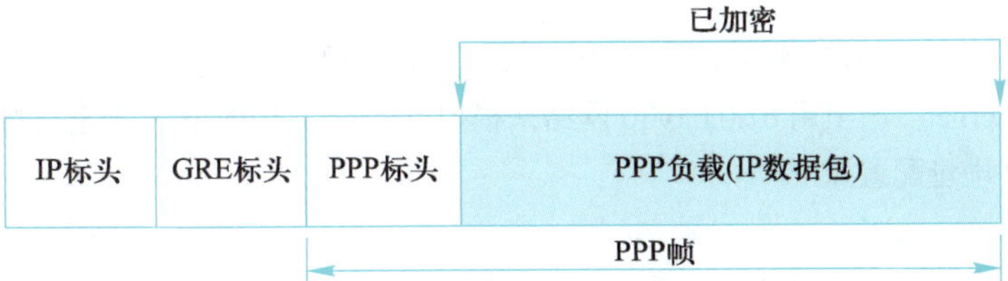

图 12-3 PPTP 数据包的结构

可使用 MS-CHAP v2 或 EAP-TTLS 等身份验证协议生成的密钥，通过 Microsoft

点对点加密（MPPE）对 PPP 帧进行加密。虚拟专用网络客户端只有使用 MS-CHAP v2 或 EAP-TTLS 等身份验证协议才能对 PPP 帧的有效负载进行加密。

L2TP 封装：L2TP 依靠 Internet 协议安全（IPsec）传输模式来提供加密服务。L2TP 和 IPsec 的组合称为 L2TP/IPsec，VPN 客户端和 VPN 服务器必须都支持 L2TP 和 IPsec。L2TP/IPsec 数据包的封装分为两层：第一层为 L2TP 封装，其结构如图 12-4 所示，PPP 帧（内部封装了 IP 数据包）使用 L2TP 标头和 UDP 标头封装。

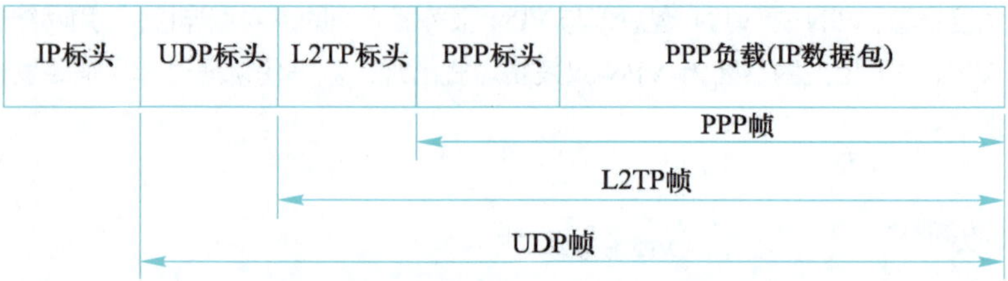

图 12-4　包含 IP 数据包的 L2TP 数据包的结构

如图 12-5 所示，第二层的 IPsec 封装使用 IPsec 封装安全有效负载（ESP，Encapsulating Security Payloads）标头、尾端，IPsec 身份验证尾端、IP 标头来封装生成的 L2TP 消息。IP 标头中是与 VPN 客户端和 VPN 服务器对应的源 IP 地址和目标 IP 地址。

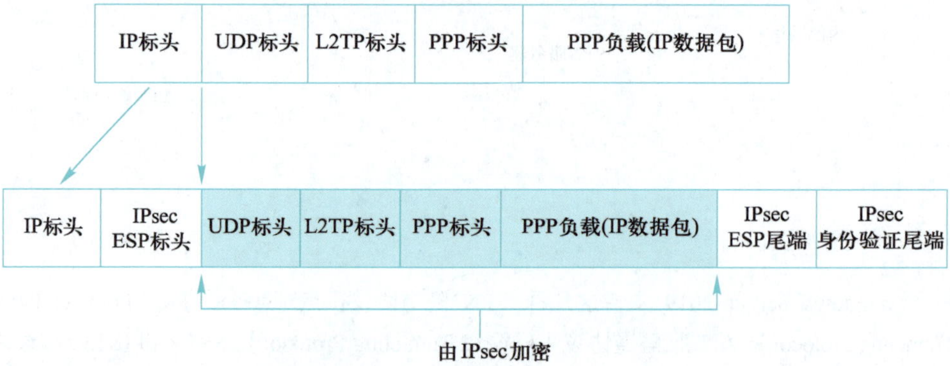

图 12-5　使用 IPsec ESP 对 L2TP 通信进行加密

L2TP 使用 Internet 密钥交换（IKE）协商进程生成的密钥，通过数据加密标准（DES）、三重 DES（3DES）或高级加密标准（AES）等算法对 L2TP 消息进行加密。

从上面分析得知，采用 PPTP 和 L2TP/IPsec 均可以满足项目需求。从安全性来说，采用电子证书的 L2TP/IPsec 安全性最高，但是需要电子证书服务器的支持，本书作为入门书籍，只介绍 PPTP 和采用预共享密钥的 L2TP/IPsec。

12.1.3　子任务 3　配置 VPN 服务器

微课：12-4
配置虚拟专用网服务器

1. 配置网络

在图 12-1 中，VPN 服务器（Win2019-3）有两个网络接口，一个接到企业内部，另一个接到 Internet。这里用 61.0.0.0/30 网络来模拟 Internet，VPN 客户端直接接到 Internet。计算机的 IP 地址配置如下。

1）VPN 客户端

IP 地址：61.0.0.1/255.255.255.0

网关：无

DNS：无

2）VPN 服务器（Win2019-3）的内部网络（Ethernet0）

IP 地址：192.168.100.254/255.255.255.0
网关：无
DNS：192.168.100.10

3）VPN 服务器（Win2019-3）的外部网络（Ethernet1）

IP 地址：61.0.0.2/255.255.255.0
网关：无
DNS：无

4）Win2019-1 服务器

IP 地址：192.168.100.10/255.255.255.00
网关：192.168.100.254
DNS：192.168.100.10

5）Win2019-2 服务器

IP 地址：192.168.100.11/255.255.255.00
网关：192.168.100.254
DNS：192.168.100.10

测试 VPN 服务器外部地址（61.0.0.2）与 VPN 客户端之间的连通性（用 ping 命令），测试前先关闭 VPN 客户端的防火墙。

2. 安装远程访问服务

在 Win2019-3 服务器上以本地管理员登录，打开“服务器管理器”窗口，参见以前章节中的添加角色和功能的步骤，如图 12-6 所示，添加“远程访问”角色。如图 12-7 所示，为远程访问选择要安装的角色，选中“DirectAccess 和 VPN（RAS）”和“路由”复选框。

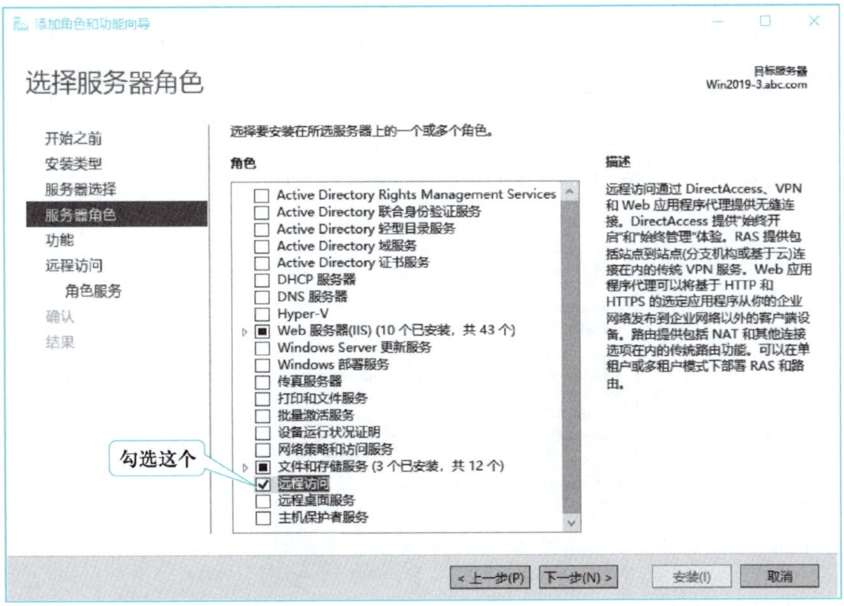

图 12-6 添加“远程访问”角色

3. 启用路由和远程访问服务

（1）步骤 1：以 abc.com 域管理员 Administrator 在 Win2019-3 服务器上登录，选择“开始”→“Windows 管理工具”→“路由和远程访问”菜单项，打开“路由和远程访问”窗口，如图 12-8 所示。

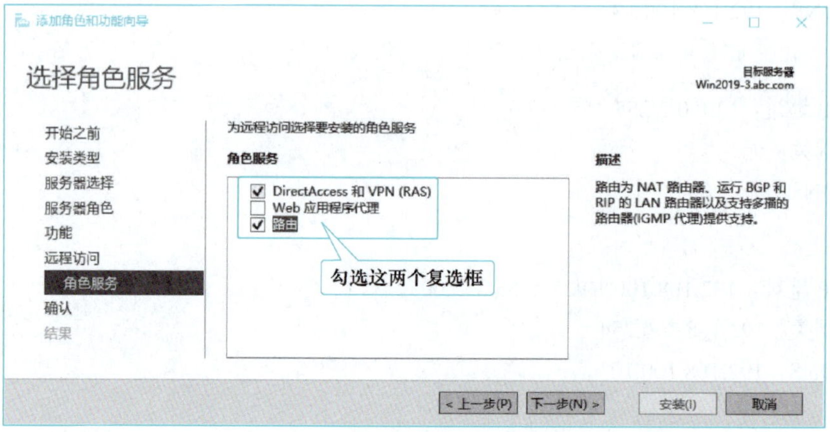

图 12-7　为远程访问选择要安装的角色

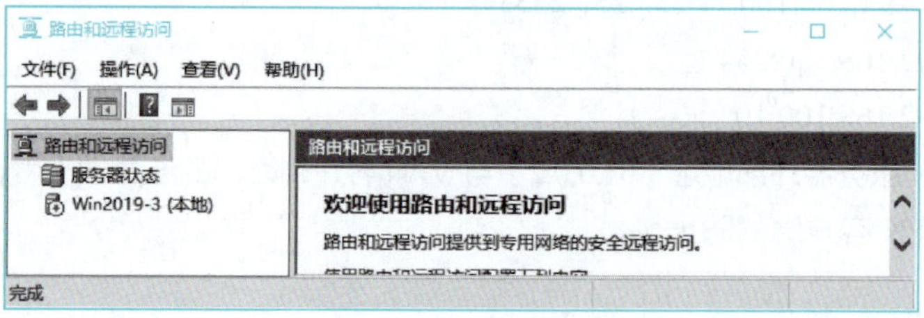

图 12-8　“路由和远程访问”窗口

（2）步骤 2：在图 12-8 中，右击左侧窗格的“Win2019-3（本地）”项，选择“配置并启用路由和远程访问服务”菜单项，打开“路由和远程访问服务器安装向导”对话框，单击“下一步”按钮。

（3）步骤 3：如图 12-9 所示，选择“远程访问（拨号或 VPN）”选项，单击“下一步”按钮。先配置 VPN，稍后再配置 NAT。

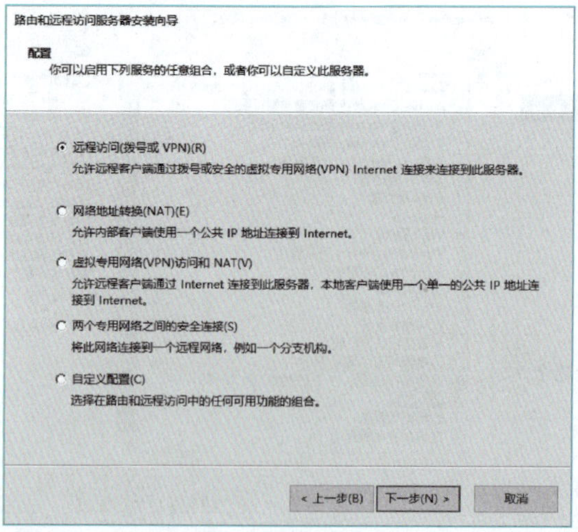

图 12-9　选择“远程访问（拨号或 VPN）”选项

（4）步骤 4：如图 12-10 所示，选择“VPN”复选框，单击“下一步”按钮。

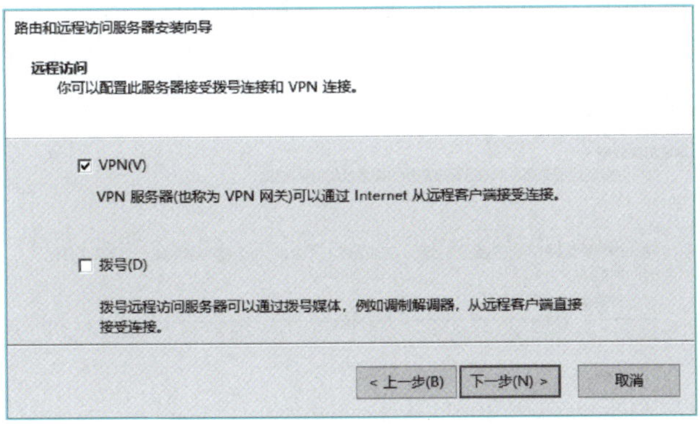

图 12-10　选择“VPN”复选框

（5）步骤 5：如图 12-11 所示，选择“Ethernet1”作为连接到 Internet 的接口，清除“通过设置静态数据包筛选器来对选择的接口进行保护”复选框，单击“下一步”按钮。

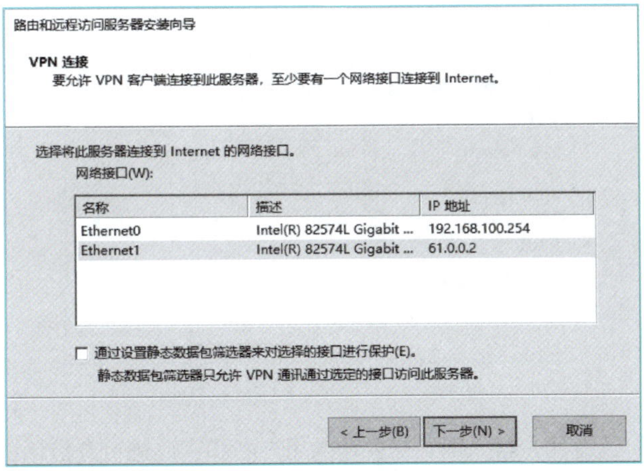

图 12-11　选择连接到 Internet 的接口

（6）步骤 6：如图 12-12 所示，选择对远程客户端分配 IP 地址的方法。如果选择“自动”选项，则 VPN 服务器将从安装在同一计算机（Win2019-3）上的 DHCP 服务器获得 IP 地址后再分配给客户端，Win2019-3 服务器并没有安装 DHCP，因此不选择此选项。本例选择“来自一个指定的地址范围”选项，则 VPN 服务器将从设定的地址池取出 IP 地址并分配给客户端，单击“下一步”按钮。

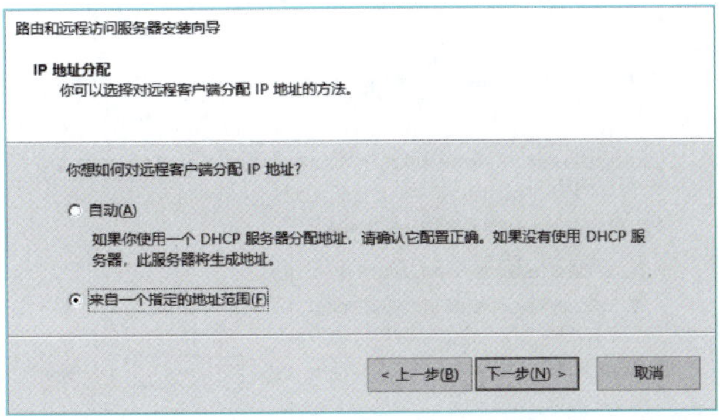

图 12-12　选择客户端 IP 地址分配方法

（7）步骤 7：如图 12-13 所示，单击“新建”按钮，打开图 12-14 所示对话框，输入 IP 地址范围，这里的 IP 地址应该是私有 IP 地址，并且不得和企业内部的地址段 192.168.100.0/255.255.255.0 在同一网段，单击“确定”按钮后，回到图 12-13，单击“下一步”按钮。

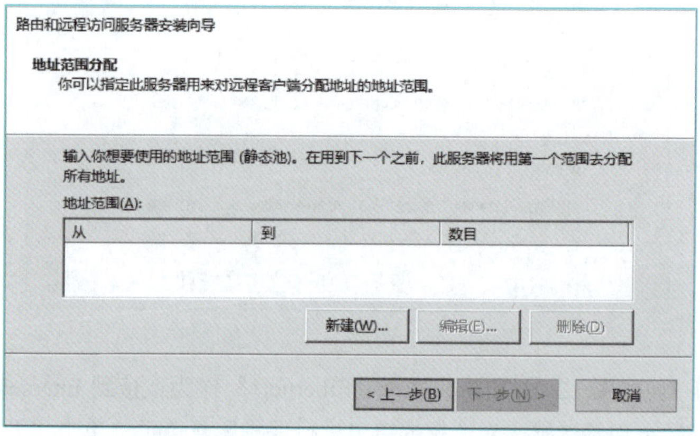

图 12-13　添加 IP 地址范围

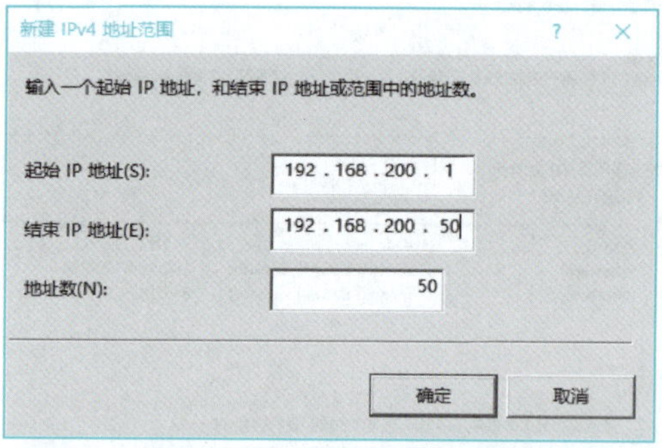

图 12-14　输入 IP 地址范围

（8）步骤 8：远程用户拨入时，需要输入用户名和密码进行身份认证，可以在网络上架设专门的认证服务（RADIUS）来进行认证，这种方法适用于大型网络。如图 12-15 所示，本例选择“否，使用路由和远程访问来对连接请求进行身份验证”选项，这时用户名和密码存放在 VPN 服务器（Win2019-3）或者 VPN 服务器所在域（abc.com）的域控制器（Win2019-1）上。单击“下一步”按钮。

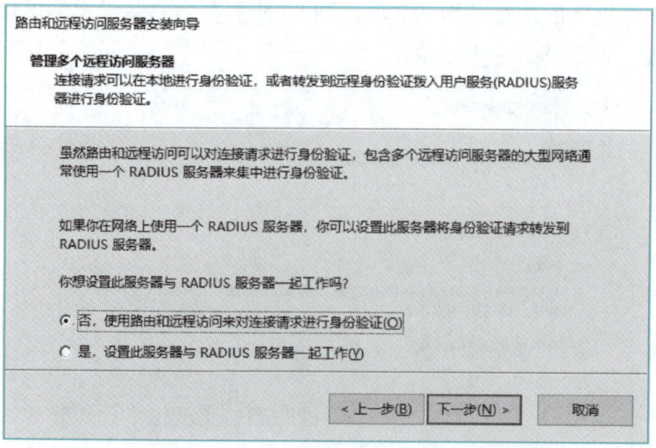

图 12-15　设置是否与 RADIUS 服务器一起工作

（9）步骤 9：单击“完成”按钮完成安装。如图 12-16 所示，单击“确定”按钮，启用 DHCP 中继代理。稍后，系统会启用路由和远程访问服务，如图 12-17 所示。

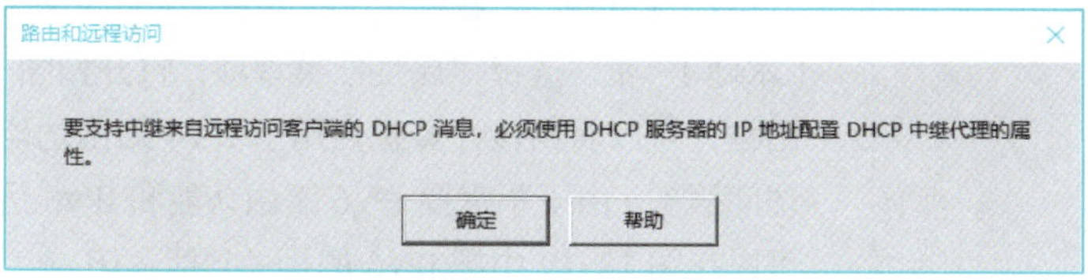

图 12-16 启用 DHCP 中继代理

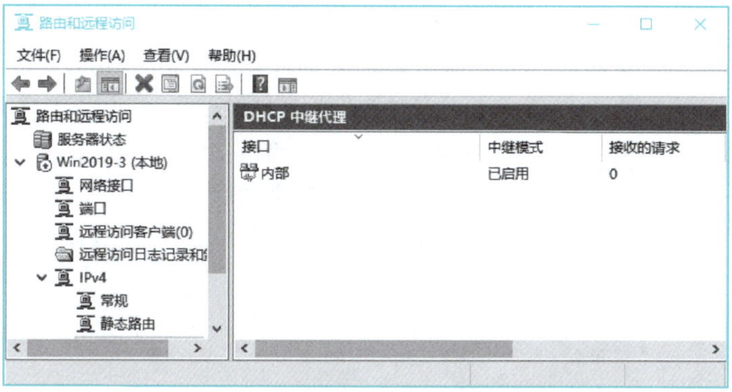

图 12-17 启用路由和远程访问服务

（10）步骤 10：在 VPN 服务器（Win2019-3）上，创建本地用户“user1”，并打开用户属性对话框，选择“拨入”选项卡（图 12-18），选择“允许访问”选项，单击“确定”按钮。注意：不能要求 user1 用户下次登录时必须修改密码。

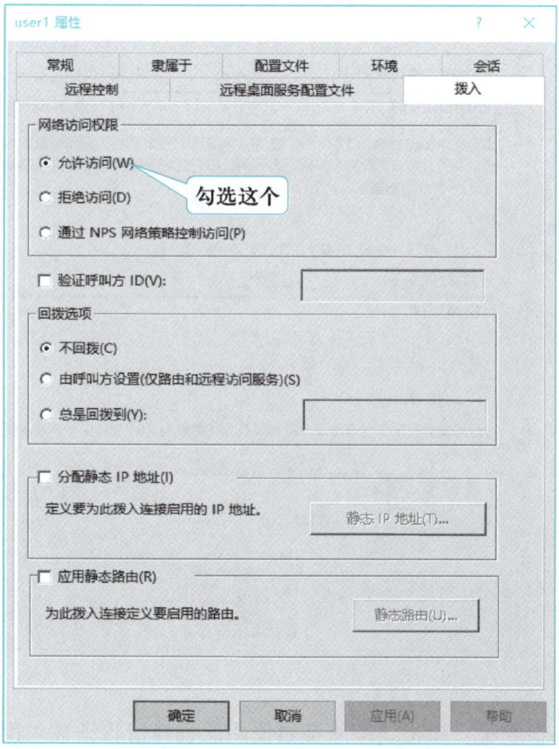

图 12-18 “拨入”选项卡

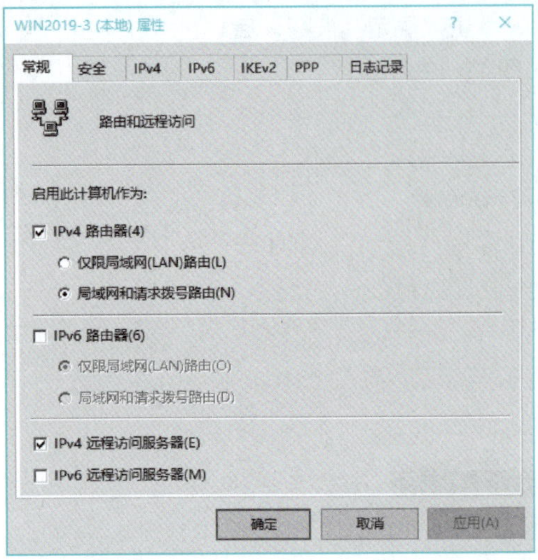

图 12-19　启用 IPv4 相关功能

4. 配置路由和远程访问服务

（1）步骤 1：在图 12-17 中右击左侧窗格的“Win2019-3（本地）”项，选择“属性”菜单项，打开如图 12-19 所示对话框，可以看到该计算机启用了 IPv4 路由功能和 IPv4 远程访问服务。由于不需要 IPv6 路由功能和 IPv6 远程访问服务，可以在图 12-19 中把 IPv6 的相关功能关闭。

（2）步骤 2：如图 12-20 所示，选择“安全”选项卡，可选择身份验证提供程序等选项。

“身份验证提供程序”：选择远程访问身份验证或请求拨号身份验证的身份验证提供程序，有以下选择。

- Windows 身份验证：服务器使用本地账户数据库或域账户数据库来对远程访问连接或请求拨号连接的凭据进行身份验证。本例选择该项。

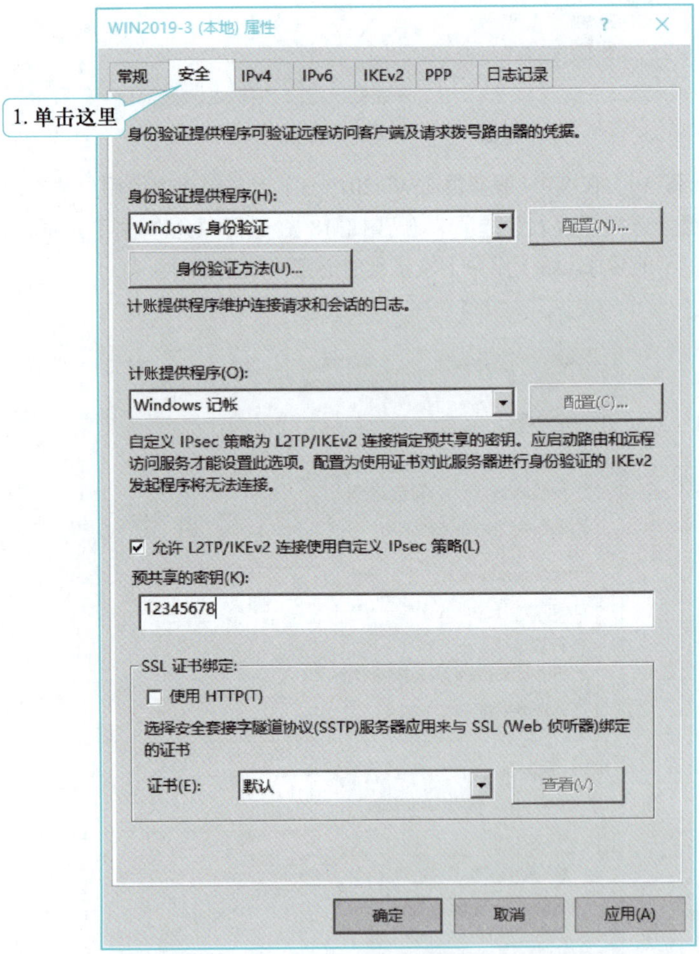

图 12-20　“安全”选项卡

- RADIUS 身份验证：远程访问服务器使用远程身份验证拨入用户服务（RADIUS）服务器来对远程访问连接或请求拨号连接的凭据进行身份验证。

“记账提供程序”：选择用于远程访问连接或请求拨号连接的记账提供程序，有以下选择。

- Windows 记账：服务器将连接记账信息记录在日志文件中，这些日志文件在“远程访问日志记录”文件夹的属性中配置。本例选择这种方式。
- RADIUS 记账：服务器将连接记账信息发送给 RADIUS 服务器。

“允许 L2TP/IKEv2 连接使用自定义 IPsec 策略”：指定 L2TP 连接是否可以使用自定义 IPsec 策略。如果选中此复选框，必须指定预共享密钥，供使用此自定义 IPsec 策略的所有连接使用，VPN 客户端上也必须配置相同的预共享密钥。需要重启路由和远程访问服务，预共享密钥才生效。

使用预共享密钥有一个问题，就是必须向所有的用户公布共享密钥，由于不是向单一用户发布的，因此预共享密钥有安全问题。如果不选择此项，则 L2TP 的 VPN 客户端和 VPN 服务器要使用 CA 证书来进行通信，由于不同用户的证书是不同的，安全性能够得到保证。但本例基于简化问题的原因和篇幅的限制，选择使用预共享密钥，密钥为“12345678”。

在图 12-20 上单击“身份验证方法”按钮，打开“身份验证方法”对话框，如图 12-21 所示。可以选择不同的验证方法，本例保持默认设置。简单地说，验证方法是：客户端要连接服务器时，服务器要识别客户端是否合法，最简单的方式就是客户端提供用户名和密码，然而客户端不能以明码的方式直接把用户名和密码发送到服务器，否则对于现在的黑客来说就等于没有密码，因此要采用安全的方法（例如加密）把用户名和密码发送到服务器进行认证，整个认证的过程就是认证方法。VPN 服务器上设置的身份验证方法和 VPN 客户端设置的身份验证方法要匹配。

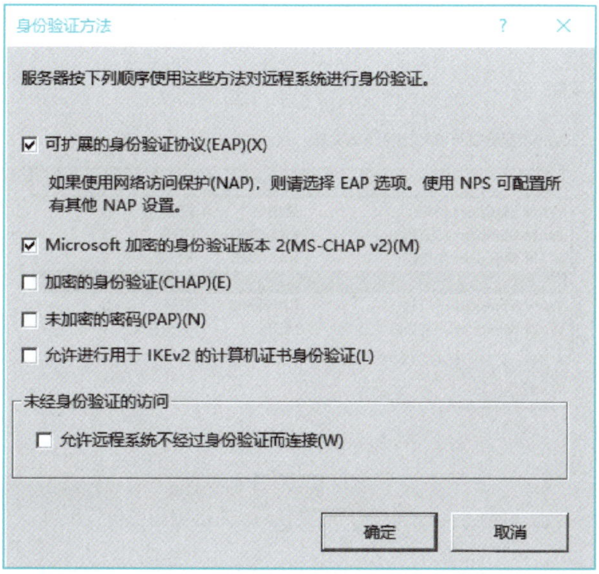

图 12-21 “身份验证方法”对话框

（3）步骤 3：如图 12-22 所示，选择“IPv4”选项卡，在“适配器”下拉列表中选择“Ethernet0”。VPN 客户端拨入时，VPN 服务器会为客户端分配 IP 地址，还需要为客户端分配 DNS 等的 IP 地址，客户端才能用域名或者计算机名访问企业内部的服务器。此选项使得 VPN 服务会把自己的“Ethernet0”网卡上的 DNS 设置分配给用户（本例 DNS 的 IP

地址为 192.168.100.10）。

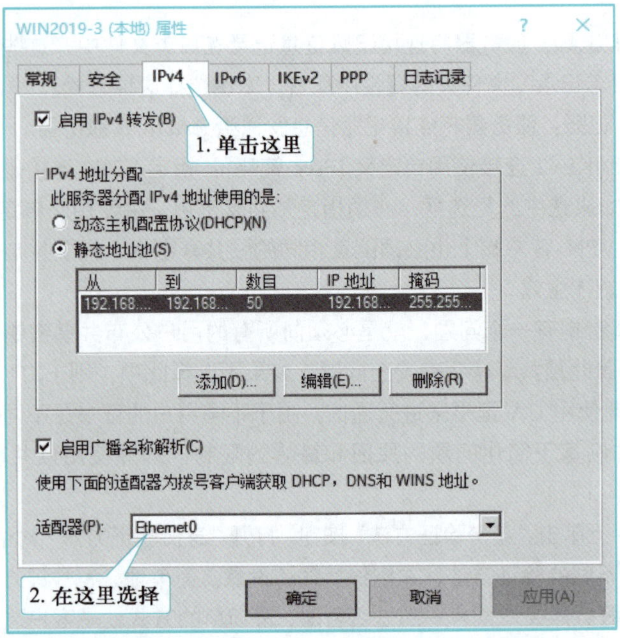

图 12-22 “IPv4”选项卡

（4）步骤 4：在图 12-17 中右击左侧窗格的“端口”项，选择“属性”菜单项，打开图 12-23 所示对话框，可以对各端口进行配置。选择要配置的端口（例如 L2TP），单击“配置”按钮，打开图 12-24 所示对话框。

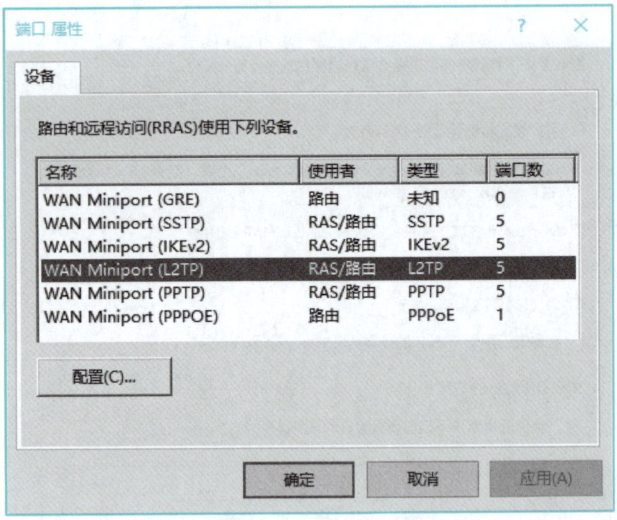

图 12-23 “端口 属性”对话框

- “远程访问连接（仅入站）”：指定此设备的端口是否允许入站远程访问连接。
- “请求拨号路由连接（入站和出站）”：指定此设备的端口是否允许入站或出站请求拨号连接。
- “请求拨号路由连接（仅出站）”：指定此设备的端口是否只允许出站请求拨号连接。
- “此设备的电话号码”：此设备的电话号码，本例不使用此选项。

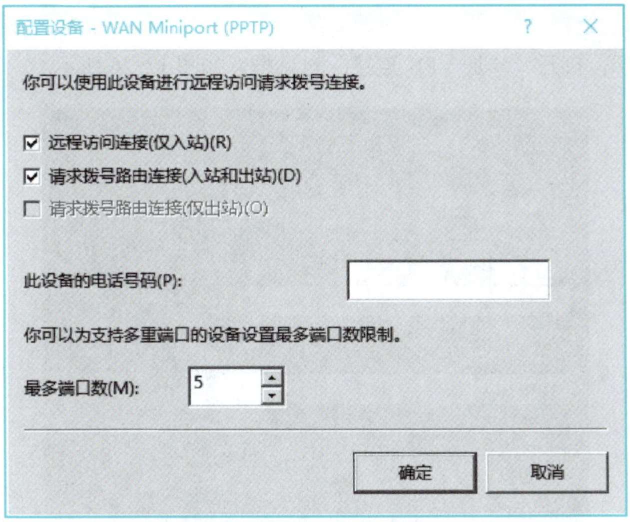

图 12-24　配置设备

- “最多端口数”：此设备的最多端口数，即最多可以有多少用户同时拨入。

（5）步骤 5：如图 12-25 所示，确认 Win2019-3 服务器上的网络防火墙允许“远程访问”通过。

图 12-25　检查网络防火墙的设置

12.1.4　子任务 4　使用 VPN

微课：12-5
使用虚拟专用网

1．使用 PPTP VPN

以 Windows 10 操作系统作为 VPN 客户端为例，其他操作系统类似，步骤如下。

（1）步骤 1：选择“开始”→“设置”菜单项，单击“网络和 Internet”→“VPN”→“添加 VPN 连接”，打开“添加 VPN 连接”对话框，如图 12-26 所示。

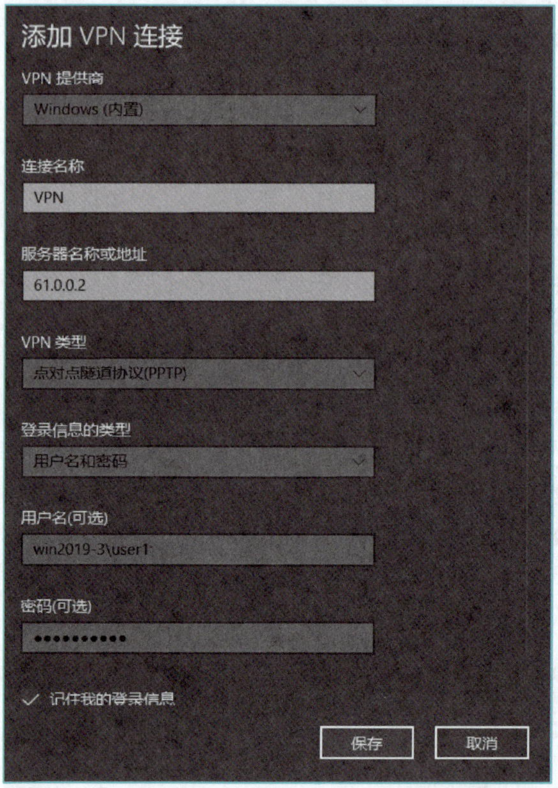

图 12-26　“添加 VPN 连接”对话框

（2）步骤 2：在图 12-26 的“VPN 提供商”下拉列表中选择“Windows（内置）”；输入连接名称；输入服务器名称或地址，本例为 61.0.0.2；在“VPN 类型”下拉列表中选择“点对点隧道协议（PPTP）”；在“登录信息的类型”下拉列表中选择“用户名和密码”，用户名为“win2019-3\user1”，user1 是 Win2019-3 服务器上的本地用户，如果要使用 abc.com 域的用户登录，可以输入“abc\Administrator”；输入密码。单击“保存”按钮，保存配置。

（3）步骤 3：选择“开始”→“设置”菜单项，单击“网络和 Internet”→“以太网”→“更改适配器选项”，打开“网络连接”窗口，如图 12-27 所示，可以看到新增了一个网络连接“VPN”。

图 12-27　新增了一个网络连接“VPN”

（4）步骤 4：在图 12-27 中，右击“VPN”，选择“属性”菜单项，如图 12-28 所示，单击“安全”选项卡，VPN 客户端的身份验证方式要和图 12-21 中 VPN 服务器的配置相匹配，单击“确定”按钮。

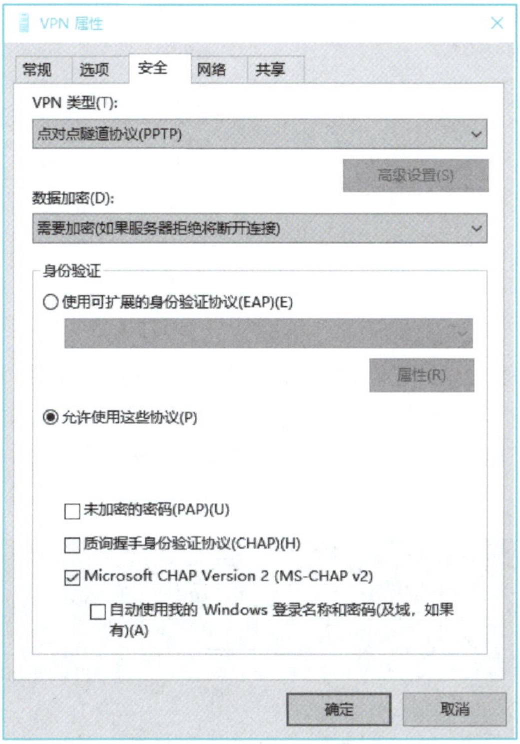

图 12-28 “安全”选项卡

（5）步骤 5：在图 12-27 中双击“VPN”，如图 12-29 所示，单击“连接”按钮，输入 user1 的密码，单击“确定”按钮。

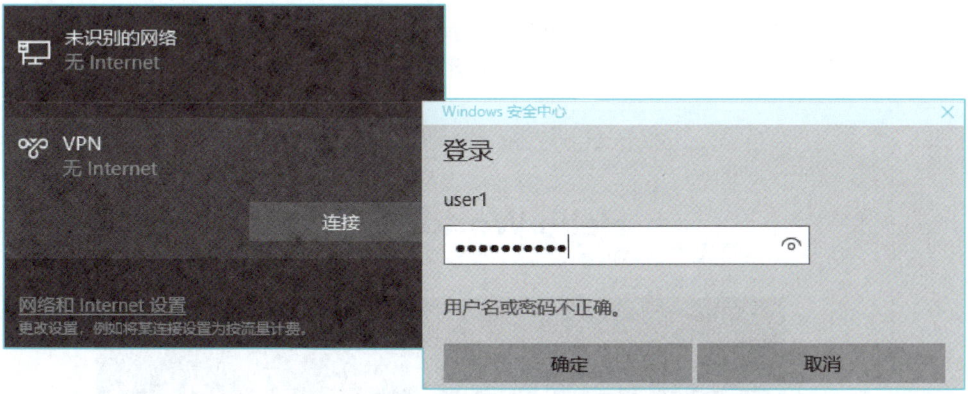

图 12-29 连接 VPN

（6）步骤 6：如图 12-30 所示，在“网络连接”窗口中可以看到“VPN”图标变亮，表示 VPN 已经连接成功。右击刚创建的连接“VPN”，选择“状态”菜单项，单击“详细信息”选项卡，如图 12-31 所示，可以看到 VPN 连接的信息，例如：隧道协议为 PPTP，身份验证为 EAP，加密算法为 MPPE 128 等。

图 12-30　“网络连接”窗口

图 12-31　“详细信息”选项卡

（7）步骤 7：如图 12-32 所示，在命令行窗口中执行“ipconfig /all”命令，可以看到 VPN 连接的 IPv4 地址、DNS 服务器等信息，特别要注意的是：DNS 服务器的 IP 地址应该和 VPN 服务器的“Ethernet0”网卡的 DNS 设置是一致的。

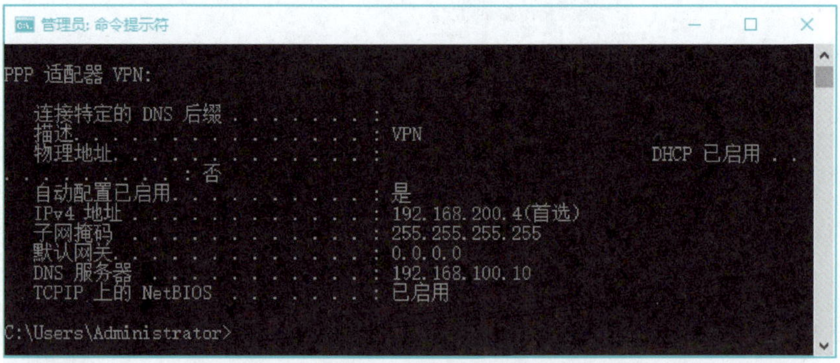

图 12-32　“ipconfig /all”命令结果

（8）步骤 8：如图 12-33 所示，测试从客户端能否 ping 通企业内部的服务器，例如 192.168.100.10 和 192.168.100.11，或者能否访问 Web 服务器（http://192.168.100.11）。

图 12-33　测试是否能够和企业内部网络通信

2. 使用 L2TP/IPsec VPN

L2TP/IPsec 应该比 PPTP 安全，建议采用 L2TP/IPsec 进行连接。如果要使用 L2TP/IPsec，可以在图 12-30 中右击新创建的连接“VPN”，选择“属性”菜单项，如图 12-34 所示，选择“安全”选项卡，在“VPN 类型”下拉列表中选择“使用 IPsec 的第 2 层隧道协议（L2TP/IPsec）”。单击“高级设置”按钮，选择“使用预共享的密钥作身份验证”选项，并输入预共享的密钥（要和图 12-20 的密钥一致）。单击“确定”按钮。

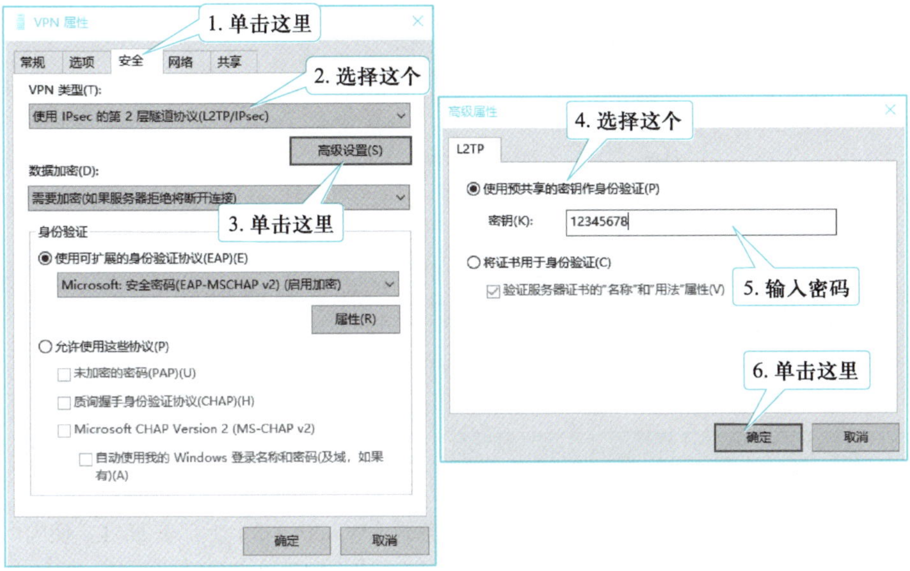

图 12-34 “安全”选项卡

12.1.5 子任务 5 管理远程访问客户端

在 VPN 服务器上，可以查看远程访问客户端的状态。如图 12-35 所示，右击窗口右侧窗格的某一 VPN 连接，选择“状态”菜单项，打开图 12-36 所示对话框，可以看到 VPN 客户端的状态，单击“断开”按钮可以断开 VPN 连接。

微课：12-6
管理远程访问客户端

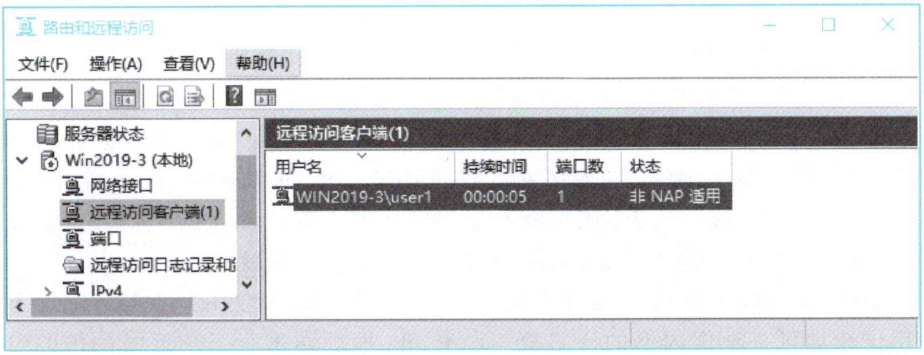

图 12-35 “路由和远程访问”窗口

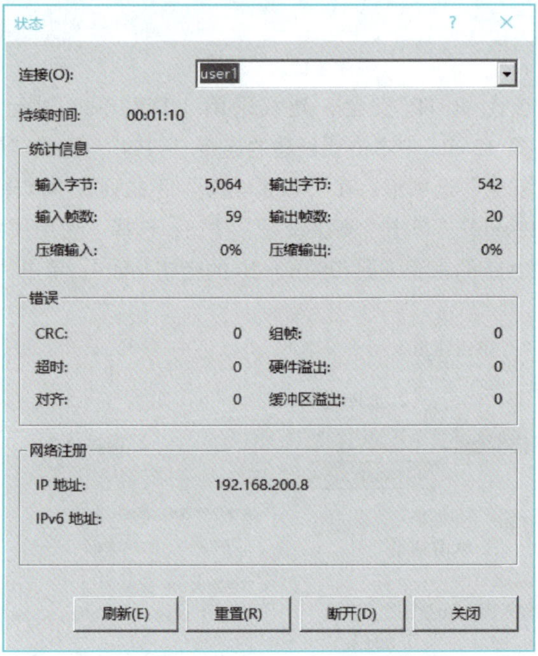

图 12-36　“状态”对话框

微课：12-7
架设 NAT 服务器

12.2　任务 2　架设 NAT 服务器

PPT：12-2
架设 NAT 服务器

本任务将在企业网络和 Internet 的边界服务器（Win2019-3）上部署 NAT，使内网可以访问 Internet，同时使得 Internet 上的用户可以访问内网里特定的网络服务，例如 Web 和 E-mail 服务。

12.2.1　子任务 1　了解 NAT 的基本原理

微课：12-8
了解 NAT 的基本原理

将企业的网络连接到 Internet 已经成为刚需。网络中的计算机之间要通信就要有 IP 地址，但问题是：目前 IPv4 所能提供的 20 多亿个地址远远不能满足全球计算机的需要。对于 IPv4 地址的紧缺问题，IPv6 应该是最终的解决手段。但是现有网络大都使用 IPv4，那 IPv4 如何解决 IP 地址紧缺的问题？网络地址转换（Network Address Translation，NAT）是主要的解决方案。

Internet 上的 IP 地址本身是免费的，然而管理 IP 地址是需要成本的，因此用户实际上需要付费才能申请到 IP 地址。当前中小企业为了减少申请 IP 地址的资金，会只申请一两个 Internet 上的 IP 地址，通过这一两个 IP 地址上网（包括企业内的员工连接到 Internet，以及构架自己的 Web 站点等并向外发布）。使用 NAT，企业内部网络的每台计算机无须使用 Internet 上的 IP 地址，也能接入 Internet 了，同时还能让 Internet 上的计算机访问企业内网的特定网络服务，从而大大减少企业网络所需要的 IP 地址数量。

使用 NAT 时，在内网中使用的是私有地址（无须申请就能使用），在 Internet 上不能使用这个地址来访问内网的计算机。私有 IP 地址通常有三个范围：10.0.0.0～10.255.255.255，172.16.0.0～172.31.255.255，192.168.0.0～192.168.255.255。公有 IP 地址是指可以在 Internet 上访问的 IP 地址，它是由网络服务提供商分配的地址，是 Internet 用户访问该计算机时使用的 IP 地址。NAT 的作用是节约公网 IP 地址，主要有三种类型：静态转换（Static Translation）、动态转换（Dynamic Translation）和端口地址转换（Port Address Translation）。

静态转换是最简单的一种转换方式，管理员事先在 NAT 表中为每一个需要转换的私有 IP 地址创建固定的转换条目，映射唯一的公有 IP 地址。如图 12-37 所示，在边界设备（通常是路由器、防火墙等）上管理员事先建立私有 IP 地址与公有 IP 地址的对应关系。当内部计算机（10.1.85.1）往 Internet 上的计算机（202.96.134.163）发送数据包时，边界设备会把 IP 数据包的源 IP 地址（私有 IP 地址，10.1.85.1）转为对应的公有 IP 地址（202.96.134.10）；当 Internet 上的计算机（202.96.134.163）回复数据包时，边界设备会把 IP 数据包的目的 IP 地址（公有 IP 地址，202.96.134.10）转化为对应的私有 IP 地址（10.1.85.1）。如果内网有 E-mail 服务器或 Web 服务器等可以为 Internet 用户提供服务时，这些服务器的 IP 地址可以采用静态转换，以便外部用户可以访问这些服务。静态转换并不能节约公有 IP 地址，因为每个私有 IP 地址需要有一个公有 IP 地址对应，因此静态转换通常和地址复用（即端口地址转换）配合使用。

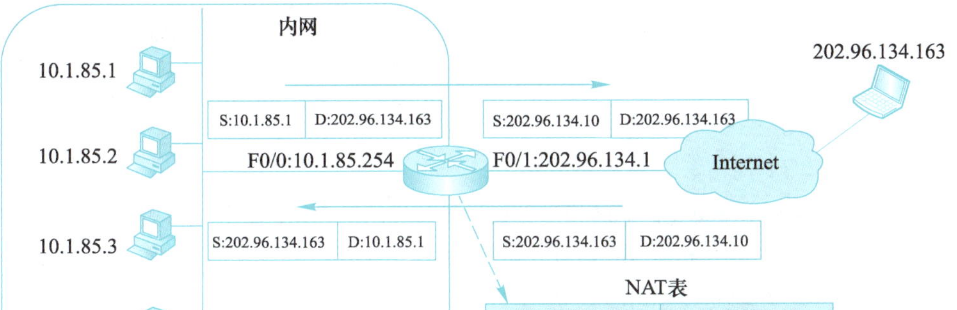

私有IP地址	公有IP地址
10.1.85.1	202.96.134.10
10.1.85.2	202.96.134.11

图 12-37 静态转换

动态转换则有更大的灵活性，它将一组公有 IP 地址定义成 NAT 池（NAT Pool），内网的计算机如要与 Internet 进行通信，边界设备从 NAT 池中选择未使用的公有 IP 地址对 IP 数据包的源 IP 地址（私有 IP 地址）进行转化。每个转换条目在连接建立时动态建立，而在连接终止或者空闲一段时间后被删除，这样减少了所需的公有 IP 地址。动态转换和静态转换的最大区别：动态转换中 NAT 条目是临时建立的，因此公有 IP 地址可以重复使用；静态转换中 NAT 条目是固定的，公有 IP 地址固定给某一台内部的计算机使用。值得注意的是，当 NAT 池中的 IP 地址被全部占用后，以后的地址转换申请会被拒绝，这样会造成内部计算机无法连接到 Internet。动态转换只有在内网的计算机并不同时上网时才能节约公有 IP 地址。这种方式并不常用。

端口地址转换是动态转换的一种变形，在静态转换和动态转换中 NAT 只转换 IP 地址，并不转换 TCP/UDP 的端口号，端口地址转换除了转换 IP 地址，还转换端口号，可以使得多个内部计算机共享一个公有 IP 地址连接到 Internet。如图 12-38 所示，端口地址转换使用源和目的的 TCP/UDP 的端口号来区分 NAT 表中的转换条目及私有 IP 地址。比如说，内部计算机 10.1.85.1 和 10.1.85.2 都用源端口 1000 向 Internet 的 202.96.134.163 的 80 端口发送数据。边界设备的端口地址转换把这两个私有 IP 地址都转换成公有 IP 地址

202.96.134.10，但使用不同的源端口：1000，1001。当接收方（202.96.134.163）收到 IP 地址为 202.96.134.10、源端口为 1001 的数据包后进行处理，返回目的 IP 地址为 202.96.134.10、目的端口为 1001 的数据包到边界设备，端口地址转换把数据中的目的地址和端口转换为 10.1.85.2:1000 发送到 10.1.85.2；同样如果边界设备从 Internet 接收到目的 IP 地址为 202.96.134.10、目的端口为 1000 的数据，数据包中的目的地址和端口被转换为 10.1.85.1:1000 发到 10.1.85.1。很明显端口地址转换才能真正大幅度节约公有 IP 地址。

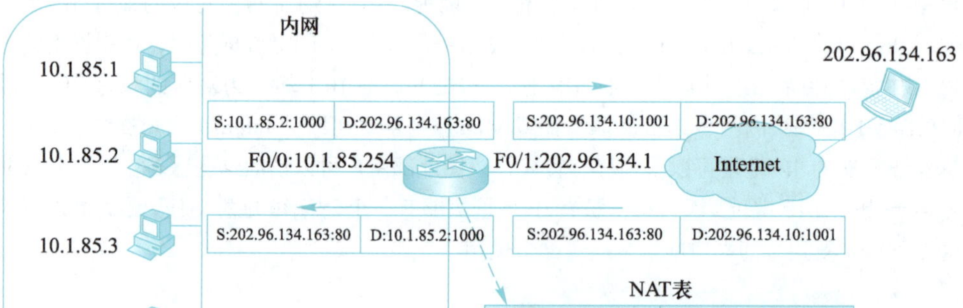

私有IP地址	公有IP地址
10.1.85.1:1000	202.96.134.10:1000
10.1.85.2:1000	202.96.134.10:1001

图 12-38　端口地址转换

还有一种 NAT 类型是静态转换和端口地址转换的结合体，称为端口重定向。在边界设备上管理员事先建立私有 IP 地址、端口与公有 IP 地址、端口的转换条目，例如：10.1.85.1:80 ⟷ 202.96.134.10:80、10.1.85.2:110 ⟷ 202.96.134.10:110、10.1.85.2:25 ⟷ 202.96.134.10:25。和端口地址转换的区别在于，这些转换条目不是动态产生的，这种技术也可以使得外部用户能够访问内网的计算机上的特定服务。

在实际应用中，经常把端口重定向和端口地址转换结合使用，前者保证 Internet 上的计算机能够访问内网的计算机上的服务，后者则保证内网的计算机能够访问 Internet。

12.2.2　子任务 2　架设 NAT 服务器

微课：12-9
架设 NAT 服务器

仍然以图 12-1 所示拓扑为例，本小节的任务是使得内网的计算机能够访问 Internet；同时 Internet 上的计算机能访问 Win2019-2 服务器上的 Web 和 E-mail 服务，该服务器上的其他服务并不对 Internet 上的用户开放。

内网的计算机要访问 Internet，需要配置端口地址转换；而 Internet 上的计算机要访问 Win2019-2 服务器上的 Web 和 E-mail 服务，需要配置端口重定向。

1. 配置端口地址转换

（1）步骤 1：如图 12-39 所示，右击窗口左侧窗格的“IPv4”下的“常规”项，选择“新增路由协议”菜单项，打开“新路由协议”对话框，选择“NAT”项，单击“确定”按钮。

（2）步骤 2：如图 12-40 所示，右击窗口左侧窗格的“IPv4”下的“NAT”项，选择“新增接口”菜单项。

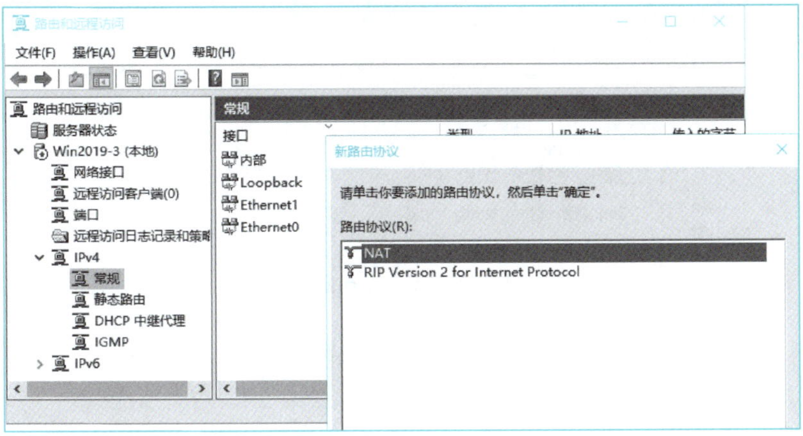

图 12-39 “新路由协议”对话框

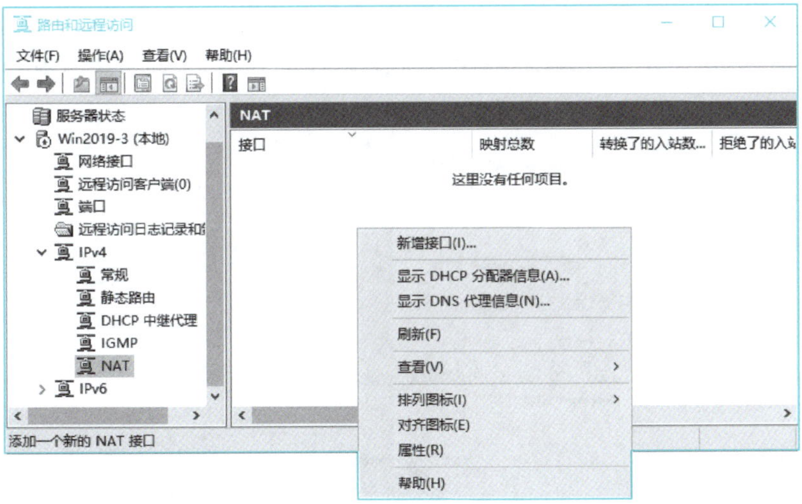

图 12-40 “路由和远程访问”窗口

（3）步骤 3：如图 12-41 所示，选择 NAT 在哪个接口上运行，这里选择“Ethernet0”，该接口是连接到企业内网的接口，单击“确定”按钮。

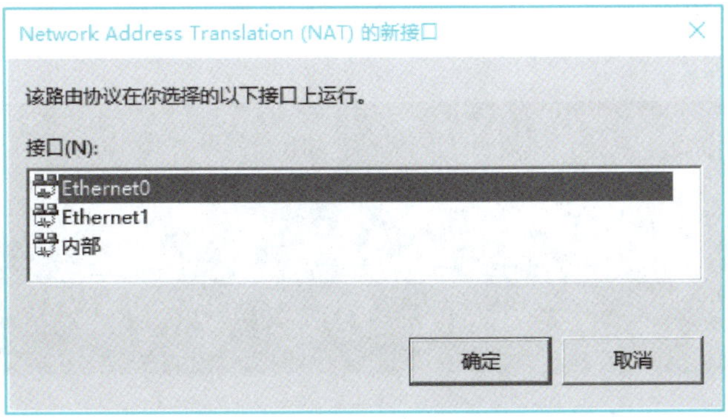

图 12-41 选择 NAT 在哪个接口上运行

（4）步骤 4：如图 12-42 所示，根据图 12-1 的规划，该接口是内网的接口，因此选择“专用接口连接到专用网络”选项，单击“确定”按钮。

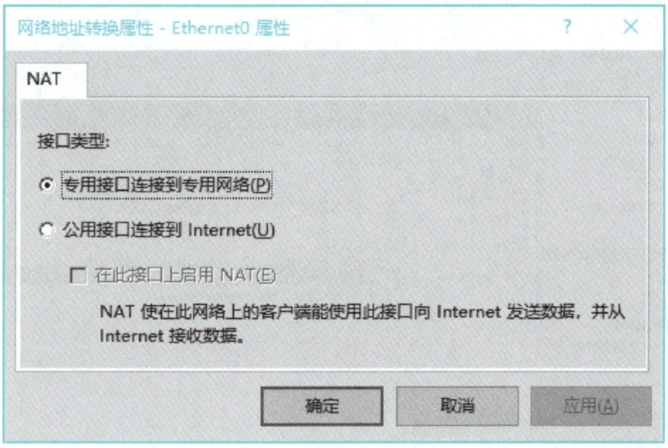

图 12-42　“网络地址转换属性- Ethernet0 属性”对话框

（5）步骤 5：重复步骤 3，把“Ethernet1”接口也添加进来，该接口是连接到 Internet 的接口。如图 12-43 所示，应该选择“公用接口连接到 Internet”选项。同时也需要选中“在此接口上启用 NAT”复选框，否则不会在该接口上进行 TCP/UDP 的端口地址转换。

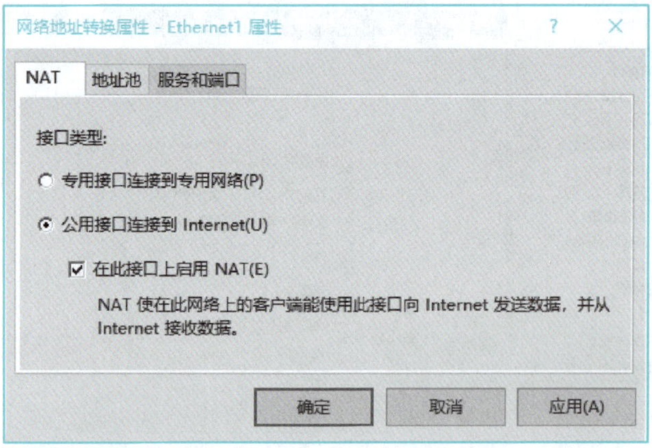

图 12-43　“网络地址转换属性- Ethernet1 属性”对话框

（6）步骤 6：以上步骤完成后，Win2019-3 服务器就能执行端口地址转换功能了，内网的计算机应该能够访问 Internet。进行测试：在图 12-1 中的 Win2019-1 服务器上 ping 61.0.0.1，结果如图 12-44 所示。

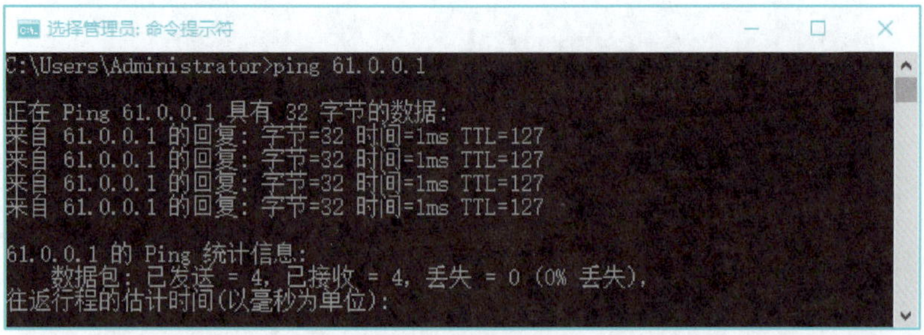

图 12-44　测试内网访问 Internet

2. 使用地址池

目前为止已经在 Win2019-3 服务器上配置了端口地址转换，使用的是 Ethernet1 接口上的公有 IP 地址 61.0.0.2 来进行 IP 地址转换，也可以根据需要配置地址池，使用地址池的 IP 地址进行 IP 地址转换，步骤如下。

（1）步骤 1：如图 12-45 所示，单击窗口左侧窗格的“IPv4”下的“NAT”项，右击右侧窗格中的接口“Ethernet1”，选择“属性”菜单项。

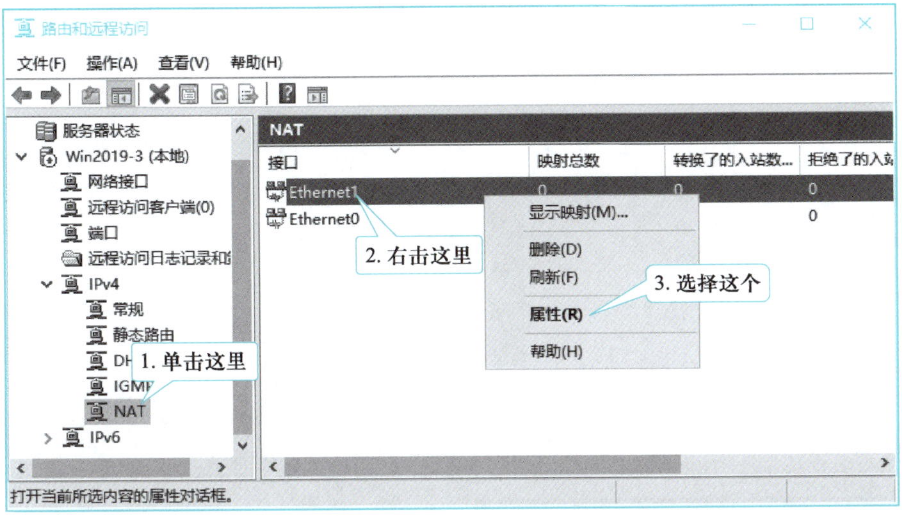

图 12-45 “路由和远程访问”窗口

（2）步骤 2：如图 12-46 所示，单击“地址池”选项卡，单击“添加”按钮，输入地址池的起始地址、掩码和结束地址，单击“确定”按钮。

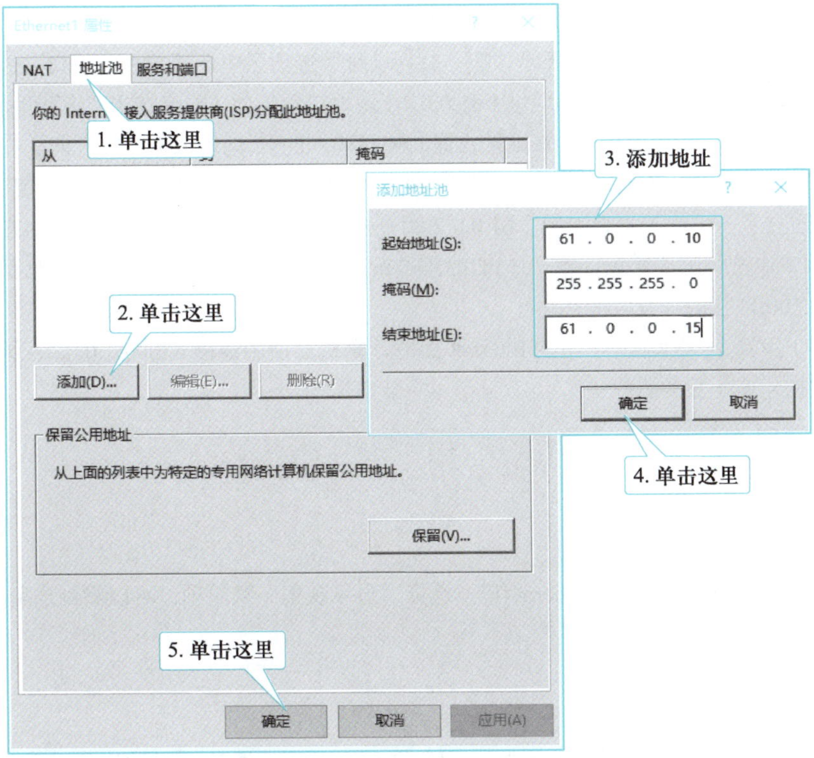

图 12-46 使用地址池

3. 配置端口重定向

配置端口重定向使得 Internet 上的计算机能够访问内网的网络服务，步骤如下。

（1）步骤 1：在图 12-46 中单击“服务和端口”选项卡，如图 12-47 所示，双击“Web 服务器（HTTP）”复选框，打开如图 12-48 所示的“编辑服务”对话框。如果要选择的服务不在图 12-47 的列表中，可以单击“添加”按钮添加自定义的服务。

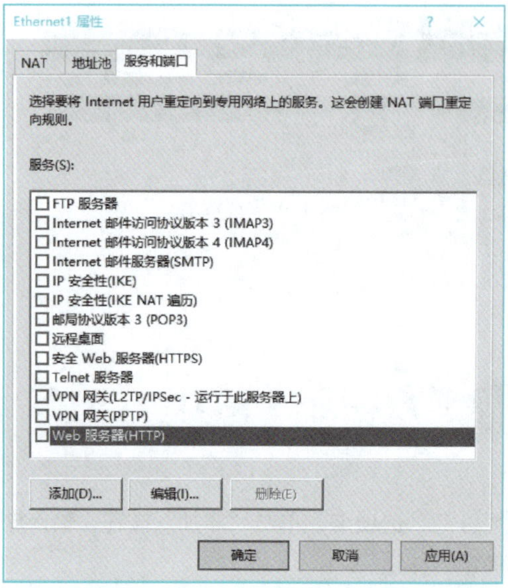

图 12-47 “服务和端口”选项卡

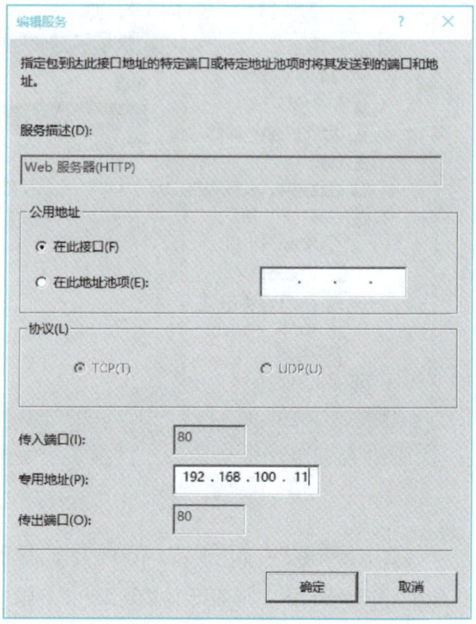

图 12-48 “编辑服务”对话框

（2）步骤 2：如图 12-48 所示，在“公用地址”选项区中选择“在此接口”选项，这时使用的是 Ethernet1 接口上的地址（61.0.0.2）做端口重定向；或者选择“在此地址池项”选项，并输入地址池中的一个 IP 地址，这时使用输入的 IP 地址做端口重定向。在“专用地址”输入框里输入企业内部 Web 服务器的 IP 地址 192.168.100.11，单击“确定”按钮。这样就建立了一个静态端口映射：61.0.0.2:80⟷192.168.100.11:80。按照同样的方法，在图 12-47 中把“邮局协议版本 3（POP3）”“Internet 邮件服务器（SMTP）”也重定向到 192.168.100.11 上。

（3）步骤 3：在图 12-1 中的 Internet 上的计算机上使用链接 http://61.0.0.2，测试能否访问图中的 Web 服务器。

12.2.3　子任务 3　管理 NAT

微课：12-10
管理 NAT

1. 显示映射

在图 12-45 中，右击“Ethernet1”，选择“显示映射”菜单项，可以看到当前的 NAT 映射，如图 12-49 所示。

2. 配置 NAT 属性

在图 12-45 中，右击窗口左侧窗格中的“NAT”，选择“属性”菜单项，打开如图 12-50 所示对话框。

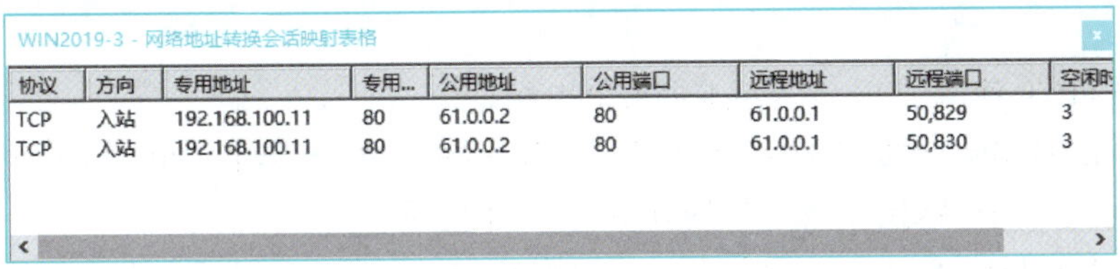
WIN2019-3 - 网络地址转换会话映射表格

协议	方向	专用地址	专用...	公用地址	公用端口	远程地址	远程端口	空闲时
TCP	入站	192.168.100.11	80	61.0.0.2	80	61.0.0.1	50,829	3
TCP	入站	192.168.100.11	80	61.0.0.2	80	61.0.0.1	50,830	3

图 12-49　当前的 NAT 映射

1）“常规”选项卡

如图 12-50 所示，“常规”选项卡上可以指明事件日志记录什么内容，管理员可以选择“开始”→“Windows 管理工具”→“事件查看器”菜单项来查看日志，便于排除故障或者进行监控。

2）“转换”选项卡

如图 12-51 所示，可以设置 TCP 和 UDP 映射最长的存在时间。如果用户程序断开了 TCP 连接，则映射会立即被删除，并不需要等到最长的存在时间。

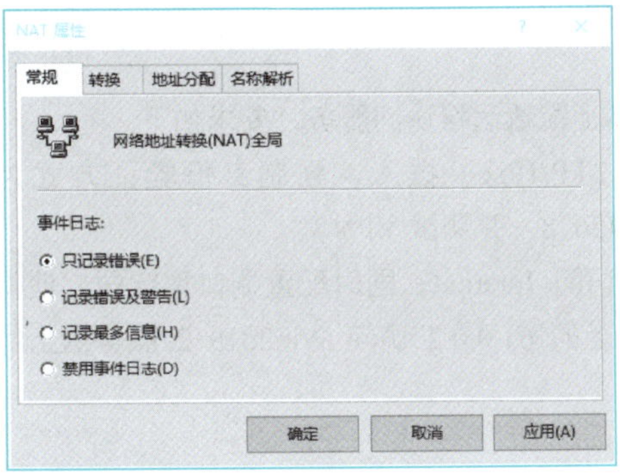

图 12-50　“NAT 属性”对话框

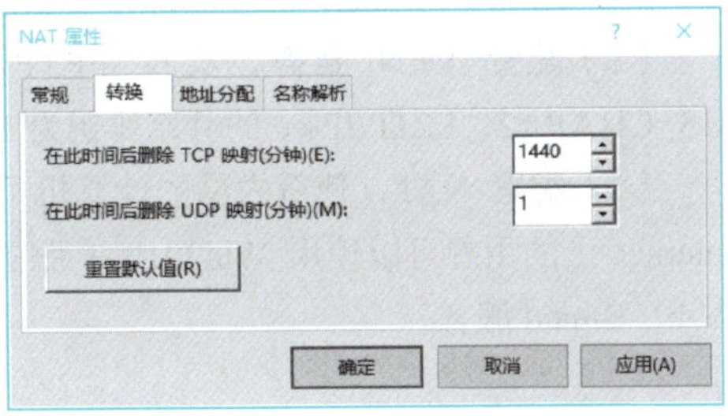

图 12-51　“转换”选项卡

小结

企业常常会提出两个需求：远程访问和企业网络接入 Internet。远程访问是出差或在家办公的员工的需求，使用 VPN 技术可以满足该需求。VPN 是在 Internet 上用隧道协议虚拟出的一个逻辑连接，它使得用户在远程或者在家可以像在办公室一样使用企业网络。为了安全，VPN 采取了加密和身份验证。Windows Server 2019 支持 PPTP、L2TP 等 VPN 类型，本项目详细介绍了服务器和客户端配置 PPTP、L2TP VPN 的方法。NAT 可解决企业接入 Internet 的问题，由于 IP 地址的急缺，企业内网使用的是私有 IP 地址，NAT 把私有 IP 地址转换成公有 IP 地址后才把数据包发出，对于从 Internet 回来的数据包则做反向转换后再发往内部的计算机。NAT 有几种形式：静态转换、动态转换、端口地址转换以及端口重定向。本项目介绍了端口地址转换和端口重定向的配置方法。

习题

1. 填空题

（1）Windows Server 2019 支持的 VPN 隧道协议有________、________、________

和________。

（2）PPTP 使用________标头来封装 PPP 帧。

（3）L2TP/IPsec 数据包的封装分为两层：第一层的 L2TP 封装中，PPP 帧使用________标头和________标头封装，第二层的 IPsec 封装中使用________标头。

（4）Windows Server 2019 远程访问中的 VPN 支持的身份验证方法有：________、________、________、________、________、________。

（5）NAT 主要有________、________、________三种类型。

2. 简答题

（1）什么是 VPN?

（2）哪三个范围的 IP 地址是私有 IP 地址?

（3）为什么需要 NAT?

（4）简述动态转换的工作原理。

3. 实践题

按照图 1-1 的规划，在 Win2019-3 服务器上配置远程访问服务，要求如下。

（1）配置 VPN 服务，支持 PPTP、L2TP/IPsec 拨入，强制身份验证方式为 MS-CHAP v2，L2TP/IPsec 的共享秘钥为 12345678，并测试 VPN。

（2）配置 NAT，使得内网的计算机可以访问 Internet；同时配置端口重定向，使得 Internet 上的用户可以使用 Win2019-3 服务器上的 61.0.0.2 访问 Win2019-2 服务器上的 Web、E-mail 服务。

习题答案

项目 1 习题答案

1. 填空题

（1）Linux、Windows

（2）混合云、安全性、应用程序平台、超融合基础设施

（3）1.4 GHz、512 MB（Core）/2 GB（GUI）、32 GB

（4）64

（5）15

（6）2012 R2、2016

（7）专用配置文件、公用配置文件、域配置文件、专用网络、公用网络、域网络

2. 简答题

（1）Window Server 2019 标准版和数据中心版的绝大多数功能相同，不同处见表 1-1。标准版适用于大多数的使用场景，数据中心版主要用于数据中心场景。

（2）Windows Server 2019 服务器核心版只安装服务器角色所需要的文件，没有 Windows 图形界面，需要 CMD 或者 PowerShell 命令行配置和管理服务器，可以提高性能和稳定性，但是增加了管理难度。Windows Server 2019 桌面体验版带有图形界面，操作方便，但性能和稳定性较差，对硬件要求较高。

（3）Windows 内存不足时，会将内存中暂时不用的数据写到磁盘上的分页文件中，腾出内存空间给系统或者应用程序。如果 Windows 需要用到这些数据，再将它们从磁盘上读到内存中。因此分页文件起到了虚拟内存的作用。分页文件的大小建议为物理内存的 1.0 至 1.5 倍。

（4）样例：Set-NetConnectionProfile -Name "网络"-NetworkCategory Private

（5）如果硬件设备卸载后并没有从服务器上移除，则重新扫描硬件或者重启服务器，Windows 会自动重新安装硬件驱动。禁用设备则停止设备的使用，即使把硬件设备移除、重新连接，或者重启服务器，该硬件都无法使用。

3. 实践题

（略）

项目 2 习题答案

1. 填空题

（1）Administrator、Guest

（2）大写字母、小写字母、数字、特殊字符

（3）账户已禁用

（4）不能

（5）Administrators、Users

（6）用户、组

2. 简答题

（1）SAM（Security Accounts Managers）称为安全账户管理器，SAM 文件路径为 "\Windows\System32\config\"。在 SAM 中存放着该计算机上全部用户和组的信息（例如 SID、用户名、密码等）。计算机使用者使用本地用户登录计算机时，需要计算机上的 SAM 进行验证。

（2）用户首次登录时，使用的是管理员分配的密码。用户登录后，系统强制用户更改密码。更改后的密码只有用户自己掌握，保证了安全性。

（3）普通用户遗忘了自己的用户密码，可以找有管理员权限的用户重置密码。如果管理员遗忘了密码，将带来不可估量的损失。管理员可以事先创建密码重置盘，遗忘密码时利用密码重置盘设置新的密码。

3. 实践题

（略）

项目 3 习题答案

1. 填空题

（1）MBR、GPT

（2）基本磁盘、动态磁盘

（3）4、3、1、128

（4）CONVERT

（5）RAID-1、2、50

（6）3、（N-1）/N

（7）简单、双向镜像、三向镜像、单奇偶校验、双奇偶校验

2. 简答题

（1）一个 MBR 的基本磁盘上最多可以有四个分区，或者三个分区加一个扩展分区。Windows 磁盘管理工具默认会把第四个分区当作扩展分区。因此在 MBR 基本磁盘创建第四个简单卷时系统自动把未分配空间创建为扩展分区，然后在扩展分区里创建逻辑分区，在逻辑分区上可以创建简单卷。

（2）跨区卷由多个物理磁盘上的可用空间组成，也就是将多个物理磁盘的空间合并为一个逻辑盘，组成跨区卷的每个磁盘的空间大小可以不同，数据被存到跨区卷时，先使用跨区卷成员中的第 1 个磁盘，待空间用尽后，才将数据存到第 2 个磁盘，以此类推。带区卷也由多个物理磁盘上的可用空间组成，与跨区卷不同的是，带区卷的每个成员的容量大小要相同。向带区卷写数据时，系统将数据分为数据块，并行写入不同的磁盘中，带区卷的读、写性能比跨区卷好得多。

（3）如果没有专门为某个用户配置配额，则用户第一次写入数据时自动创建配额项，使用的是默认配额。配额启用之前，如果用户在卷上有文件，则启用配额时该用户没有配

额限制。此外，管理员在所有卷都没有配额限制。

3. 实践题

（略）

项目 4 习题答案

1. 填空题

（1）域控制器
（2）信任、传递
（3）域树、域、子域
（4）打印机、计算机、用户
（5）独立服务器、成员服务器、域控制器
（6）本地、全局、通用
（7）安全组、分发组

2. 简答题

（1）有了域，计算机使用者只要拥有一个域用户账户，在域中登录后便可以在域中漫游，访问域中任意一台服务器上的资源（需要经过授权）。不需要在多个服务器上反复登录。

（2）域之间相互信任意味着一个域的用户可以跨域访问另一个域的资源。

（3）活动目录包含了各种信息，例如用户、用户组、计算机、域、组织单位以及安全策略等信息。

（4）活动目录使用 DNS 服务器来登记域控制器的 IP 地址、各种资源的定位等。

（5）组织单位是一种容器，用来组织对象（用户、打印机、服务器、组、应用程序等），这样可以把这些对象按逻辑进行分组，便于管理、查找、授权和访问。

3. 实践题

（略）

项目 5 习题答案

1. 填空题

（1）FAT32、NTFS、ReFS
（2）保留、FAT、数据
（3）安全、可靠、容量大、支持长文件名、驱动器加密
（4）可复原、性能好、可伸缩、数据存储
（5）读取、写入、读取与执行、修改、完全控制
（6）列出文件夹内容

（7）可继承、可累计、拒绝优先

（8）执行加密操作的用户

2. 简答题

（1）访问控制列表用于控制特定用户、用户组对某个资源的访问权限。在访问控制列表中每一个用户或用户组都对应一组访问控制项，这些控制项控制着用户、用户组对该资源的访问权限。

（2）基本权限是预先组合好的一组特殊权限。

（3）file.txt 会继承“G:\DATA2”的安全权限。

（4）可以减少文件实际占用的磁盘空间，不过会稍微占用 CPU、内存资源，也会稍微增加访问文件的时间。

3. 实践题

（略）

项目 6 习题答案

1. 填空题

（1）完全控制、更改、读取

（2）拒绝

（3）“$”

（4）卷影副本

（5）NTFS

（6）分布式文件系统

（7）基于域的命名空间、独立命名空间

（8）集散、交错、无拓扑

（9）和客户端最近的（同一站点）

2. 简答题

（1）公用文件夹有两种使用方式，一种是用户（不管是本地用户还是域用户）在计算机本地登录，可以任意访问公用文件夹；另一种是把公用文件夹共享出来，用户通过网络访问。

（2）FAT32 文件系统上的文件夹没有安全权限，因此共享权限是通过网络访问资源时保证安全的唯一方法。如果共享文件夹在 NTFS 或者 ReFS 文件系统上，则用户通过网络访问共享文件夹时，所具有的权限是共享权限和文件夹的安全权限的最小值。

（3）客户端会把当前登录的用户名和密码发送到服务器进行身份验证，服务器按照以下顺序决定客户端的身份：

- 如果服务器本地安全数据库存在相同用户名和密码，则允许访问。
- 如果本地安全数据库存在相同用户名，但密码不正确，服务器要求客户端重新输入有效的用户名和密码。

- 如果本地安全数据库不存在相同用户名，并且存在已激活的 Guest 用户，则客户端以 Guest 身份来访问共享文件夹。
- 如果本地安全数据库不存在相同用户名，并且 Guest 用户已禁用，则服务器要求客户端重新输入有效的用户名和密码。

3. 实践题

（略）

项目 7 习题答案

1. 填空题

（1）hosts
（2）层次
（3）ipconfig /displaydns
（4）com
（5）DNS 区域
（6）13
（7）CNAME
（8）正向查找、反向查找
（9）nslookup
（10）动态更新

2. 简答题

（1）DNS 的作用是将主机名和 IP 地址做映射，可以把主机名解析为 IP 地址，也可以把 IP 地址解析为主机名。

（2）递归查询就是客户端向本地域名服务器请求域名解析，如果本地域名服务器无法解析，本地域名服务器就以 DNS 客户的身份向其他域名服务器发送查询请求，获得 IP 地址后返回给客户端，而不是让客户端进行下一步查询。

（3）迭代查询是指根域名服务器收到本地域名服务器发出的查询请求，并不是直接返回 IP 地址，而是告诉本地域名服务器下一步应当向哪一个顶级域名服务器进行查询。本地域名服务器会向顶级域名服务器发送查询请求，顶级域名服务器在收到本地域名服务器的查询请求后，要么给出所要查询的 IP 地址，要么告诉本地域名服务器下一步应当向哪一个二级域名服务器进行查询，如此反复，直到本地域名服务器获得 IP 地址。

（4）在 DNS 服务器上设置转发器，DNS 服务器可以把自己无法解析的请求转发给当地 ISP 的 DNS 服务器，由 ISP 的 DNS 服务器负责 IP 地址解析，这样效率较高。

3. 实践题

（略）

项目 8 习题答案

1. 填空题

（1）DHCPDISCOVER、DHCPOFFER、DHCPREQUEST、DHCPACK
（2）67、68
（3）1
（4）路由器、DNS 服务器
（5）ipconfig /release、ipconfig /renew
（6）ipconfig /setclassid
（7）没有
（8）小
（9）负载平衡、热备用

2. 简答题

（1）静态 IP 地址方案适合用于小型网络，使用简单，不需要 DHCP 服务器，IP 地址固定，便于跟踪，但不适合用于大型网络，否则管理 IP 地址的工作量很大，容易出错，IP 地址利用率低。动态 IP 地址方案适合用于大型网络，可以减少管理 IP 地址的工作量，较少发生 IP 地址配置错误，IP 地址利用率高，但需要 DHCP 服务器，并且客户端的 IP 地址不固定。

（2）DHCP 选项可以在“服务器选项”“作用域选项”“保留”和“策略”上设置。“服务器选项”会应用到服务器内的所用作用域，即会被作用域继承。作用域选项仅应用到该域，但作用域下的“保留”会继承作用域选项。当这些选项的设置有冲突时，优先级顺序为：“服务器选项” < “作用域选项” < “保留” < “策略”，即后者会覆盖前者的设置。

（3）策略通过 DHCP 客户端发送的 DHCP 报文中的选项信息来识别客户端。使用策略为识别出的客户端分配特定的 IP 地址或者 DHCP 选项，以满足个性化的需求。例如：如果一个子网内有两个网关，为了实现网关的负载均衡，可以把不同部门的客户端指向不同网关，或者用手机获取特定地址段的 IP 地址。

（4）DHCP 故障转移功能支持两台服务器，这两台服务器建立伙伴关系，并会不断检测彼此是否正常，作用域设置和地址租用信息是一样的，当一台服务器出现故障时，另一台服务器可以继续为客户端提供 IP 地址，并且使用原来的地址租用信息。

3. 实践题

（略）

项目 9 习题答案

1. 填空题

（1）HTTP、HTTPS
（2）Web、FTP

（3）特定的 IP 地址、IP 地址范围、域名
（4）404
（5）IP 地址、主机名、端口号
（6）匿名身份验证、基本身份验证、摘要式身份验证、Windows 身份验证
（7）在资源管理器中远程管理网站的文件
（8）IIS、NCSA、W3C、客户端 IP、访问时间、访问的资源
（9）匿名身份验证、基本身份验证
（10）anonymous
（11）get

2. 简答题

（1）用户访问网站时，在浏览器中输入的 URL 中没有指定文件名时，则 Web 服务器会自动提供一个文档，这个文档称为默认文档。

（2）虚拟目录是指向另一个文件夹的指针。如果 Web 网站或者 FTP 站点包含的文件并非位于站点主目录，可以创建虚拟目录来引用这些文件。

（3）虚拟主机是指在一台 Web 或者 FTP 服务器上可以创建多个网站，各个网站之间相互独立，看起来就像有多台主机，每个主机运行一个网站。

（4）在 FTP 主动模式中，数据通道的 TCP 连接是服务器发起的，服务器的端口号是 20，客户端的端口号是动态的。在 FTP 被动模式中，数据通道的 TCP 连接是客户端发起的，服务器端和客户端的端口号都是动态的。

（5）FTP 用户的权限由 FTP 服务器上授权用户对文件夹的安全权限和 FTP 授权规则共同决定，取最小权限。

（6）FTP 用户隔离站点是指不同的用户登录后，用户被限定在自己的主目录，不能访问另一用户的目录，用户之间互相隔离，以实现隐秘性及安全性。

3. 实践题

（略）

项目 10 习题答案

1. 填空题

（1）信头（Header）、信体（Body）
（2）用户名、电子邮件服务器名称
（3）发信人地址、收信人地址、主题
（4）SMTP、25
（5）SMTP
（6）POP3、IMAP、110、143
（7）HTTP 或者 HTTPS
（8）MIME
（9）内部数据认证、NT 域认证、第三方认证

2. 简答题

（1）IMAP 的 POP3 的比较见下表。

操作位置	操作内容	IMAP	POP3
收件箱	阅读、标记、移动、删除邮件等	客户端与邮箱同步更新	仅客户端内
发件箱	保存到已发送	客户端与邮箱同步更新	仅客户端内
创建文件夹	新建自定义的文件夹	客户端与邮箱同步更新	仅客户端内
草稿	保存草稿	客户端与邮箱同步更新	仅客户端内

（2）Winmail 是一个低成本的运行于 Windows XP、Windows 7 以上 32/64 位中英文 Windows 系统上的邮件服务器软件。

（3）Winmail 系统中的邮箱用户与 Windows AD 域用户进行整合，用户在 Winmail 登录时由 AD 进行认证，减少用户记忆的密码数，实现单一用户名和密码。

3. 实践题

（略）

项目 11 习题答案

1. 填空题

（1）计算机、用户

（2）本地组策略

（3）Default Domain Policy

（4）Default Domain Controllers

（5）阻止继承

（6）强制继承

（7）在前

（8）未配置、已启用、已禁用

（9）gpupdate

2. 简答题

（1）本地安全策略只是本地组策略的一部分。

（2）首先是应用本地组策略，然后是域策略，最后是组织单位或者域控制器上的策略，如果组织单位下嵌套了组织单位，则从上级到下级顺序应用各个组织单位上的策略，后应用的策略优先级更高。

（3）“策略的结果集”管理单元可查看用户或者计算机组策略的应用结果。

3. 实践题

（略）

项目 12 习题答案

1. 填空题

（1）PPTP、L2TP/IPsec、SSTP、IKEv2

（2）GRE

（3）L2TP、UDP、ESP

（4）EAP、MS-CHAP v2、CHAP、PAP、用于 IKEv2 的计算机证书、不认证

（5）静态转换、动态转换、端口地址转换

2. 简答题

（1）VPN 可以跨 Internet 创建安全的点对点连接。VPN 客户端使用基于 TCP/IP 的特殊协议对 VPN 服务器上的虚拟端口进行虚拟呼叫。VPN 服务器应答虚拟呼叫，对呼叫者进行身份验证，并在 VPN 客户端与企业网络之间传输数据。VPN 是通过公用网络在 VPN 客户端与 VPN 服务器之间建立的逻辑间接连接。为了确保隐私安全，VPN 对通过该连接发送的数据进行加密。

（2）10.0.0.0～10.255.255.255，172.16.0.0～172.31.255.255，192.168.0.0～192.168.255.255。

（3）目前 IPv4 所能提供的 IP 地址远远不能满足全球计算机的需要。

（4）动态地址转换将一组外部地址定义成 NAT 池，内网的计算机如要与 Internet 进行通信，边界设备从 NAT 池中选择一未使用的公有 IP 地址对 IP 数据包的源 IP 地址进行转化。每个转换条目在连接建立时动态建立，而在连接终止或者空闲一段时间后被回收。

3. 实践题

（略）

参考文献

[1] 戴有炜. Windows Server 2016 系统配置指南[M]. 北京：清华大学出版社，2018.

[2] 戴有炜. Windows Server 2016 网络管理与架站[M]. 北京：清华大学出版社，2018.

[3] 汪卫明. Windows Server 2016 网络操作系统项目化教程[M]. 北京：高等教育出版社，2019.

读者意见反馈

为收集对教材的意见建议，进一步完善教材编写并做好服务工作，读者可将对本教材的意见建议通过如下渠道反馈至我社。

咨询电话 400-810-0598

反馈邮箱 gjdzfwb@pub.hep.cn

通信地址 北京市朝阳区惠新东街4号富盛大厦1座　高等教育出版社总编辑办公室

邮政编码 100029